"十三五"职业教育国家规划教材

中等职业教育专业技能课教材

中等职业教育建筑工程施工专业规划教材

"互联网+"创新型教材

建筑施工技术

（第 3 版）

主　编　郭晓霞　李　明

副主编　朱　军　李吉曼

U0272543

武汉理工大学出版社

·武　汉·

内 容 提 要

本书是"中等职业教育建筑工程施工专业规划教材"之一。全书共有 8 个单元，分别是土方工程施工、地基与基础工程施工、砌筑工程施工、钢筋混凝土工程施工、防水工程施工、建筑装饰装修工程施工、钢结构安装工程施工和季节性施工等。各单元附有教学目标、实践项目和复习思考题。本书还配置了一些视频资源，可以通过扫描二维码观看和感知实景操作。

本书可作为中等职业学校建筑施工专业、建筑工程造价专业、城镇建设专业等建设类专业的通用教材，也可作为建设类相关专业技术管理人员岗位资格培训及施工现场管理的参考用书。

图书在版编目（CIP）数据

建筑施工技术/郭晓霞，李明主编. —3 版. —武汉：武汉理工大学出版社，2022.1
ISBN 978-7-5629-6550-3

Ⅰ.①建… Ⅱ.①郭… ②李… Ⅲ.①建筑施工-工程施工-中等专业学校-教材 Ⅳ.①TU74

中国版本图书馆 CIP 数据核字（2022）第 016529 号

建筑施工技术（Jianzhu Shigong Jishu）

项目负责人：张淑芳　高　英	责任编辑：高　英
责 任 校 对：张莉娟	排　　版：芳华时代

出 版 发 行：武汉理工大学出版社
社　　　址：武汉市洪山区珞狮路 122 号
邮　　　编：430070
网　　　址：http：//www.wutp.com.cn
经　　　销：各地新华书店
印　　　刷：武汉乐生印刷有限公司
开　　　本：787×1092　1/16
印　　　张：21
字　　　数：537 千字
版　　　次：2022 年 1 月第 3 版
印　　　次：2022 年 1 月第 1 次印刷
印　　　数：3000 册
定　　　价：46.00 元

中等职业教育建筑工程施工专业规划教材

出 版 说 明

　　为了贯彻《国务院关于大力发展职业教育的决定》精神,落实《教育部关于进一步深化中等职业教育教学改革的若干意见》,适应中等职业教育对建筑工程施工专业的教学要求和人才培养目标,推动中等职业学校教学从学科本位向能力本位转变,以培养学生的职业能力为导向,调整课程结构,合理确定各类课程的学时比例,规范教学,促使学生更好地适应社会及经济发展的需要。武汉理工大学出版社经过广泛的调查研究,分析了图书市场上现有教材的特点和存在的问题,并广泛听取了各学校的宝贵意见和建议,组织编写了一套高质量的中等职业教育建筑工程施工专业规划教材。本套教材具有如下特点:

　　1.坚持以就业为导向、以能力为本位的理念,兼顾项目教学和传统教学课程体系;

　　2.理论知识以"必需、够用"为度,突出实践性、实用性和学生职业能力的培养;

　　3.基于工作过程编写教材,将典型工程的施工过程融入教材内容之中,并尽量体现近几年国内外建筑的新技术、新材料和新工艺;

　　4.采用最新颁布的《房屋建筑制图统一标准》《混凝土结构设计规范》《建筑抗震设计规范》《建设工程工程量清单计价规范》等国家标准和技术规范;

　　5.借鉴高职教育人才培养方案和教学改革成果,加强中职、高职教育的课程衔接,以利于学生的可持续发展;

　　6.由骨干教师和建筑施工企业工程技术人员共同参与编写工作,以保证教材内容符合工程实际。

　　本套教材适用于中等职业学校建筑工程施工、工程造价、建筑装饰装修、建筑设备等专业相关课程教学和实践性教学,也可作为职业岗位技术培训教材。

　　本套教材出版后被多所学校长期使用,普遍反映教材体系合理,内容质量良好,突出了职业教育注重能力培养的特点,符合中等职业教育的人才培养要求。全套教材被列为教育部"中等职业教育专业技能课教材",其中《建筑力学与结构》被评为"中等职业教育创新示范教材",《建筑材料及检测》等10种教材被评为"'十二五'职业教育国家规划教材",《建筑施工技术》《建筑工程测量》《建筑应用电工》被评为"'十三五'职业教育国家规划教材"。与此同时,随着各学校课程改革的完成,也对本套教材进行了必要的扩展和补充,并逐步涵盖建筑装饰装修、工程造价和园林技术等专业课程。

中等职业教育建筑工程施工专业规划教材编委会

武汉理工大学出版社

2016 年 1 月

第 3 版前言

本书是根据《中等职业学校专业教学标准》中相关的教学内容与教学要求,并参照有关的国家标准和行业岗位要求而编写的中等职业教育建筑工程施工专业系列教材之一。

本书定位于中等职业教育建筑工程施工专业层次,突破传统的课程体系,体现职业技术教育以素质教育为基础、以能力为本位、以技能为核心、以胜任岗位为特征的教育观念,淡化理论知识,突出职业能力的培养,突出实践性和实用性,并充分展现建筑工程领域的最新知识和成果。

本书结合直观、形象的图表,从施工准备入手,由施工程序、施工要点、质量检查、安全措施、应该注意的质量问题到成品、环境保护等方面来讲述施工技术,并结合课件、实训等方法,理论联系实际,进一步增强学生的理解和认识。

本次修订不仅对原有单元进行修改完善,还配置了一些二维码,读者可直接扫码观看相关视频等。

本书由宜昌市三峡中等专业学校(原湖北宜昌城市建设学校)郭晓霞、山东省聊城高级工程职业学校李明担任主编,宜昌市三峡中等专业学校朱军、石家庄市城乡建设学校李吉曼担任副主编,具体分工为:郭晓霞编写单元1、单元2,李明编写单元3、单元4,朱军编写单元5、单元6,宜昌市三峡中等专业学校甄辉编写单元7,李吉曼编写单元8。本次修订工作主要由李明完成。

本书在编写过程中参阅了一些资料和书籍,并得到部分企业和有关人员的大力支持,特别是得到了湖北省城市建设职业技术学院建筑工程系王延该主任的大力帮助,在此一并表示感谢。

由于水平有限,时间仓促,书中缺点在所难免,恳请读者批评指正,不胜感激。

本书配有电子教案,凡选用本教材的老师可拨打 027-87106428 或 13971651613 索取。

编　者

2021 年 8 月

目　录

数字资源目录

单元 1 土方工程施工

知识目标

1.了解土方工程施工特点,掌握土方工程种类;
2.熟悉土方工程施工机械的选择,掌握土方工程量的计算;
3.熟悉土壁支护的类型及施工要点;
4.熟悉井点降水的适用范围,掌握轻型井点降水的设计与施工;
5.掌握基坑开挖、填筑与压实的施工要点。

能力目标

1.能正确区分土的种类和土方工程的类型;
2.会选择土方机械;
3.能正确计算土方工程量;
4.规范施工土方工程;
5.会设计和施工井点降水;
6.会施工土壁支护。

思政目标

培养学生吃苦耐劳、严谨的工作作风。

资 源

1.《建筑工程施工质量验收统一标准》(GB 50300—2013);
2.《建筑地基基础工程施工质量验收标准》(GB 50202—2018);
3.《建筑地基基础工程施工规范》(GB 51004—2015);
4.《建筑基坑工程监测技术标准》(GB 50497—2019);
5.《建筑地基基础设计规范》(GB 50007—2011)等。

在建筑工程的施工过程中,首先遇到的就是场地平整和基坑开挖。土方工程包括的内容较多,主要有两类:一类是场地平整,完成"三通一平",包括设计标高的确定,土方调配及挖、运、填的机械化施工;另一类是建筑物和其他地下工程的开挖与回填,包括支护结构的设计与施工,开挖前的降水或开挖后的排水,土方开挖以及回填土的压实等。土方工程具有工程量大、工期长、投资大、劳动强度大且多为露天作业等特点,因此,土方工程施工必须了解土层的性质,进行现场勘测,充分做好准备工作,合理安排施工计划,确保土方工程的施工质量。

1.1　土的基本性质和分类

1.1.1　土的工程分类与现场鉴定

土的种类繁多,分类方法也较多。作为建筑地基的岩土,可分为岩石、碎石土、砂土、粉土、黏性土和人工填土。在建筑施工中根据土的开挖难易程度又将土分为松软土、普通土等八类,土的工程分类及鉴别方法见表1.1。前四类属一般土,后四类属岩石。

表 1.1　土的工程分类及鉴别方法

土的分类	土的名称	可松性系数		开挖方法及工具
		k_s	k_s'	
一类土 (松软土)	砂土、粉土、冲积砂土层、疏松的种植土、淤泥(泥潭)	1.08~1.17	1.01~1.03	用锹、锄头挖掘,少许用脚蹬
二类土 (普通土)	粉质黏土;潮湿的黄土;夹有碎石、卵石的砂;粉土混卵(碎)石;种植土、填土	1.14~1.28	1.02~1.05	用锹、锄头挖掘,少许用镐翻松
三类土 (坚土)	软及中等密实黏土;重粉质黏土、砾石土;干黄土,含有碎石、卵石的黄土,粉质黏土;压实的填土	1.24~1.30	1.05~1.07	主要用镐,少许用锹、锄头挖掘,部分用撬棍
四类土 (砂砾坚土)	坚硬密实的黏性土或黄土;含碎石、卵石的中等密实的黏性土或黄土;粗卵石;天然级配砂石;软泥灰岩	1.26~1.35	1.06~1.09	整个先用镐、撬棍,后用锹挖掘,部分用楔子及大锤
五类土 (软石)	硬质黏土;中密的页岩、泥灰岩、白垩土;胶结不紧的砾岩;软石灰及贝壳石灰石	1.30~1.40	1.10~1.15	用镐或撬棍、大锤挖掘,部分使用爆破方法
六类土 (次坚石)	泥岩、砂岩、砾岩;坚实的页岩、泥灰岩,密实的石灰岩;风化花岗岩、片麻岩、石灰岩;微风化安山岩;玄武岩	1.35~1.45	1.11~1.20	用爆破方法开挖,部分用风镐
七类土 (坚石)	大理石;辉绿岩;玢岩;粗、中颗粒花岗石;坚实的白云岩、砂岩、砾岩、片麻岩、石灰岩、有风化痕迹的安山岩、玄武岩	1.40~1.45	1.15~1.20	用爆破方法开挖
八类土 (特坚石)	安山岩;玄武岩;花岗片麻岩;坚实的细粒花岗岩、闪长岩、石英岩、辉长岩、辉绿岩、玢岩、角闪岩	1.45~1.50	1.20~1.30	用爆破方法开挖

注:k_s为土的最初可松性系数;k_s'为土的最终可松性系数。

土方施工与土的类别关系密切,如果现场开挖的土质为较松软的黏土、人工填土、粉质黏土等,则要考虑土方边坡稳定;如果施工所遇为岩石类土,就会对土方施工方法、机械的选择、劳动量的配置有较大的影响,因此,土方施工前必须了解土层的性质。

1.1.2 土的组成与工程性质

土一般是由固体颗粒(固相)、水(液相)、空气(气相)三部分组成,这三部分之间的比例关系随周围条件的变化而不同,三者比例关系不同反映出的土的物理状态就不同,如干燥、湿润、密实、松散。这些土的物理指标对土方工程施工有直接影响。

1.1.2.1 土的含水率

土的含水率是指土中所含水的质量与土中固体颗粒质量之比,用百分率表示,即

$$w = \frac{m_{\mathrm{w}}}{m_{\mathrm{s}}} \times 100\% \tag{1.1}$$

式中 w——土的含水量;

m_{w}——土中水的质量,kg;

m_{s}——土中固体颗粒的质量,kg。

土的含水率随外界雨、雪、地下水影响而变化,含水量大小对土方的开挖、土方边坡的稳定性及填土压实等都有一定的影响。当土的含水率超过 25% 时,采用机械施工就很困难。而回填土夯实时,如果使土的含水量处于最佳含水率范围之内,同样的夯实功则可使回填土达到最大的密实度。各类土的最佳含水率见表 1.2。

表 1.2 土的最佳含水率和干密度参考值

土的种类	变动范围	
	最佳含水率(质量比)/%	最大干密度/(g/cm³)
砂土	8~12	1.80~1.88
粉土	16~22	1.61~1.80
亚砂土	9~15	1.85~2.08
亚黏土	12~15	1.85~1.95
重亚黏土	16~20	1.67~1.79
粉质亚黏土	18~21	1.65~1.74
黏土	19~23	1.58~1.70

1.1.2.2 土的自然密度和干密度

(1)土的自然密度

土在自然状态下单位体积的质量叫作土的自然密度,即

$$\rho = \frac{m}{V} \tag{1.2}$$

式中 ρ——土的自然密度,kg/m³;

m——土在自然状态下的质量,kg;

V——土在自然状态下的体积,m³。

(2)土的干密度

单位体积土中固体颗粒的质量叫作土的干密度,即

$$\rho_{\mathrm{d}} = \frac{m_{\mathrm{s}}}{V} \tag{1.3}$$

式中　ρ_d——土的干密度，kg/m³；

　　　　m_s——土中固体颗粒的质量（经 105 ℃烘干的土重），kg；

　　　　V——土在自然状态下的体积，m³。

干密度反映了土的紧密程度，常用作填土夯实质量的控制指标。土的最大干密度值可参考表 1.2。

1.1.2.3　土的可松性

自然状态下的土经开挖后，其体积因松散而增大，虽经回填压实，仍不能恢复到原来的体积，这种性质称为土的可松性。土的可松性大小用可松性系数表示，即

$$k_s = \frac{V_2}{V_1} \tag{1.4}$$

$$k_s' = \frac{V_3}{V_1} \tag{1.5}$$

式中　k_s——土的最初可松性系数；

　　　　k_s'——土的最终可松性系数；

　　　　V_1——土在自然状态下的体积，m³；

　　　　V_2——土挖出后在松散状态下的体积，m³；

　　　　V_3——挖出的土经回填压实后的体积，m³。

土的可松性与土的类别和密实状态有关，最初可松性系数用于确定土的运输、挖土机械的数量及留设堆土场地的大小；最终可松性系数用于回填土、弃（借）土土方量的计算及场地平整的确定。各类土的可松性系数见表 1.1。

【例 1.1】　某土方工程需回填土方量 100 m³，已知土的可松性系数为 $k_s=1.2$，$k_s'=1.05$，外运取土，问需取多少土？

【解】　已知需回填土方量即回填压实后的体积 $V_3=100$ m³，且 $k_s=1.2$，$k_s'=1.05$。

根据式（1.5）可以求出所需要的自然状态下的土方量：

$$V_1 = \frac{V_3}{k_s'} = \frac{100}{1.05} = 95.24 \text{ m}^3$$

再根据式（1.4）转化为外取运输土方量：

$$V_2 = V_1 \times k_s = 95.24 \times 1.2 = 114.29 \text{ m}^3$$

1.1.2.4　土的渗透性

土的渗透性也称透水性，是指土体被水透过的性质。土体孔隙中的水在重力作用下会发生流动，流动速度与土的渗透性有关。渗透性的大小用渗透系数 K 表示，其参考值见表 1.3。其大小对施工排、降水方法的选择，涌水量的计算以及边坡支护方案的确定等都有很大影响。

表 1.3　土的渗透系数参考值

土的类别	$K/(m/d)$	土的类别	$K/(m/d)$	土的类别	$K/(m/d)$
黏　土	<0.005	粉　土	0.5～1.0	粗　砂	20～50
亚黏土	0.005～0.1	细　砂	1.0～1.5	砾　石	50～100
轻亚黏土	0.1～0.5	中　砂	5.0～20.0	卵　石	100～500
黄　土	0.25～0.5	均质中砂	25～50	漂石（无砂质充填）	500～1000

1.2　场　地　平　整

场地平整就是将需要进行建设范围内的天然地面,通过人工或机械挖填平整改造成工程上所要求的设计平面。平整场地前应先做好各项准备工作,如清除场地内所有地上、地下障碍物;排除地面积水;铺筑临时道路等。场地平整是工程开工前的一项重要工作。

1.2.1　施工准备

(1)场地平整前应先做好各项准备工作,主要有清理现场范围及周边场地,包括清理杂草、杂物,建筑物拆迁等工作。

(2)做好现场排水处理,包括设置排水沟、截水沟或挡水坝等,确保场地平整后干燥,便于施工。

(3)修建施工临时设施,包括场边道路、现场临时工棚、供水供电的临时设施。

1.2.2　施工程序

场地平整的一般施工程序安排是:

现场勘察→清除地面障碍物→标定整平范围→设置水准基点→设置方格网→测量标高→计算土方挖填工程量→平整场地→场地碾压→验收。

1.2.3　场地平整土方量的计算

计算场地平整土方量的方法很多,常用的方法可归纳为以下三类:

(1)用求体积的公式估算

在土方施工过程中,不管是原地形或是设计地形,经常会碰到一些类似锥体、棱台等几何形体的地形单体,这些地形单体的体积可用相近的几何体体积公式来计算。此法简便,但精度较差,多用于估算。

(2)方格网法

方格网法是把平整场地的设计工作和土方量计算工作结合在一起进行的。其工作程序是:① 在附有等高线的施工现场地形图上,作方格网控制施工场地,方格边长数值取决于所要求的计算精度和地形变化的复杂程度,一般取 20~40 m。② 在地形图上用插入法求出各角点的原地形标高(或把方格网各角点测设到地面上,同时测出各角点的标高,并标记在图上)。③ 依设计意图(如地面的形状、坡向、坡度值等)确定各角点的设计标高。④ 比较原地形标高和设计标高,求得施工标高。⑤ 计算土方量,其具体计算步骤和方法查相关计算公式。

(3)断面法

断面法是以一组等距(或不等距)的互相平行的截面将拟计算的地块、地形单体(如山、溪涧、池、岛等)和土方工程(如堤、沟渠、路堑、路槽等)分截成"段"。分别计算这些"段"的体积,再将各段体积累加,以求得该计算对象的总土方量。此方法的计算精度取决于截取断面的数量,多则精,少则粗。断面法根据其取断面方向的不同可分为垂直断面法、水平断面法(或等高面法)及与水平面成一定角度的成角断面法。

1.2.4　土方调配

土方量计算完成后,即可进行土方调配工作。土方调配的目的是使工程中土方总运输量最小或土方施工费用最少。这就必须对场地土方的利用、堆弃和填土之间的关系进行综合协调处理,制订优化方案,确定挖、填方区土方的调配方向、数量和运输距离,以利于缩短工期和节约工程成本。

土方调配的基本原则如下:

(1) 力求达到挖方与填方平衡,就近调配,以使土方运输量或费用最小。但有时仅局限于一个场地范围内的挖填平衡则难以满足上述原则,即可根据场地和周围地形条件,考虑在填方区周围借土或在挖方区周围弃土。

(2) 应考虑近期施工与后期利用相结合的原则。可以分期分批施工时,先期工程的土方余土应结合后期工程的需要,考虑可以利用的数量先选择堆放位置,力求为后期工程创造良好的工作面和施工条件,避免重复挖填。

(3) 应考虑分区与全场相结合的原则。分区土方的调配必须配合全场性的土方调配进行。

(4) 合理布置挖、填方分区线,选择恰当的调配方向、运输线路,使土方机械和运输车辆的性能得到充分发挥。

(5) 土方调配"移挖作填"固然要考虑经济运距问题,但这不是唯一的指标,还要综合考虑弃方和借方的占地、赔偿青苗损失及减少对农业生产的影响等。有的工程虽然运距远一些,运输费用可能高一些,但如能少占地、少影响农业生产,这样对该地区发展来说未必是不经济的。

(6) 土方调配还应尽可能与大型地下建筑物的施工相结合。如大型建筑物位于填土区时,为了避免重复挖运和场地混乱,应将部分填方区予以保留,待基础施工完成之后再进行填土。

总之,进行土方调配必须根据现场具体情况、周围环境、相关技术资料、工期要求、施工机械与运输方案等综合考虑,反复比较,确定出经济合理的调配方案。方案制订时,在可能条件下宜将弃土场平整为可耕地,防止乱弃乱堆,或堵塞河流、损害农田。

1.2.5　场地平整的机械化施工

1.2.5.1　推土机施工

推土机(图 1.1)是土方工程施工的主要机械之一,它由拖拉机和推土铲刀组成。若按其行走方式不同,推土机可以分为履带式和轮胎式两种;按铲刀操纵机构的不同,推土机又可分为液压操纵和索式操纵两种。索式推土机的铲刀借其自重切土,在硬土中切入深度较小;液压式推土机由液压操纵,能使铲刀强制切入土中,切入深度较大,且铲刀可以调整推土板的角度,工作时具有更大的灵活性。

推土机能够独立完成挖土、运土和卸土工作,施工时具有操纵灵活、运转方便、所需工作面较小、功率大、行驶快等特点。推土机多用于场地清理、平整和基坑、沟槽的回填,适用于开挖深度和砌筑高度在 1.5 m 内的基坑、路基、堤坝作业,以及配合铲运机、挖土机的工作,此外,将其铲刀卸下后,还能牵引其他无动力的施工机械。

推土机可以推挖一类至三类土,经济运距在 100 m 以内,效率最高运距为 30～60 m。推

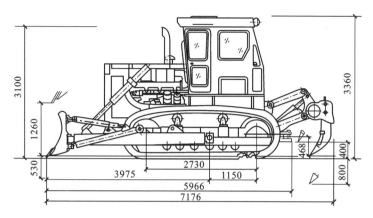

图 1.1 T-180 型推土机

土机的生产效率主要取决于推土机推移土的体积及切土、推土、回程等工作的循环时间。为了提高生产效率,施工中常采取以下方法:

(1) 下坡推土法

推土机顺坡向下切土与推运,借助机械本身的重力作用,增大切土深度和运土数量,可以提高台班产量,缩短推土时间。下坡推土法的坡度不宜超过 15°,以免后退时爬坡困难。下坡推土[图 1.2(a)]法适用于半挖半填地区推土丘、回填管沟时使用。

(2) 并列推土法

平整面积较大的场地时,用两台或三台推土机并列作业,铲刀相距 15～30 cm,可减少土的散失,提高生产效率。一般采用两台推土机并列推土可增加堆土量 15%～30%,采用三台推土机并列推土可增加推土量 30%～40%。并列推土[图 1.2(b)]法的平均运距不宜超过 75 m,也不宜小于 20 m。

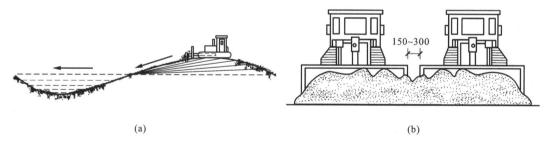

(a) (b)

图 1.2 推土机推土方法
(a) 下坡推土;(b) 并列推土

(3) 多刀送土法

在硬质土中,切土深度不大,可将土先堆积在一处,然后集中推送到卸土区。这样可以有效地提高推土的效率,缩短运土时间。但堆积距离不宜大于 30 m,推土高度以 2 m 内为宜。

(4) 槽形推土法(图1.3)

推土机重复在一条作业线上切土和推土,使地面逐渐形成一条浅槽,在槽中推运土可减少土的散失,可增加 10%～30% 的推运土量。槽的深度在 1 m 左右为宜,土埂宽约 50 cm。当推出多条槽后,再将土埂推入槽中运出。当推土层较厚、运距较远时,采用此法较为适宜。

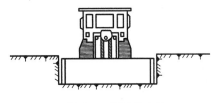

图 1.3　槽形推土法

1.2.5.2　铲运机施工

（1）铲运机技术性能和特点

铲运机是一种能够单独完成铲土、装土、运土、卸土、压实的土方机械。按行走方式不同，铲运机可分为自行式铲运机（图 1.4）和拖式铲运机（图 1.5）两种；按铲斗的操纵系统不同，铲运机可分为液压操纵和钢丝绳操纵两种。

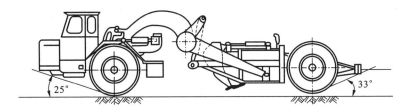

图 1.4　CL7 型自行式铲运机

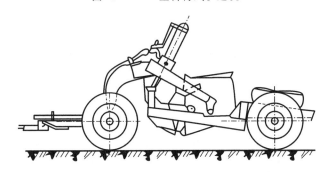

图 1.5　C6-2.5 型拖式铲运机

铲运机操作简便灵活、行驶快，对行驶道路要求较低，可直接对一类至三类土进行铲运。它的主要工作装置是铲斗。铲斗前有一个能开启的门和切土刀片。切土时，铲斗门打开，铲斗下降，刀片切入土中。铲运机前进时，被切下的土挤入铲斗中，铲斗装满土后，提起土斗，放下斗门，将土运至卸土地点。

拖式铲运机适宜运距为 800 m 以内，运距为 200～350 m 时效率最高，自行式铲运机适用于长距离作业，经济运距为 800～1500 m。铲运机常用于坡度在 20°以内的大面积土方平整，开挖大型基坑、管沟、河渠和路堑，填筑路基、堤坝等，但不适用于砾石层、冻土及沼泽地带。铲运机开挖坚硬土需推土机助铲。在选定铲运机后，其生产率的高低还取决于机械的开行路线。为提高铲运效率，可根据现场具体情况，选择合理的开行路线和施工方法。

（2）铲运机开行路线

在施工中，由于挖、填区的分布情况不同，应根据不同施工条件，选择合理的施工路线，铲运机开行路线一般有如下几种：

① 小环形路线：这种开行路线简单、常用，当施工地段较短、地形起伏不大时，采用小环形路线［图 1.6(a)、图 1.6(b)］。这种路线每循环一次完成一次铲土、卸土。当挖填交替、挖填之间的距离又较短时，可采用大环形路线［图 1.6(c)］，这种路线每一次循环能完成多次铲土和运土，从而减少铲运机的转弯次数，提高工作效率。该法施工时应常调换方向，以避免机械行驶部分的单侧磨损。

② "8"字形路线：当地势起伏较大、施工地段又较长时，可采用 "8" 字形开行路线［图 1.6

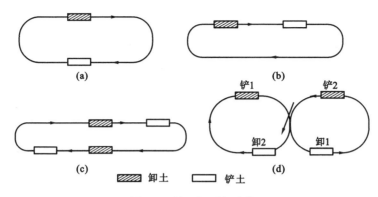

图 1.6 铲运机开行路线

(a)、(b) 小环形路线;(c) 大环形路线;(d) "8"字形路线

(d)],这种开行路线每一次循环完成两次铲土和卸土,减少了转弯次数和运距,因而节约了运行时间,提高了生产效率。这种运行方式在同一循环中两次转运方向不同,还可以避免机械行驶部分的单侧磨损。

（3）铲运机的作业方法

① 下坡铲土法:当工作面坡度在 3°～9°时,可利用地形进行下坡铲土,借助铲土机自身重力产生的附加牵引力而加大铲斗切土深度和充盈系数,缩短装土时间,提高生产率。

② 跨铲法(图 1.7):在较坚硬的地段挖土时,预留土埂间隔铲土(第一次开行铲土与第二次开行铲土的开行路线间留一定的距离)。这样在间隔铲土时会形成一个土槽可减少土的失散量;铲土埂时,铲土阻力减小。一般土埂高不大于 300 mm,宽不大于拖拉机两履带间的净距。

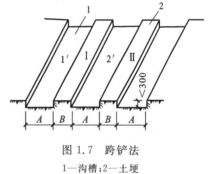

图 1.7 跨铲法

1—沟槽;2—土埂

A—铲土宽;

B—土埂宽,不大于拖拉机两履带间的净距

③ 助铲法(图 1.8):地势平坦、土质较坚硬时,可使用自行铲运机,另根据作业面大小配一台或多台推土机助铲,以加大铲刀切土能力。推土机在助铲的间隙时间可兼做松土或平整工作,为铲运机施工创造条件。几台铲运机要适当安排铲土次序和开行路线,互相交叉进行流水作业,以发挥推土机效率。该方法适用于地势平坦、土质坚硬、宽度宽、长度长的大型场地平整工程。

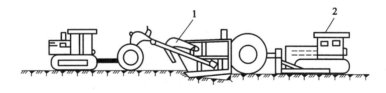

图 1.8 助铲法

1—铲运机铲土;2—推土机助铲

④ 双联铲运法(图 1.9):铲运机运土时所需牵引力较小,当下坡铲土时,可将两个铲斗前后串在一起,形成一起一落依次铲土、装土(又称双联单铲);当地面较平坦时,将两个铲斗串成同时起落,同时进行铲土,又同时起斗开行(称为双联双铲)。双联铲运法适用于较松软的土,在进行大面积场地平整及筑堤时采用。

图 1.9　双联铲运法

1.3　施工降排水

在开挖基坑（槽）及其他土方时，土的含水层被切断，地下水会渗入坑内；雨期施工时，地面水也会流入坑内。为防止出现边坡失稳、基坑流砂、坑底隆起或管涌、地基承载力下降等现象，必须结合周围环境对施工现场的排水系统制订周密方案，做到施工场地排水通畅，无积水现象。土方施工排水包括排除地面水和降低地下水位。

1.3.1　地面水的排除

地面水一般采取设置排水沟、防洪沟、截水沟、挡水堤等方法排除，并应尽量利用自然地形和原有的排水系统。

主排水沟最好设置在施工区域或道路的两旁，其横断面和纵向坡度根据最大流量确定。一般排水沟的横断面不小于 0.5 m×0.5 m，纵向坡度根据地形确定，一般坡度不小于 3‰。在山坡地区施工，应在较高一面的坡上先做好截水沟，阻止山坡水流入施工现场。在低洼地区施工时，除开挖排水沟外，必要时还需修筑土堤，以防止场外水流入施工场地。出水口应结合场地总体排水规划，尽可能设置在远离建筑物或构筑物的低洼地点，并保证排水通畅。

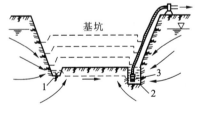

图 1.10　集水井降水
1—排水沟；
2—集水坑；
3—水泵

【扫码演示】

1.3.2　明排水法

明排水法是在基坑逐层开挖过程中，沿每层坑底四周或中央设置排水沟和集水井。基坑内的水经排水沟流向集水井，通过水泵将集水井内积水抽走，直到基坑回填，排水过程结束。集水井降水见图 1.10。明排水法施工简单、经济，对周围环境影响小，可用于降水深度较小且上层为粗粒土层或渗水量小的黏土层降水。

1.3.2.1　抽水设备及选用

明排水法所用抽水设备主要是水泵。水泵的选用是根据基坑的涌水量、基坑的开挖深度结合水泵的有关性能来确定的。水泵的主要性能包括：流量、总扬程、吸水扬程和功率等。流量是指水泵单位时间内的出水量。扬程是指水泵能扬水的高度，也称水头。总扬程包括吸水扬程和出水扬程。由于水经过管路有阻力而引起水头损失，因此，要扣除损失扬程后才是实际扬程。

基坑排水用的水泵主要有离心泵、潜水泵等。离心泵由泵壳、泵轴及叶轮等主要部件组成。其工作原理主要是利用叶轮高速旋转时所产生的离心力将叶轮中心水甩出而形成真空，使水在大气压力作用下自动进入水泵，并将水压出。潜水泵由立式水泵与电动机组成。电动机有密封装置，水泵装在电动机上端，工作时浸在水中。潜水泵的优点是体积小、自重轻、移动方便,开泵时不需要引水。

明排水法施工包括基础开挖、设置排水沟和集水井、选用水泵和现场安装设备、抽水及设备拆除等过程。排水沟、集水井随基础开挖逐层设置,并设置在拟建建筑基础边净距0.4 m以外,井底需铺设 0.3 m 左右的碎石滤水层,以免抽水时将泥砂抽走,并可防止井底土被扰动。

排水沟边缘离开边坡坡脚不应小于 0.3 m;在基坑四角或每隔 30~40 m 应设一个集水井;排水沟底面应比挖土面低 0.3~0.4 m,集水井底面应比沟底面低 0.5 m 以上;排水沟纵向坡度宜控制在 2‰~3‰;沟、井截面根据排水量确定。

明排水法一般用于面积及降水深度较小且土层中无细砂、粉砂时。若降水深度较大,土层为细砂、粉砂或在软土地区施工时,明排水法易引起流砂、塌方等现象,应尽量采用井点降水法。无论采用哪种方法,降水工作应持续到基础施工完毕且回填土后结束。

1.3.2.2　流砂现象的产生和防治

当开挖深度大、地下水位较高而土质又不好时,用明排水法降水,挖至地下水水位以下时,有时坑底面的土颗粒会产生流动,随地下水一起涌入基坑,这种现象称为流砂现象。发生流砂现象时,土完全丧失承载能力,使施工条件恶化,难以达到开挖设计深度,严重时会造成边坡塌方及附近建筑物下沉、倾斜和倒塌。因此,流砂现象对土方施工和附近建筑物有很大危害。

（1）流砂现象产生的原因

流砂现象的产生是水在土中渗流所产生的动水压力对土体作用的结果,如图 1.11 所示。

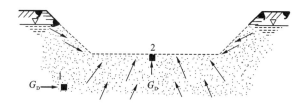

图 1.11　动水压力对地基土的影响

G_D—动水压力

当水流在水位差的作用下对土颗粒产生向上的动水压力时,动水压力使土颗粒受到了水的浮力作用,如果动水压力大于或等于土的浮重度时,土颗粒处于悬浮状态,土的抗剪强度等于零,土颗粒随着渗流的水一起流动,就出现了"流砂现象"。

（2）流砂发生的条件

流砂现象经常发生在细砂、粉砂及粉土中,而是否出现流砂现象的重要条件是动水压力的大小和方向,因此,防治流砂应着眼于减小或消除动水压力。

（3）防治流砂的方法

在基坑开挖中,防治流砂的原则是"治流砂必先治水"。治理流砂的主要途径有消除、减小和平衡动水压力,改变水的渗流路线。其具体措施有:抢挖法、打板桩法、水下挖土法、地下连续墙法、枯水期施工法及井点降水等方法。

① 抢挖法:指组织分段抢挖,使挖土速度超过冒砂速度,挖到标高后立即铺竹筏或芦席,并抛大石块以平衡动水压力,压住流砂。此方法可解决轻微流砂现象。

② 打板桩法:将板桩打入坑底下面一定深度,增加地下水从坑外流入坑内的渗流距离,以减小水力坡度,从而减小动水压力,防止流砂现象的产生。

③ 水下挖土法:不排水施工,使坑内水压力与地下水压力平衡,消除动水压力,从而防止

流砂产生。此方法在沉井挖土下沉过程中常用。

④ 地下连续墙法:在基坑周围先浇筑一道混凝土或钢筋混凝土的连续墙,以支承土墙、截水并防止流砂产生。

⑤ 枯水期施工法:选择枯水期间施工。因为此时地下水位低,坑内外水位差小,水压力减小,从而可预防和减轻流砂现象。

⑥ 井点降水:采用轻型井点等降水,使地下水的渗流向下,水不致渗流入坑内,又增大了土料间的压力,从而可有效地防止流砂形成。因此,用此种方法防治流砂较为可靠。

上述方法中,抢挖法、打板桩法、水下挖土法、地下连续墙法、枯水期施工法都有一定的局限,应用范围狭窄。而采用井点降水方法降低地下水,可以改变动水压力方向,增大土颗粒间的压力,是一种有效避免流砂危害的方法,下面着重介绍这种施工方法。

1.3.3 井点降水法

井点降水也称人工降低地下水位,即在基坑开挖前,预先在拟挖基坑的四周埋设一定数量的滤水管,利用抽水设备从中不间断抽水,使地下水位降落在坑底以下,然后开挖基坑、进行基础施工和土方回填,待基础工程全部施工完毕后,撤除人工降水装置。这样,可使动水压力方向向下,所挖的土始终保持干燥状态,从根本上防止流砂现象发生,提高土的强度和密实度,改善施工条件。因此,人工降低地下水位不仅是一种防治流砂的施工措施,也是一种地基加固方法。采用人工降低地下水位可适当改陡边坡以减少挖土数量,但在降水过程中,基坑附近的地基土会有一定的沉降,施工时应加以注意。

1.3.3.1 井点降水法的类型及适用范围

井点降水法有轻型井点、喷射井点、电渗井点、管井井点及深井泵等各种方法。其方法的选用应视土的渗透系数、降低水位的深度、工程特点、设备以及经济技术比较等具体条件,并参照表1.4选用。其中一级轻型井点适用范围较广,下面将做重点介绍。

表 1.4　各类井点的适用范围及方法原理

降水类型	渗透系数/ (cm/s)	可能降低的 水位深度/m	方法原理
轻型井点		3～6	在工程外围竖向埋设一系列井点管深入含水层内,井点管的上端通过连接弯管与集水总管连接,集水总管再与真空泵和离心泵相连,启动真空泵,使井点系统形成真空,井点周围形成一个真空区,真空区砂井向上向外扩展一定范围,在真空泵吸力作用下,井点附近的地下水通过砂井、滤水管,再被强制吸入井点管和集水总管,排除空气后,由离心水泵的排水管排出,使井点附近的地下水位得以降低
多级轻型井点	10^{-5}～10^{-2} (砂土、黏性土)	6～12	
喷射井点	10^{-6}～10^{-3} (粉砂、淤泥质土、粉质黏土)	8～20	在井点内部装设特制的喷射器,用高压水泵或空气压缩机通过井点管中的内管向喷射器输入高压水(喷水井点)或压缩空气(喷气井点),形成水气射流,将地下水从井点外管与内管之间的间隙抽出

降水类型	渗透系数/ （cm/s）	可能降低的 水位深度/m	方法原理
电渗井点	$<10^{-6}$	宜配合其他形 式降水使用	利用黏性土中的电渗现象和电泳特性，使黏性土空隙中的水流动速率加快，起到一定疏干作用，从而使软土地基排水效率得到提高
深井井点	$\geqslant 10^{-5}$ （砂类土）	>10	在深基坑的周围埋设深于基底的井管，通过设置在井管内的潜水泵将地下水抽出，使地下水位低于坑底

1.3.3.2　一级轻型井点降水设计

轻型井点降水（图 1.12）是沿基坑（槽）的四周或一侧以一定距离埋设一定数量的井点管，井点管上端有连接弯管与集水总管相连，下端与滤水管连接，并利用抽水设备不间断地将渗进井点管的水抽出，使地下水位降落在坑底以下。

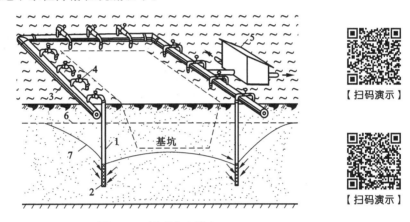

图 1.12　轻型井点降水

1—井点管；2—滤水管；3—总管；4—连接弯管；5—水泵房；6—原有地下水位线；7—降低后地下水位线

（1）井点布置

轻型井点的布置要根据基坑平面形状及尺寸、基坑的深度、土质、地下水位高低及地下水流向、降水深度要求等因素确定。其布置内容包括平面布置和高程布置。

① 平面布置［图 1.13（a）］

当基坑宽度小于 6 m、降水深度不超过 5 m 时，可采用单排线状井点，布置在地下水上游一侧，两端延伸长度不小于基坑的宽度。单排线状井点布置见图 1.14。如基坑宽度大于 6 m 或土质不良时，宜采用双排线状井点。

当基坑面积较大时，宜采用环形井点布置，井点管距离基坑 0.7～1.0 m，以防井点系统漏气。抽水井间距一般在 0.8～1.5 m 之间，在地下水补给方向和环形井点四角应适当加密。

采用多套抽水设备时，井点系统应分段，各段长度应大致相等。分段地点宜选择在基坑转弯处，以减少总管弯头数量，提高水泵抽吸能力。水泵宜设置在各段总管中部，使泵两边水流平衡。分段处应设阀门或将总管断开，以免管内水流紊乱，影响抽水效果。

②高程布置［图 1.13（b）］

轻型井点的降水深度一般以不超过 6 m 为宜，井点管需要埋置深度 H_A（不含滤管）可按下式计算：

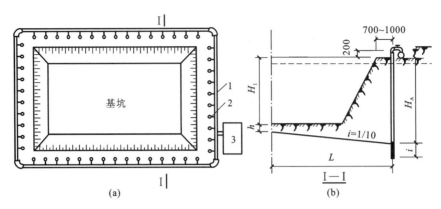

图 1.13　环形井点布置图

(a) 平面布置；(b) 高程布置

1—总管；2—井点管；3—抽水设备

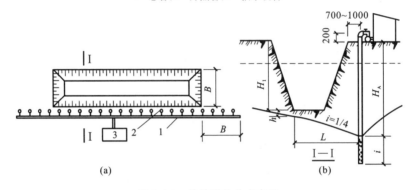

图 1.14　单排线状井点布置

(a) 平面布置；(b) 高程布置

1—总管；2—井点管；3—抽水设备；B—基坑宽度

$$H_A \geqslant H_1 + h + iL \tag{1.6}$$

式中　H_A——井点管埋置深度，m；

　　　　H_1——总管底面至基坑底面的距离，m；

　　　　h——基坑底面至降低后的地下水位线的距离，一般取 0.5~1.0 m；

　　　　i——水力坡度，单排线状井点为 1/4，环形井点为 1/10；

　　　　L——井点管距基坑中心的水平距离（单排线状井点为井点管至基坑另一边的水平距离），m。

根据上式算出的 H_A 值大于 6 m 时，可降低井点管的埋设面以适应降水深度要求，通常井点管露出地面为 0.2~0.3 m，而滤管必须埋在含水层内。为了充分利用抽水能力，总管的布置标高宜接近地下水位线，可先下挖部分土方，总管应具有 0.25% ~0.5% 的坡度（坡向泵房）。

（2）轻型井点计算

轻型井点的计算包括：根据确定的井点系统的平面和竖向布置图，计算井点系统涌水量，确定井点管数量与间距，校核水位降低数值，选择抽水设备和布置井点管等。

① 井点系统涌水量计算方法介绍

轻型井点系统涌水量的计算比较复杂，影响因素很多（如水文地质条件、抽水设备等），一般是按水井理论来计算涌水量。对于井点系统涌水量的计算,首先要判定井的类型。

水井根据其井底是否达到不透水层,分为完整井与非完整井。井底达到不透水层的为完整井,否则为非完整井。根据地下水是否受不透水层的压力作用分为承压井与无压井。滤管布置在地下两层不透水层之间,地下水面承受不透水层的压力作用,抽吸承压层间地下水的,称为承压井;若地下水上部为透水层,地下水是无压水,称为无压井。

综上所述,水井大致可分为四种类型(图 1.15):无压完整井、无压非完整井、承压完整井和承压非完整井。

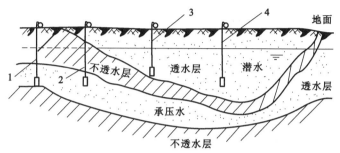

图 1.15　水井的分类

1—承压完整井;2—承压非完整井;3—无压完整井;4—无压非完整井

水井类型不同,则其涌水量计算方法不同,查阅相关计算公式进行涌水量的计算。

② 确定井点管数量及间距

井点管数量的多少取决于单根井点管的抽水能力,单根井点管的最大出水量与滤管构造和尺寸以及土的渗透系数有关。按下式计算:

$$q = 65\pi dl \sqrt[3]{K} \tag{1.7}$$

式中　q——单根井点管最大出水量,m^3/d;

　　　d——滤管内径,m;

　　　K——渗透系数,m/d;

　　　l——滤管长度,m。

井点管根数

$$n = 1.1 \frac{Q}{q} \tag{1.8}$$

井点管的平均间距

$$D = \frac{L}{n} \tag{1.9}$$

式中　Q——总出水量,m^3/d;

　　　D——井点管的平均间距,m;

　　　L——总管长度,m。

井点管的平均间距经计算确定后,布置时还需注意:井点管间距不能过小,否则彼此干扰大,出水量会显著减少,一般可取滤管周长的 5～10 倍;在基坑周围四角和靠近地下水流方向一边的井点管应适当加密;实际采用的井距还应与集水总管上短接头的间距相适应。

(3) 抽水设备的选择

轻型井点所用的抽水设备主要有真空泵和单级离心泵两种类型。

真空泵有干式和湿式两种,常用的是干式 W_5 和 W_6 型,采用 W_5 型时总管长度不大于 100 m;采用 W_6 型时,总管长度不大于 200 m。在抽水过程中,真空泵的实际真空度如小于最低真空度,则降水深度达不到要求。

离心泵的型号应根据流量、吸水扬程及总扬程而定,水泵的流量应比基坑涌水量增大 $10\% \sim 20\%$。吸水扬程应不小于降水深度加各项水头损失。出水扬程包括实际出水高度及出水水头损失。水泵的总扬程应满足吸水扬程与出水扬程之和。

通常一套抽水设备可配置两台离心泵或真空泵,既可轮换使用,又可在地下水量较大时同时使用。

1.3.3.3　轻型井点降水施工

(1) 施工准备

① 施工机具

滤管:直径为 $38 \sim 55$ mm,壁厚为 3.0 mm 无缝钢管或镀锌管,长 2.0 m 左右,一端用厚为 4.0 mm 钢板焊死,在此端 1.4 m 长范围内的管壁上钻 $\phi 15$ mm 的小圆孔,孔距为 25 mm,外包两层滤网,滤网采用编织布,再外包一层网眼较大的尼龙丝网,每隔 $50 \sim 60$ mm 用 10# 铅丝绑扎一道,滤管另一端与井点管进行连接。

井点管:直径为 $38 \sim 55$ mm,壁厚为 3.0 mm 无缝钢管或镀锌管。

连接管:透明管或胶皮管与井点管和总管连接,采用 8# 铅丝绑扎,应扎紧以防漏气。

总管:直径为 $75 \sim 102$ mm 钢管,壁厚为 4 mm,用法兰盘加橡胶垫圈连接,防止漏气、漏水。

抽水设备:根据设计配备离心泵、真空泵或射流泵,以及机组配件和水箱。

移动机具:自制移动式井架(采用振冲机架旧设备)、牵引力为 60 kN 的绞车。

凿孔冲击管:$\phi 219 \times 8$(mm) 的钢管,其长度为 10 m。

水枪:$\phi 50 \times 5$(mm) 无缝钢管,下端焊接一个 $\phi 16$ mm 的枪头喷嘴,上端弯成近似直角,且伸出冲击管外,与高压胶管连接。

蛇形高压胶管:压力应达到 1.50 MPa 以上。

高压水泵:100TSW-7 高压离心泵,配备一个压力表,作下井管之用。

② 材料

须采用粗砂与豆石,不得采用中砂,严禁使用细砂,以防堵塞滤管网眼。

③ 技术准备

详细查阅工程地质勘察报告,了解工程地质情况,分析降水过程中可能出现的技术问题和采取的对策。

钻孔设备与抽水设备检查。

④ 平整场地

为了节省机械施工费用,不使用履带式吊车,采用碎石桩振冲设备的自制简易车架,因此,场地平整度要高一些,设备进场前进行场地平整,以便于车架在场地内移动。

(2) 施工程序及操作要点

① 井点安装

安装程序:

井点放线定位→安装高位水泵→凿孔安装、埋设井点管→布置、安装总管→井点管与总管连接→安装抽水设备→试抽与检查→正式投入降水程序。

② 井点管埋设(图 1.16)

井点管的埋设方法常用的是冲孔埋设法。这种方法分为冲孔和埋管两个过程。根据建设单位提供的测量控制点,测量放线确定井点位置,然后在井位先挖一个小土坑,大约深 500 mm,以便于冲击孔时集水、埋管时灌砂,并用水沟将小土坑与集水坑连接,以便于排泄多余水。

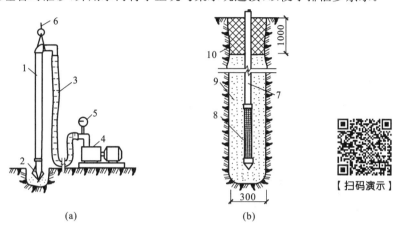

图 1.16 井点管埋设
(a)冲孔;(b)埋管
1—冲管;2—冲嘴;3—胶皮管;4—高压水泵;5—压力表;
6—起重机吊钩;7—井点管;8—滤管;9—填砂;10—黏土封口

用绞车将简易井架移到井点位置,将套管水枪对准井点位置,启动高压水泵,水压控制在 0.4~0.8 MPa,在水枪高压水射流冲击下套管开始下沉,并不断地升降套管与水枪。对于一般含砂的黏土,按经验,套管落距在 1000 mm 之内,在射水与套管冲切作用下,在 10~15 min 时间之内,井点管可下沉 10 m 左右,若遇到较厚的纯黏土时,沉管时间要延长,此时可增加高压水泵的压力,以加快沉管的速度。冲击孔的成孔直径应达到 300~350 mm,保证管壁与井点管之间有一定间隙,以便于填充砂石。冲孔深度应比滤管设计安置深度低 500 mm 以上,以防止冲击套管提升拔出时部分土塌落,并使滤管底部存有足够的砂石。

凿孔冲击管上下移动时应保持垂直,这样才能使井点降水井壁保持垂直,若在凿孔时遇到较大的石块和砖块,会出现倾斜现象,此时成孔的直径也应尽量保持上下一致。

井孔冲击成型后,应拔出冲击管,通过单滑轮用绳索拉起井点管,再将井点管插入孔中,井点管的上端应用木塞塞住,以防砂石或其他杂物进入,并在井点管与孔壁之间填灌砂石滤层,该砂石滤层的填充质量直接影响轻型井点降水的效果,应注意以下几点:

a. 砂石必须采用粗砂,以防止堵塞滤管的网眼。

b. 滤管应放置在井孔的中间,砂石滤层的厚度应在 60~100 mm 之间,以提高透水性,并防止土粒渗入滤管,堵塞滤管的网眼。填砂厚度要均匀,速度要快,填砂中途不得中断,以防孔壁塌土。

c. 滤砂层的填充高度至少要超过滤管顶以上 1000~1800 mm,一般应填至原地下水位线以上,以保证土层水流上下畅通。

d. 井点填砂后,井口以下 1.0~1.5 m 用黏土封口压实,防止漏气而降低降水效果。

③ 冲洗井点管

将直径为 15~30 mm 的胶管插入井点管底部进行注水清洗,直到流出清水为止,并应逐根进行清洗,避免出现"死井"。

④ 管路安装

首先沿井点管线外侧铺设集水毛管,并用胶垫螺栓把干管连接起来,主干管连接水箱水泵,然后拔掉井点管上端的木塞,用胶管与主管连接好,再用 $10^{\#}$ 铅丝绑好,防止管路不严漏气而降低整个管路的真空度。主管路的流水坡度按坡向泵房 5‰ 设置,并用砖将主干管垫好,同时应做好冬季降水防冻保温措施。

⑤ 检查管路

检查集水干管与井点管连接胶管的各个接头在试抽水时是否有漏气现象,若发现这种情况应重新连接或用油腻子堵塞,重新拧紧法兰盘螺栓和胶管的铅丝,直至不漏气为止。在正式运转抽水之前必须进行试抽,以检查抽水设备运转是否正常,管路是否存在漏气现象。在水泵进水管上安装一个真空表,在水泵的出水管上安装一个压力表。为了观测降水深度是否达到施工组织设计所要求的降水深度,需在基坑中心设置一个观测井点,以便于通过观测井点测量水位,并描绘出降水曲线。

在试抽时,应检查整个管网的真空度,当真空度达到 550 mm 汞柱(73.33 kPa)时,方可正式抽水。

⑥ 抽水

轻型井点管网全部安装完毕后进行试抽。当抽水设备运转正常后,整个抽水管路无漏气现象,则可以投入正常抽水作业。开机一个星期后将形成地下降水漏斗,并趋向稳定,土方工程可在降水 10 d 后开挖。

(3)质量检查

① 井点管间距、埋设深度应符合设计要求,一组井点管和接头中心应保持在一条直线上。

② 井点管埋设应无严重漏气、淤塞、出水不畅或死井等情况。

③ 埋入地下的井点管及井点连接总管均应除锈并刷防锈漆一道;各焊接口处焊渣应凿掉,并刷防锈漆一道。

④ 各组井点系统的真空度应保持在 55.3～66.7 kPa,压力应保持在 0.16 MPa。

(4)安全要求

① 冲、钻孔机操作时应安放平稳,防止机具突然倾倒或钻具下落,造成人员伤亡或设备损坏。

② 已成孔尚未下井点前,井孔应用盖板封严,以免掉土或发生人员安全事故。

③ 各机电设备应由专人看管,电气设备必须一机一闸,严格接地、接零、安装漏电保护器,水泵和部件检修时必须切断电源,严禁带电作业。

(5)成品保护

① 井点成孔后,应立即下井点管并填入豆石滤料,以防塌孔。不能及时下井点管时,孔口应盖盖板,防止物件掉入井孔内堵孔。

② 井点管埋设后,管口要用木塞堵住,以防异物掉入管内造成堵塞。

③ 井点使用时应保持连续抽水,并检查抽水设备及电源,以避免泥渣沉淀淤管。

④ 冬期施工,井点连接总管处要覆盖保温材料,或回填厚 30 cm 以上干松土,以防冻坏管道。

(6)应注意的质量问题

① 基坑周围上部应挖好水沟,防止雨水流入基坑。井点位置应距坑边 2.0～2.5 m,以防止井点设置影响边坡土坡的稳定性。水泵抽出的水应按施工方案设置的明沟排出,离基坑越远越好,以防止地表水渗下回流,影响降水效果。土方挖掘运输车道不设置井点。

② 在正式开工前,由电工及时办理用电手续,保证在抽水期间不停电。因为抽水应连续进行,特别是在开始抽水阶段,时停时抽会使井点管的滤网阻塞,出水混浊。同时,由于中途长时间停止抽水,造成地下水位上升,会引起土方边坡塌方等事故。

③ 在抽水过程中应经常检查和调节离心泵的出水阀门以控制流水量,当地下水位降到所要求的水位后,减少出水阀门的出水量,尽量使抽吸与排水保持均匀,达到细水长流的目的。特别是开始抽水时,应检查有无井点管淤塞的“死井”,可通过判断管内水流声、管子表面是否潮湿等方法进行检查。如“死井”数量超过 10%,则严重影响降水效果,应及时采用高压水反复冲洗。

④ 真空度是轻型井点降水能否顺利进行降水的主要技术指标,现场设专人经常观测,若抽水过程中发现真空度不足,应立即检查整个抽水系统有无漏气环节,若有漏气应及时排除。

⑤ 如场地黏土层较厚将会影响降水效果。因为黏土的透水性能差,上层水不易渗透下去,采取套管和水枪在井点轴线范围之外用与埋设井点管相同的成孔作业方法打孔,井内填满粗砂,形成 2～3 排砂桩,使地层中上下层水贯通。在抽水过程中,由于下部抽水,上层水由于重力作用和抽水产生的负压,很容易漏下去,将水抽走。

⑥ 轻型井点降水应经常进行检查,其出水规律应“先大后小,先混后清”。若出现异常情况,应及时进行检查。

1.4　土　方　开　挖

1.4.1　放坡开挖

当施工现场有足够的放坡场地,且基坑开挖不会对邻近建筑物与设施的安全产生影响时,基坑开挖采取放坡方式比支护开挖经济。进行放坡开挖时,为保证开挖过程中边坡的稳定性,必须选择合理的边坡坡度。挖方边坡应根据使用时间(临时性或永久性)、土的种类、物理力学性质、水文等情况确定。

1.4.1.1　土方边坡坡度与边坡系数

工程中土方边坡常常用边坡坡度来表示。边坡坡度是以土方开挖深度 h 与坡底宽 b 之比表示(图 1.17),即

$$土方边坡的坡度 = 1:m = 1:\frac{b}{h} = \frac{h}{b} \qquad (1.10)$$

m 为土方的边坡系数,用坡底宽 b 与坡高 h(即基础开挖深度)之比表示,即

$$边坡系数 \ m = \frac{b}{h} \qquad (1.11)$$

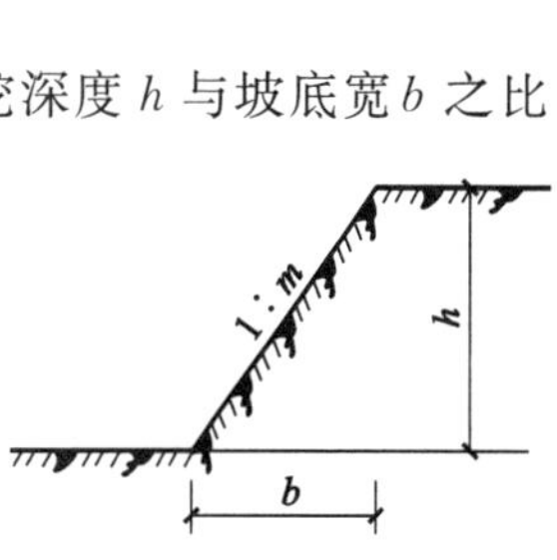

图 1.17　土方边坡

临时性挖方的边坡坡度应符合表 1.5 的规定。对永久性场地,挖方边坡坡度应按设计要求放坡,如设计无规定,可参考表 1.6。

在无地下水的情况,基坑(槽)和管沟开挖不加支撑时的允许深度,可参考表 1.7。挖深在 5 m 内不加支撑的基坑(槽)、管沟的边坡最陡坡度可参见表 1.8。

表 1.5　临时性挖方边坡坡度

土的类别		边坡坡度（高∶宽）
砂土（不包括细砂、粉砂）		1∶1.25～1∶1.50
一般性黏土	硬	1∶0.75～1∶1.00
	硬、塑	1∶1.00～1∶1.25
	软	1∶1.50 或更缓
碎石类土	充填坚硬、硬塑黏性土	1∶0.50～1∶1.00
	充填砂土	1∶1.00～1∶1.50

注：① 设计有要求时，应符合设计标准。
　　② 如采用降水或其他加固措施，可不受本表限制，但应计算复核。
　　③ 开挖深度，对软土不应超过 4 m，对硬土不应超过 8 m。

表 1.6　永久性场地土方挖方边坡坡度

项次	挖土性质	边坡坡度（高∶宽）
1	在天然湿度、层理均匀、不易膨胀的黏土和砂土（不包括细砂和粉砂）内挖方深度不超过 3m	1∶1.00～1∶1.25
2	在天然湿度、层理均匀、不易膨胀的黏土和砂土（不包括细砂和粉砂）内挖方深度为 3～12 m	1∶1.25～1∶1.50
3	干燥地区内土质结构未经破坏的干燥黄土及类黄土，深度超过 12 m	1∶0.10～1∶1.25
4	在碎石土和泥炭岩土的地方，深度不超过 12 m，根据土的性质、层理特性和挖方深度确定	1∶0.50～1∶1.50
5	在风化岩内的挖方，根据岩石性质、风化程度、层理特性和挖方深度确定	1∶0.20～1∶1.50
6	在微风化岩内的挖方，岩石无裂缝且无倾向挖方坡脚的岩石	1∶0.10
7	在未风化的完整岩石内的挖方	直立

表 1.7　基坑（槽）和管沟开挖不加支撑时的允许深度

项次	土层类别	允许深度/m
1	密实、中密的砂土和碎石类土（充填物为砂土）	1.00
2	硬塑、可塑的黏质粉土及粉质黏土	1.25
3	硬塑、可塑的黏性土和碎石类土（充填物为黏性土）	1.50
4	坚硬的黏性土	2.00

表 1.8　挖深在 5 m 内不加支撑的基坑（槽）、管沟的边坡最陡坡度

项次	岩石类别	边坡坡度（高宽比）		
		坡顶无荷载	坡顶有静载	坡顶有动载
1	中密的砂土	1∶1.00	1∶1.25	1∶1.50
2	中密的碎石类土（充填物为砂土）	1∶0.75	1∶1.00	1∶1.25
3	硬塑的粉土	1∶0.67	1∶0.75	1∶1.00
4	中密的碎石类土（充填物为黏性土）	1∶0.50	1∶0.67	1∶0.75
5	硬塑的粉质黏土、黏土	1∶0.33	1∶0.50	1∶0.67
6	老黄土	1∶0.10	1∶0.25	1∶0.33
7	软土（经井点降水后）	1∶1.00	—	—

注：① 静载指堆土或材料等，动载指机械挖土或汽车运输作业等；静载或动载应距挖方边缘 0.8 m 以外，堆土或材料高度不宜超过 1.5 m。
　　② 当有成熟经验时，不受本表限制。

1.4.1.2　开挖程序及要点

放坡开挖的程序一般是：

测量放线→切线分层开挖→排降水→修坡→整平→留足预留土层。

相邻基坑开挖时，应遵循先深后浅或同时进行的施工程序。挖土应自上而下水平分段进行，每层 0.3 m 左右，边挖边检查坑底宽度及坡度，不够时及时修整，每 3 m 左右修一次坡，至设计高度，再统一进行一次修坡清底，并检查坑底宽度和标高，要求坑底凹凸不超过 2.0 cm。

1.4.1.3　放坡开挖的注意事项

(1) 基坑边缘堆置的土方和建筑物材料，或沿挖方边缘移动的运输工具和机械，一般应距基坑上部边缘 0.8 m 以外，堆置高度不应超过 1.5 m。在垂直的坑壁边，此安全距离还应该增大。软土地区不宜在坑边堆置弃土。

(2) 基坑周围地面应进行防水、排水处理，严防雨水等地面水浸入基坑周边土体。

(3) 基坑开挖时，应对平面控制桩、水准点、基坑平面位置、水平标高、边坡坡度等经常复测检查。

(4) 在地下水位以下挖土，应在基坑(槽)四侧或两侧挖好临时排水沟和集水井，或采用井点降水，将地下水降至坑槽底以下 500 mm，降水工作应该持续到基础工程施工完毕。

(5) 基坑开挖应尽量防止对地基土的扰动。若用人工开挖，基坑开挖好后不能立即进行下道工序，应预留土层厚度 15～30 cm 不挖，待下道工序开始时再挖至设计标高。若用机械开挖，为避免破坏地基土，应在基底标高以上预留一层以便人工挖掘修整。使用铲运机、推土机时，保留土层厚度 15～20 cm；使用正铲、反铲或拉铲挖土机时，保留土层厚度 20～30 cm。

(6) 基坑开挖完毕后，应及时清底、验槽，减少暴露时间，防止暴晒和雨水浸刷破坏地基土的原状结构。

(7) 基坑开挖完毕后，应进行验槽并做好记录，如发现与勘察报告、设计不相符时，应与有关人员研究处理。

1.4.2　基坑(槽)土方量计算

1.4.2.1　按拟柱体体积公式计算

(1) 基坑土方量计算(图 1.18)

基坑土方量可按立体几何中的拟柱体体积公式计算，即

$$V = \frac{H}{6}(A_1 + 4A_0 + A_2) \tag{1.12}$$

式中　H——基坑深度，m；

　　　A_1, A_2——基坑上、下的底面面积，m^2；

　　　A_0——基坑中截面的面积，m^2。

注意：A_0 一般情况下不等于 A_1、A_2 之和的一半，而应该按侧面几何图形的边长计算出中位线的长度，然后再计算中截面的面积 A_0。

(2) 基槽和路堤管沟的土方量

若沿长度方向其断面形状或断面面积显著不一致时，可以按断面形状相近或断面面积相差不大的原则，沿长度方向分段后，用同样方法计算各分段土方量(图 1.19)。最后将各段土方量相加即得总土方量 $V_{总}$，即

$$V_i = \frac{L_i}{6}(A_1 + 4A_0 + A_2) \tag{1.13}$$

式中　V_i——第 i 段的土方量，m³；

　　　　L_i——第 i 段的长度，m。

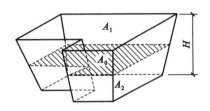

图 1.18　基坑土方量计算

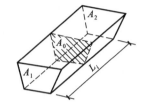

图 1.19　基槽分段施工示意图

1.4.2.2　按实际体积计算

（1）基槽土方量计算

基槽开挖时，两边留有一定的工作面，分为放坡开挖和不放坡开挖两种情况，如图 1.20 所示。

当基槽不放坡时：

$$V = h(a + 2c)L \tag{1.14}$$

当基槽放坡时：

$$V = h(a + 2c + mh)L \tag{1.15}$$

式中　V——基槽土方量，m³；

　　　　h——基槽开挖深度，m；

　　　　a——基础宽度，m；

　　　　c——工作面宽度，m；

　　　　m——坡度系数；

　　　　L——基槽长度（外墙按中心线，内墙按净长线），m。

如果基槽沿长度方向断面变化较大，应分段计算，然后汇总。

（2）基坑土方量计算

基坑开挖时，四边留有一定的工作面，分为放坡开挖和不放坡开挖两种情况，如图 1.21 所示。

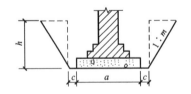

图 1.20　基槽土方量计算

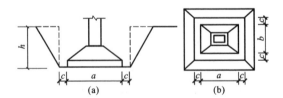

图 1.21　基坑土方量计算

当基坑不放坡时：

$$V = h(a + 2c)(b + 2c) \tag{1.16}$$

当基坑放坡时：

$$V = h(a + 2c + mh)(b + 2c + mh) + \frac{1}{3}m^2 h^3 \tag{1.17}$$

式中 V——基坑土方量，m^3；

       h——基坑开挖深度，m；

       a——基础底长，m；

       b——基础底宽，m；

       c——工作面宽，m；

       m——坡度系数。

1.4.3 基坑开挖

1.4.3.1 基坑开挖的施工要点

基坑开挖分为两种情况：一是无支护结构基坑的放坡开挖，二是有支护结构基坑的开挖。

基坑开挖方法主要有放坡分层开挖、有支护基坑开挖、盆式开挖、中心岛式开挖等几种，应根据基坑面积大小、开挖深度、支护结构形式、环境条件等因素选用。

（1）放坡分层开挖

放坡分层挖土是将基坑按深度分为多层进行逐层开挖，这种开挖方式适合于四周空旷、有足够放坡场地、周围没有建筑设施或地下管线的情况。分层厚度：软土地基应控制在 2 m 以内，硬质土地基宜控制在 5 m 以内。开挖顺序可从基坑的某一边向另一边平行开挖，可从基坑两头对称开挖，或从基坑中间向两边平行对称开挖，也可交替分层开挖，这些均可根据工作面和土质情况决定。

在采用放坡开挖时，要求基坑边坡在施工期间保持稳定。基坑边坡坡度应根据土质、基坑深度、开挖方法、留置时间、边坡荷载、排水情况及场地大小确定。放坡开挖应有降低坑内水位和防止坑外水倒灌的措施。若土质较差且基坑施工时间较长，边坡坡面可采用钢丝网喷浆等措施进行护坡，以保持基坑边坡稳定。在软土地基下不宜挖深过大，一般控制在 6～7 m；在坚硬土层中，则不受此限制。放坡开挖的放坡坡度应符合规范要求。

放坡开挖施工方便，挖土机作业无障碍、工效高，基础开挖后基础结构作业空间大、施工工期短、经济效益好。但在城市或人口密集地区施工时，往往不允许采用这种开挖方式。

（2）有支护基坑开挖

有支护基坑开挖包括无内支撑支护和有内支撑支护的基坑开挖。无内支撑支护有悬臂式、拉锚式、重力式、土钉墙等，该种支护的土壁可垂直向下开挖，不需要在基坑边四周有很大的场地，可用于场地狭小、土质较差的情况。同时，在地下结构完成后，其基坑土方回填工作量也小。有内支撑支护基坑土方开挖比较困难，其土方分层开挖必须与支护结构施工相协调。在有内支撑支护的基坑中进行土方开挖，受内支撑影响比较大，施工中开挖、运土均较困难。

（3）盆式开挖

盆式开挖适合于基坑面积较大、支撑或拉锚作业困难且无法放坡的基坑。盆式开挖时先分层开挖基坑中间部分的土方，基坑周边一定范围内的土暂不开挖，形成盆式（图 1.22），开挖时可视土质情况放坡，此时留下的土坡可对四周围护结构形成被动土反压力区，以增强围护结构的稳定性，待中间部分的混凝土垫层、基础或地下室结构施工完成之后，再用水平支撑或斜撑对四周围护结构进行支撑，并突击开挖周边支护结构内部分被动土区的土，每挖一层支一层水平横顶撑（图 1.23），直至坑底，最后浇筑该部分结构混凝土。

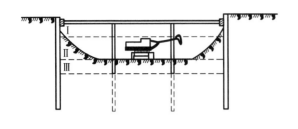

图1.22　盆式开挖示意图

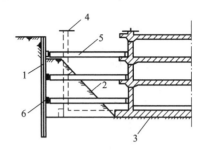

图1.23　开挖内支撑示意图

1—钢板桩或灌注桩;2—后挖土方;3—先施工地下结构;
4—后施工地下结构;5—钢水平支撑;6—钢横撑

盆式开挖法支撑用量小、费用低,盆式部位土方开挖方便。基坑面积大时,更能体现盆式开挖施工的优越性。

（4）中心岛式开挖

当基坑面积不大,周围环境和土质可以进行拉锚或采用支撑时,可采用中心岛式开挖。与盆式开挖相反,中心岛式挖土是先开挖基坑周边土方,基坑周围的土方暂时留置,中间留土方可作为支点搭设栈桥,挖土机可利用栈桥下到基坑挖土,运土的汽车亦可利用栈桥进入基坑运土,可有效加快挖土和运土的速度。挖土也分层开挖,一般先全面挖去一层,然后中间部分留置土墩,周围部分分层开挖。挖土多用反铲挖土机,如基坑深度很大,可采用向上逐级传递方式进行土方装车外运。中心岛（墩）式挖土示意如图1.24所示。

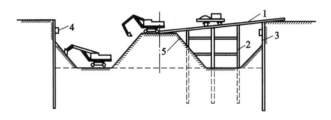

图1.24　中心岛（墩）式挖土示意图

1—栈板;2—支架或工程桩;3—围护墙;4—腰梁;5—土墩

从边缘开挖到基底以后,先浇筑该区域的底板,以形成底部支撑,再开挖中央部分的土方。

1.4.3.2　基坑开挖的注意事项

（1）开挖与支撑相配合,每次挖土深度不得超过将要加支撑位置以下0.5 m,以防止支撑失稳。每次挖土深度与所选用的施工机械有关。当采用分层分段开挖时,分层厚度不宜大于5 m,分段长度不大于25 m,并应快挖快撑,时间不宜超过2 d,以充分利用土体结构的空间作用,减少支护结构的变形。在深基坑挖土时为防止地基一侧失去平衡而导致坑底涌土、边坡失稳、坍塌等情况,挖土机械不得在支撑上作业或行走。

（2）深基坑开挖过程中,随着土的挖出,下层土因逐渐卸载而有可能回弹,尤其在基坑挖至设计标高后,搁置时间过久,回弹得更为显著。弹性隆起在基坑开挖和基础工程初期发展很快,它将加大建筑物的后期沉降。因此,对深基坑开挖后的土体回弹应有适当的估计。

（3）雨季施工时,应对坑壁采取护面措施,同时做好坑顶地表水的疏干排除工作,防止雨水冲刷并影响边坡稳定。机械挖土时,为防止基底土被扰动,结构被破坏,不应直接挖至坑

(槽)底,如个别地方超挖,应用原土填补,并夯实至要求的密实度。如用原土填补不能达到要求的密实度时,应用砂石填补,并仔细夯实。在特别重要的地方超挖时,应用块石或低强度等级的混凝土填实。

（4）在基坑开挖、基础施工及回填过程中应始终保持井点降水工作的正常进行。

（5）开挖前施工方案设计要周全,施工过程中要重视现场监测工作。

1.4.3.3 质量检查

（1）开挖深度应根据设计基础埋深、确定的室内地坪标高及地基持力层位置进行综合分析确定。一般对软土不应超过 4 m,硬土不应超过 8 m。对于采用板桩、钢筋混凝土桩、重力式深层搅拌水泥土桩等进行护壁的基坑(槽),其开挖长、宽范围应以护壁结构所围的范围为准,开挖深度的确定与上述相同。

（2）使用大型土方机械在坑下作业,如为软土地基或在雨期施工,机械进入基坑行走时需铺垫钢板或铺筑道路。所以,对大型软土基坑,为减少分层挖运土方的复杂性,还可采用"接力挖土法",它是利用两台或三台挖土机分别在基坑的不同标高处同时挖土。一台在地表,两台在基坑不同标高的台阶上,边挖土边向上传递到上层,由地表挖土机装车,用自卸汽车运至弃土地点。

（3）土方开挖应制订方案、绘出开挖图,确定开挖路线、顺序、范围、基底标高、边坡坡度、排水沟和集水井位置以及挖出的土方堆放地点。

（4）由于大面积基础群基底标高不一,机械开挖次序一般采取先整片挖至一平均标高,然后再挖个别较深部位。当一次开挖深度超过挖土机最大挖掘高度(5 m 以上)时,宜分 2～3 层开挖,并修筑坡度为 10％～15％坡道,以便挖土及运输车辆进出。

（5）由于机械施工不能准确地将地基抄平,容易出现超挖现象,所以,要求施工中机械开挖到基底以上 20～30 cm 后,采用人工方法挖至坑底标高。对于基坑边角部位,即机械开挖不到之处,应用少量人工配合清坡,将松土清理至机械作业半径范围内,再用机械掏取运走。

土方开挖工程质量检验标准应符合表 1.9 的规定。

表 1.9 土方开挖工程质量检验标准

项目	序号	检查项目	允许偏差或允许值/mm					检验方法
			柱基基坑基槽	挖方场地平整		管沟	地(路)面基层	
				人工	机械			
主控项目	1	标高	−50	±30	±50	−50	−50	用水准仪检查
	2	长度、宽度(由设计中心线向两边量)	+200 −50	+300 −100	+500 −150	+100	—	用经纬仪检查,用钢尺量
	3	边坡	按设计要求					观察或用坡度尺检查
一般项目	1	表面平整度	20	20	50	20	20	用 2 m 靠尺和楔形塞尺检查
	2	基底土性	按设计要求					观察或土样分析

注：① 地(路)面基层的偏差只适用于直接在挖、填方上做地(路)面的基层;

② 本表所列数值适用于附近无重要建筑物或重要公共设施,且基坑暴露时间不长的情况。

1.4.4 土方开挖机械化施工

在土方工程的开挖、运输、填筑、压实等施工过程中,应尽可能采用机械化和先进的作业方法,以减轻繁重的体力劳动,加快施工进度,提高生产率。

【扫码演示】

土方工程施工机械的种类很多,常用的有推土机、铲运机、挖土机及运输机械和碾压夯实机械等。施工中应合理选择土方机械,充分发挥机械效能,并使各种机械在施工中配合协调,加快施工进度。

1.4.4.1　单斗挖土机

单斗挖土机是基坑(槽)开挖的常用机械,当施工高度较大、土方量较多时,可采用单斗挖土机并配以汽车挖运土方。单斗挖土机(图 1.25)按其工作装置和工作方式不同可分为正铲、反铲、拉铲和抓铲四种;按行走方式不同可分为履带式和轮胎式两种;按操纵机构不同可分为机械式挖土机[图 1.25(a)、图 1.25(b)、图 1.25(c)、图 1.25(d)]和液压式挖土机[图 1.25(e)、图 1.25(f)、图 1.25(g)]两种。由于液压传动具有很大优越性,发展很快,因此较为常用。

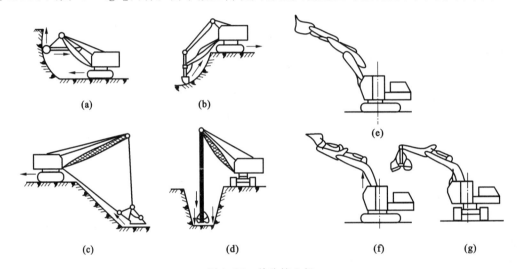

图 1.25　单斗挖土机

(a)、(e) 正铲;(b)、(f) 反铲;(c) 拉铲;(d)、(g) 抓铲

(1) 正铲挖土机施工

正铲挖土机一般仅用于开挖停机面以上的土,外形如图 1.25(a)、图 1.25(e)所示,其挖掘力大、效率高,适用于含水量不大于 27% 的一类至四类土,它可直接往自卸汽车上装土,进行土的外运工作。正铲挖土机的特点是:前进向上,强制切土。由于挖掘面在停机面的前上方,所以,正铲挖土机适用于开挖大型、低地下水位且排水通畅的基坑以及土丘等。

根据挖土机的开挖路线与运输工具的相对位置不同,正铲挖土机的作业方式主要有两种,即侧向装土法和后方装土法。

侧向装土法就是挖土机沿前进方向挖土,运输工具停在侧面装土[图 1.26(a)]。挖土机用侧向装土法卸土时,动臂回转角度小,运输工具行驶方便,生产效率高,应用较广。

后方装土法就是挖土机沿前进方向挖土,运输工具停在挖土机后面装土[图 1.26(b)]。挖土机用后方装土法卸土时,动臂回转角度大,装车时间长,生产效率低,且运输车辆要倒车开入,所以,一般只用于开挖工作面狭小且较深的基坑。

(2) 反铲挖土机施工

反铲挖土机适用于开挖停机面以下的一至三类的砂土和黏性土,其作业特点是:后退向下,强制切土。反铲挖土机主要用于开挖基坑、基槽或管沟;亦可用于地下水位较高处的土方开挖,经济合理的挖土深度为 3~5 m,挖土时可与自卸汽车配合,也可以就近弃土。其作业方

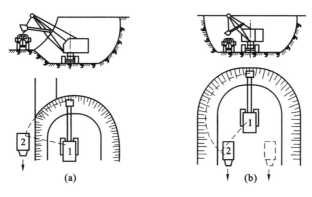

图 1.26　正铲挖土机开挖方式

(a) 侧向装土；(b) 后方装土

1—正铲挖土机；2—自卸汽车

式有沟端开挖与沟侧开挖两种。

　　沟端开挖[图 1.27(a)]就是挖土机停在沟端，向后倒退着挖土，汽车停在两旁装土。

　　沟侧开挖[图 1.27(b)]就是挖土机沿沟槽一侧直线移动，边走边挖，将土弃于距基槽较远处。此方法一般在挖土宽度和深度较小、无法采用沟端开挖或挖土不需要运走时采用。

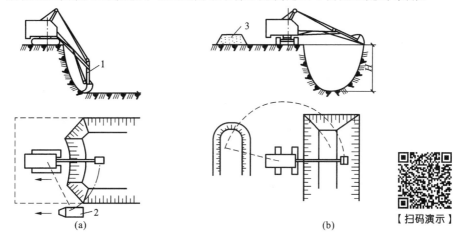

【扫码演示】

图 1.27　反铲挖土机开挖方式

(a) 沟端开挖；(b) 沟侧开挖

1—反铲挖土机；2—自卸汽车；3—弃土堆

　　(3) 拉铲挖土机施工

　　拉铲挖土机[图 1.25(c)]施工时，依靠土斗自重及拉索拉力切土。它适用于开挖停机面以下的一类至三类土。其作业特点是：后退向下，自重切土。拉铲挖土机的开挖深度和半径较大，常用于较大基坑(槽)、沟槽及大型场地平整和挖取水下泥土的施工。工作时一般直接弃土于附近。

　　拉铲挖土机的作业方式与反铲挖土机相同，有沟端开挖和沟侧开挖两种。

　　(4) 抓铲挖土机施工

　　机械传动抓铲挖土机[图 1.25(d)、图 1.25(g)]是在挖土机臂端用钢丝绳吊装一个抓斗。其作业特点是：直上直下，自重切土。抓铲挖土机挖掘力较小，能开挖停机面以下的一类至二类土。适用于开挖较松软的土,特别是松软土中窄而深的基坑、深槽、深井采用抓铲可取得理想效果;抓铲挖土机还可用于疏通旧有渠道以及挖取水中淤泥,或用于装卸碎石、矿渣等松散材料。

土方开挖运输前应检查定位放线、排水和降低地下水位系统,合理安排土方运输车的行走路线及弃土场,为了减少车辆的调头、等待和装土时间,施工场地必须考虑车辆调头及停车位置。施工过程中还应检查平面位置、水平标高、边坡坡度、压实度及排水、降低地下水位系统,并随时观测周围的环境变化。

1.4.4.2　土方挖运机械选择

土方挖运机械的选择要点如下:

① 在场地平整施工中,当地形起伏不大(坡度小于 15°),填挖平整土方的面积较大,平均运距较短(1500 m 以内),土的含水率适当(27% 以下)时,采用铲运机较为合适。如土质为硬土,则用其他机械翻松后再铲运。

② 当地形起伏较大,挖土高度在 3 m 以上,运输距离超过 1000 m,土方工程量较大又较集中时,一般可采用下述三种方式进行挖土和运土:

a. 正铲挖土机配合自卸汽车进行施工,并在弃土区配备推土机进行平整和推土。选择铲斗容量时,应考虑到土质情况、工程量和工作面高度。当开挖普通土,集中工程量在 15000 m³ 以下时,可采用 0.5 m³ 的铲斗;当开挖集中工程量为 15000~50000 m³ 时,宜选用 1.0 m³ 的铲斗,此时,普通土和硬土都能开挖。

b. 用推土机将土推入漏斗,并用自卸汽车在漏斗下装土并运走。该方法适用于挖土层厚度在 5~6 m 以上的地段。漏斗上口尺寸为长 3 m 左右、宽 3.5 m 的框架支撑。其位置应选择在挖土段的较低处,并预先挖平。漏斗左右及后侧土壁应予以支撑。

c. 用推土机预先把土推成一堆,用装载机把土装到汽车上运走,效率也很高。

③ 对基坑开挖,当基坑深度在 1~2 m,而长度又不太长时,可采用推土机;对于深度在 2 m 以内的线状基坑,宜用铲运机开挖;当基坑面积较大,工程量又集中时,可选用正铲挖土机挖土,自卸汽车配合运土;如地下水位较高,又不采用降水措施,或土质松软,则应用反铲、拉铲或抓铲挖土机施工。

④ 开挖基坑和管沟的回填,当运距在 100 m 以内时,可采用推土机施工。

上述各种机械的适用范围都是相对的,选用时应根据具体情况考虑。如果有多种机械可供选择时,应当进行技术经济比较,选择效率高、费用低的土方机械进行施工。

1.5　基坑支护

基坑(槽)施工时,若土质与周边环境允许,采用放坡开挖较为经济,但在建筑物稠密地区,或受周围市政设施的限制,不允许放坡开挖,或者按规定放坡所增加的土方量过大时,一般都需要用设置土壁支护的施工方法进行施工。

1.5.1　支撑方式

1.5.1.1　浅基坑(槽)、管沟支撑

对宽度不大、深 5 m 以内的浅基坑(槽)、管沟,一般宜设置简单支撑,其形式根据开挖深

度、土质条件、地下水位、施工时间长短、施工季节和当地气象条件、施工方法与相邻建(构)筑物情况进行选择。

横撑式支撑根据挡土板的不同分为水平挡土板和垂直挡土板两类,水平挡土板的布置分为间断式、断续式和连续式三种;垂直挡土板的布置分为断续式和连续式两种。基坑(槽)、管沟的支撑方法及适用条件如表 1.10 所示。

表 1.10　基坑(槽)、管沟的支撑方法及适用条件

支撑方式	简图	支撑方法及适用条件
间断式水平支撑		两侧挡土板水平放置,用工具或木横撑借木楔顶紧,挖一层土,支顶一层。 适用于能保持立壁的干土或天然湿度的黏土类土,地下水很少,深度在 2 m 以内时
断续式水平支撑		挡土板水平放置,中间留出间隔,并在两侧同时对称立竖方木,再用工具或木横撑上、下顶紧。 适用于能保持立壁的干土或天然湿度的黏土类土,地下水很少,深度在 3 m 以内时
连续式水平支撑		挡土板水平连续放置,不留间隔,两侧同时对称立竖方木,上、下各顶一根撑木,端头加木楔顶紧。 适用于较松散的干土或天然湿度的黏土类土,地下水很少,深度在 3~5 m 时
连续式或断续式垂直支撑		挡土板垂直放置,可连续布置或留适当间隔,每侧上、下各水平顶一根方木,再用横撑顶紧。 适用于较松散或天然湿度很高的土,地下水较少时

续表 1.10

支撑方式	简图	支撑方法及适用条件
水平、垂直混合式支撑	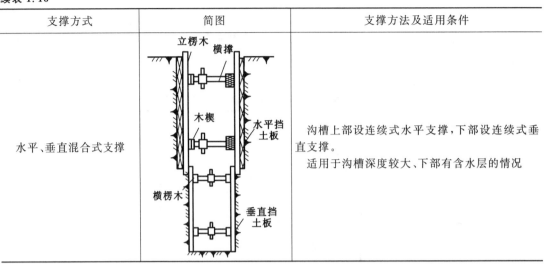	沟槽上部设连续式水平支撑，下部设连续式垂直支撑。 适用于沟槽深度较大、下部有含水层的情况

对宽度较大、深度不大的浅基坑，其支撑方式常用的有斜柱支撑、锚拉支撑、短桩横隔板支撑和临时挡土墙支撑等。斜柱支撑和锚拉支撑的支撑方法及适用条件如表 1.11 所示。

表 1.11　斜柱支撑和锚拉支撑的支撑方法及适用条件

支撑方式	简　图	支撑方法及适用条件
斜柱支撑		水平挡土板钉在桩内侧，柱桩外侧用斜撑支顶，斜撑底端支在木桩上，在挡土板内侧回填土。 适用于开挖较大型、深度不大的基坑或使用机械挖土时
锚拉支撑		水平挡土板支在桩内侧，柱桩一端打入土中，另一端用拉杆与锚桩拉紧，在挡土板内侧回填土。 适用于开挖较大型、深度不大的基坑或使用机械挖土，不能在安设横撑时使用

1.5.1.2　深基坑支护结构

对宽度较大、深 5 m 以上的深基坑且地质条件较复杂时，必须选择有效的支护形式，一般应由施工单位会同设计单位、建设单位共同制订可靠的支护方案，表 1.12 为几种常用深基坑支护（撑）的特点及适用条件，仅供参考。

表 1.12　几种常用深基坑支护(撑)的特点及适用条件

支护名称	支护方法	特点及适用条件
型钢桩横挡板支护(图 1.28)	沿挡土位置预先打入钢轨、工字钢或型钢,间距为 1.2~1.5 m,然后边挖方边将 3~6 cm 厚的挡土板塞进型钢桩之间挡土,并在横向挡板与型钢桩之间打入楔子,使横板与土体紧密接触	施工成本低,易沉桩,噪声低,振动小,是最常见的一种简单经济的支护方法。但该方法不能止水,易导致周边地基产生下沉(凹)。适用于地下水位较低、深度不太大的一般黏性土或砂土层中
钢板桩支护(图 1.29)	在开挖基坑的周围打钢板桩或钢筋混凝土板桩,桩断面有 U 形、Z 形、H 形等。板桩入土深度及悬臂长度应经计算确定。当基础坑宽度、深度很大时,可另在基坑内加设钢结构支撑体系	桩材料强度高,截面种类多,可灵活地选用,打设较方便,止水性好,可多次周转使用,但施工成本高,需用柴油打桩机或振动打桩机施工,噪声和振动较大,一般宜用静力压桩施工。适用于一般地下水深度和宽度不太大的黏性土、砂土层中。当加设支撑时,可应用于饱和软弱土中较大、较深基坑的开挖
挡土灌注桩支护(图 1.30)	在开挖基坑周围,用钻机钻孔,下钢筋笼,现场灌注混凝土桩,桩间距为 1~2 m,成排设置,上部设连系梁,在基坑中间用机械或人工挖土,下挖 1 m 左右装上横撑,在桩背面装上拉杆与已设锚桩拉紧,然后继续挖土至要求深度。如基坑深度小于 6 m,或邻近有建(构)筑物,也可不设锚拉杆,但应加密桩距或加大桩径	施工设备简单,所需作业场地不大,噪声低、振动小、成本低,桩刚度较大,抗弯强度高,安全性好,但止水性差,为防止水土流失,也可在灌注桩间加粉喷桩。适合于开挖较大(大于 6 m)基坑,以及邻近有建筑物、不允许放坡、不允许附近地基出现下沉位移时采用
地下连续墙支护(图 1.31)	在开挖基坑周围先建造混凝土或钢筋混凝土地下连续墙,在墙中用机械或人工挖土直至要求深度。跨度很大时,可在内部加设水平支撑及支柱。当采用逆作法施工时,每下挖一层,把下一层梁、板、柱混凝土浇筑完成,以此作为地下连续墙的水平框架支撑,如此循环作业,直至地下室的底层土全部挖完,地下结构混凝土浇筑完成	墙体可自行设计,刚度大,整体性好,止水性佳,施工噪声及振动较小,但施工中需专门机具,施工技术较为复杂,费用较昂贵。适合于开挖较大、较深(大于 10 m),有地下水,周围有建筑物、道路的黏土类、砂土类基坑,并作为地下结构的一部分;或用于高层建筑的逆作法施工;或作为地下室结构的部分外墙,但在坚实砂砾石中成孔困难,不宜采用
土层锚杆支护[图 1.32(a)]	沿开挖基坑(或边坡)每 2~4 m 设置一层向下稍倾斜的土层锚杆。锚杆设置是用专门的锚杆钻机钻孔,安放钢筋锚杆,用水泥压力灌浆,达到强度后,安上横撑,借螺帽拉紧或施加预应力固定在坑壁上,每挖一层,装设一层锚杆,直到挖土至要求深度。土层锚杆也可与挡土灌注桩、地下连续墙结合支护[图 1.32(b)、图 1.32(c)],可减小桩、墙截面	可用于任何平面形状和场地高低差较大的部位,支护材料较省,简化支撑设置,改善施工条件,加快施工进度,但须具备锚杆成孔灌浆设备。适合于较硬土层,或破碎岩石中开挖较大、较深基坑,邻近有建筑物可保证边坡稳定时采用。与挡土桩、连续墙结合支护,可用于较大、较深(大于 10 m)的大型基坑支护

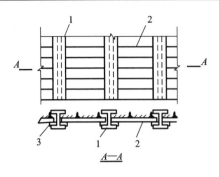

图 1.28　型钢桩横挡板支护

1—型钢桩;2—挡土板;3—木楔

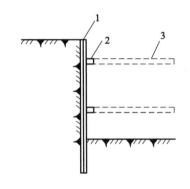

图 1.29　钢板桩支护

1—钢板桩;2—横撑;3—水平支撑

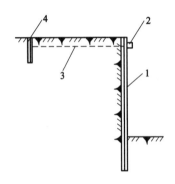

图 1.30　挡土灌注桩支护

1—现场钻孔灌注桩;2—钢横撑;3—钢拉杆;4—锚桩

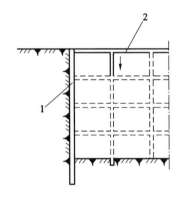

图 1.31　地下连续墙支护

1—地下连续墙;2—地下室梁板

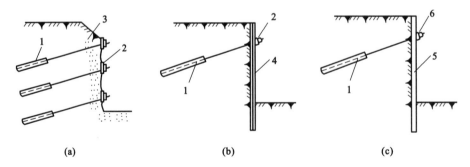

图 1.32　土层锚杆支护及土层锚杆与挡土灌注桩、地下连续墙结合支护

(a)土层锚杆支护;(b)挡土灌注桩与土层锚杆结合支护;(c)地下连续墙与土层锚杆结合支护

1—土层锚杆;2—钢横撑;3—土层或破碎岩层;4—现场钻孔灌注桩;5—地下连续墙;6—锚头垫座

1.5.2　基坑(槽)、管沟支撑施工

1.5.2.1　施工要点

(1)应严格遵循先撑后挖的原则,即挖至每层支撑标高,待支撑加设并起作用后再继续挖下层。不得在基坑(槽)、管沟全部挖好后再设置支撑,以免使基坑(槽)壁、管沟壁失稳。土方开挖宜由上而下分层、分段、对称进行,使支护结构受力均匀。要控制相邻段的土方开挖高差

不大于 1.0 m,防止因土方高差过大而产生推力,使工程桩移位或变形。

（2）基坑（槽）沟壁开挖宽度应为基础（管道）宽度再加每边工作面宽度和 $100 \sim 150$ mm 支护（撑）结构需要的尺寸。挖土时,土壁要平直,挡土板要紧贴土面,并用木楔或横撑木顶紧挡板。在支护角部要增设加强支撑。

（3）土方开挖前应先进行基坑降水,降水深度宜控制在坑底以下 $500 \sim 1000$ mm,防止降水影响到支护结构,造成基坑周围地面产生沉降。

（4）采用钢（木）板桩、挡土灌注桩、地下连续墙支护时,应事先进行打设或施工,然后再分层进行基坑土方开挖,分层设横撑、土层锚杆,其施工操作工艺分别参见单元 2 中有关内容。

（5）拆除支护（撑）时,应按照基坑（槽）、管沟土方回填顺序,从下而上逐步进行。施工中更换支撑时,必须先安装新的再拆除旧的。

（6）挖土机的进出口通道应铺设路基箱以扩散压力,必要时局部注浆或作水泥土搅拌桩加固地基。

（7）挖土期间基坑边严禁大量堆载,地面荷载值绝对不允许超过设计支护结构时采用的地面超载值。

1.5.2.2　质量要求

（1）在基坑（槽）或管沟工程等开挖施工中,现场不宜进行放坡开挖,当可能对邻近建（构）筑物、地下管线、永久性道路产生危害时,应对基坑（槽）、管沟进行支护后再开挖。

（2）基坑（槽）、管沟开挖前应做好下述工作:

① 基坑（槽）、管沟开挖前,应根据支护结构形式、挖深、地质条件、施工方法、周围环境、工期、气候和地面荷载等资料制订施工方案、环境保护措施、监测方案,经审批后方可施工。

② 土方工程施工前,应对降水、排水措施进行设计,系统应经检查和试运转,一切正常时方可开始施工。

（3）土方开挖的顺序、方法必须与设计工况一致,并遵循"开槽支撑,先撑后挖,分层开挖,严禁超挖"的原则。

（4）基坑（槽）、管沟的挖土应分层进行。在施工过程中基坑（槽）、管沟边堆置土方不应超过设计荷载,挖方时不应碰撞或损伤支护结构、降水设施。

（5）基坑（槽）、管沟土方施工过程中,应根据第三方专业监测和施工监测结果,及时分析评估基坑的安全状况,对可能危及基坑安全的质量问题,应采取补救措施。基坑开挖监测包括支护结构的内力和变形,地下水位变化及周边建（构）筑物、地下管线等市政设施的沉降和位移等监测内容可按表 1.13 选择。

表 1.13　基坑监测项目选择表

地基基础设计等级	支护结构水平位移	邻近建（构）筑物沉降与地下管线变形	地下水位	锚杆拉力	支撑轴力或变形	立柱变形	柱墙内力	地面沉降	基坑隆起	土侧向变形	孔隙水压力	土压力
甲级	√	√	√	√	√	√	√	√	√	√	△	△
乙级	√	√	√	√	△	△	△	△	△	△	△	△
丙级	√	√	○	○	○	○	○	○	○	○	○	○

注:① √为应测项目,△为宜测项目,○为可不测项目;
　　② 对深度超过 15 m 的基坑宜设坑底土回弹监测点;
　　③ 基坑周边环境进行保护要求严格时,应对基坑内、外地下水位进行监测。

（6）基坑（槽）、管沟开挖至设计标高后，应对坑底进行保护，经验槽合格后，方可进行垫层施工。对特大型基坑，宜分区分块挖至设计标高，分区分块及时浇筑垫层。必要时，可加强垫层。

（7）基坑（槽）、管沟土方工程验收必须以确保支护结构安全和周围环境安全为前提。

支护（撑）材质必须符合设计要求和施工规范的规定。

支护（撑）的设置位置、垂直度、标高必须符合设计要求。

1.5.2.3　安全措施

（1）深基坑支护上部应设安全护栏和危险标志，夜间应设红灯标志。

（2）在设置支撑的基坑（槽）挖土时不得碰动支撑，支撑上不得放置物件；严禁将支撑当脚手架使用。严禁操作人员攀登支护或支撑上下基坑（槽）。

（3）在设置支护的基坑中使用机械挖土时，应防止碰坏支护，或直接压过支护结构的支撑杆件；在基坑（槽）上边行驶，应复核支护强度，必要时应进行加固。

（4）支护（撑）的设置应遵循由上而下的程序，支护（撑）拆除应遵循由下而上的程序，以防止基坑（槽）失稳塌方。

（5）安装支撑时应戴安全帽，安装支护（撑）横梁、锚杆等应在脚手架上进行，高空作业应挂安全带。

1.5.2.4　注意事项

（1）支护（撑）的设置必须结构合理，构造简单，装拆方便，能回收利用，节省费用，使用可靠，保证施工期间的安全，不给邻近地基和已有建（构）筑物带来不利影响；拆除支护（撑）前要研究好拆除时间、顺序和方法，以免给施工安全和地下工程造成危害。

（2）支护（撑）安装和使用期间要加强检查、观察和监测，发现支撑折断、支护变形、坑壁裂缝、掉渣、上部地面裂缝、邻近建筑物下沉裂缝、变形倾斜等，应及时进行分析和处理，或进行加固。

（3）当基坑地下水较大，而土质为粉细砂层，易产生流砂时，须将围幕截水与人工降低地下水位相结合，可在挡土灌注桩之间加设旋喷桩（深层搅拌桩或喷粉桩）阻水。

1.5.3　土层锚杆施工

土层锚杆简称土锚杆，它是在地面或深开挖的地下室墙面（挡土墙、桩或地下连续墙）或未开挖的基坑立壁土层钻孔（或掏孔），达到一定设计深度后，再扩大孔的端部，形成柱状或其他形状，在孔内放入钢筋、钢管或钢丝束、钢绞线及其他抗拉材料，灌入水泥浆或化学浆液，使之与土层结合成为抗拉（拔）力强的锚杆。其特点是：能与土体结合在一起承受很大的拉力，以保持结构的稳定；可用高强钢材，并可施加预应力，可有效地控制建筑物的变形量；施工所需钻孔孔径小，不用大型机械；代替钢横撑作侧壁支护，可大量节省钢材；为地下工程施工提供开阔的工作面；经济效益显著，可节省大量劳力，加快工程进度。

1.5.3.1　施工准备

（1）材料要求

① 锚杆

用钢筋、钢管、钢丝束或钢绞线，多用钢筋；有单杆和多杆之分，单杆多用Ⅱ级或Ⅲ级热轧螺纹粗钢筋，直径为22～32 mm；多杆直径为16 mm，一般为2～4根，承载力很高的土层锚杆多采用钢丝束或钢绞线。应有出厂合格证及试验报告。

② 水泥浆锚杆体

水泥用强度等级为 42.5 号或 52.5 号普通硅酸盐水泥；砂用粒径小于 2 mm 的中细砂；水用 pH 值小于 4 的水。

（2）主要机具设备

① 成孔机具设备：可采用螺旋式钻孔机、旋转冲击式钻孔机或 YQ-100 型潜水钻机，亦可采用普通地质钻孔设备改装的 HGY100 型或 ZT100 型钻机，并带套管和钻头等。

② 灌浆机具设备：灰浆泵、灰浆搅拌机等。

③ 张拉设备：YC-60 型穿心式千斤顶，配 SY-60 型油泵油压表等。

（3）作业条件

① 根据地质勘察报告，摸清工程区域地质水文情况，同时查明锚杆设计位置的地下障碍物情况，以及钻孔、排水对邻近建（构）筑物的影响。

② 编制施工组织设计，根据工程结构、地质、水文情况及施工机具、场地、技术条件，制订施工方案，进行施工布置及平面布置，划分区域；选定并准备钻孔机具和材料加工设备；委托安排锚杆及零件制作。

③ 进行场地平整，拆迁施工区域内的报废建（构）筑物及水、电、通信线路，挖除工程部位地面以下 3 m 内的地下障碍物。

④ 开挖边坡，按锚杆尺寸取 2 根进行钻孔、穿筋、灌浆、张拉、锚定等工艺试验，并做抗拔试验，检验锚杆质量，以检验施工工艺和施工设备的适应性。

⑤ 在施工区域内设置临时设施，修建施工便道及排水沟，安装临时水电线路，搭设钻机平台，将施工机具设备运进现场，安装后试运转，检查机械、钻具、工具等是否完好齐全。

⑥ 进行技术交底，弄清锚杆排数、孔位高低、孔距、孔深、锚杆及锚固件形式。清点锚杆及锚固件数量。

⑦ 进行施工放线，定出挡土墙、桩基线和各个锚杆孔的位置，锚杆的倾斜角。

⑧ 做好钻杆用钢筋、水泥、砂子等的备料工作，并将使用的水泥、砂子按设计规定配合比做砂浆强度试验；锚杆对焊或帮条焊应做焊接强度试验，验证能否满足设计要求。

1.5.3.2　施工程序及要点

土层锚杆施工程序为（水作业钻进法）：土方开挖—测量、放线定位—钻机就位—接钻杆—校正孔位—调整角度—打开水源—钻孔—提出内钻杆—冲洗—钻至设计深度—反复提内钻杆—插钢筋（或钢绞线）—压力灌浆—养护—裸露主筋防锈—上横梁（或预应力锚件）—焊锚具—张拉（仅用于预应力锚杆）—锚头（锚具）锁定。

土层锚杆施工的要点如下：

（1）土层锚杆干作业施工程序与水作业钻进法施工程序基本相同，只是钻孔中不用水冲洗泥渣成孔，而是用干法使土体顺螺杆出孔来成孔。

（2）钻孔时要保证位置正确，要随时注意调整好锚孔位置（上下左右及角度），防止高低参差不齐和相互交错。

（3）钻进后要反复提插孔内钻杆，并用水冲洗孔底沉渣直至出清水，再接下节钻杆；遇有粗砂、碎卵石土层，在钻杆钻至最后一节时，应比要求深度多 10～20 cm，以防粗砂、碎卵石堵塞管子。

（4）钢筋、钢绞线使用前要检查各项性能,检查有无油污、锈蚀、缺股断丝等情况,如有不合格的,应进行更换或处理。断好的钢绞线长度要基本一致,偏差不得大于 5 cm。端部要用铁丝绑扎牢,不得参差不齐或散架。干作业要另焊一个锥形导向帽;钢绞线束外留量应从挡土、结构物连线算起,外留 1.5～2.5 m。钢绞线与导向架要绑扎牢固,导向架间距要均匀,一般为 2 m 左右。

（5）注浆管使用前,要检查有无破裂堵塞,接口处要处理牢固,防止压力加大时开裂跑浆。

（6）拉杆应由专人制作,要求顺直。钻孔完毕后应尽快安设拉杆,以防塌孔。拉杆使用前要除锈,钢绞线要清除油脂。拉杆接长应采用对焊或帮条焊。孔附近拉杆钢筋应涂防腐漆。为将拉杆安置于钻孔的中心,在拉杆上每隔 1.0～2.0 m 应安设一个定位器。为保证非锚固段拉杆可以自由伸长,可采取在锚固段与非锚固段之间设置堵浆器,或在非锚固段的拉杆上涂以润滑油脂,以保证在该段自由变形。

（7）在灌浆前将管口封闭,接上压浆管,即可进行注浆,浇筑锚固体。

（8）灌浆是土层锚杆施工中的一道关键工序,必须认真进行,并做好记录。灌浆材料多用纯水泥浆,水胶比为 0.4～0.45。为防止泌水、干缩,可掺加 0.3% 的木质素磺酸钙。灌浆亦可采用砂浆,灰砂比为 1：1 或 1：0.5（质量比）,水胶比为 0.4～0.5;砂用中砂,并过筛,如需早强,可掺加水泥用量 0.3% 的食盐和 0.03% 的三乙醇胺。水泥浆液的抗压强度应大于 25 MPa,塑性流动时间应在 22 s 以下,可用时间应为 30～60 min。整个浇筑过程须在 4 min 内结束。

（9）灌浆压力一般不得低于 0.4 MPa,亦不宜大于 2 MPa,宜采用封闭式压力灌浆和二次压力灌浆,可有效提高锚杆抗拔力（20% 左右）。

（10）注浆前用水引路、润湿,检查输浆管道;注浆后及时用水清洗搅浆、压浆设备及灌浆管等。注浆后自然养护不少于 7 d,待强度达到设计强度等级的 70% 以上,方可进行张拉工艺。在灌浆体硬化之前,不能承受外力或由外力引起的锚杆移动。

（11）张拉前要校核千斤顶,检验锚具硬度;清擦孔内油污、泥砂。张拉力要根据实际所需的有效张拉力和张拉力的可能松弛程度而定,一般按设计轴向力的 75%～85% 进行控制。

（12）锚杆张拉时,分别在拉杆上、下部位安设两道工字钢或槽钢横梁,与护坡墙（桩）紧贴。张拉用穿心式千斤顶,当张拉到设计荷载时,拧紧螺母,完成锚定工作。张拉时宜先用小吨位千斤顶拉,使横梁与托架贴紧,然后再换大千斤顶进行整排锚杆的正式张拉。宜采用跳拉法或往复式拉法,以保证钢筋或钢绞线与横梁受力均匀。

1.5.3.3　质量检查

（1）锚杆及土钉墙支护工程施工前应熟悉地质资料、设计图纸及周围环境,降水系统应确保正常工作,必需的施工设备如挖掘机、钻机、压浆泵、搅拌机等应能正常运转。

（2）一般情况下,应遵循分段开挖、分段支护的原则,不宜按一次挖就支护的方式施工。

（3）施工中应对锚杆或土钉位置,钻孔直径、深度及角度,锚杆或土钉插入长度,注浆配比、压力及注浆量,喷锚墙面厚度及强度,锚杆或土钉应力等进行检查。

（4）每段支护体施工完后,应检查坡顶或坡面位移、坡顶沉降及周围环境变化,如有异常情况应采取措施,待恢复正常后方可继续施工。

（5）锚杆及土钉墙支护工程质量检验标准应符合表 1.14 的规定。

表 1.14　锚杆及土钉墙支护工程质量检验标准

项目	序号	检查项目	允许偏差或允许值		检查方法
			单位	数值	
主控项目	1	锚杆土钉长度	mm	±30	用钢尺量
	2	锚杆锁定力	按设计要求		现场实测
一般项目	1	锚杆或土钉位置	mm	±100	用钢尺量
	2	钻孔倾斜度	°	±1	测钻机倾角
	3	浆体强度	按设计要求		试样送检
	4	注浆量	大于理论计算注浆量		检查计量数据
	5	土钉墙面厚度	mm	+10	用钢尺量
	6	墙体强度	设计要求		试样送检

1.5.3.4　安全措施

（1）施工人员进入现场应戴安全帽,高空作业应挂安全带,操作人员应精神集中,遵守有关安全规程。

（2）各种设备应处于完好状态,机械设备的运转部位应有安全防护装置。

（3）锚杆钻机应安设安全可靠的反力装置,在有地下承压水地层中钻进时,孔口应安设可靠的防喷装置,以便突然发生漏水、涌砂时能及时封住孔口。

（4）锚杆的连接应牢靠,以防在张拉时发生脱扣现象。

（5）张拉设备应经检验可靠,并有防范措施,防止夹具飞出伤人。

（6）注浆管路应畅通,防止塞管、堵泵,造成爆管。

（7）电气设备应设接地、接零保护设施,并由持证人员安全操作。电缆、电线应架空。

1.5.3.5　成品保护及环保措施

（1）锚杆的非锚固段及锚头部分应及时做防腐处理。

（2）成孔后应立即安设锚杆,立即注浆,防止塌孔。

（3）锚杆施工应合理安排施工顺序,夜间作业应有足够的照明设施,防止砂浆配合比不准确。

（4）施工全过程中,应注意保护定位控制桩、水准基点桩,防止碰撞产生位移。

（5）钻孔泥浆应妥善处理,避免污染周围环境。

（6）注浆时采取防护措施,避免泥浆污染环境。

1.5.3.6　应注意的质量问题

（1）根据设计要求、地质水文情况和施工机具条件,认真编制施工组织设计,选择合适的钻孔机具和方法,精心操作,确保顺利成孔和安装锚杆,并顺利灌注。

（2）在钻进过程中,应认真控制钻进参数,合理掌握钻进速度,防止出现埋钻、卡钻、塌孔、掉块、涌砂和缩颈等现象,一旦发生孔内事故,应尽快进行处理,并配备必要的事故处理工具。

（3）干作业钻机拔出钻杆后要立即注浆,以防塌孔;水作业钻机拔出钻杆后,外套留在孔内不会塌孔,但亦不宜间隔时间过长,以防流砂涌入管内,造成堵塞。

（4）锚杆安装应按设计要求正确组装、正确绑扎、认真安插，确保锚杆安装质量。

（5）锚杆灌浆应按设计要求，严格控制水泥浆、水泥砂浆配合比，做到搅拌均匀，并使注浆设备和管路处于良好的工作状态。

（6）施加预应力应根据所用锚杆类型正确选用锚具，并正确安装台座和张拉设备，保证数据准确可靠。

1.6　土方回填

为保证工程质量，填土必须要满足强度和稳定性要求，施工中保证按土方调配方案进行，确保施工进度及经济效益和土方填筑质量。

1.6.1　填筑要求

1.6.1.1　土料的选择

为保证填土质量，必须正确选择填方土料。填方土料应符合设计要求，如无设计要求时，应符合下列规定：

（1）碎石类土、爆破石碴（粒径不大于每层铺土厚度的 2/3）、砂土，可用作表层以下的填料。

（2）含水率符合压实要求的黏性土，可用作各层填料。

（3）淤泥和淤泥质土一般不能用作填料，但在软土或沼泽地，含水率经过处理符合压实要求后，可用于填方中的次要部位。冻土、膨胀土也不应作为填方土料。

（4）对含有大量有机物、水溶性硫酸盐含量大于 5％的土，仅可用于无压实要求的填土，因为地下水会逐渐溶解硫酸盐，形成孔洞，影响土的密实度。

1.6.1.2　一般规定

（1）填土应分层进行，每层按规定的厚度填筑、压实，经检验合格后，再填筑上层。土方填筑最好用原土回填，不能将各种土混杂在一起填筑。如果采用不同类土，应把透水性较大的土层置于透水性较小的土层下面。若不得已需在透水性较小的土层上填筑透水性较大的土壤时，必须将两层结合面做成中央高、四周低的弧面排水坡度或设置盲沟，以免填土内形成水囊。

（2）填土厚度是影响填土压实质量的主要因素之一，土在压实功的作用下，其应力随土层深度的增大而减小。填土施工时的每层铺土厚度及压实遍数见表 1.15。

（3）土料应接近水平地分层填筑，对于倾斜的地面，应先将斜坡挖成阶梯状，然后再分层填筑，防止填土横向移动。

表 1.15　填土施工时的每层铺土厚度及压实遍数

压实机具	每层铺土厚度/mm	每层压实遍数/遍
平碾	250～300	6～8
振动压实机	250～350	3～4
柴油打夯机	200～250	3～4
人工打夯	<200	3～4

1.6.2　填土压实方法

填土压实有人工夯实和机械压实。

人工夯实是用 60～80 kg 的木夯或铁、石夯,由 4～8 人拉绳,2 人扶夯,举高不小于 0.5 m,一夯压半夯,按次序进行。每层铺土厚度为 200 mm 以下,每层夯实遍数为 3～4 次。此法适用于小面积的砂土或黏性土的夯实,主要用于碾压机无法到达的坑边坑角的夯实。人工夯实施工强度大、效率低。

一般施工中主要采用机械压实。具体方法有碾压法、夯实法和振动压实法。平整场地等大面积填土采用碾压法,较小面积施工采用夯实法和振动压实法。

压实机械在填土压实中所做的功简称压实功。填土压实后的密度与压实机械在其上所做的压实功有一定的关系。当土的含水率一定时,在开始压实时,土的密度急剧增加,待到接近土的最大密度时,压实功虽然增加许多,但土的密度没有多大变化。所以,实际施工时,应根据土的种类不同,以及压实密度要求和不同的压实机械来决定填土压实的遍数,参见表 1.15。

压实松土时,如用重碾直接滚压,则起伏会过于强烈,效率降低,在实际施工中往往是先用轻碾(压实功小)压实,再用重碾碾压,这样可取得较好的压实效果。

1.6.2.1　碾压法

碾压法是利用压路机械滚轮的压力压实土壤,使之达到所需的密实度。常用的碾压机械主要有平碾(压路机)、羊足碾和气胎碾。

(1) 平碾

平碾是最常见的压路机,又称光碾压路机。平碾按重量等级分为轻型(30～50 kN)、中型(60～90 kN)、重型(110～150 kN)三种,适用于砂性土、碎粒石料和黏性土。一般每层铺土厚度为 250～300 mm,每层压实遍数为 6～8 遍。

平碾碾压的特点是:单位压力小,表面土层易压成光滑硬壳,土层碾压上紧下松,底部不易压实,碾压质量不均匀,不利于上下土层之间的结合,易出现剪切裂缝,对防渗不利。

(2) 羊足碾

羊足碾(图 1.33)是一种无自行能力的碾压机械,其碾压滚筒外设交错排列的"羊足",滚筒分为钢铁空心、装砂、注水三种,侧面设有加载孔,加载大小根据设计确定。羊足的长度随碾滚的重量增加而增加,一般为碾滚直径的 1/7～1/6。重型羊足碾可达 30 t。羊足碾的羊足插入土中,不仅使羊足底部的土料得到压实,并且使羊足侧向的土料受到挤压,同时有利于上下土层的结合,压实过程中羊足对表层土的翻松,省去了刨毛工序,从而达到均匀压实的效果,增加了填方的整体性和抗渗性。这种碾压方法不适宜砂砾料的土层压实。

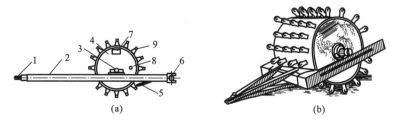

图 1.33　羊足碾

1—前拉头;2—机架;3—轴承座;4—碾筒;5—铲刀;6—后拉头;7—装砂口 ;8—水口;9—羊足

（3）气胎碾

气胎碾（图 1.34）又称为轮胎压路机，分为单轴（一排轮胎）和双轴（两排轮胎）两种。其主要是由装载荷重的金属车厢和装在轴上的气胎轮组成。气胎碾由拖拉机牵引，重量很大，一般有几十吨到上百吨，全部重量由一排充气轮胎传到土层上去。因轮胎具有弹性，压实土料时，气胎与土体同时变形，而且随着土体压实密度的增大，气胎变形相应增大，气胎与土体接触面积也随之增大，并且始终能保持较为均匀的压实效果。与刚性碾相比，气胎碾不仅对土体的接触压力分布均匀，而且作用时间长、压实效果好、压实土层厚度大，因此生产效率高。所以，它可以适应不同单位压力的各类土壤的压实。为避免气胎损坏，停工时，要用千斤顶将金属车厢支托起来，并把气胎的气放掉。

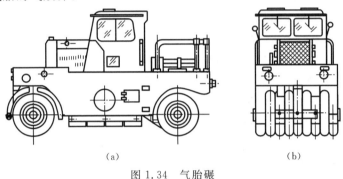

（a）　　　　　　　　　　　　　（b）

图 1.34　气胎碾

1.6.2.2　机械夯实法

机械夯实法是利用冲击力来夯实土壤。夯实机械有重锤、内燃夯土机和蛙式打夯机（图 1.35）、电动立夯机等机械。

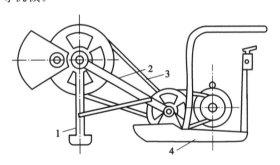

图 1.35　蛙式打夯机

1—夯头；2—夯机架；3—三角皮带；4—底盘

夯锤是借助起重机悬挂一重锤进行夯土的夯实机械，适用于夯实砂性土、湿陷性黄土、杂填土以及含有石块的填土。

小型打夯机，由于其体积小，自重轻，构造简单，机动灵活、实用，操纵方便，夯击能量大，夯实工效较高，在建筑工程中较为常用。该方法适用于黏性较低的土（砂土、粉土、粉质黏土），多用在基坑（槽）、管沟及各种零星分散、边角部位的填方的夯实，以及配合压路机对边线或边角碾压不到之处的夯实。一台打夯机必须两人同时使用，一人掌控前进速度和方向，一人牵提电缆，以防发生触电事故。

1.6.2.3　振动压实法

振动压实法是将振动压实机放在土层表面，使土颗粒发生相对位移而达到密实。用振动压实法压实时,每层铺土厚度宜为 250~350 mm,每层压实遍数为 3~4 遍。这种方法适用于振实非黏性土。若使用振动碾进行碾压,借助振动设备可使土受到振动和碾压两种作用,碾压效率高,适用于大面积填方工程。

无论采用哪一种方法,都要求每一行碾压夯实的幅宽要有至少 100 mm 的搭接,若采用分层夯实且气候较干燥,应在上一层虚土铺摊之前将下层填土表面适当喷水湿润,增加土层之间的亲和程度。对密实度要求不高的大面积填方,如在缺乏碾压机械时,可采用推土机、拖拉机或铲运机结合行驶、推(运)土、平土来压实。对已回填松散的特厚土层,可根据回填厚度和设计对密实度的要求采用重锤夯实或强夯等方法来压实。

1.6.3 机械回填土施工

1.6.3.1 施工准备

(1) 材料

① 碎石类土、砂土(使用细砂、粉砂时应取得设计单位同意)和爆破石碴,可用作表层以下填料。其最大粒径不得超过每层铺填厚度的 2/3 或 3/4(使用振动碾时),含水率应符合规定。

② 黏性土应检验其含水率,含水率达到设计控制范围方可使用。

③ 盐渍土一般不可使用。但填料中不含有盐晶、盐块或含盐植物的根茎,并符合《土方与爆破工程施工及验收规范》(GB 50201—2012)附表中规定的盐渍土则可以使用。

(2) 主要机具

① 装运土方机械:铲土机、自卸汽车、推土机、铲运机及翻斗车等。

② 碾压机械:平碾、羊足碾和振动碾等。

③ 一般机具:蛙式打夯机或柴油打夯机、手推车、铁锹(平头或尖头)、2 m 钢尺、20# 铅丝、胶皮管等。

(3) 作业条件

① 施工前应根据工程特点、填方土料种类、密实度要求、施工条件等,确定填方土料含水率控制范围、虚铺厚度和压实遍数等参数;对于重要回填土方工程,其参数应通过压实试验来确定。

② 填土前应对填方基底和已完工程进行检查和中间验收,合格后要做好隐蔽和验收手续。

③ 施工前,应做好水平高程标志布置。如大型基坑或沟边上每隔 1 m 应钉上水平桩橛或在邻近的固定建筑物上抄上标准高程点。大面积场地或地坪上每隔一定距离钉上水平桩。

④ 确定好土方机械、车辆的行走路线,并应事先经过检查,必要时要进行加固加宽等准备工作。同时,要编好施工方案。

1.6.3.2 施工程序及要点

机械回填土的施工程序为:基坑底地坪上清理 → 检验土质 → 分层铺土 → 分层碾压密实 → 检验密实度 → 修整找平 → 验收。

机械回填土施工的要点如下:

(1) 填土前,应将基土上的洞穴或基底表面上的树根、垃圾等杂物都处理完毕,清除干净。

(2) 检验土质。检验回填土料的种类、粒径,有无杂物,是否符合规定,以及土料的含水率是否在控制的范围内。如含水率偏高,可采用翻松、晾晒或均匀掺入干土等措施;如遇填料含水率偏低,可采用预先洒水润湿等措施。

(3)填土应分层铺摊。每层铺土的厚度应根据土质、密实度要求和机具性能确定。

(4)碾压机械压实填方时,应控制行驶速度,一般不应超过以下规定:平碾为 2 km/h,羊足碾为 3 km/h,振动碾为 2 km/h。

(5)碾压时,轮(夯)迹应相互搭接,防止漏压或漏夯。长宽比较大时,填土应分段进行。每层接缝处应做成斜坡形,碾迹重叠 0.5~1.0 m,上下层错缝距离不应小于 1.0 m。

(6)填方超出基底表面时,应保证边缘部位的压实质量。填土后,如设计不要求边坡修整,宜将填方边缘宽填 0.5 m;如设计要求边坡修平拍实,边缘宽填可为 0.2 m。

(7)在机械施工碾压不到的填土部位,应配合人工推土填充,用蛙式打夯机或柴油打夯机分层夯打密实。

(8)回填土每层压实后,应按规定进行环刀取样,测出干土的质量密度;达到要求后,再进行上一层的铺土。

(9)填方全部完成后,应进行表面拉线找平,凡超过标准高程的地方,应及时依线铲平;凡低于标准高程的地方,应补土找平夯实。

(10)雨、冬期施工应按雨、冬期季节相关措施进行。

1.6.3.3　质量检查

(1)土方回填前应清除基底的垃圾、树根等杂物,抽出坑穴积水、淤泥,验收基底标高。如在耕植土或松土上填方,应将基底压实后再进行。

(2)对填方土料应按设计要求验收后方可填入。

(3)填方施工过程中应检查排水措施、每层填筑厚度、含水率控制情况、压实程度。填筑厚度及压实遍数应根据土质、压实系数及所用机具确定。如无试验依据,应符合表 1.15 的规定。

(4)填方施工结束后,应检查标高、边坡坡度、压实程度等。填土工程质量检验标准应符合表 1.16 的规定。

表 1.16　填土工程质量检验标准

项目	序号	检查项目	允许偏差或允许值/mm					检查方法
			柱基基坑基槽	场地平整		管沟	地(路)面基础层	
				人工	机械			
主控项目	1	标高	−50	±30	±50	−50	−50	用水准仪检查
	2	分层压实系数	按设计要求					按规定方法
一般项目	1	回填土料	按设计要求					取样检查或直观鉴别
	2	分层厚度及含水率	按设计要求					用水准仪及抽样检查
	3	表面平整度	20	20	30	20	20	用靠尺或水准仪检查

1.6.3.4　安全措施

(1)进入现场时必须遵守安全生产六大纪律。

(2)填土时要注意土壁的稳定性,发现有裂缝及坍塌可能时,人员要立即离开并及时处理。

（3）每日或雨后必须检查土壁及支撑稳定情况，在确保安全的情况下继续工作，并且不得将土和其他物件堆在支撑上，不得在支撑下行走或站立。

（4）基坑四周必须设置 1.2 m 高护栏并进行围挡，要设置一定数量临时上下施工楼梯。

（5）配合机械回填土的工人，不允许在机械回转半径下工作。

（6）机械不得在输电线路下工作，应在输电线路一侧工作。在任何情况下，机械的任何部位与架空输电线路的最近距离都应符合安全操作规程要求。

（7）机械应停在坚实的地基上，如基础过差，应采取走道板等加固措施，不得将挖土机履带与挖空的基坑平行 2 m 停、行驶。运土汽车不靠近基坑平行行驶，防止塌方翻车。

（8）向汽车上装土应在车子停稳后进行，禁止铲斗从汽车驾驶室上越过。

（9）场内道路应及时整修，确保车辆安全畅通。各种车辆应有专人负责指挥引导。

（10）车辆进出门口的人行道下如有地下管线（道）必须铺设钢板，或浇筑混凝土加固。

（11）机械不得在施工中碰撞支撑，以免引起支撑破坏或拉损。

1.6.3.5　应注意的质量问题

（1）按要求测定干土质量密度

回填土每层都应测定夯实后的干土质量密度，符合设计要求后才能铺摊上层土。试验报告要注明土料种类、试验日期、试验结论及试验人员签字。未达到设计要求的部位，应有处理方法和复验结果。

（2）防止回填土下沉

虚铺土超过规定厚度或冬季施工时有较大的冻土块，或夯实不够遍数，甚至漏夯，或基底树根、落土等杂物清理不彻底等原因，都可能造成回填土下沉。为此，应在施工中认真执行相关规范的有关规定，并要严格检查，发现问题及时纠正。

（3）回填土夯压密实

应在夯压时对干土适当洒水加以润湿，如回填土太湿同样夯不密实，而呈"橡皮土"现象，这时应将"橡皮土"挖出，重新换好土再夯实。

（4）在地形、工程地质复杂地区内填方，且对填方密实度要求较高时，应采取相应措施（如采用排水暗沟、护坡桩等）以防填方土粒流失，造成不均匀下沉和坍塌等事故。

（5）填方基土为杂填土时，应按设计要求加固地基，并要妥善处理基底下的软硬点、空洞、旧基以及暗塘等。

（6）回填管沟时，为防止管道中心线移位或损坏管道，应用人工先在管子周围填土夯实，并应从管道两边同时进行，直至管顶 0.5 m 以上，在不损坏管道的情况下，方可采用机械回填和压实。在抹带接口处、防腐绝缘层或电缆周围，应使用细粒土料回填。

（7）填方应按设计要求预留沉降量，如设计无要求时，可根据工程性质、填方高度、填料种类、密实度要求和地基情况等，与建设单位共同确定（沉降量一般不超过填方高度的 3%）。

实训项目

1. 组织施工现场参观教学。

根据当地实际，按教学进度组织一两次土方工程的现场参观教学。

2. 测试土的含水率、密度等。

方法和步骤详见土工试验。

复习思考题

1. 土方工程包括哪些内容？有什么特点？

2. 土方工程的土按什么进行分类？分为哪几类？各用什么方式开挖？

3. 土的工程性质有哪些？它们对土方工程施工有何影响？

4. 什么是土的密实度？它与土的含水率有什么关系？

5. 土的可松性对土方施工有何影响？

6. 试述场地平整设计标高的确定方法和步骤。

7. 场地平整土方量计算常用哪些方法？

8. 什么是土方边坡坡度？

9. 试述土方边坡的形式、表示方法及影响边坡稳定的因素。

10. 土方调配应遵循哪些基本原则？

11. 什么叫流砂现象？试分析流砂形成的原因。

12. 防治流砂的途径和方法有哪些？

13. 试述轻型井点系统的组成及设备。

14. 如何进行轻型井点系统的平面布置与高程布置？

15. 试述井点降水法的种类及适用范围。

16. 常用的浅基坑支撑有哪些？

17. 常用的深基坑支撑有哪些？

18. 试述土层锚杆支护结构的施工工艺。

19. 试述土钉墙支护结构的施工工艺。

20. 试述推土机、铲运机的工作特点、适用范围及提高生产率的措施。

21. 单斗挖土机有哪几种类型？正铲挖土机的开挖方式有哪几种？

22. 简述土的最佳含水率的含义。土的含水率和干密度对填土质量有何影响？

23. 土方填筑对土料有哪些要求？

24. 土方填筑的方法有哪些？

25. 某建筑物基坑土方体积为 2687 m^3，在附近有一个容积为 1776 m^3 的弃土坑，用基坑挖出的土将大坑填满夯实后，还能剩下多少土？（$k_s = 1.26, k_s' = 1.05$）

26. 某工程设备基础施工基坑底宽 16 m、长 22 m、深 4.2 m，边坡坡度为 1∶0.5。经地质钻探查明，在靠近天然地面处有厚 0.5 m 的黏土层，此土层下面为厚 11 m 的极细砂层，再下面又是不透水的黏土层，地下水位在天然地面下 0.5 m 处，渗透系数为 15 m/d。现决定用一套轻型井点设备来降低地下水位，然后开挖土方，现有井点管长 6 m、直径 38 mm，滤管长 1.0 m，试对该井点系统进行设计，并列出井点设计的方法和步骤。

27. 某土方工程需开挖土方量 1000 m^3，已知土的可松性系数为 $k_s = 1.2, k_s' = 1.05$，问外运土方量是多少？

28. 某地下室长 80 m、宽 20 m、高 3.8 m，开挖深度为 4.5 m，土质为：上部为种植土，深 1.5 m 左右，下部为老黄土。四面场地有民房住宅，放坡受到一定限制。经论证分析，采用土层锚杆和型钢桩支护体系，其中坡度系数 $m = 0.33$，距地下室外 1.0 m 处考虑为工作面，地下室完工后，预留土方回填，余土外运，$k_s = 1.44, k_s' = 1.05$。

问题：

(1) 计算土方开挖工作量。

(2) 计算需预留多少虚方土？外运余土(虚方量)多少？

(3) 什么是土层锚杆？常用的有哪几种类型？

(4) 简述土层锚杆的构造及埋设要点。

单元 2 地基与基础工程施工

📱 知识目标

1. 了解钢筋混凝土基础和桩基础的类型;
2. 掌握钢筋混凝土扩展基础、锤击沉桩、静力压桩等的施工要点和安全要求;
3. 掌握泥浆护壁成孔灌注桩的质量验收标准;
4. 熟悉预制桩的质量验收标准。

📧 能力目标

1. 能正确施工钢筋混凝土扩展基础;
2. 能规范施工锤击沉桩。

📋 思政目标

1. 通过施工预制桩,培养学生吃苦耐劳的精神;
2. 通过施工灌注桩,培养学生的安全意识。

资　源

1.《建筑工程施工质量验收统一标准》(GB 50300—2013);
2.《建筑地基基础工程施工质量验收标准》(GB 50202—2018);
3.《建筑地基基础工程施工规范》(GB 51004—2015);
4.《建筑地基基础设计规范》(GB 50007—2011)等。

地基基础是建筑物的根基,属于地下隐蔽工程。其施工质量的好坏,直接影响到建筑物的安危,建筑物的质量事故很多都与地基基础有关,而且一旦发生事故,后果都很严重且难以补救,因此,要想学习并掌握建筑施工技术,地基与基础工程施工技术是根本。

2.1 浅基础的类型

浅基础一般是指基础埋深小于基础宽度或深度不超过 5 m 的基础。浅基础可按材料、结构形式和受力特点来分类。

2.1.1 按材料分类

浅基础按材料分类如表 2.1 所示。

表 2.1　浅基础按材料分类

项目	构造及特点
砖基础 (图 2.1)	由普通砖砌筑而成的基础,属于刚性基础范畴。这种基础的特点是抗压性能好,整体性、抗拉、抗弯、抗剪性能较差,材料易得,施工操作简便,造价较低。适用于地基坚实、均匀,上部荷载较小,六层及六层以下的一般民用建筑和墙承重的轻型厂房基础工程
毛石基础 (图 2.2)	用强度等级不低于 MU30 的毛石、不低于 M5 的砂浆砌筑而形成。为保证砌筑质量,毛石基础每台阶高度和基础的宽度不宜小于 400 mm,每台阶两边各伸出宽度 b_1 不宜大于 200 mm。石块应错缝搭砌,缝内砂浆应饱满,且每步台阶不应少于两批毛石
灰土基础 (图 2.3)	为了节约砖石材料,常在砖石大放脚下面做一层灰土垫层,这个垫层习惯上称为灰土基础,是由石灰、土和水按比例配合,经分层夯实而形成的基础。灰土基础的优点是施工简便,造价较低,就地取材,可以节省水泥、砖石等材料。缺点是它的抗冻、耐水性能差,在地下水位线以下或很潮湿的地基上不宜采用
三合土基础 (图 2.3)	三合土基础是石灰、砂、碎砖三种材料,按 1:2:4～1:3:6 的体积比进行配合,经适量水拌和后均匀铺入槽内分层夯实而形成的基础。这种基础在我国南方地区应用很广。它的造价低廉,施工简单,但强度较低,所以只能用于四层以下房屋的基础
混凝土和 毛石混凝土 基础	混凝土基础的强度、耐久性、抗冻性都较好,当荷载大或位于地下水位以下时,常采用混凝土基础(图 2.4)。为了节约水泥用量,在混凝土内掺入一些毛石,就称为毛石混凝土基础。毛石尺寸不宜超过 300 mm,其掺入量可达基础体积的 25%～30%
钢筋混凝土 基础	具有混凝土基础的优点,同时还具有良好的抗弯和抗剪性能,故在相同条件下可以减少基础的高度,当建筑物的荷载较大或土质较软弱时,常采用此类基础

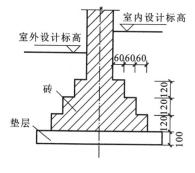

图 2.1　砖基础

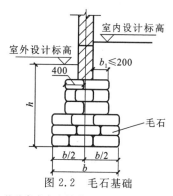

图 2.2　毛石基础

b—基础宽度方向尺寸;h—基础高度方向尺寸

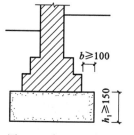

图 2.3　灰土、三合土基础

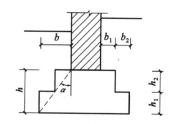

图 2.4　混凝土基础

b、b_1、b_2—基础宽度方向尺寸;

h、h_1、h_2—基础高度方向尺寸;α—刚性角

2.1.2 按结构形式分类

浅基础按结构形式分类见表2.2。

表 2.2　浅基础按结构形式分类

项目	构造及特点
独立基础	独立基础是指与相邻基础分开而独立工作的基础,可分为墙下独立基础和柱下独立基础。常用的是柱下独立基础。 柱下独立基础是柱基础中最常用和最经济的形式。一般现浇钢筋混凝土柱下常采用钢筋混凝土独立基础,基础截面可做成阶梯形或锥形。装配式钢筋混凝土柱常采用杯形基础,用于单层厂房柱的基础
条形基础	条形基础是指基础长度远大于其宽度和高度的一种基础形式,可分为墙下条形基础(图2.5)和柱下条形基础(图2.6)。 墙下条形基础常采用砖、毛石、三合土等建造。当地基不均匀,为增强基础的整体性和抗弯能力,可采用有肋梁的钢筋混凝土条形基础,肋梁内配纵向钢筋和箍筋,以承受由不均匀沉降引起的弯曲应力。 当地基较为软弱、柱荷载或地基压缩性分布不均匀,以至于采用扩展基础可能产生较大的不均匀沉降时,常将同一方向上若干柱子的基础连成一体而形成柱下条形基础。这种基础抗弯刚度大,因而具有调整不均匀沉降的能力
柱下交叉条形基础	如果地基软弱且在两个方向上分布不均,需要基础在两个方向都具有一定的刚度来调整不均匀沉降,则可在柱网下纵、横两个方向分别设置钢筋混凝土条形基础,从而形成柱下交叉条形基础(图2.7)
筏板基础	筏板基础(图2.8)由整块钢筋混凝土平板或板与梁等组成。它在外形上如同倒置的钢筋混凝土平面无梁楼盖或肋形楼盖,有平板式和梁板式两种类型。筏板基础扩大了基础底面承压面积,所以整体性好,抗弯刚度大,可调整和避免结构物局部发生显著的不均匀沉降,常用于多层与高层建筑
箱形基础	箱形基础(图2.9)是由钢筋混凝土底板、顶板、外墙和一定数量的内隔墙构成一封闭空间的整体箱体,基础中空部分可用作地下室。箱形基础具有整体性好、刚度大、承受不均匀沉降能力及抗震能力强、降低总沉降量等特点,可减少基底处原有地基自重应力

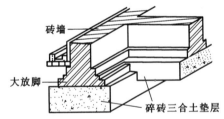

图 2.5　墙下条形基础

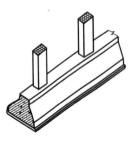

图 2.6　柱下条形基础

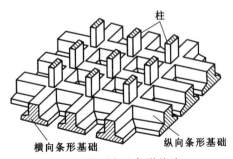

图 2.7　柱下交叉条形基础

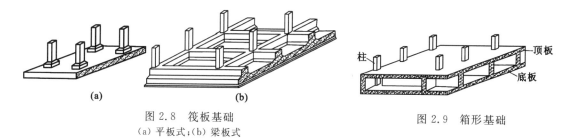

图 2.8 筏板基础   图 2.9 箱形基础
(a) 平板式;(b) 梁板式

2.1.3 按受力特点分类

浅基础按受力特点分类如表 2.3 所示。

表 2.3 浅基础按受力特点分类

项目	构造及特点
刚性基础	一般指采用抗压强度高,而抗拉、抗剪强度较低的材料建造的基础,常用的材料有砖、灰土、混凝土、三合土、毛石等。为满足地基容许承载力的要求,基底宽 B 一般大于上部墙宽,为了保证基础不被拉力、剪力破坏,基础必须具有相应的高度。通常按刚性材料的受力状况,基础传力只能控制在材料的允许范围内,这个控制范围的夹角称为刚性角,用 α 表示。砖、石基础的刚性角控制在 $1:1.25\sim1:1.50(26°\sim33°)$ 以内,混凝土基础刚性角控制在 $1:1(45°)$ 以内
扩展(柔性)基础	一般指采用抗拉、抗压、抗弯、抗剪能力均较好的钢筋混凝土材料建造的基础(不受刚性角的限制),用于地基承载力较差、上部荷载较大、设有地下室且基础埋深较大的建筑。这种基础需要在基础底板下均匀浇筑一层素混凝土垫层,目的是保证基础钢筋和地基之间有足够的距离,以免钢筋锈蚀,而且还可以作为绑扎钢筋的工作面。垫层一般采用 C15 素混凝土,厚度100 mm。垫层两边应伸出底板各 50 mm

2.2 刚性基础施工

2.2.1 毛石基础施工

2.2.1.1 材料要求

砌筑用石有毛石和料石两类。毛石分为乱毛石和平毛石。乱毛石是指形状不规则的石块;平毛石是指形状不规则,但有两个平面大致平行的石块。料石按其加工面的平整程度分为细料石、粗料石和毛料石三种。

(1)毛石材料

毛石应呈块状,其中部厚度不宜小于 150 mm。毛石应坚实、无风化剥落、无裂纹,强度等级不低于 MU20,尺寸一般以高度在 $20\sim30$ cm、长在 $30\sim40$ cm 之间为宜,表面水锈、浮土、杂质应清刷(洗)干净。

(2)其他材料

砌筑用水泥可采用 32.5 号或 42.5 号普通硅酸盐水泥或矿渣硅酸盐水泥,并应有出厂合格证或试验报告。砂采用中砂,并通过 5 mm 孔径筛,含泥量不得超过 5%,不得含有草根等杂质。

2.2.1.2 作业条件

(1)基槽或基础垫层均已完成并验收,办完隐检手续。

（2）已定出建筑物主要轴线，标出基础及墙身轴线和标高，弹出基础边线，立好皮数杆（间距 15～20 m，转角处均设立），办完预检手续。

（3）拉线检查基础垫层、表面标高，若毛石水平灰缝大于 30 mm 时，应用细石混凝土找平，不得用砂浆或在砂浆中掺细砖或碎石处理。

（4）常温施工时，应提前 1 d 将毛石浇水润湿，雨天施工时不得使用含水饱和状态下的毛石。

（5）砌筑时砌筑部位的灰渣、杂物应清除干净，基层应浇水湿润。

（6）砂浆配合比应在砌筑前至少提前 7 d 送实验室进行试配，砌筑时按实验室提供的配合比进行计量控制，并搅拌均匀。

（7）脚手架应随砌随搭设，垂直运输机具应准备就绪。

2.2.1.3　施工程序及操作要点

毛石基础施工程序为：测量放线→挖槽、清槽、验槽→放样、立皮数杆→铺浆分层砌筑。

毛石基础施工的操作要点如下：

（1）挖槽、清槽、验槽

砌筑前，检查基槽（坑）土质、轴线、尺寸、标高，清除杂物。地基土若为原土，且与设计土层相符或设计不要求地基处理的情况下，不再做铺地夯，不得扰动地基土。

（2）放样、立皮数杆

根据控制点和控制轴线放出基础轴线及边线，抄平，在两端立好皮数杆，画出分层砌石高度（不宜小于 30 cm），标出台阶收分尺寸。

（3）砌筑

① 毛石基础截面形状有矩形、阶梯形、梯形等，基础上部宽一般应比墙厚大 20 cm 以上。毛石的形状不规整，不易砌平，为保证毛石基础的整体刚度和传力均匀，每一台阶应不少于 2～3 皮毛石，每阶排出宽度应不小于 20 cm。

② 砌筑时，应用双挂线，分层砌筑，每层高度为 30～40 cm，并应大体砌平。基础最下一皮毛石应选用较大的石块，使大面朝下，放置平稳并灌浆。转角及阴阳角外露部分应选用方正平整的毛石互相拉结砌筑。

③ 毛石砌体应采用铺浆法砌筑，灰缝厚度宜为 20～30 mm，砂浆必须饱满，叠砌面的粘灰面积（即砂浆饱满度）应大于 80%。石块间较大的空隙应先填塞砂浆后用碎石块嵌实，不得采用先铺石后灌浆的方法。

④ 大、中、小毛石应搭配使用，使砌体平稳。形状不规则的石块应用大锤将其棱角适当加工后使用。石块上下皮缝必须错开（错开不少于 10 cm，角石不少于 15 cm），做到丁顺交错排列。

⑤ 为保证砌筑牢固，每隔 0.7 m 应垂直墙面砌一块拉结石，同皮内每隔 2 m 左右设置一块，上下、左右拉结石应错开，形成梅花形并均匀分布。

⑥ 毛石基础拉结石长度：如基础宽度小于或等于 400 mm，应与基础宽度相等；如基础宽度大于 400 mm，可用两块拉结石内外搭接，搭接长度不应小于 150 mm，且其中一块拉结石长度不应小于基础宽度的 2/3。

⑦ 填心的石块应根据石块自然形状交错放置，尽量使石块间缝隙最小，过大的缝隙应铺浆并用小石块填入使之稳固，并用锤轻敲使之密实，严禁石块间无浆直接接触，避免出现干缝、通缝。

⑧ 毛石基础的扩大部分如做成阶梯形，上级阶梯的石块应至少压砌下级阶梯石块的 1/2，

相邻阶梯的毛石应相互错缝搭砌(图 2.10)。

（4）检查校验

每砌完一层,必须校对中心线、找平一次,检查有无偏差现象。基础上表面配平宜用片石,基础侧面要保持大体平整、垂直,不得有倾斜、内陷和外鼓现象。砌好后外侧石缝应用砂浆勾严。

（5）留槎处理

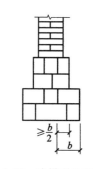

图 2.10　阶梯形毛石基础
b—毛石宽度

墙基需留槎时,不得留在外墙转角或纵墙与横墙的交接处,至少应离开转角和交接处 1.0～1.5 m。接槎应做成阶梯式,不得留直槎或斜槎。基础中的预留孔洞要按图纸要求事先留出,不得砌完后凿洞。遇沉降缝时,应分成两段砌筑,严禁搭接。

（6）砌完土方回填

毛石基础全部砌完后要及时在基础两边均匀分层回填土,分层夯实。

2.2.1.4　质量标准

（1）毛石基础质量检查

毛石基础质量分为合格和不合格两个等级。质量合格应符合以下规定:

主控项目应全部符合规定;一般项目应有 80% 及以上的抽检处符合规定,或偏差值在允许偏差范围以内。

（2）主控项目

① 石材及砂浆强度等级必须符合设计要求。

a. 石材抽检数量:同一产地的石材至少应抽检一组。

b. 砂浆试块抽检数量:每一检验批且不超过 250 m³ 砌体的各种类型及强度等级的砌筑砂浆,每台搅拌机应至少抽检一次。

② 砂浆饱满度不应小于 80%。

③ 毛石基础砌体尺寸、位置的允许偏差和检验方法如表 2.4 所示。

表 2.4　毛石基础砌体尺寸、位置的允许偏差和检验方法

项次	项　目	允许偏差/mm			检验方法
		毛石	毛料石	粗料石	
1	轴线位置位移	20	20	15	用经纬仪或拉线和尺检查
2	基础和墙砌体顶面标高	±25	±25	±15	用水准仪和尺检查
3	砌体厚度	+30,0	+30,−10	+15,0	用尺检查

（3）一般规定项目

石砌体的组砌形式应符合下列规定:

内外搭砌,上下错缝,拉结石、丁砌石交错设置;毛石墙拉结石每 0.7 m² 墙面不应少于 1 块。

抽检数量:每一台阶水平向每 20 m 抽查 1 处,每处 3 延米,但不应少于 3 处。

检验方法:观察检查。

2.2.1.5　施工注意事项

（1）砌筑砂浆配制要严格进行材料计量控制,保证计量准确,拌制时间应符合规定要求。

（2）应挂线砌筑,大放脚两边收退要均匀,砌到靠墙身处时,应拉线找正墙的轴线和边线。

（3）砌筑过程中，如需调整石块时，应将毛石提起，刮去原有砂浆重新砌筑。严禁用敲击方法调整，以防松动周围砌体。

（4）当基础砌至顶面一层时，上一皮石块伸入墙内长度不应小于墙厚的 1/2，亦即上一皮石块排出或露出部分的长度不应大于该石块长度或宽度的 1/2，以免因连接不好而影响砌体强度。

（5）每天砌完后应在当天砌的砌体上铺一层灰浆，表面应粗糙。夏季施工时，对刚砌完的砌体应用草袋覆盖养护 5～7 d，避免风吹、日晒、雨淋。

2.2.2 砖基础施工

2.2.2.1 施工准备

（1）材料

① 砖：砖的品种、强度等级必须符合设计要求，并应规格一致，有出厂合格证明、试验单。

② 水泥：一般采用 32.5 级矿渣硅酸盐水泥和普通硅酸盐水泥。

③ 砂：采用中砂，通过 5 mm 孔径筛；配制 M5 以下的砂浆时，砂的含泥量不超过 10％；配制 M5 及其以上的砂浆时，砂的含泥量不超过 5％。砂中不得含有草根等杂物。

④ 掺合料：石灰膏、粉煤灰和磨细生石灰粉等，生石灰粉熟化时间不得少于 7 d。

⑤ 其他材料：拉结筋、预埋件、防水粉等。

（2）主要机具

砂浆搅拌机、大铲、筛子、运砖车、灰浆车、翻斗车、磅秤、托线板、线坠、钢卷尺、皮数杆、小线、灰桶、灰槽、砖夹子、扫帚、八字靠尺板、钢筋卡子、铁抹子等。

（3）作业条件

① 基槽：混凝土或灰土地基均已完成，并办完隐检手续。

② 已放好基础轴线及边线；立好皮数杆（一般间距 15～20 m，转角处均设立），并办完预检手续。

③ 根据皮数杆最下面一层砖的底面标高，拉线检查基础垫层表面标高，如第一层砖的水平灰缝大于 20 mm 时，应先用细石混凝土找平，严禁在砌筑砂浆中掺细石来找平或用砂浆垫平，更不允许砍砖找平。

④ 常温施工时，黏土砖必须在砌筑的前一天浇水湿润，一般以水浸入砖四边 1.5 cm 左右为宜。

⑤ 砂浆配合比经实验室确定，现场按实验室给出的配比单严格计量，现场准备好砂浆试模（6 块为一组）。

2.2.2.2 施工程序及操作要点

砖基础施工程序为：清理基槽底，铺设垫层 →确定组砌方法→拌制砂浆 →砌筑→抹防潮层→回填。

砖基础施工的操作要点如下：

（1）清理基槽（坑）底，铺设垫层

砌基础前应清理基槽（坑）底，除去松散软弱土层，用灰土填补夯实，并铺设垫层。

（2）确定组砌方法

① 先用干砖试摆，以确定排砖方法和错缝位置，使砌体平面尺寸符合要求。

② 砖基础一般做成阶梯形（即大放脚），可采用等高式（两皮一收）或间隔式（两皮一收与

一皮一收相间);每一级收退台宽均为 1/4 砖(即 60 mm)。

③ 一般采用满丁满条(即一丁一顺)砌法;做到里外咬槎,上下层错缝,竖缝至少错开 1/4 砖长。大放脚的转角处要放七分头砖(即 3/4 砖),并在山墙和檐墙两处分层交替设置,不能同缝;其数量为一砖半厚墙放三块,二砖墙放四块,依次类推。

④ 基础最下一皮砖与最上一皮砖宜采用丁砌法,先在转角处及交接处砌几皮砖,并弹出基础轴线和边线。

(3)砂浆拌制

① 砂浆配合比应采用质量比。由实验室确定配合比,按给定配合比进行现场计量控制。水泥计量精度为 ±2%,砂、掺合料计量精度为 ±5%。

② 宜用机械搅拌,投料顺序为:砂→水泥→掺合料→水,搅拌时间不少于每盘 1.5 min。

③ 现场拌制的砂浆应随拌随用,拌制的砂浆应在 3 h 内使用完毕;当施工期间最高气温超过 30 ℃时,应在 2 h 内使用完毕。预拌砂浆及蒸压加气混凝土砌块专用砂浆的使用时间应按照厂方提供的说明书确定。

④ 基础按一个楼层,每 250 m³ 砌体,每一种砂浆,每台搅拌机至少做一组试块(一组六块),若砂浆强度等级或配合比变更时,还应增加试块组数。

(4)砌筑

① 砖基础砌筑前,基础垫层表面应清扫干净,洒水湿润。先盘墙角,每次盘角高度不应超过五层砖,随盘随靠平、吊直。

② 砌基础墙应挂线,24 墙单面挂线,37 墙以上应双面挂线。

③ 基础标高不一致或有局部加深部位,应从最低处往上砌筑,应经常拉线检查,以保持砌体通顺、平直,防止砌成"螺丝"墙。

④ 基础大放脚砌至基础上部时,要拉线检查轴线及边线,保证基础墙身位置正确。同时,还要对照皮数杆的砖层及标高,如有偏差时,应在水平灰缝中逐渐调整,使墙的层数与皮数杆一致。

⑤ 暖气沟挑檐砖及上一层压砖均应用丁砖砌筑,灰缝要严实,挑檐砖标高必须正确。

⑥ 各种预留洞、埋件、拉结筋按设计要求留置,避免施工完后再剔凿,影响砌体质量。

⑦ 变形缝的墙角应按直角要求砌筑,先砌的墙要把舌头灰刮尽,后砌的墙可采用缩口灰,掉入缝内的杂物随时清理。

⑧ 安装管沟和洞口过梁,其型号、标高必须正确,底灰饱满。如坐灰超过 20 mm 厚,用细石混凝土铺垫,两端搭墙长度应一致。

(5)抹防潮层

基础砌至防潮层时,用水平仪找平,然后铺设 15～20 mm 厚水泥防水砂浆(防水粉掺量为水泥质量的 3%～5%),并压实抹平;若设计有规定时按设计规定采用。

(6)土方回填

基础砌筑完毕,应及时清理基槽(坑)内杂物和积水,在两侧同时回填土,并分层夯实。

2.2.2.3　质量标准

(1)主控项目

① 砖和砂浆的强度等级必须符合设计要求。

抽检数量:每一生产厂家的砖到现场后,按烧结砖 15 万块、多孔砖 5 万块、灰砂砖及粉煤灰砖 10 万块各为一验收批,抽检数量为 1 组。

检验方法:查阅砖和砂浆试块试验报告。

② 砌体水平灰缝的砂浆饱满度不得小于 80%。

抽检数量:每检验批抽查不应少于 5 处。

检验方法:用百格网检查砖底面与砂浆的黏结痕迹面积。每处检测 3 块砖,取其平均值。

③ 砖砌体的转角处和交接处应同时砌筑,严禁无可靠措施的内外墙分砌施工。对不能同时砌筑而又必须留置的临时间断处应砌成斜槎,斜槎水平投影长度不小于高度的 2/3。

抽检数量:每检验批抽 20% 接槎,且不应少于 5 处。

检验方法:观察检查。

④ 非抗震设防地区及抗震设防烈度为 6 度、7 度地区的临时间断处,当不能留斜槎时,除转角处外,可留直槎,但直槎必须做成凸槎。留直槎处应加设拉结钢筋,拉结钢筋的数量为 240 mm 厚墙放置 2φ6 拉结钢筋(当墙厚大于 240 mm 时每 120 mm 增加 1φ6 拉结钢筋),间距沿墙高不应超过 500 mm;埋入长度从留槎处算起每边均不应小于 500 mm,对抗震设防烈度为 6 度、7 度的地区,不应小于 1000 mm;末端应有 90°弯钩。

抽检数量:每检验批抽 20% 接槎,且不应少于 5 处。

检验方法:观察和尺量检查。

合格标准:留槎正确,拉结筋设置数量、直径正确,竖向间距偏差不超过 100 mm,留置长度应基本符合规定。

(2) 一般项目

① 砖砌体上下错缝,每处无四皮砖通缝。

② 砖砌体接槎处灰缝砂浆密实,缝、砖应平直;每处接槎部位水平灰缝厚度不小于 5 mm 或透亮的缺陷不超过 5 个。

③ 预埋拉结筋的数量、长度均符合设计要求和施工规范的规定,留置间距偏差不超过一皮砖。

④ 留置构造柱的位置正确,马牙槎先退后进,上下顺直,残留砂浆应清理干净。

⑤ 允许偏差项目,见表 2.5。

表 2.5 砖砌体允许偏差项目

项 次	项 目	允许偏差/mm	检查方法
1	轴线位置偏移	10	用经纬仪或拉线和尺量检查
2	基础顶面标高	±15	用水准仪和尺量检查

2.2.3 混凝土基础施工

2.2.3.1 施工准备

(1) 材料

① 水泥:宜用 32.5 号或 42.5 号硅酸盐水泥、矿渣硅酸盐水泥和普通硅酸盐水泥,要求新鲜无结块。

② 砂:中砂或粗砂,含泥量不大于 5%。

③ 石子:卵石或碎石,粒径 5～40 mm,含泥量不大于 2%,且无杂物。

④ 水:应用自来水或不含有害物质的洁净水。

⑤ 外加剂、掺合料:其品种及掺量应根据需要通过试验确定。

(2) 主要机具设备

① 机具设备

混凝土搅拌机、皮带输送机、推土机、散装水泥罐车、自卸翻斗汽车、机动翻斗车、插入式振动器。

② 主要工具

大小平锹、铁板、磅秤、水桶、胶皮管、手推车、串筒、溜槽、贮料斗、铁钎和抹子等。

(3) 作业条件

① 基础轴线尺寸、基底标高和地质情况均经过检查,并应办完隐检手续。

② 安装的模板已经过检查,符合设计要求,模板内的木屑、泥土、垃圾等已清理干净,办完预检。

③ 在槽帮、墙面或模板上做好混凝土上平的标志,大面积浇筑的基础每隔 3 m 左右钉上水平桩。

④ 埋在垫层中的暖卫、电气设备等各种管线均已安装完毕,并经过有关方面验收。

⑤ 校核混凝土配合比,检查计量仪器设备,进行开盘交底。

⑥ 浇筑混凝土的脚手架及马道搭设完成,经检查合格。

⑦ 混凝土搅拌、运输、浇灌和振捣机械设备经检修、试运转,情况良好,可满足连续浇筑要求。

⑧ 准备好混凝土试模。

2.2.3.2　施工程序及操作要点

混凝土基础的施工程序为:槽底或模板内清理→混凝土拌制→混凝土浇筑、振捣→混凝土养护。

混凝土基础施工的操作要点如下:

(1) 清理

清除地基或基土上的淤泥和杂物,并应有防水和排水措施。对于干燥土应用水润湿,表面不得留有积水。清除支模的板内垃圾、泥土等杂物,并浇水润湿木模板,堵塞板缝和孔洞。

(2) 混凝土拌制、浇筑、养护等

混凝土拌制、浇筑、养护等均应严格执行《混凝土结构工程施工质量验收规范》(GB 50204—2015)。

2.2.3.3　质量检验标准

所有一般项目和保证项目均必须符合施工规范和有关标准规定,详见本书单元 4。

2.2.3.4　施工注意事项

(1) 浇筑台阶式基础

施工时应注意防止上下台阶交接处混凝土出现脱空和蜂窝(即吊脚和烂脖子)现象,预防措施是:待第一台阶浇筑完后稍停 0.5~1 h,待下部沉实后,再浇上一台阶;或待第一台阶捣实后,继续浇筑第二台阶前,先沿第二台阶模板底圈做成内外坡度,待第二台阶混凝土浇筑完成后,再将第一台阶混凝土铲平、拍实、拍平。

(2) 浇筑杯形基础

应注意杯底标高和杯口模板的位置,防止杯口模板上浮和倾斜。浇筑时,先将杯口底混凝土振实并稍停片刻,待其沉实,再浇筑杯口模板四周混凝土。

（3）浇筑锥形基础

斜坡较陡,斜坡部分宜支模浇筑,或随浇随安装模板,并应压紧,注意防止模板上浮。斜坡较平坦,则可不支模,但应注意斜坡部位及边角部位混凝土要捣固密实,振捣完后,再用人工将斜坡表面修正、拍平、拍实。

（4）基础排降水

基础混凝土浇筑时如基坑地下水位较高,则应采取降低地下水位的相关措施,直到基坑回填土完成后,方可停止降水,以防浸泡地基,造成基础不均匀沉降或倾斜、裂缝。

（5）基础土方回填

基础拆模后应及时回填土,回填要在相对的两侧或四周同时均匀进行,分层夯实,以保护基础并有利于进行下一道工序作业。

2.3　钢筋混凝土扩展基础施工

2.3.1　柱下独立基础施工

2.3.1.1　施工准备

（1）作业条件

① 办完地基验槽及隐检手续。

② 办完基槽验线验收手续。

③ 有混凝土配合比通知单,准备好试验用工器具。

（2）材料要求

① 水泥:水泥品种、强度等级应根据设计要求确定,质量应符合现行水泥标准。

② 砂、石子:根据结构尺寸、钢筋密度、混凝土施工工艺、混凝土强度等级的要求确定石子粒径、砂子细度。砂、石质量应符合现行标准要求。

③ 水:自来水或不含有害物质的洁净水。

④ 外加剂:根据施工组织设计要求确定是否采用外加剂。外加剂必须经试验合格后,方可在工程上使用。

⑤ 掺合料:根据施工要求确定是否采用掺合料。掺合料的质量应符合现行标准要求。

⑥ 钢筋:钢筋的级别、规格必须符合设计要求,质量应符合现行标准要求。钢筋表面应保持清洁,无锈蚀和油污。

⑦ 脱模剂:水质隔离剂。

（3）施工机具

混凝土搅拌机、推土机、散装水泥罐车、自卸翻斗汽车、机动翻斗车、插入式振动器、钢筋加工机械、木制井字架、大小平锹、铁板、电子计量仪、胶皮管、手推车、串筒、溜槽、贮料斗、铁钎和抹子等。

2.3.1.2　工艺程序及操作要点

柱下独立基础施工程序为:基槽开挖及清理→混凝土垫层浇筑→钢筋绑扎及相关专业施

工→支模板→隐检→混凝土搅拌、浇筑、振捣、找平→混凝土养护→模板拆除。

柱下独立基础施工的操作要点如下：

（1）基槽土方开挖、清理及垫层混凝土浇筑

基槽开挖、清理并验槽合格后，随即清除表层浮土及扰动土，不留积水，并立即进行垫层混凝土施工。垫层混凝土必须振捣密实，表面平整。

（2）钢筋绑扎

【扫码演示】

垫层浇筑完成并在混凝土达到 1.2 MPa 后（即人踩不留痕迹），在垫层表面弹线进行钢筋绑扎。钢筋绑扎时不允许漏扣，钢筋伸至基础板底部，支承在底板钢筋网片上，伸入基础内箍筋间距不大于 500 mm 且不少于 2 道矩形封闭箍筋。

钢筋绑扎好后底面及侧面搁置保护层垫块，厚度为设计保护层厚度，垫块间距不得大于 1000 mm（视设计钢筋直径确定），以防出现露筋。注意对钢筋的成品保护，不得任意碰撞钢筋，造成钢筋移位。

（3）模板安装

钢筋绑扎及相关专业施工完成后应立即进行模板安装，利用架子管或木方加固。锥形基础坡度大于 30°时，采用斜模板支护，利用螺栓与底板钢筋拉紧，防止上浮，模板上部设透气及振捣孔；坡度小于或等于 30°时，利用钢丝网（间距 30 cm）防止混凝土下坠，上口设井字木架控制钢筋位置。不得用重物冲击模板，不得在模板上搭设脚手架，确保模板的牢固和严密。

（4）混凝土现场搅拌

① 每次浇筑混凝土前试验员应根据现场实测砂石含水率，调整实验室给定的混凝土配合比材料用量，换算每盘的材料用量，填写配合比板，经施工技术负责人校核后，挂在搅拌机旁醒目处；与监理共同设定计量仪器的读数。

② 每盘投料顺序：石子→水泥（外加剂、掺合料粉剂）→砂子→水→外加剂。水泥、掺合料、水、外加剂的计量误差为 ±2%，粗、细骨料的计量误差为 ±3%。

③ 搅拌时间：为使混凝土搅拌均匀，自全部拌合料装入搅拌筒中起到混凝土开始卸料为止，混凝土搅拌的最短时间：

a. 强制式搅拌机，不掺外加剂时，不少于 90 s；掺外加剂时，不少于 120 s。

b. 自落式搅拌机，在强制式搅拌机搅拌时间的基础上增加 30 s。

④ 在第一次浇筑混凝土前，由施工单位组织监理（建设）单位对搅拌机组、混凝土试配单位计量仪器进行开盘鉴定工作，共同认定实验室签发的按混凝土配合比确定的组成材料是否与现场施工所用材料相符，混凝土拌合物性能是否满足设计要求和施工需要。如果混凝土和易性不好，可以在维持水胶比不变的前提下，适当调整砂率、水及水泥量，直至混凝土的和易性良好为止。

（5）混凝土浇筑

① 混凝土浇筑前应清除模板内的木屑、泥土等杂物，木模浇水湿润，堵严板缝及孔洞。

② 为保证柱插筋位置准确，防止位移和倾斜，浇筑时，先浇一层 5～10 cm 厚混凝土并捣实，使柱子插筋下端与钢筋网片的位置基本固定，然后再继续对称浇筑，并避免碰撞钢筋。

③ 混凝土浇筑高度如果超过 2 m，应使用串筒、溜槽下料，以防止混凝土发生离析现象。

④ 混凝土浇筑应分层连续进行，相邻两层混凝土浇筑间隔时间不超过混凝土初凝时间，一般不超过 2 h。台阶型基础每一台阶高度整体浇捣，每浇完一台阶停顿 0.5 h，待其下沉后

再浇上一层。

⑤混凝土振捣采用插入式振捣器，插入的间距不大于振捣器作用部分长度的 1.25 倍，振动棒移动间距不大于作用半径的 1.5 倍；上层振捣棒插入下层 3～5 cm，尽量避免碰撞预埋件、预埋螺栓，防止预埋件移位；防止下料过厚、振捣不实或漏振、漏浆等原因造成蜂窝、麻面或孔洞。

⑥浇筑混凝土时，经常观察模板、支架、钢筋、螺栓、预留孔洞和管道有无走动情况，一经发现有变形、走动或位移时，立即停止浇筑，并及时修整和加固模板，然后再继续浇筑。

⑦对于大面积混凝土，应在其浇筑后再使用平板振捣器拖振一遍，然后用刮杆刮平，再用木抹子搓平；收面前校核混凝土表面标高，不符合要求处立即整改。

（6）混凝土养护

已浇筑完的混凝土应在 12 h 左右覆盖和浇水。一般常温养护不得少于 7 d，防水混凝土养护不得少于 14 d。养护由专人检查落实，防止由于养护不及时，造成混凝土表面裂缝。

（7）模板拆除

侧面模板在混凝土强度能保证其棱角不因拆模板而受损坏时方可拆除。拆模前由专人检查混凝土强度，拆除时采用撬棍从一侧按顺序拆除，不得采用大锤砸或撬棍乱撬，以免造成混凝土棱角破坏。

2.3.1.3　质量标准

（1）主控项目

①浇筑混凝土所用水泥、外加剂的质量必须符合施工质量验收规范和现行国家标准的规定，并有出厂合格证和试验报告。

②混凝土配合比设计，原材料计量、搅拌、养护和施工缝处理，必须符合施工质量验收规范及国家现行有关规程的规定。

③混凝土应按《混凝土强度检验评定标准》（GB/T 50107—2010）的规定取样、制作、养护和试验，其强度必须符合设计要求。

④混凝土施工应按《混凝土结构工程施工质量验收规范》（GB 50204—2015）严格执行。

（2）一般项目

①混凝土所用砂、石子、掺合料应符合国家现行标准的规定。

②首次使用的混凝土配合比应进行开盘鉴定，其性能应满足设计配合比的要求。开始生产时应至少留置一组标准养护试件作为验证配合比的依据。混凝土拌制前应测定砂、石含水率，并根据测试结果调整材料用量，确定施工配合比。

③施工缝和后浇带的留设位置应在混凝土浇筑前按设计要求和施工技术方案确定。施工缝的处理和后浇带混凝土浇筑应按施工技术方案执行。

④现浇混凝土结构拆模后的尺寸偏差应符合表 2.6 的要求。

表 2.6　现浇结构位置、尺寸允许偏差及检验方法

项目		允许偏差/mm	检验方法
轴线位置	整体基础	15	经纬仪及尺量
	独立基础	10	经纬仪及尺量
	柱、墙、梁	8	尺量

续表 2.6

项目			允许偏差/mm	检验方法
垂直度	层高	≤6 m	10	经纬仪或吊线、尺量
		>6 m	12	经纬仪或吊线、尺量
	全高(H)≤300 m		$H/30000+20$	经纬仪、尺量
	全高(H)>300 m		$H/10000$ 且≤80	经纬仪、尺量
标高	层高		±10	水准仪或拉线、尺量
	全高		±30	水准仪或拉线、尺量
截面尺寸	基础		+15,−10	尺量
	柱、梁、板、墙		+10,−5	尺量
	楼梯相邻踏步高差		±6	尺量
电梯井	中心位置		10	尺量
	长、宽尺寸		+25,0	尺量
表面平整度			8	2 m 靠尺和塞尺量测
预埋件中心位置	预埋板		10	尺量
	预埋螺栓		5	尺量
	预埋管		5	尺量
	其他		10	尺量
预留洞、孔中心线位置			15	尺量

注:① 检查轴线、中心线位置时,沿纵、横两个方向测量,并取其中偏差的较大值。

② H 为全高,单位为 mm。

2.3.2 筏板基础施工

2.3.2.1 材料要求

(1)水泥:42.5 号硅酸盐水泥、普通硅酸盐水泥、矿渣硅酸盐水泥。

(2)砂子:用中砂或粗砂,含泥量不大于 5%。混凝土强度等级大于 C30 时,砂子含泥量不大于 3%。

(3)石子:卵石或碎石,粒径 5~40 mm。混凝土强度等级低于 C30 时,石子含泥量不大于 2%;混凝土强度等级大于 C30 时,石子含泥量不大于 1%。

(4)掺合料:采用 II 级粉煤灰,其掺量通过试验确定。

(5)减水剂、早强剂:应符合有关标准的规定,其品种和掺量应根据施工需要通过试验确定。

(6)钢筋:品种和规格应符合设计要求,有出厂质量证明书及试验报告,并应取样做机械性能试验,合格后方可使用。

(7)扎丝、垫块:扎丝规格 18~22 号;垫块为 1∶3 水泥砂浆埋 22 号扎丝预制而成,也可采用统一规格的塑料垫块制品。

2.3.2.2 机具设备要求

(1)机械设备

① 采用自拌混凝土:混凝土搅拌机、插入式振动器、平板式振动器、输送泵及输送管、电子计量秤、自卸汽车、机动翻斗车等。

② 采用预拌混凝土：混凝土搅拌运输车、输送泵车、插入式振动器、平板式振动器等。

（2）主要工具

大小平锹、串筒、溜槽、胶皮管、混凝土卸料槽、吊斗、手推胶轮车、抹子、混凝土试模（抗渗 6 个/组、抗压 3 个/组）。

2.3.2.3　作业条件

（1）已编制施工组织设计或施工方案，包括土方开挖、地基处理、深基坑降水和支护、支模和混凝土浇灌程序以及对邻近建筑物的保护等。

（2）基底土质情况、标高和基础轴线尺寸，已经过鉴定和检查，并办理隐蔽检查手续。

（3）模板经检查，符合设计要求，并办完预检手续。

（4）在槽帮或模板上画好或弹好混凝土浇筑高度标志，每隔 3 m 左右钉上水平桩。

（5）埋设在基础中的钢筋、螺栓、预埋件及暖卫、电气设备等各种管线均已安装完毕，各专业已经会签，并经质检部门验收，办完隐检手续。

（6）混凝土配合比已由实验室确定，并根据现场材料调整复核；后台计量仪已经检查，并进行开盘交底，准备好试模。

（7）施工临时供水、供电线路已设置；施工机具设备已安装就位，并试运行正常。

（8）混凝土的浇筑程序、方法、质量要求已进行详细的技术交底。

2.3.2.4　施工程序及操作要点

筏板基础的施工程序为：测量、放线及基坑土方开挖→浇筑垫层混凝土→绑扎钢筋→支设模板→隐检→浇筑筏板基础混凝土→筏板混凝土养护。

筏板基础施工的操作要点如下：

（1）基坑开挖

① 按照图纸放好轴线和基坑开挖边线后进行基坑土方开挖。如果有地下水，应采用人工降低地下水位至基坑底 50 cm 以下部位，保证在无水的情况下进行土方开挖和基础结构施工。

② 基坑土方开挖应注意保持基坑底土的原状结构，当采用机械开挖时，基坑底面上留 20～30 cm 厚土层采用人工清除和修整，避免超挖或破坏基土。如局部有软弱土层或超挖，应进行换填并夯实。基坑开挖应连续进行，如果基坑挖好后不能立即进行下一道工序，应在基底以上留置 15～20 cm 厚的土不挖，待下一道工序施工时再挖至设计基坑底标高，以免基土被扰动。

（2）基础垫层施工

基坑土方开挖至设计标高，经验槽合格后，即可采用 C15 级混凝土浇筑垫层。若底板有防水要求，应待底板混凝土达到 25% 以上强度后，再进行底板防水层施工；防水层施工完毕，应浇筑一定厚度的混凝土保护层，以避免进行钢筋安装绑扎时防水层受到破坏。

（3）绑扎筏板钢筋、安装模板

按设计图纸要求绑扎基础底板和梁钢筋，并插好墙、柱及其他预留钢筋，然后安装梁、柱、墙侧模。

（4）筏板基础底板混凝土施工

① 筏板钢筋及模板安装完毕，经检查无误，并清除模板内泥土、垃圾、杂物及积水之后，即可进行筏板基础底板混凝土浇筑；混凝土应一次连续浇筑完成。

② 当筏板基础长度过长（40 m 以上）时，往往在中部位置留设贯通后浇带或膨胀加强带，以避免出现温度收缩裂缝。对于超厚的筏板基础，应充分考虑采取降低水泥水化热和降低浇

筑混凝土入模温度的措施,以避免出现过大温度收缩应力,导致基础底板开裂。

③ 浇筑高度超过 2 m 时,应使用串筒或溜槽(管),以免混凝土离析。

④ 混凝土浇筑时应分层连续进行,每层厚度不超过 30 cm。

⑤ 浇筑混凝土时,应经常观察模板、钢筋、预埋件、预留孔洞和管道,若有偏位、变形等情况,应先停止浇筑,及时纠正好后再继续浇筑,确保在混凝土初凝前处理好。

⑥ 混凝土浇筑振捣密实后,应用木抹子搓平、压光。

(5) 混凝土养护

筏板基础混凝土浇筑完毕后,表面应及时覆盖和洒水养护(一般在浇筑完后 12 h);养护时间不得少于 7 d,有抗渗要求时养护时间不得少于 14 d;养护期间,应确保混凝土始终处于湿润状态。

(6) 变形观测

混凝土浇筑前,宜在基础底板上埋设好沉降观测点,定期进行观测、分析和记录。

2.3.2.5　质量标准

(1) 保证项目

① 浇筑混凝土所用的水泥、水、骨料、外加剂等,必须符合施工规范和有关规定。

② 混凝土的配合比,原材料计量、搅拌、养护和施工缝处理,必须符合施工规范的规定。

③ 评定混凝土的试块,必须按《混凝土强度检验评定标准》(GB/T 50107—2010)的规定取样、制作、养护和试验,其强度必须符合设计要求和评定标准的规定。

④ 基础中钢筋的规格、形状、尺寸、数量、锚固长度、接头数量和位置,必须符合设计要求和施工规范的规定;钢筋表面应无锈蚀、油污;钢筋的品种质量、焊条的型号应符合设计和规范要求。

(2) 一般项目

① 混凝土应振捣密实,蜂窝面积不大于 400 cm²,孔洞面积不大于 100 cm²;无缝隙、夹渣层。

② 允许偏差项目如表 2.7 所示。

表 2.7　筏板基础的允许偏差和检验方法

项目	序号	检查项目	允许偏差		检验方法
			单位	数值	
主控项目	1	混凝土强度	不少于设计值		28 d 试块强度
	2	轴线位置	mm	≤15	经纬仪或用钢尺量
一般项目	1	基础顶面标高	mm	±15	水准测量
	2	平整度	mm	±10	用 2 m 靠尺
	3	尺寸	mm	+15 −10	用钢尺量
	4	预埋件中心位置	mm	≤10	用钢尺量
	5	预留孔、洞中心线位置	mm	≤15	用钢尺量

2.3.2.6　注意事项

(1) 混凝土浇筑前,应先清除地基或垫层上的淤泥和垃圾,基坑内不得存有积水。

(2) 木模应浇水湿润,板缝和孔洞应予堵严。

(3) 混凝土应分层浇筑、分层振捣密实,防止出现蜂窝麻面和混凝土不密实等现象。

(4) 对厚度较大的筏板,浇筑混凝土时应采取预防温度收缩裂缝的措施。常用的防治混凝土开裂的施工措施有:

① 选用中低水化热的水泥,如矿渣水泥、火山灰质水泥、粉煤灰水泥或抗硫酸盐水泥配制混凝土,减少混凝土凝结时的发热量。

② 掺减水剂,减少水泥用量,降低水泥水化热量,减缓水化速度;或掺入缓凝型减水剂,除有以上效果外,还可减缓浇灌速度和强度,以利于散热。

③ 掺粉煤灰,可减少单方水泥用量 50～70 kg,显著推迟和减少发热。

④ 合理优选混凝土配合比,提高混凝土的密实度,减少收缩,降低水泥用量。

⑤ 夏季施工,砂石堆场应设遮阳装置,必要时喷冷水雾预冷却,或利用冰水拌制混凝土;运输工具加盖,防止日晒,以降低混凝土初始温度。

⑥ 混凝土采取薄层浇筑,以加速热量散发。加强通风,基坑内设多台风机通风散热,降低浇灌混凝土的入模温度。在基础内预埋冷却水管,通循环低温水降温。

⑦ 制定合理的温控指标,控制混凝土表面与内部温差最大不得大于 25 ℃,内部温差不大于 20 ℃,温度陡降不大于 10 ℃。

⑧ 做好混凝土的养护,适当延长拆模时间,提高混凝土强度,减少混凝土表面的温度梯度;必要时采取保温养护,使其缓慢降温,充分发挥混凝土的徐变。

⑨ 配制补偿收缩混凝土,以部分或全部抵消干缩和冷缩在结构中产生的约束应力,防止或减少温度与收缩裂缝的出现。

⑩ 加强混凝土的养护,混凝土浇筑完毕 12 h 后及时浇水养护,宜采用麻袋或稻草等覆盖养护,养护时间普通混凝土不少于 7 d,抗渗混凝土不少于 14 d。

2.3.3 箱形基础施工

箱形基础的材料要求、设备要求及作业条件同筏板基础。

2.3.3.1 施工程序及操作要点

箱形基础施工程序为:测量、放线及基坑土方开挖→浇筑垫层混凝土→绑扎钢筋→支设模板→隐检→浇筑箱形基础混凝土→混凝土养护。

箱形基础施工的操作要点如下:

(1)开挖基坑时应注意保持基坑底土的原状结构,当采用机械开挖基坑时,在基坑底面设计标高以上 20～30 cm 厚的土层,应用人工挖除并清理;如不能立即进行下一道工序施工,应预留 10～15 cm 厚土层,在下一道工序施工前再挖除,以防止地基被扰动。

(2)箱形基础底板、内外墙和顶板的支模,钢筋绑扎和混凝土浇筑,可采取分块进行,其施工缝的留设如下:

① 外墙水平施工缝应在底板面上部 300～500 mm 范围内和无梁底板下部 30～50 mm 处,并应做成企口形式。外墙垂直施工缝宜采用凹缝,但为方便施工多采用平缝,施工缝处设钢板止水带或橡胶止水带。

② 若有严格防水要求时,多采用厚度不小于 3 mm、宽度不小于 300 mm,埋入接缝处上下或左右部位各 150 mm 的钢板止水带进行施工缝处理。

③ 在继续浇筑混凝土前必须先清除缝内杂物,将表面松散混凝土冲洗干净,然后继续浇筑混凝土。

(3)当箱形基础长度超过 40 m 时,为避免出现混凝土收缩裂缝,宜在中部设置贯通后浇带,后浇带宽度不宜小于 800 mm,并从两侧混凝土内伸出贯通主筋,主筋按设计连续安装不切断,经 2～4 周,再在预留的中间缝带用高一个强度等级的膨胀混凝土(掺水泥用量 12% 的 U 形膨胀剂)浇筑密实,使之连成一个整体,并蓄水养护不少于 14 d。

(4) 钢筋绑扎应注意形状和位置的准确,严格控制接头位置及数量,混凝土浇筑接头部位用闪光对焊、套管挤压或直螺纹等机械连接前须经验收。

(5) 外部模板宜采用大块模板组装,内壁用定型模板;墙体尺寸采用直径 14 mm 及以上的穿墙高强对拉螺杆控制,埋设件位置应准确固定。箱顶板应适当预留施工洞口,以便内墙模板拆除取出。

(6) 混凝土浇筑要根据每次浇筑量来确定搅拌、运输、振捣能力,配备机械人员,确保混凝土浇筑均匀、连续,避免出现过多的施工缝和薄弱层面。

(7) 底板混凝土浇筑一般应在底板钢筋和墙壁钢筋全部绑扎完毕、柱子插筋就位后进行,可沿长方向分 2～3 个区,由一端向另一端分层推进,分层均匀下料。当底面面积大或底板呈正方形时,宜分段分组浇筑,当底板厚度小于 50 cm,可不分层,采用斜面赶浆法浇筑,表面及时整平;当底板厚度大于或等于 50 cm,宜水平分层和斜面分层浇筑,每层厚 25～30 cm,分层用插入式或平板式振捣器捣固密实,同时应注意各区、组搭接处的振捣,防止漏振,每层应在水泥初凝时间内浇筑完成,以保证混凝土的整体性和强度,提高抗裂性。

(8) 墙体混凝土浇筑应在墙体全部钢筋绑扎完毕,包括顶板插筋、预埋铁件、各种管道敷设完毕,模板尺寸正确,支撑牢固安全,经检查无误后进行。一般先浇外墙后浇内墙或内外墙同时浇筑,分支流向轴线前进,各组兼顾横墙左右宽度各一半的范围。外墙浇筑可采取分层分段循环浇筑法,即将外墙沿周边分成若干段,一般分 3～4 个小组,绕周长循环转圈进行,周而复始,直至外墙体浇筑完成。当周边较长,工程量较大时,亦可采取分层分段一次浇筑法,即由 2～6 个浇筑小组从一点开始,分层浇筑混凝土,每两组相对应向后延伸浇筑,直至周边闭合。箱形基础顶板(带梁)混凝土浇筑方法与基础底板浇筑基本相同。

(9) 对特厚、超长钢筋混凝土箱形基础底板,由于基础体积及截面面积大,水泥用量多,混凝土浇筑后,在混凝土内部产生的水化热会导致升温。在降温期间,当受到外部地基的约束作用时,会产生较大的温度收缩应力,有可能导致箱形基础产生深进方向的裂缝或贯穿性裂缝,影响基础结构的整体性、持久强度和防水性能。因此,对特厚、超长箱形基础底板,在混凝土浇筑时应采取有效的技术措施,如降低混凝土浇灌入模温度,改善约束条件,提高混凝土的极限拉伸强度,加强施工的温度控制与管理等,以防止产生温度收缩裂缝,保证基础混凝土的工程质量。

(10) 箱形基础施工完毕后,应防止长期暴露,要及时进行基坑的回填。回填时要在相对的两侧或四周同时均匀进行,分层夯实;停止降水时,应验算箱形基础的抗浮稳定性;如果不能满足时,必须采取有效的措施,防止基础上浮或倾斜。地下室施工完成后,方可停止降水。

2.3.3.2　注意事项

(1) 箱形基础施工前应查明建筑物荷载影响范围内地基土的组成、分布、性质和水文情况,判明深基坑开挖时坑壁的稳定性及对相邻建筑物的影响;编制施工组织设计时应包括土方开挖、地基处理、深基坑降水和支护以及对邻近建筑物的保护等方面具体内容,以指导施工和保证工程顺利进行。

(2) 基坑开挖,如地下水位较高,应采取措施降低地下水位至基坑底以下 50 cm 处;当地下水位较高,土质为粉土、粉砂或细砂时,不得采用明沟排水,以免产生流砂现象,破坏基底土体;宜采用轻型井点或深井井点方法降水,并应设置水位降低观测孔,井点设置应有专门设计。

降水时间应持续到箱形基础施工完成、回填土完毕,以防止发生基础箱体上浮事故。

(3)基础开挖应验算边坡稳定性,当地基为软弱土或基坑邻近有建(构)筑物时,应有临时支护措施,如设钢筋混凝土钻孔灌注桩,桩顶浇混凝土连续梁连成整体,支护离箱形基础应不少于1.2 m,上部应避免堆载、卸土。

(4)箱形基坑开挖深度大,挖土卸载后,土中压力减小,土的弹性效应有时会使基坑面土体回弹变形(回弹变形量有时占建筑物地基变形量的50%以上),基坑开挖到设计基底标高经验收后,应随即浇筑垫层和箱形基础底板,防止地基土被破坏。冬期施工,应采取有效的措施,防止基坑底土的冻胀。

(5)箱形基础设置后浇带时,后浇带必须在底板、墙壁和顶板的同一位置上留设,使之形成环形,以利于释放早、中期温度应力。若只在底板和墙壁上留后浇带,而顶板上不留设,将会在顶板上产生应力集中,出现裂缝,且会传递到墙壁后浇带,从而引起裂缝。

箱形基础施工的材料要求、机具设备要求、作业条件、质量标准同"筏板基础施工"。

2.3.4　基础施工的安全要求

(1)进入现场必须遵守安全生产六大纪律。

(2)搬运钢筋要注意附近有无障碍物、架空电线和其他临时电气设备,防止钢筋在回转时碰撞电线或发生触电事故。

(3)起吊钢筋骨架时,下方禁止站人,必须待骨架降到距模板1 m以下才允许靠近,就位支撑好方可摘钩。

(4)切割机使用前,须检查机械运转是否正常,是否有二级漏电保护;切割机后方不允许堆放易燃物品。

(5)车道板单车行走不小于1.4 m宽,双车来回不小于2.8 m宽,在运料时,前后应保持一定车距,不允许奔跑、抢道或超车。到终点卸料时,双手应扶牢车柄倒料,严禁双手脱把,防止翻车伤人。

(6)用塔吊、料斗浇捣混凝土,在塔吊放下料斗时,操作人员应主动避让,应随时防止料斗碰头,并应站立稳当,防止料斗碰人坠落。

(7)使用振动机前应检查电源电压,必须经过二级漏电保护,电源线不得有接头,观察机械运转是否正常。振动机移动时,不能硬拉电线,更不能在钢筋和其他锐利物上拖拉,防止割破或拉断电线,从而造成触电伤亡事故。

2.4　桩基础的分类

当浅层地基土无法满足建筑物对地基的变形和强度的要求时,就要利用深层较坚硬的土层作为持力层,将基础设计为深基础。常用的深基础有桩基础、墩基础、沉井、地下连续墙等,其中桩基础应用最广泛。

桩基础由基础和连接于桩顶的承台共同组成,工程中的桩基础往往由数根桩组成。桩顶设置承台,把各桩连成整体,将上部结构的荷载均匀传递给桩。桩的分类及功能见表2.8。

桩型与成桩工艺应根据建筑结构类型、荷载性质、桩的使用功能、穿越土层、桩端持力层土类、地下水位、施工设备、施工环境、施工经验、制桩材料供应条件等,按照经济合理、安全适用的原则选择。

表 2.8 桩的分类及功能

分类方法	桩的类型及功能
按承台位置的高低	① 高承台桩基础：承台底面高于地面，它的受力和变形不同于低承台桩基础。一般用于桥梁、码头工程中。 ② 低承台桩基础：承台底面低于地面，一般用于房屋建筑工程中
按承载性质	① 端承桩：是指穿过软弱土层并将建筑物的荷载通过桩传递到桩端坚硬土层或岩层上。桩侧较软弱土对桩身的摩擦作用很小，其摩擦力可忽略不计。 ② 摩擦桩：是指沉入软弱土层一定深度，通过桩侧土的摩擦作用将上部荷载传递扩散于桩周围土中，桩端土也起一定的支承作用，桩尖支承的土不甚密实，桩相对于土有一定的位移时，即具有摩擦桩的作用
按桩身材料	① 钢筋混凝土桩：可以预制也可以现浇。根据设计，桩的长度和截面尺寸可任意选择。 ② 钢桩：常用的有直径 250～1200 mm 的钢管桩和宽翼工字形钢桩。钢桩的承载力较大，起吊、运输、沉桩、接桩都较方便，但消耗钢材多、造价高。我国目前只在少数重点工程中使用钢桩。如上海宝山钢铁总厂工程中，重要的和高速运转的设备基础和柱基础使用了大量的钢管桩。 ③ 木桩：目前已很少使用，只在某些加固工程或能就地取材的临时工程中使用。在地下水位以下时，木材有很好的耐久性，而在干湿交替的环境下，极易腐蚀。 ④ 砂石桩：主要用于地基加固。 ⑤ 灰土桩：主要用于地基加固
按桩的使用功能	竖向抗压桩、竖向抗拔桩、水平荷载桩、复合受力桩
按桩直径大小	① 小直径桩：$d \leqslant 250$ mm。 ② 中等直径桩：250 mm $< d <$ 800 mm。 ③ 大直径桩：$d \geqslant 800$ mm
按成孔方法	① 非挤土桩：泥浆护壁灌注桩、人工挖孔灌注桩，应用较广。 ② 部分挤土桩：先钻孔后打入。 ③ 挤土桩：打入桩
按制作工艺	① 预制桩：钢筋混凝土预制桩是在工厂或施工现场预制，采用锤击打入、振动沉入等方法，使桩沉入地下。 ② 灌注桩：又叫现浇桩，是指直接在设计桩位的地基上成孔，在孔内放置钢筋笼或不放钢筋，后在孔内灌筑混凝土而成的桩。与预制桩相比，灌注桩可节省钢材，在持力层起伏不平时，桩长可根据实际情况设计
按截面形式	① 方形截面桩：制作、运输和堆放比较方便，截面边长一般为 250～550 mm。 ② 圆形空心桩：用离心旋转法在工厂中预制，具有用料省、自重轻、表面积大等特点

2.5 钢筋混凝土预制桩

2.5.1 钢筋混凝土打入桩施工

2.5.1.1 施工准备

（1）材料

① 钢筋混凝土预制桩（多采用方桩、预应力管桩）：规格、质量必须符合设计要求和施工规

【扫码演示】

范的规定,并有出厂合格证,强度要求达到 100%,且无断裂等情况。

② 焊条(接桩用):型号、性能必须符合设计要求和有关标准的规定,并应有出厂合格证明。

③ 钢板(接桩用):材质、规格符合设计要求,且应有材质证明书或检验报告,宜用低碳钢。

（2）主要机械设备

可根据桩尺寸、土质情况和设备条件采用柴油打桩机、振动沉桩机、蒸汽打桩机、落锤打桩机。主要设备包括桩锤、桩架和动力装置三部分。送桩、吊运桩一般另配一台履带式起重机或轮胎式起重机。

（3）作业条件

① 资料:应有工程地质资料、桩基施工平面图、桩基施工组织设计或施工方案(施工组织设计或方案中须明确打桩机进出路线和打桩顺序)。

② 桩基轴线和控制标高:桩基轴线和水准点控制桩测量设置完毕后,经过检查,并办理复核签证手续。

③ 场地上下障碍物:排除架空、地面和地下障碍物。在建筑物旧址或杂填土区施工时,应预先进行钎探,处理或清除桩位下的旧基础、石块、废铁等障碍物。

④ 场地周围:若打桩对邻近的建(构)筑物的使用和安全有影响,在打桩前应会同有关单位采取措施予以处理。

⑤ 场地要求:碾压平整,排水畅通,土的承载力能保证打桩机在移动时稳定垂直;雨季施工时,必须采取有效的排水措施。

⑥ 放线定位:根据轴线放出桩位线,用短木桩或短钢筋打好定位桩,并用白灰做出标志,以便施打。

⑦ 配套设施:检查桩的质量,将需用的桩按平面图堆放在打桩机附近,不合格的桩另行堆放;检查打桩机械设备及起重工具,铺设水、电管线,安设打桩机;在桩架上设置标尺或在桩侧面画上标尺,以便能观测桩身入土深度。

⑧ 打试验桩:正式施工前必须先打试验桩,其数量不少于 2 根,以确定桩长和贯入度,并校验打桩设备、施工工艺及技术措施是否符合要求。

2.5.1.2　施工程序及操作要点

钢筋混凝土打入桩的施工程序如图 2.11 所示。

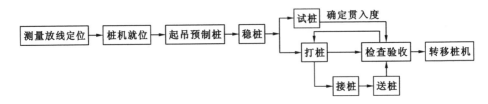

图 2.11　钢筋混凝土打入桩的施工程序

（1）测量放线定位

在打桩施工区域附近设置控制桩与水准点不少于 2 个,其位置以不受打桩影响为原则,距操作地点 40 m 以外,轴线控制桩应设置在距外侧墙桩 5～10 m 处,以控制桩基轴线和标高。

（2）桩机就位

桩架应平稳地架设在打桩部位,用钢缆拉牢。打桩机的安装必须按有关程序或说明书进行。打桩机就位时,应对准桩位,垂直稳定,确保在施工中不倾斜、不移动。

（3）起吊预制桩

① 先拴好吊桩用的钢丝绳及索具，然后应用索具捆绑住桩上端吊环（附近约 500 mm 处），启动机器起吊预制桩，使桩尖对准桩位中心，缓缓放下并插入土中。插桩必须对正竖直，其垂直度偏差不得超过 0.5%，校验无误后，在桩顶扣好桩帽，即可卸去索具。

② 桩帽与桩周边应留 5～10 mm 的间隙，锤与桩帽、桩帽与桩顶之间应加设弹性衬垫。一般采用麻袋、纸皮、硬木或草垫等衬垫材料，锤击压缩后的厚度以 120～150 mm 为宜。在锤击过程中，应经常检查衬垫，若有破坏应及时更换。

（4）稳桩

桩尖插入桩位后，先起锤轻压并用低锤轻击数次，待桩入土一定深度（约 2 m）后，再使桩垂直稳定。10 m 以内短桩可目测或用吊线锤纵横双向校正；10 m 以上的桩或打接桩必须用线锤或经纬仪纵横双向校正。经校正后的桩身垂直度的允许偏差不得超过 0.5%。

（5）打桩

宜重锤低击，按要求的落距锤击。用落锤或单动汽锤打桩时，最大落距不宜大于 1 m；用柴油锤打桩时应使锤跳动正常。锤重应根据地质条件、桩的类型、结构、密集程度及施工条件选用。

（6）打桩顺序

打桩的顺序宜按下列原则确定：

① 根据桩的密集程度，打桩顺序（图 2.12）一般采用由一侧向另一侧施打，或从中间向两边对称施打，或从中间向四周施打。当桩距大于或等于 4 倍桩直径或边长时，打桩顺序可以任意。

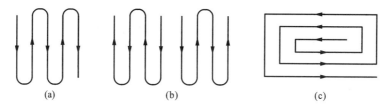

图 2.12　打桩顺序

(a) 由一侧向另一侧施打；(b) 从中间向两边对称施打；(c) 从中间向四周施打

② 根据桩的规格，宜先大后小、先长后短进行施打。

③ 根据桩位与原有建筑物的距离，宜先近后远进行施打。

（7）接桩

① 当桩长度不够时，采用焊接接桩，钢板宜用 Q235 低碳钢，焊条用 E43，预埋铁件表面应进行清洁，上下节之间的间隙应用铁片垫实焊牢，焊接件应做好防腐处理。

② 焊接时，先将四角点焊固定，然后对称焊接，焊缝连续、饱满，并应采取措施减小焊区焊缝变形。

③ 接桩一般在距地面 1 m 左右时进行。上下节桩的中心线偏差不得大于 10 mm，节点弯曲矢高不得大于 1‰桩长。

④ 接桩处应待焊缝自然冷却 10～15 min 后再打入土中。对外露铁件，应再次补刷防腐涂料。

（8）送桩

设计要求送桩时，桩（工具）的中心线应与桩身吻合方能送桩。送桩深度一般不宜超过 2 m。

（9）桩贯入深度控制

当桩的打入深度和贯入度达到设计要求时,应根据地质资料核对桩尖入土深处的地质情况,即可进行控制。一般要求最后三阵(每阵十击)的平均贯入度不大于设计规定,并且最后三阵的贯入度不能递增,符合设计要求后,方可收锤移动桩机。

（10）打桩记录

打桩时应由专职记录员做好施工记录。开始打桩时,应记录每沉落 1 m 所需的锤击次数,并记录桩锤下落的平均高度。当下沉接近设计标高和贯入度要求时,应在一定的落锤高度下,以每落锤十击为一阵击阶段,测量其贯入度并登记入表。

（11）异常现象的判断和处理

打桩过程中发生下沉量突然增大,原因可能是桩尖穿过硬土层进入软弱土层,或桩已被打断,此时应对照地质资料进行检查。若桩尖进入软土层,应继续施打;若桩身被打断,应会同有关单位研究补桩措施。

打桩到一定深度后打不下去或桩锤和桩突然回弹,原因可能是桩尖碰到孤石或已打到硬土层,这时应减小桩锤落距,慢慢往下打,待桩尖穿过障碍物之后再加大落距,如仍打不下去,应根据地质资料核对桩尖入土深度的土质情况,会同有关单位解决。

施打过程中,若桩头已严重破损,不得再打,等采取措施后方可继续施打。

2.5.1.3 质量标准

（1）预制桩钢筋骨架质量检验标准应符合表 2.9 的规定。

（2）钢筋混凝土预制桩的质量检验标准应符合表 2.10 的规定。

（3）钢筋混凝土预制桩桩位允许偏差应符合表 2.11 的规定。

表 2.9 预制桩钢筋骨架质量检验标准

项目	序号	检查项目	允许偏差或允许值/mm	检查方法
主控项目	1	主筋距桩顶距离	±5	用钢尺量
	2	多节桩锚固钢筋位置	5	用钢尺量
	3	多节桩预埋铁件	±3	用钢尺量
	4	主筋保护层厚度	±5	用钢尺量
一般项目	1	主筋间距	±5	用钢尺量
	2	桩尖中心线	10	用钢尺量
	3	箍筋间距	±20	用钢尺量
	4	桩顶钢筋网片	±10	用钢尺量
	5	多节桩锚固钢筋长度	±10	用钢尺量

表 2.10 钢筋混凝土预制桩的质量检验标准

项目	序号	检查项目	允许偏差或允许值		检查方法
			单位	数值	
主控项目	1	承载力	不小于设计值		静载试验、高应变法等
	2	桩身完整性	—		低应变法

续表 2.10

项目	序号	检查项目	允许偏差或允许值		检查方法
			单位	数值	
一般项目	1	成品质量	表面平整,颜色均匀,掉角深度小于 10 mm,蜂窝面积小于总面积的 0.5%		查产品合格证
	2	桩位	按表 2.11 的要求		全站仪或用钢尺量
	3	电焊条质量	设计要求		查产品合格证
	4	接桩:焊缝质量	见《建筑地基基础工程施工质量验收标准》(GB 50202—2018)中表 5.10.4		见《建筑地基基础工程施工质量验收标准》(GB 50202—2018)中表 5.10.4
		电焊结束后停歇时间	min	>8(3)	用表计时
		上下节平面偏差	mm	<10	用钢尺量
		节点弯曲矢高	<$L/1000$		用钢尺量,L 为两节桩长
	5	收锤标准	设计要求		现场实测或查沉桩记录
	6	桩顶标高	mm	±50	水准仪
	7	垂直度	≤1/100		经纬仪测量

注:括号中为采用二氧化碳气体保护焊时的数值。

表 2.11　钢筋混凝土预制桩桩位允许偏差

序号	检查项目		允许偏差/mm
1	带有基础梁的桩	垂直基础梁的中心线	100+0.01H
		沿基础梁的中心线	150+0.01H
2	承台桩	桩数为 1～3 根桩基中的桩	100+0.01H
		桩数大于或等于 4 根桩基中的桩	≤1/2 桩径+0.01H 或 1/2 边长+0.01H

注:H 为桩基施工面至设计桩顶的距离(mm)。

2.5.1.4　施工注意事项

(1) 桩的堆放应符合下列要求:

① 场地平整、坚实,不得产生不均匀下沉。

② 垫木与吊点的位置应相同,并应保持在同一平面内。

③ 同桩号(规格)的桩应堆放在一起,桩尖应向一端,便于施工。

④ 多层的垫木应上下对齐,最下层的垫木应适当加宽。堆放的层数一般不宜超过四层。预应力管桩堆放时,层与层之间可设置垫木,也可以不设置垫木,层间不设垫木时,最下层的贴地垫木不得省去,垫木边缘处的管桩应用木楔塞紧,防止滚动。

(2) 妥善保护好桩基的轴线和标高的控制桩,不得碰撞和振动,以免引起位移。

(3) 送桩留下的桩孔应立即回填密实。

(4) 安全措施

① 打桩前应对邻近施工范围内的原有建筑物、地下管线等进行检查,对有影响的工程,应

采取有效的加固防护措施或隔振措施,施工时加强观测,以确保施工安全。

② 打桩机行走道路必须平整、坚实,必要时宜铺设炉渣,经压路机碾压密实。场地四周应挖排水沟以利于排水,保证移动桩机时的安全。

③ 打(沉)桩前应先全面检查机械各个部件及润滑情况,钢丝绳是否完好,发现问题及时解决;检查后要进行试运转,严禁带病作业。打(沉)桩机械设备应由专人操作,并经常检查机械部分有无脱焊和螺栓松动,注意机械的运转情况,加强机械的维护保养,以保证机械正常使用。

④ 打(沉)桩机架安设应铺垫平稳、牢固。吊桩就位时,起吊要慢,并拉住溜绳,防止桩头冲击桩架,撞坏桩身。吊立后要加强检查,若发现不安全情况,应及时处理。

⑤ 在打(沉)桩过程中遇有地坪隆起或下陷时,应随时对机架及路轨调平或垫平。

⑥ 现场操作人员要戴安全帽,高空作业时应系安全带,高空检修桩机时,不得向下乱丢物件。

⑦ 机械司机在打(沉)桩操作时,要精力集中,服从指挥信号,并经常注意机械运转情况,发现异常立即处理,以防止机械倾斜、倾倒,或桩锤不工作时突然下落等事故的发生。

⑧ 打桩时桩头垫料严禁用手拨正,不得在桩锤未打到桩顶就起锤或过早刹车,以免损坏桩机设备。

⑨ 夜间施工必须有足够的照明;雷雨天,大风、大雾天应停止作业。

2.5.2 静力压桩施工

机械静力压桩是采用静力压桩机将预制钢筋混凝土桩分节压入地基土层中,适用于软土、填土、一般黏性土层中,以及居民稠密和附近环境保护要求严格的地区。

2.5.2.1 施工准备

(1)材料

钢筋混凝土预制桩:常用截面尺寸为 300 mm×300 mm、350 mm×350 mm 和 400 mm×400 mm,常用节长为 7 m 和 9 m,可根据设计桩长按不同的节长进行搭配,桩强度要求达到设计强度的 100%。

桩的连接方法有焊接、法兰连接及硫黄胶泥锚接。

① 当采用硫黄胶泥锚接时,所使用的硫黄胶泥配合比应通过试验确定,其物理性能指标(热变性、重度、吸水率、弹性模量、耐酸性)和力学性能指标(抗压强度、抗拉强度、抗折强度和黏结强度)必须达到设计要求和施工规范的规定,并有出厂合格证明。

② 当采用焊接时,使用的焊条牌号、性能必须符合设计要求和有关技术标准的规定,并应有出厂合格证明,钢板宜用低碳钢,焊条宜用 E43。

③ 当采用法兰连接时,钢板和螺栓宜用低碳钢。

(2)主要机具

① 机械设备:WJY 型或 YZY 型(1200~2000 kN)全液压静力压桩机(图 2.13)、轮胎式起重机、运输载重汽车。

② 主要工具:钢丝绳吊索、卡环、撬杠、沙浴锅、铁盘、长柄勺、浇灌壶、扁铲、台秤、温度计等。

(3)作业条件

① 资料:应有工程地质资料、桩基施工平面图、桩基施工组织设计或施工方案。

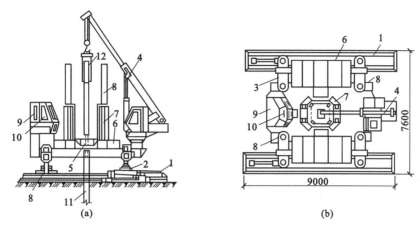

图 2.13　静力压桩机

1—长船行走机构；2—短船行走及回转机构；3—支腿式底盘结构；4—液压起重机；5—夹持与压板装置；
6—配重铁；7—导向架；8—液压系统；9—电控系统；10—操控室；11—已压入下节桩；12—吊入上节桩

②　桩基轴线和控制标高：桩基轴线桩和水准点桩测设完毕后，经过检查，并办理复核签证手续。

③　障碍物：排除架空、地面和地下障碍物。在建筑物旧址或杂填土区施工时，应预先进行钎探，处理或清除桩位下的旧基础、石块、废铁等障碍物。

④　场地周围：若压桩对周围建（构）筑物的使用和安全有影响，则在压桩前应会同有关单位采取措施予以解决。

⑤　场地要求：碾压平整，排水畅通，土的承载力一般不宜低于 100 kPa，以保证桩机的移动和稳定垂直。雨季施工时，必须采取有效的防水和排水措施。

⑥　放线定位：根据轴线放出桩位线，用短木桩或短钢筋打好定位桩，并用白灰做出标志。

⑦　配套设施：检查桩的质量，将需用的桩按平面图堆放，不合格的桩另行堆放；检查机械设备及起重工具，铺设水、电管线，进行设备架立组装。在桩架上设置标尺或在桩侧面画上标尺，以便能观测桩身入土深度。

⑧　压试验桩：正式施工前必须先压试验桩，其数量不少于 2 根，确定桩长，并校验压桩设备、施工工艺及技术措施是否符合要求。

2.5.2.2　施工程序及操作要点

静力压桩施工程序见图 2.14。

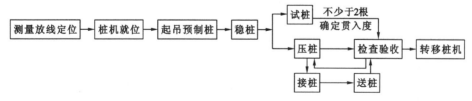

图 2.14　静力压桩施工程序

静力压桩施工的操作要点如下：

（1）测量放线定位

在桩施工区域附近设置控制桩与水准点不少于 2 个，其位置以不受压桩影响为原则（距操作地点 40 m 以外）。轴线控制桩应设置在距外墙桩 5～10 m 处，以控制桩基轴线和标高。

（2）压桩机的安装

压桩机的安装必须按有关程序或说明书进行。压桩机的配重应平衡配置于平台上。压桩机就位时应对准桩位,启动平台支腿油缸,校正平台处于水平状态。启动门架支撑油缸,使门架微倾 15°,以便吊插预制桩。

（3）起吊预制桩

先拴好吊装用的钢丝绳及索具,然后用索具捆绑住桩上部约 500 mm 处,启动机器起吊预制桩,使桩尖垂直对准桩位中心,缓缓放下并插入土中,位置要准确。

（4）稳桩和压桩

当桩尖插入桩位时,微微启动压桩油缸;当桩入土至 500 mm 时,再次校正桩的垂直度和平台的水平度,保证桩的纵横双向垂直偏差不超过 0.5%。然后启动压桩油缸,把桩徐徐压下,控制施压速度,一般不宜超过 2 m/min。

（5）压桩顺序

压桩顺序应按先深后浅、先大后小、先长后短、先密后疏的次序进行。密集桩群应控制沉桩速率,宜自中间向两个方向或四周对称施打,一侧毗邻建（构）筑物或设施时,应由该侧向远离该侧的方向施打。

（6）接桩

当桩长度不够时,可采用焊接接桩、螺纹接头接桩、机械啮合接头接桩等。接桩时,接头宜高出地面 0.5~1.0 m,不宜在桩端进入硬土层时停顿或接桩。单根桩沉桩宜连续进行。

① 焊接法接桩

预埋铁件表面应清洁,上下节桩的桩头处宜设置导向箍,接桩时上下节桩身应对中,错位不宜大于 2 mm,上下节桩段应保持顺直。焊接宜沿桩四周对称进行,不应有夹渣、气孔等缺陷。桩接头焊好后应进行外观检查,检查合格后自然冷却时间为 6 min,方可继续沉桩。严禁浇水冷却,或不冷却就开始沉桩。

② 螺纹接头接桩

接桩前应检查桩两端制作的尺寸偏差及连接件,无受损后方可起吊施工。接桩时,卸下上下节桩两端的保护装置后,应清理接头残物,涂上润滑脂。应采用专用锥度接头对中,对准上下节桩进行旋紧连接。可采用专用链条式扳手进行旋紧,锁紧后两端板尚应有 1~2 mm 的间隙。

③ 机械啮合接头接桩

上节桩下端的连接销对准下节桩顶端的连接槽口,加压使上节桩的连接销插入下节桩的连接槽内。当地基土或地下水对管桩有中等以上腐蚀作用时,端板应涂厚度为 3 mm 的防腐涂料。

（7）送桩

应配备专用送桩器,送桩器的横截面外轮廓形状应与所压桩相一致,器身的弯曲度不应大于 1‰。

静力压桩施工过程中的桩位允许偏差应为 150 mm,斜桩倾斜度的偏差不应大于倾斜角正切值的 15%。

（8）终压

静力压桩终压的控制标准应符合下列规定:静力压桩应以标高为主,压力为辅。静力压桩终压标准可结合现场试验结果确定。终压连续复压次数应根据桩长及地质条件等因素确定,对于入土深度大于或等于 8 m 的桩,复压次数可为 2~3 次;对于入土深度小于 8 m 的桩,复压次数可为 3～5 次。稳压压桩力不应小于终压力,稳定压桩的时间宜为 5～10 s。

2.5.2.3   质量标准

(1)钢筋混凝土静力压桩质量检验标准如表 2.12 所示。

(2)桩位允许偏差应符合表 2.11 的规定。

表 2.12   静压预制桩质量检验标准

项目	序号	检查项目	允许值或允许偏差		检查方法
			单位	数值	
主控项目	1	承载力	不小于设计值		静载试验、高应变法等
	2	桩身完整性	—		低应变法
一般项目	1	成品质量	表面平整,颜色均匀,掉角深度小于 10 mm,蜂窝面积小于总面积的 0.5%		查产品合格证
	2	桩位	按表 2.11 的要求		全站仪或用钢尺量
	3	电焊条质量	设计要求		查产品合格证
	4	接桩:焊缝质量	见《建筑地基基础工程施工质量验收标准》(GB 50202—2018)中表 5.10.4		见《建筑地基基础工程施工质量验收标准》(GB 50202—2018)中表 5.10.4
		电焊结束后停歇时间	min	>6(3)	用表计时
		上下节平面偏差	mm	<10	用钢尺量
		节点弯曲矢高	<L/1000		用钢尺量,L 为两节桩长
	5	收锤标准	设计要求		现场实测或查沉桩记录
	6	桩顶标高	mm	±50	水准仪
	7	垂直度	≤1/100	经纬仪测量	

注:电焊结束后停歇时间项括号中为采用二氧化碳气体保护焊时的数值。

2.5.2.4   施工注意事项

(1)桩的堆放应满足本书 2.5.1.4 节中(1)的要求。

(2)妥善保护好桩基的轴线和标高的控制桩,不得碰撞和振动,以免引起位移。

(3)送桩留下的桩孔应立即回填密实。

(4)压桩完毕进行基坑开挖时,应制定合理的施工顺序和技术措施,防止土体挤压引起移位和倾斜。

(5)截断过长的桩头,严禁用横锤敲打,以免造成断桩和产生横向裂纹。

(6)安全措施

① 机械司机在施工操作时,应听从指挥信号,不得随意离开岗位,应经常注意机械的运转情况,发现异常时应立即检查处理,以防止机械倾斜、倾倒。

② 桩身混凝土强度达到设计强度的 75% 后方可起吊,桩身混凝土强度达到 100% 方可运输和压桩。桩机架安设应铺垫平稳、牢固。吊桩就位时,起吊要慢,并拉住溜绳,防止桩头冲击桩架,撞坏桩身。吊立后要加强检查,若发现不安全情况,应及时处理。

③ 硫黄胶泥的原料及制品在运输、贮存和使用时应注意防火。熬制胶泥时,操作人员应

穿戴防护用品,熬制场地应通风良好,人应在上风向操作,严禁水溅入锅内。胶泥浇筑后,上节桩应缓慢放下,防止胶泥飞溅伤人。

④ 夜间施工时,必须有足够的照明设施;雷雨天,大风、大雾天应停止压桩作业。

2.6 钢筋混凝土灌注桩施工

2.6.1 钢筋混凝土沉管灌注桩施工

【扫码演示】

沉管灌注桩适用于杂填土、黏性土、稍密及松散的砂土、淤泥、淤泥质土等土质情况。

2.6.1.1 施工准备

(1)材料

① 水泥:用 32.5 级及以上普通硅酸盐水泥或矿渣硅酸盐水泥。水泥进场时应有出厂合格证明书。施工单位应根据进场水泥品种、批号进行抽样检验,合格后才能使用。若水泥存放时间超过三个月,应重新检验,确认符合要求后才能使用。

② 砂:采用级配良好、质地坚硬、颗粒洁净的河砂或海砂,其含泥量不大于 3%。

③ 石子:采用坚硬的卵石或碎石,粒径不大于 40 mm,且不宜大于钢筋最小净距的 1/3,其针状颗粒不应超过 25%,含泥量不大于 1%。

④ 钢筋:钢筋进场时应有出厂质量合格证明书,应检查其品种、规格是否符合要求及有无损伤、锈蚀、油污。并应按规定抽样进行抗拉、抗弯、焊接试验,经试验合格后方能使用(进口钢筋要进行化学成分检验和焊接试验,符合有关规定后方可用于工程)。钢筋笼的直径除应符合设计要求外,还应比套管内径小 60～80 mm。

⑤ 桩尖:一般采用钢筋混凝土桩尖,也可用钢桩尖。钢筋混凝土的桩尖强度等级不得低于 C30。桩尖配筋构造和数量必须符合设计或施工规范的要求。

(2)主要机具设备

① 振动成桩机:由桩架、振动箱、卷扬机、加压装置、桩管、混凝土下料斗、桩尖等成套设备组成。

② 锤击打桩机:由桩架、桩锤、卷扬机、桩管、混凝土下料斗组成。

③ 桩管规格:振动沉管灌注桩桩管直径 220～370 mm,长 10～28 m;锤击沉管灌注桩桩管直径 270～370 mm,长 8～12 m。

(3)作业条件

① 施工前应做好场地查勘工作,如有架空电线、地下电线、给排水管道等设施妨碍施工或对安全操作有影响的,应先进行清除、移位或妥善处理后方能开工。

② 若打桩对邻近的建(构)筑物的使用和安全有影响,在打桩前应会同有关单位采取措施予以处理。

③ 施工前应做好场地平整工作,对不利于施工机械运行的松散土质场地,必须采取有效措施进行处理。雨季施工时,要采取有效的排水措施。

④ 应具备施工区域内的工程地质资料。经会审确定的施工图纸、施工组织设计(或方案)、各种原材料和预制桩尖等的出厂合格证及其抽检试验报告、混凝土配合比设计报告及有关资料应齐全。

⑤ 桩机性能必须满足成桩的设计要求。

⑥ 按设计图纸标注的位置埋设好桩尖。埋设桩尖前,要根据其定位位置先进行钎探,探测深度宜为 2～4 m,并将探出的在桩位处的旧基础、石块、废铁等障碍物清除。

⑦ 放线定位:根据轴线放出桩位线,用短木桩或短钢筋打好定位桩,并用白灰做出标志,以便施打。

⑧ 桩尖埋设经复核后方能进行打桩,桩尖允许偏差值:单桩为 10 mm,群桩为 20 mm。应会同设计单位选定 1～2 根桩进行打桩工艺试验(即试桩),以核对场地地质情况及桩基设备、施工工艺等是否符合设计图纸要求。

⑨ 检查打桩机械设备及起重工具,铺设水、电管线,安设打桩机;在桩架上设置标尺或在桩管侧面画上标尺,以便能观测桩身入土深度。

⑩ 桩机操作人员应持证上岗,施工前管理人员应向操作工人进行技术交底。

2.6.1.2 施工程序

钢筋混凝土沉管灌注桩的施工程序为:场地整平→放线→预埋桩尖→桩机就位→复核桩位→沉管→安放钢筋笼→灌注混凝土→拔管→养护。

2.6.1.3 振动沉管灌注桩施工操作要点

(1)桩机就位

将桩管桩尖合拢,对准桩位中心,将振动锤压于桩顶,借自重把桩尖压入土中。

(2)沉管

开动振动箱,使桩管在振动下沉入土中。

(3)灌注混凝土

桩管沉到设计标高后停止振动,用上料斗将混凝土灌入桩管内,宜灌满或略高于地面。

(4)拔管

先启动振动箱片刻再拔管,边振边拔。拔管速度宜控制在 1.5 m/min 以内。拔管方法根据承载力的不同要求,可分别采用以下方法:

① 单打法:即一次拔管。拔管时,桩管每提升 0.5 m 停拔,振动 5～10 s 后再拔管 0.5 m,如此反复进行直至地面。

② 反插法:桩管每提升 0.5～1.0 m,再把桩管下沉 0.3～0.5 m,在拔管过程中添加混凝土,使桩管内混凝土始终高于地面,如此反复进行直至拔出地面。在拔管过程中,桩管内的混凝土应至少保持 2 m 高或不低于地面,可用吊坨探测,不足时及时补灌,以防混凝土中断形成缩颈。相邻桩施工时,其间隔时间不得超过水泥的初凝时间,中途停顿时,应在停顿前先将桩管沉入土中。

(5)吊放钢筋笼

凡灌注配有不到桩底的钢筋笼的桩身混凝土时,宜先灌注混凝土至钢筋笼底标高,再安放钢筋笼,然后继续按灌注混凝土的施工顺序进行。

2.6.1.4 锤击沉管灌注桩施工操作要点

(1)锤击沉管灌注桩的施工方法一般为单打法,但根据设计要求或土质情况等也可采用复打法。

(2)锤击沉管灌注桩宜按流水顺序依次向后退打。对群桩基础及中心距小于 3.5 倍桩径的桩,应采取不影响邻桩质量的技术措施。

(3)桩机就位时,桩管在垂直状态下应对准并垂直套入已定位预埋的桩尖。

（4）桩尖埋设好后应重新复核桩位轴线。桩尖顶面应清扫干净，桩管与桩尖肩部的接触处应加垫草绳或麻袋。

（5）注意检查及保证桩管垂直度无偏斜后才正式施打。施打开始时应低锤慢击，施打过程中若发现桩管有偏斜时，应采取措施纠正。如偏斜过大无法纠正时，应及时会同施工负责人及技术、设计部门研究解决。

（6）沉管过程中，应经常使用测锤检查管内情况及桩尖是否有损坏，若发现桩尖损坏或进泥、进水，应拔出桩管，回填桩孔，重新设置桩尖进行施打。

（7）沉管深度应以设计要求及经试桩确定的桩端持力层、最后三阵每阵十锤的贯入度来控制，并以桩管入土深度作参考，测量沉管的贯入度应在桩尖无破坏、锤击无偏心、落锤高度符合要求、桩帽及弹性垫层正常的条件下进行。最后三阵每阵十锤的贯入度宜不大于 30 mm，且每阵十锤贯入度值不应递增。对于短桩的最后贯入度应严格控制，并应通知设计部门确认。

（8）沉管结束经检查管内没有泥水进入后，应及时灌注混凝土。每立方米混凝土的水泥用量应不少于 300 kg。当桩身配有钢筋时，设计无规定时混凝土坍落度宜采用 80～100 mm；素混凝土桩的坍落度宜采用 60～80 mm。第一次灌入桩管内的混凝土应尽量多，第一次拔管高度一般只要能满足第二次所需要灌入的混凝土量时即可，桩管不宜拔得太高。

（9）拔管时采用倒打拔管的方法，用自由落锤小落距轻击（每分钟不少于 40 次），拔管速度应均匀，对一般土质以不大于 1 m/min 为宜。在软弱土层及软硬土层交界处拔管速度宜为 0.3～0.8 m/min，淤泥质软土中拔管速度不宜大于 0.8 m/min；接近地面时，拔管速度应控制在 0.3～0.8 m/min 以内。在拔管过程中，应用测锤随时检查管内混凝土的下降情况，混凝土灌注完成面应比桩顶设计标高高出 50 cm，以留作打凿浮浆。

（10）凡灌注配有不到桩底的钢筋笼的桩身混凝土时，宜按先灌注混凝土至钢筋笼底标高，再安放钢筋笼，然后继续按灌注混凝土的施工顺序进行。在素混凝土桩顶采用构造连接钢筋时，在灌注完毕拔出桩管及桩机退出桩位后，应按照设计标高要求，沿桩周对称、均匀、垂直地插入钢筋，并保证钢筋保护层不应小于 3 cm。

（11）沉管灌注桩的混凝土充盈系数不应小于 1.0。

（12）按设计要求进行局部复打或全复打施工。局部复打或全复打施工必须在第一次灌注的桩身混凝土初凝之前进行。复打法为在同一桩孔内进行两次单打，或根据需要进行局部复打。

2.6.1.5 质量标准

钢筋混凝土沉管灌注桩钢筋笼质量检验标准应符合表 2.13 的规定。

钢筋混凝土沉管灌注桩质量检验标准应符合表 2.14 的规定。

表 2.13 钢筋混凝土沉管灌注桩钢筋笼质量检验标准

项目	序号	检查项目	允许偏差或允许值/mm	检查方法
主控项目	1	主筋间距	±9	用钢尺量
	2	长度	±90	用钢尺量
一般项目	1	钢筋材质检验	按设计要求	抽样送检
	2	箍筋间距	±18	用钢尺量
	3	直径	±9	用钢尺量

表 2.14　钢筋混凝土沉管灌注桩质量检验标准

项目	序号	检查项目	允许偏差或允许值		检查方法
			单位	数值	
主控项目	1	承载力	不小于设计值		静载试验
	2	混凝土强度	不小于设计要求		28 d 试块强度或钻芯法
	3	桩身完整性	—		低应变法
	4	桩长	不小于设计值		施工中量钻杆或套管长度,施工后用钻芯法或低应变法
一般项目	1	桩径	见《建筑地基基础工程施工质量验收标准》(GB 50202—2018)		用钢尺量
	2	混凝土坍落度	mm	80～100	坍落度仪
	3	垂直度	≤1/100		经纬仪测量
	4	桩位	见《建筑地基基础工程施工质量验收标准》(GB 50202—2018)		全站仪或钢尺测量
	5	拔管速度	m/min	1.2～1.5	用钢尺量及秒表计时
	6	孔深	mm	+270	只深不浅,用重锤测,或测套管长度,嵌岩桩应确保进入设计要求的嵌岩深度
	7	桩体质量检验	按《建筑基桩检测技术规范》(JGJ 106—2014)的相关要求,如钻芯取样,大直径嵌岩桩应钻至桩尖下 50 cm		按《建筑基桩检测技术规范》(JGJ 106—2014)中的相关方法
	8	桩顶标高	mm	+30 −50	水准测量
	9	钢筋笼笼顶标高	mm	±100	水准测量

2.6.1.6　施工注意事项

(1)灌注桩身混凝土时应按有关规定留置试块。

(2)钢筋笼在制作、安装过程中,应采取措施防止变形。

(3)桩顶锚入承台的钢筋要妥善保护,不得任意弯曲或折断。

(4)已完成的桩未达到设计强度的 70% 之前,不允许车辆碾压。

(5)应注意的质量问题:

① 为防止出现缩颈、断桩、混凝土拒落、钢筋下沉、桩身夹泥等现象,应详细研究工程地质勘察报告,制定切实有效的技术措施。

② 灌注混凝土时,要准确测定每一根桩的混凝土总灌入量是否能满足设计计算的灌入量,在拔管过程中,应严格控制拔管速度,用测锤观测每 50～100 cm 高度的混凝土用量,换算出桩的灌注直径,发现缩颈应及时采取措施处理。

③ 严格检查桩尖的强度和规格,桩管沉至设计要求后,应用测锤测量桩尖是否进入桩管内。如果发现桩尖进入桩管内,应拔出桩管进行处理。灌注混凝土后拔管时,应用测锤测量,检查混凝土是否已流出管外。

④ 钢筋笼放入桩管内应按设计标高固定好,防止插斜、插偏和下沉。

⑤ 拔管时尽量避免翻插。的确需要翻插时,翻插的深度不要太大,以防止孔壁周围的泥

【扫码演示】

【扫码演示】

挤进桩身,造成桩身夹泥。

2.6.2　泥浆护壁回转钻成孔灌注桩施工

泥浆护壁钻孔灌注桩是用一般地质钻机进行成孔时,为防止塌孔,在孔内用相对密度大于1的泥浆进行护壁的一种施工工艺。按成孔工艺和机械的不同,可分为冲击成孔、冲抓成孔、回转钻成孔和潜水钻成孔灌注桩等。泥浆护壁回转钻成孔灌注桩的特点是:可用于各种地质条件、各种大小孔径(300~3000 mm)和各种深度(10~30 m),护壁效果好,成孔质量高,机具设备简单,操作方便,费用较低,但成孔速度慢,效率低,用水量大,泥浆排放量大,污染环境,扩孔率较难控制。

2.6.2.1　施工准备

(1)材料

① 水泥:用32.5级及以上普通硅酸盐水泥或矿渣硅酸盐水泥。水泥进场时应有出厂合格证明书。施工单位应根据进场水泥品种、批号进行抽样检验,合格后才能使用。若存放时间超过三个月,应重新检验确认,符合要求后才能使用。

② 粗骨料优先选用卵石。如果采用碎石时宜适当增加混凝土配合比的含砂率。骨料最大粒径不应大于导管内径的1/8~1/6和钢筋最小净距的1/4,同时不应大于40 mm。

③ 细骨料宜采用级配良好的中砂。

(2)主要机具设备

① 机械设备:正、反循环回转钻机,汽车起重机,卷扬机,泥浆泵或离心式水泵,空气压缩泵,混凝土搅拌机,插入式振动器及钢筋加工设备。

② 主要工具:龙门式四角钻架、钻杆、测渣铁砣、混凝土浇灌台架、下料斗、卸料槽、导管、预制混凝土塞、大小平锹、磅秤。

(3)作业条件

① 施工前,必须取得所需的地质勘察报告、水文地质资料、桩基施工图。因地制宜地选择孔壁支护方案,认真核算,确保施工安全并满足设计要求,同时应编制好钻孔桩施工方案。

② 施工场地内所有障碍物和地下埋设物(如管线、电缆、石块、树根等)应已经排除,附近有隔振要求的建筑物和危房已采取保护措施。

③ 场地已经整平,周围已设排水设施,对场地中影响施工机械进场的松软土层已进行适当碾压处理。

④ 水、水泥、砂、石、钢筋等原材料已经进行质量检验,混凝土试配完成。

⑤ 临时供水、供电管线已铺设,运输道路及小型临时设施已经修筑,泥浆池及废浆处理池等已设置。

⑥ 桩基测量控制桩、水准基点桩已经设置并经复核,桩位已钉小木桩。

⑦ 已在现场进行成孔试验,数量不少于2个。摸清地质情况并取得有关成孔技术参数。

2.6.2.2　施工程序及操作要点

泥浆护壁回转钻成孔灌注桩的施工程序为:测量放线→设置施工平台→设置护筒→调制泥浆→钻孔→清孔→钢筋笼制作及吊装就位→浇筑桩身混凝土。

泥浆护壁回转钻成孔灌注桩施工的操作要点如下:

(1)设置施工平台

① 场地为浅水时,宜采用筑岛法施工。筑岛法的技术要求应符合规范的有关规定。筑岛面积按钻孔方法、机具大小等要求决定;高度应高于最高施工水位 0.5～1.0 m。

② 场地为深水时,可采用钢管桩施工平台、双壁钢围堰平台等固定式平台,也可采用浮式施工平台。平台须牢靠稳定,能承受工作时所有静荷载和动荷载。

（2）设置护筒

① 护筒内径宜比桩径大 200～400 mm。

② 旱地、筑岛处护筒可采用挖坑埋设法,护筒底部和四周所填黏质土必须分层夯实。

③ 沉入时可采用压重、振动、锤击并辅以筒内除土的方法。

④ 护筒高度宜高出地面 0.3 m 或高出水面 1.0～2.0 m。当钻孔内有承压水时,应高出稳定后的承压水位 2.0 m 以上。若承压水位不稳定或稳定后承压水位高出地下水位很多,应先做试桩。当处于潮水影响地区时,应高于最高施工水位 1.5～2.0 m,并应采取稳定护筒内水头的措施。

⑤ 护筒埋置深度应根据设计要求或桩位的水文地质情况确定,一般情况下,埋置深度宜为 2～4 m,特殊情况时应加大埋置深度以保证钻孔和灌注混凝土的顺利进行。

⑥ 有冲刷影响的河床,应沉入局部冲刷线以下不小于 1.0 m。

（3）调制泥浆

① 钻孔泥浆一般由水、黏土（或膨润土）和添加剂按适当配合比配制而成,其性能指标可参照表 2.15 选用。

表 2.15　制备泥浆性能指标

项目	性能指标		检验方法
比重	1.0～1.15		泥浆比重计
黏度	黏性土	18～25 s	漏斗法
	砂土	25～30 s	
含砂率	<6%		洗砂瓶
胶体率	>95%		量杯法
失水量	≤30 mL/30 min		失水量仪
泥皮厚度	1 mm/30 min～3 mm/30 min		失水量仪
静切力	1 min:20～30 mg/cm²		静切力计
pH 值	7～9		pH 试纸

② 直径大于 2.5 m 的大直径钻孔灌注桩对泥浆的要求较高。泥浆的选择应根据钻孔的工程地质情况、孔位、钻机性能、泥浆材料条件等确定。在地质复杂、覆盖层较厚、护筒下沉不到岩层的情况下,宜采用丙烯酰胺（即 PHP）泥浆。PHP 泥浆的特点是不分散、低固相、高黏度。

【扫码演示】

（4）钻孔

① 正循环回转法:利用钻具旋转切削土体钻进,泥浆泵将泥浆压进泥浆笼头。通过钻杆中心从钻头喷入钻孔内,泥浆挟带钻渣沿钻孔上升,从护筒顶部排浆孔排至沉淀池,钻渣在此沉淀而泥浆循环使用。其特点是钻进与排渣同时进行,在适用的土层中钻进速度较快,但需设置泥浆槽、沉淀池等,施工占地较多,且机具设备较复杂。

② 反循环回转法:与正循环回转法不同的是泥浆输入钻孔内,然后从钻头的钻杆下口吸进,通过钻杆中心排入沉淀池内。其钻进与排渣效率较高,但接长钻杆时,装卸麻烦,钻渣容易堵塞管路。另外,因泥浆是从上而下流动的,孔壁坍塌的可能性较正循环的大,为此,需要较高质量的泥浆。

【扫码演示】

③ 钻孔就位前,应对钻孔各项准备工作进行检查。

④ 钻孔时,应按设计资料绘制的地质剖面图,选用适当的钻机和泥浆。

⑤ 钻机安装后的底座和顶部应平稳,在钻进中不应产生位移或沉陷,否则应及时处理。

⑥ 钻孔作业应分班连续进行,应及时填写钻孔记录,交接班时应交代钻进情况及下一班应注意事项。应经常对钻孔泥浆进行检测和试验,不合要求时应随时改正。应经常注意地层变化,在地质变化处均应捞取渣样,判明后记入记录表中并与地质剖面图核对。

⑦ 可按常规方法钻孔,提钻压浆应慢速进行,一般控制在 0.5~1.0 m/min,过快易塌孔或缩孔。

⑧ 钻孔时,应随钻随清理钻进排出的土方。成孔后应立即投入钢筋和碎石进行补浆,间隔时间不少于 30 min。

⑨ 当钻进遇到较大的漂石、孤石卡钻时,应做移位处理。当土质松软,拔钻后塌方不能成孔时,可先灌注水泥浆,经 2 h 后再在已凝固的水泥浆上二次钻孔。

⑩ 钻孔故障及处理方法

塌孔:其表现为孔内水位突然下降又回升,孔口冒细密水泡,出渣量显著增加而不见进尺,钻机负荷显著增加等。塌孔多系泥浆性能不符合要求、孔内水头未能保证、机具碰撞孔壁等原因造成,应查明塌孔位置后进行处理。塌孔不严重时,可回填土到塌孔位以上,并采取改善泥浆性能、加高水头、深埋护筒等措施,继续钻进;塌孔严重时,应立即将钻孔全部用砂类土或砾石土回填,无上述土类时可采用黏质土并掺入 5%~8% 的水泥砂浆,应等待数日方可采取改善措施后重钻。塌孔部位不深时,可采取深埋护筒法,将护筒填土夯实,重新钻孔。

钻孔偏斜、弯曲:常系地质松软不均、岩面倾斜、钻架移位、安装未平等原因造成。一般可在偏斜处吊住钻锥反复扫孔,使钻孔正直。偏斜严重时,应回填黏质土到偏斜处顶面,待沉积密实后重新钻孔。

扩孔与缩孔:扩孔多因孔壁坍塌或钻锥摆动过大造成,应针对原因采取防治措施。缩孔常因地层中含遇水膨胀的软塑土或泥质页岩造成;钻锥磨损过大,亦能使孔径稍小。前者应采用失水率小的优质泥浆护壁,后者应及时焊补钻锥。缩孔已发生时,可用锥上下反复扫孔,扩大孔径。

钻孔漏浆:护筒内水头不能保持时,宜采取护筒周围回填夯筑密实、增加护筒埋深、适当减小护筒内水头高度、增加泥浆相对密度和黏度、倒入黏土使钻锥慢速转动、增加孔壁黏质土层厚度等措施。

糊钻、埋钻:多系正循环(含潜水钻机)回转钻进时遇软塑黏质土层,泥浆相对密度和黏度过大,进尺快、钻渣量大,钻杆内径过小,出浆口堵塞造成,应改善泥浆性能,对钻杆内径、钻渣进出口和排渣设备的尺寸进行检查。若已严重糊钻,应停钻提出钻锥,清除钻渣。遇到塌方或其他原因造成埋钻时,应使用空气吸泥机吸走埋锥里的泥砂,提出钻锥。

掉落钻物:宜迅速用打捞叉、钩、绳套等工具打捞;若落体已被泥砂埋住时,宜按前述各条先清泥砂,使打捞工具能接触落体后再打捞。

（5）清孔

① 换浆清孔法适用于正循环回转钻孔。在完成钻孔深度后提升钻锥至距孔底钻渣面 0.1～0.3 m 处,大量泵入符合清孔后性能指标的新泥浆,维持正循环 4 h 以上,直到清除孔底沉渣、减薄孔壁泥及泥浆性能指标符合要求为止。本方法清孔进度慢,对大直径、深孔可将正循环机具拆除,改用抽浆法。抽浆法清孔较彻底迅速,适用于各种方法的钻机。

② 对于反循环回转钻孔完成后,可停止钻具回转,将钻锥提至离孔底钻渣面 10～30 cm 处,维持泥浆的反循环,并向孔中注入清水。应经常测量孔底沉渣厚度和孔中泥浆性能指标,满足要求后立即停止。在清孔过程中,必须经常保持孔内原有水头高度。

③ 喷射清孔法仅配合换浆法或抽浆法清孔使用。该法是在灌注水下混凝土前,对孔底进行高压射水或射风数分钟,使孔底剩余的少量沉淀物漂浮后,立即灌注水下混凝土。

④ 砂浆置换清孔法适合于掏渣清孔后使用。该方法按下述工序进行:

a. 用掏渣筒尽量清除钻渣;

b. 以高压水管插入孔底射水,降低泥浆相对密度;

c. 以活底箱在孔底灌注 0.6 m 厚的以粉煤灰与水泥加水拌和并掺入缓凝剂的特殊砂浆,砂浆初凝时间应延长到 6～12 h;

d. 插入比孔径稍小的搅拌器,慢速旋转,将孔底残渣搅入砂浆中;

e. 吊出搅拌器;

f. 吊入钢筋骨架;

g. 灌注水下混凝土,搅入残渣的砂浆被混凝土置换后,一直被顶托在混凝土面以上直至被推到桩顶后再予以清除。砂浆配合比常为水泥∶粉煤灰∶砂∶加气剂＝1∶0.4∶1.4∶0.007(质量比)。

（6）钢筋笼的制作及吊装就位

① 钢筋笼通常由主筋、加强箍筋和螺旋式箍筋组成。钢筋笼应加工成整体,螺旋式箍筋应绑牢。

② 过长的钢筋笼宜分段制作,分段长度应根据吊装条件确定,应确保不变形,接头应错开。

③ 应在钢筋笼外侧设置控制保护层厚度的垫块,其间距竖向不超过 2 m,横向不得少于 4 处,钢筋笼顶端应设置吊环。

④ 按钢筋笼长度的编号入孔。

⑤ 钢筋笼安装入孔时,应保持垂直,对准孔位轻放,避免碰撞孔壁。下节钢筋笼宜露出操作平台 1 m,上下节钢筋笼主筋连接时,应保证主筋部位对正,且保持上下节钢筋笼垂直,焊接时应对称进行。钢筋笼全部安装入孔后应固定于孔口,安装标高应符合设计要求,允许偏差应为±100 mm。

（7）安放导管

① 水下混凝土灌注应采用导管法。导管直径宜为 200～250 mm,壁厚不宜小于 3 mm,导管的底管长度不宜小于 4 m,标准节宜为 2.5～3.0 m,并可设置短导管。导管内壁要求光滑,内径一致。

② 导管使用前应试拼装和试压,使用完毕后应及时进行清洗。导管接头宜采用法兰或双螺纹方扣,接头必须密合不漏水。导管底部至孔底距离宜为 300～500 mm。

③ 导管底部设置有良好防水性能的隔水栓,隔水栓采用球胆或与桩身混凝土强度等级相同的细石混凝土制作的混凝土块。

（8）二次清孔

导管安装完毕后，应进行二次清孔。二次清孔宜选用正循环或反循环清孔，清孔结束后孔底 0.5 m 内的泥浆指标应符合表 2.16 规定，沉渣厚度（端承桩≤50 mm，摩擦桩≤100 mm）符合要求后应立即浇筑混凝土。

表 2.16　循环泥浆的性能指标

项　　目		性能指标		检验方法
比重	黏性土	1.1～1.2		泥浆比重计
	砂土	1.1～1.3		
	砂夹卵石	1.2～1.4		
黏度		黏性土	18～30 s	漏斗法
		砂土	25～35 s	
含砂率		<8%		洗砂瓶
胶体率		>90%		量杯法

（9）浇筑桩身混凝土

① 每立方米水下混凝土的水泥用量不宜小于 350 kg，当掺有适宜数量的减水缓凝剂或粉煤灰时，应不少于 300 kg。

② 混凝土配合比的含砂率宜采用 0.4～0.5，水胶比宜采用 0.5～0.6。有试验依据时含砂率和水胶比可酌情增大或减小。

③ 混凝土拌合物应有良好的和易性。在运输和灌注过程中应无显著离析、泌水现象，灌注时应保持足够的流动性，其坍落度宜为 180～220 mm。混凝土拌合物中宜掺用外加剂、粉煤灰等材料。

④ 灌注水下混凝土

在试压好的导管表面用磁漆标出 0.5 m 一格的连续标尺，并注明导管全长尺度，以便灌注混凝土时掌握提升高度及埋入深度。

开始灌注混凝土时，应先用一盘砂浆灌入止水球上方，然后将已拌制好的混凝土倒入漏斗，避免混凝土在储备过程中将出口堵塞。

混凝土初灌量应满足导管埋入混凝土深度不小于 0.8 m 的要求。混凝土灌注过程中导管应始终埋入混凝土内，宜为 2～6 m，导管应勤提勤拆；混凝土灌注时最后一次灌注量超灌高度高于设计桩顶标高 1.0 m 以上，充盈系数不应小于 1.0。

每浇筑 50 m³ 应有 1 组试件，小于 50 m³ 的桩，每个台班应有 1 组试件。对单柱单桩的桩应有 1 组试件，每组试件应有 3 个试块，同组试件应取自同车混凝土。

在灌注水下混凝土时，应做好孔深和导管在混凝土中埋置深度的测量记录。

当导管下口埋置深度到 3 m 左右或导管中混凝土下不去时，应立即提升导管。提升导管时应及时准确，提升时不宜太快，提升后导管的埋置深度不宜少于 1 m。

混凝土灌注过程中，应始终保持导管位置居中。提升导管时应有专人扶握，确保导管不倾斜、移位，并将骨架钢筋挂住。

混凝土必须连续灌注，并边灌注混凝土边提升和拆除上节导管，使混凝土经常处于流动状态。混凝土灌注到桩孔上部 5 m 内时，可不再提升导管，直至灌注到应灌注的标高或出水面后一次拔出。

在灌注水下混凝土过程中,应有专人排除漫出之水,防止坍孔。

水下混凝土终凝后,轻轻凿去顶面 0.5 m 左右厚的部分(泥浆与混凝土混合部分),直到露出纯净混凝土面,再灌注接桩混凝土。

(10) 注浆

① 注浆参数、方式、工艺及承载力设计参数应经试验确定。

② 注浆管

桩端注浆导管应采用钢管,单根桩注浆管数量不应少于 2 根,大直径桩应根据地层情况以及承载力增幅要求增加注浆管数量。

桩端注浆管与钢筋笼应采用绑扎或焊接固定且均匀布置,注浆管顶端应高出地面 200 mm,管口应封闭,下端宜伸至灌注桩孔底 300～500 mm,桩端持力层为碎石、基岩时,注浆管下端宜做成 T 形并与桩底齐平;桩侧后注浆管数量、注浆断面位置应根据地层、桩长等要求确定,注浆孔应均匀分布。

注浆管间应可靠连接并有良好的水密性。注浆器应布置成梅花状注浆孔,且应采用单向装置。

③ 后注浆施工

浆液的水胶比应根据土的饱和度、渗透性确定:饱和土水胶比宜为 0.45～0.65;非饱和土水胶比宜为 0.7～0.9;松散碎石土、砂砾土水胶比宜为 0.5～0.6。配制的浆液应过滤,滤网网眼应小于 40 μm。

桩端注浆终止注浆压力应根据土层性质及注浆点深度确定:非饱和黏性土及粉土,注浆压力宜为 3～10 MPa;饱和土层注浆压力宜为 1.2～4.0 MPa。软土宜取低值,密实黏性土宜取高值。注浆流量不宜大于 75 L/min。

桩端与桩侧联合注浆时,饱和土中宜先桩侧后桩端;非饱和土中宜先桩端后桩侧。多断面桩侧注浆应先上后下,桩侧桩端注浆间隔时间不宜少于 2 h,群桩注浆宜先周边后中间。

后注浆应在成桩后 7～8 h 采用清水开塞,开塞压力宜为 0.8～1.0 MPa。注浆宜于成桩 2 d 后施工,注浆位置与相邻桩成孔位置不宜小于 8～10 m。

④注浆终止条件:应控制注浆量与注浆压力两个因素,以注浆量为主,满足下列条件之一即可终止注浆:

a. 注浆总量达到设计要求;

b. 注浆量不低于 80%,且压力大于设计值。

2.6.2.3　质量标准

(1) 主控项目

① 终孔后,应进行孔位、孔深检测。

② 水下混凝土应连续灌注,严禁有夹层和断层。

③ 钢筋笼不得上浮,嵌入承台的锚固钢筋长度不得低于《建筑桩基技术规范》(JGJ 94—2008)中规定的最小锚固长度要求。

④ 按《建筑桩基技术规范》(JGJ 94—2008)的要求,对有代表性的桩、对质量有怀疑的桩以及因灌注故障处理过的桩,应采用无破损法检测桩的质量,重要工程或重要部位的桩应逐根进行无破损检测或钻取芯样。

⑤ 凿除桩头混凝土后,应无残余的松散混凝土。

⑥ 钻孔桩质量检验实测标准见表 2.17。

表 2.17　泥浆护壁成孔灌注桩质量检验标准

项目	序号	检查项目		允许值或允许偏差		检查方法
				单位	数值	
主控项目	1	承载力		不小于设计值		静载试验
	2	孔深		不小于设计值		用测绳或井径仪测量
	3	桩身完整性		—		钻芯法、低应变法、声波透射法
	4	混凝土强度		不小于设计值		28 d 试块强度或钻芯法
	5	嵌岩深度		不小于设计值		取岩样或超前钻孔取样
一般项目	1	垂直度		见《建筑地基基础工程施工质量验收标准》(GB 50202—2018)中表 5.1.4		用超声波或井径仪测量
	2	孔径		见《建筑地基基础工程施工质量验收标准》(GB 50202—2018)中表 5.1.4		用超声波或井径仪测量
	3	桩位		见《建筑地基基础工程施工质量验收标准》(GB 50202—2018)中表 5.1.4		用全站仪或用钢尺量,开挖前量护筒,开挖后量桩中心
	4	泥浆指标	比重(黏土或砂性土中)	1.10~1.25		用比重计测,清孔后在距孔底 500 mm 处取样
			含砂率	%	≤8	洗砂瓶
			黏度	Pa·s	18~28	黏度计
	5	泥浆面标高(高于地下水位)		m	0.5~1.0	目测法
	6	钢筋笼质量	主筋间距	mm	±10	用钢尺量
			长度	mm	±100	用钢尺量
			钢筋材质检验	设计要求		抽样送检
			箍筋间距	mm	±20	用钢尺量
			钢筋笼直径	mm	±10	用钢尺量
	7	沉渣厚度	端承桩	mm	≤50	用沉渣仪或重锤测
			摩擦桩	mm	≤150	
	8	混凝土坍落度		mm	180~220	坍落度仪
	9	钢筋笼安装深度		mm	+100 0	用钢尺量
	10	混凝土充盈系数		≥1.0		实际灌注量与计算灌注量之比
	11	桩顶标高		mm	+30 −50	水准测量,需扣除桩顶浮浆层及劣质桩体
	12	后注浆	注浆终止条件	注浆量不小于设计要求		查看流量表
				注浆量不小于设计要求的 80%,且注浆压力达到设计值		查看流量表,检查压力表读数
			水胶比	设计值		实际用水量与水泥等胶凝材料的质量比
	13	扩底桩	扩底直径	不小于设计值		用井径仪测量
			扩底高度	不小于设计值		

（2）一般项目

① 成孔深度和终孔岩土必须符合设计要求。

② 混凝土的原材料、混凝土强度必须符合设计要求和施工规范要求。

③ 桩芯灌注混凝土量不得小于计算体积。

2.6.2.4　施工注意事项

（1）钻机安装后的底座和顶端应平稳，在钻进中不应产生位移或沉陷，否则应及时处理。

（2）桩的钻孔和开挖应在中距 5 m 内的任何混凝土灌注桩完成后 24 h 才能开挖，以避免干扰邻桩混凝土的凝固。

（3）钻孔作业应分班连续进行，交接班时填写的钻孔施工记录中应交代钻进情况及下一班应注意事项。应经常对钻孔泥浆进行检测和试验，不符合要求时，应随时改正。应经常注意地层变化，在地层变化处均应捞取渣样，判明后记入记录表中并与地质剖面图核对。

（4）开孔的孔位必须正确，开钻时均应慢速钻进，待导向部位或钻头全部进入地层后，方可加速钻进。

（5）成孔后必须清孔，测量孔径、孔深和沉淀厚度，确认满足设计要求后，再灌注水下混凝土。

（6）在采用筑岛法施工中，所设置的各种围堰和基坑支撑，其结构必须坚固牢靠。在挖土、吊运、浇筑混凝土等作业过程中，严禁碰撞支撑，并不得在支撑上放置重物。施工中发现围堰、支撑有松动、变形等情况时，应及时加固，危及作业人员安全时应立即撤出。

（7）基坑支撑拆除时，应在施工负责人的指导下进行。拆除支撑应与基坑回填相互配合进行。有引起坑壁坍塌危险时，必须采取安全措施。

（8）采用泥浆护壁成孔时，应根据设备情况、地质条件和孔内情况，认真控制泥浆密度、孔内水头高度、护筒埋设深度、钻进和提钻速度等，以防塌孔，造成机具塌陷。

（9）钻孔使用的泥浆宜设置泥浆循环净化系统，并注意防止或减少环境污染。

（10）在已成孔尚未灌注混凝土前，桩孔应用盖板封严，以免发生意外。

（11）钻机停钻时，必须将钻头提出孔外，置于钻架上，不得滞留在孔内。

（12）对于已埋设护筒但未开钻或已成桩护筒但尚未拔除的，应加设护筒顶盖或铺设安全网遮盖。

（13）所有成孔设备、电路要架空设置，不得使用不防水的电线或绝缘层有损伤的电线。电闸箱和电动机要有接地装置，加盖防雨罩；电路接头要安全可靠，开关要有保险装置。

（14）恶劣气候时钻孔机应停止作业；休息或作业结束时，应切断操作箱上的总开关，并将离电源最近的配电盘上的开关切断。

（15）灌注混凝土时，装、拆导管人员必须戴安全帽，并注意防止扳手、螺丝等掉入桩孔内；拆卸导管时，其上空不得进行其他作业，导管提升后继续浇筑混凝土前，必须检查是否垫稳或挂牢。

（16）在任何情况下，严禁施工人员进入没有护筒或无其他防护措施的钻孔中处理故障。

2.7　地　基　处　理

有的工程不改变地基的工程性质，有的工程需要同时对地基的土和岩石进行加固。无须改变地基的工程性质就可满足要求的地基称为天然地基；反之，已进行加固后的地基称为人工地基。当天然地基不能满足建筑物的要求时,需要对其进行处理,形成人工地基。地基处理工程的设计和施工质量直接关系到建筑物的安全,如果处理不当,往往会发生工程事故,且事后补救大多比较困难。因此,对地基处理要求实行严格的质量控制和验收制度,以确保工程质量。

2.7.1 常用的地基处理方法及适用范围

常用的地基处理方法有:换填垫层法、强夯法(强夯置换法)、砂石桩法、振冲法、水泥土搅拌法、高压喷射注浆法、预压法、夯实水泥土桩法、水泥粉煤灰碎石桩(CFG 桩)法、石灰桩法、灰土挤密桩法和土挤密桩法、单液硅化法和碱液法、柱锤冲扩桩法等,见表 2.18。

表 2.18 常用的地基处理方法及适用范围

地基处理方法	适用范围
换填垫层法	适用于浅层软弱地基及不均匀地基的处理,其主要作用是提高地基承载力,减少沉降量,加速软弱土层的排水固结,防止冻胀和消除膨胀土的胀缩
强夯法(强夯置换法)	强夯法适用于处理碎石土、砂土、低饱和度的粉土与黏性土、湿陷性黄土、杂填土和素填土等地基。强夯置换法适用于高饱和度的粉土、软-流塑的黏性土等地基上对变形控制不严的工程,在设计前必须通过现场试验确定其适用性和处理效果。强夯法和强夯置换法主要用来提高土的强度,减少压缩性,改善土体抵抗振动液化能力和消除土的湿陷性。对饱和黏性土宜结合堆载预压法和垂直排水法使用
砂石桩法	适用于挤密松散砂土、粉土、黏性土、素填土、杂填土等地基,提高地基的承载力和降低压缩性,也可用于处理可液化地基。对饱和黏土地基上变形控制不严的工程也可采用砂石桩置换处理,使砂石桩与软黏土构成复合地基,加速软土的排水固结,提高地基承载力
振冲法(分为加填料和不加填料两种,加填料的通常称为振冲碎石桩法)	适用于处理砂土、粉土、粉质黏土、素填土和杂填土等地基。对于处理不排水抗剪强度不小于 20 kPa 的黏性土和饱和黄土地基,应在施工前通过现场试验确定其适用性。不加填料振冲加密适用于处理黏粒含量不大于 10% 的中、粗砂地基。振冲碎石桩主要用来提高地基承载力,减少地基沉降量,还可用来提高土坡的抗滑稳定性或提高土体的抗剪强度
高压喷射注浆法	适用于处理淤泥、淤泥质土、黏性土、粉土、砂土、人工填土和碎石土地基。当地基中含有较多的大粒径块石、大量植物根茎或较高的有机质时,应根据现场试验结果确定其适用性。对地下水流速过大、喷射浆液无法在注浆套管周围凝固等情况时不宜采用。高压旋喷桩的处理深度较大,不仅用于地基加固,也可作为深基坑或大坝的止水帷幕,目前最大处理深度已超过 30 m
预压法	适用于处理淤泥、淤泥质土、冲填土等饱和黏性土地基。按预压方法分为堆载预压法及真空预压法。堆载预压又分为塑料排水带或砂井地基堆载预压和天然地基堆载预压。当软土层厚度小于 4 m 时,可采用天然地基堆载预压法处理;当软土层厚度超过 4 m 时,应采用塑料排水带、砂井等竖向排水预压法处理。对真空预压工程,必须在地基内设置排水竖井。预压法主要用来解决地基的沉降及稳定问题
夯实水泥土桩法	适用于处理地下水位以上的粉土、素填土、杂填土、黏性土等地基。该方法施工周期短、施工文明、工程造价容易控制
水泥粉煤灰碎石桩(CFG 桩)法	适用于处理黏性土、粉土、砂土和已自重固结的素填土等地基。对淤泥质土应根据地区经验或现场试验确定其适用性。基础和桩顶之间需设置一定厚度的褥垫层,以保证桩、土共同承担荷载形成复合地基。该方法适用于条形基础、独立基础、箱形基础、筏形基础,可用来提高地基承载力和减少变形。对可液化地基,可采用碎石桩和水泥粉煤灰碎石桩多桩型复合地基,达到消除地基土的液化和提高承载力的目的

地基处理方法	适用范围
石灰桩法	适用于处理饱和黏性土、淤泥、淤泥质土、杂填土和素填土等地基。用于地下水位以上的土层时，可采取减少生石灰用量和增加掺合料含水量的办法提高桩身强度。该方法不适合用于地下水位以下的砂类土
灰土挤密桩法和土挤密桩法	适用于处理地下水位以上的湿陷性黄土、素填土和杂填土等地基，可处理的深度为 5～15 m。当用来消除地基土的湿陷性时，宜采用土挤密桩法；当用来提高地基土的承载力或增强其水稳定性时，宜采用灰土挤密桩法；当地基土的含水量大于 24%、饱和度大于 65% 时，不宜采用这种方法。灰土挤密桩法和土挤密桩法在消除土的湿陷性和减少渗透性方面的效果基本相同
单液硅化法和碱液法	适用于处理地下水位以上渗透系数为 0.1～2 m/d 的湿陷性黄土等地基。在自重湿陷性黄土场地，对 Ⅱ 级湿陷性地基，应通过试验确定碱液法的适用性
柱锤冲扩桩法	适用于处理杂填土、粉土、黏性土、素填土和黄土等地基，对地下水位以下的饱和松软土层，应通过现场试验确定其适用性。地基处理深度不宜超过 6 m

在确定地基处理方案时，宜选取多种方法进行比选。对复合地基而言，方案选择是针对不同土性、设计要求的承载力提高幅度，选取适宜的成桩工艺和增强体材料。下面简单介绍几种常见的地基处理的施工方法。

2.7.2　换填垫层法施工

换填垫层法就是将基础底面下处理范围内的软弱土层全部或部分挖去，然后分层换填强度较大的砂、灰土及其他性能较好和无侵蚀性的材料，并夯压或振实至要求密实度。常见的换填垫层法有灰土地基、砂和砂石地基、粉煤灰地基等。

2.7.2.1　灰土地基

灰土地基是将基础底面下要求范围内的软弱土层挖去，用一定比例的石灰与土，在最优含水量情况下充分拌和，分层回填夯实或压实而成。灰土地基具有一定的强度、水稳性和抗渗性，施工工艺简单，费用较低，是一种应用广泛、经济、实用的地基加固方法。灰土地基适于加固深 1～4 m 厚的软弱土、湿陷性黄土、杂填土等，还可用作结构的辅助防渗层。

（1）材料要求

① 土料

采用就地挖出的黏性土及塑性指数大于 4 的粉土，土内有机质含量不得超过 5%。土料应过筛，其颗粒不应大于 15 mm。

② 石灰

应用Ⅲ级以上新鲜的块灰，氧化钙、氧化镁含量愈高愈好，使用前进行 1～2 d 消解并过筛，其颗粒粒径不得大于 5 mm，且不应夹有未熟化的生石灰块粒及其他杂质，也不得含有过多的水分。

（2）施工工艺要点

① 对基槽（坑）应先验槽，消除松土，并打两遍底夯，做到平整干净。如果有积水、淤泥，应先晾干；局部有软弱土层或孔洞，应及时挖除后用灰土分层回填夯实。

② 灰土配合比应符合设计规定，一般用 3∶7 或 2∶8（石灰与土的体积比）。灰土多用人工翻拌，翻拌次数不少于 3 遍，使灰土达到均匀、颜色一致，并应适当控制含水率（现场以手握成团，两指轻捏即散为宜），一般最优含水量为 14%～18%。如果含水量过多或过少时，应稍

晾干或洒水湿润;如果有球团应打碎,要求随拌随用。

③ 铺灰应分段分层夯筑,每层虚铺厚度可参见表 2.19。夯实机具可根据工程大小和现场机具条件用人力或机械夯打或碾压,遍数按设计要求的干密度由试夯(或碾压)确定,一般不少于 4 遍。

表 2.19　灰土最大虚铺厚度

夯实机具种类	质量/t	虚铺厚度/mm	备注
石夯、木夯	0.04～0.08	200～250	人力送夯,落距 400～500 mm,一夯压半夯,夯实至 80～100 mm 厚
轻型夯实机械	0.12～0.4	200～250	蛙式打夯机、柴油打夯机,夯实后至 100～150 mm 厚
压路机	6～10	200～300	双轮

④ 灰土分段施工时,不得在墙角、柱基及承重窗间墙下接缝,上下两层的接缝距离不得小于 500 mm,接缝处应夯压密实,并做成直槎。当灰土地基高度不同时应做成阶梯形,每阶宽不少于 500 mm;对做辅助防渗层的灰土,应将地下水位以下结构包围,并处理好接缝,同时注意接缝质量,每层虚土从留缝处往前延伸 500 mm,夯实时应夯过接缝 300 mm 以上;接缝时,用铁锹在留缝处沿竖向切齐,再铺下段夯实。

⑤ 灰土应当日铺填夯压,入槽(坑)灰土不得隔日夯打。夯实后的灰土 30 d 内不得受水浸泡,并及时进行基础施工与基坑回填,或在灰土表面做临时性覆盖,避免日晒雨淋。雨季施工时,应采取防雨、排水措施,以保证灰土夯压在基槽(坑)内无积水的状态下进行。刚打完的灰土,如果突然遇雨,应将松软灰土除去,并补填夯实;稍受湿的灰土可在晾干后补夯。

⑥ 冬期施工时,必须在基层不冻的状态下进行,土料应覆盖保温,冻土及夹有冻块的土料不得使用;已熟化的石灰应在次日用完,以充分利用石灰熟化时的热量,当日拌和的灰土应当日铺填夯完,表面应用塑料薄膜及草袋覆盖保温,以防灰土垫层早期受冻降低强度。

2.7.2.2　砂和砂石地基

砂和砂石地基(垫层)(图 2.15)采用砂或砂砾石(碎石)混合物,经分层夯(压)实,作为地基的持力层,从而提高基础下部地基强度,并通过垫层的压力扩散作用,降低地基的压实力,减少变形量,同时垫层可起排水作用,地基土中孔隙水可通过垫层快速排出,能加速下部土层的沉降和固结。

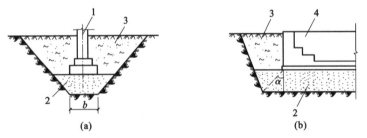

图 2.15　砂或砂石地基(垫层)
(a) 柱基础垫层;(b) 设备基础垫层
1—柱基础;2—砂或砂石垫层;3—回填土;4—设备基础
α—砂或砂石垫层自然倾斜角(休止角);b—基础宽度

(1)材料要求

① 砂:宜用颗粒级配良好、质地坚硬的中砂或粗砂,当用细砂、粉砂时,应掺加粒径 20～

50 mm 的卵石(或碎石),但要分布均匀。砂中有机质含量不超过 5%,含泥量应小于 5%,兼作排水垫层时,含泥量不得超过 3%。

② 砂石:用自然级配的砂砾石(或卵石、碎石)混合物,粒径应在 50 mm 以下,其含量应在 50% 以内,不得含有植物残体、垃圾等杂物,含泥量小于 5%。

(2) 构造要求

垫层的构造既要求有足够的厚度,以置换可能被剪切破坏的软弱土层,又要有足够的宽度,以防止垫层向两侧挤出。垫层的厚度应根据垫层底部软弱土层的承载力确定;垫层的宽度应满足基础底面应力扩散的要求。

(3) 施工工艺要点

① 铺设垫层前应先验槽,将基底表面浮土、淤泥、杂物清除干净,两侧应设一定坡度,防止振捣时塌方。

② 垫层底面标高不同时,土面应挖成斜坡或阶梯形搭接,并按先深后浅的顺序施工,搭接处应夯压密实。分层铺设时,接头应做成斜坡或阶梯形搭接,每层错开 0.5～1.0 m,并注意充分捣实。

③ 人工级配的砂砾石应先将砂、卵石拌和均匀后,再铺夯压实。

④ 垫层铺设时,严禁扰动垫层下卧层及侧壁的软弱土层,防止被践踏、受冻或受浸泡,降低其强度。如果垫层下有厚度较小的淤泥或淤泥质土层,在碾压荷载下抛石能使抛石挤入该层底面时,可采取挤淤处理。先在软弱土面上堆填块石、片石等,然后将其压入以置换和挤出软弱土,再做垫层。

⑤ 垫层应分层铺设、分层夯实,基坑内预先安好 5 m×5 m 的网格标桩,以控制每层砂垫层的铺设厚度。每层铺设厚度、砂石最优含水率控制及施工机具、方法的选用参见表 2.20。振夯压要做到交叉重叠 1/3,防止漏振、漏压。夯实、碾压遍数及振实时间应通过试验确定。用细砂作垫层材料时,不宜使用振捣法或水撼法,以免产生液化现象。

表 2.20　砂垫层铺设厚度、施工最优含水率及施工要点

捣实方法	每层铺设厚度/mm	施工时最优含水率/%	施工要点	备注
平振法	200～250	15～20	(1) 用平板式振捣器往复振捣,往复次数以简易测定密实度合格为准; (2) 振捣器移动时,每行应搭接1/3,以防振捣面积不搭接	不宜使用干细砂或含泥量较大的砂铺筑砂垫层
插振法	振捣器插入深度	饱和	(1) 用插入式振捣器; (2) 插入间距可根据机械振捣大小决定; (3) 不用插至下卧黏性土层; (4) 插入振捣完毕后,所留的孔洞应用砂填实; (5) 应有控制地注水和排水	不宜使用干细砂或含泥量较大的砂铺筑砂垫层
水撼法	250	饱和	(1) 注水高度略超过铺设面层; (2) 用钢叉摇撼捣实,插入点间隔100 mm左右; (3) 有控制地注水和排水; (4) 钢叉分四齿,齿的间距30 mm,长300 mm,木柄长900 mm	湿陷性黄土、膨胀土、细砂地基上不得使用

续表 2. 20

捣实方法	每层铺设厚度/mm	施工时最优含水量/%	施工要点	备注
夯实法	150～200	8～12	(1) 用木夯或机械夯； (2) 木夯重 40 kg,落距 400～500 mm； (3) 一夯压半夯,全面夯实	适用于砂石垫层
碾压法	150～350	8～12	(1) 6～10 t 压路机往复碾压； (2) 碾压次数以达到要求密实度为准,一般不少于 4 遍,用振动压实机械,振动 3～5 min	适用于大面积的砂石垫层,不宜用于地下水位以下的砂垫层

⑥ 当地下水位较高或在饱和的软弱地基上铺设垫层时,应加强基坑内及外侧四周的排水工作,防止砂垫层泡水引起砂的流失,保持基坑边坡稳定；或采取降低地下水位措施,使地下水位降低到基坑底 500 mm 以下。

⑦ 当采用水撼法或插振法施工时,以振捣棒振幅半径的 1.75 倍为间距(一般为 400～500 mm)插入振捣,依次振实,以不再冒气泡为准,直至完成；同时,应采取措施做到有控制地注水和排水。垫层接头应重复振捣,插入式振捣棒振动所留孔洞应用砂填实；在振动首层的垫层时,不得将振捣棒插入原土层或基槽边部,以免使软土混入砂垫层而降低砂垫层的强度。

⑧ 垫层铺设完毕,立即进行下一道工序施工,严禁小车及人在砂层上面行走,必要时应在垫层上铺板行走。

2.7.2.3　粉煤灰地基

粉煤灰是火力发电厂的工业废料,有良好的物理力学性能,作为处理软弱土层的换填材料,已在许多地区得到应用。它具有承载能力和变形模量较大,可利用废料,施工方便、快速、质量易于控制,技术可行,经济效果显著等优点,可用于各种软弱土层换填地基的处理,以及做大面积地坪的垫层等。

(1) 粉煤灰垫层的特性

根据化学分析,粉煤灰中含有大量 SiO_2、Al_2O_3、Fe_2O_3,有类似火山灰的特性,有一定活性,在压实功能作用下能产生一定的自硬强度。

粉煤灰垫层具有遇水后强度降低的特性,其经验数值是：对压实系数 $0.90 \leqslant \lambda_c \leqslant 0.95$ 的浸水垫层,其容许承载力可采用 120～200 kPa,可满足软弱下卧层的强度与地基变形要求；当 $\lambda_c > 0.90$ 时,可抗地震液化。

(2) 粉煤灰质量要求

应采用一般电厂Ⅲ级以上粉煤灰。尽量选用含 SiO_2、Al_2O_3、Fe_2O_3 总量高的粉煤灰,颗粒粒径宜为 0.001～2.0 mm,烧失量宜低于 12%,SO_3 含量宜小于 0.4%,以免对地下金属管道等产生一定的腐蚀性。粉煤灰中严禁混入植物、生活垃圾及其他有机杂质。

(3) 施工工艺要点

① 铺设前,应清除地基土垃圾,排除表面积水,平整场地,并用 8 t 压路机预压两遍。

② 垫层应分层铺设与碾压,铺设厚度用机械夯为 200～300 mm,夯完后厚度为 150～200 mm；用压路机时铺设厚度为 300～400 mm,压实后为 250 mm 左右。对小面积凹坑、槽垫层,可用人工分层摊铺,用平板振动器或蛙式打夯机进行振(夯)实,每次振(夯)板应重叠 1/3～1/2 板,往复压实,由两侧或四侧向中间进行,夯实次数不少于 3 遍。大面积垫层应采用推土

机摊铺,先用推土机预压 2 遍,然后用 8 t 压路机碾压,施工时压轮重叠 1/3～1/2 轮宽,往复碾压,一般碾压 4～6 遍。

③ 粉煤灰铺设含水量应控制在最优含水量范围内,如果含水量过大时,需摊铺晾干后再碾压。粉煤灰铺设后,应于当天压完,如果压实时含水量过小,呈现松散状态,则应洒水湿润后再压实,洒水的水质不得含有油质,pH 值应为 6～9。

④ 夯实或碾压时,如果出现"橡皮土"现象,应暂停压实,可采取将垫层开槽、翻松、晾晒或换灰等办法处理。

⑤ 每层铺完经检测合格后,应及时铺筑上层,以防干燥、松散、起尘、污染环境,并应严禁车辆在其上行驶;全部粉煤灰垫层铺设完经验收合格后,应及时浇筑混凝土垫层,以防日晒、雨淋导致破坏。

⑥ 冬期施工时,最低气温不得低于 0 ℃,以免粉煤灰含水冻胀。

2.7.3　重锤夯实法

重锤夯实法是以起重机械将夯锤提升一定高度后自由落下,重复夯击土表面,使地基土受力压密。重锤夯实法适用于工业与民用建筑地基加固工程,地下水位 2 m 以下稍湿的黏性土、砂土、饱和度 $S_r \leqslant 60$ 的湿陷性黄土、杂填土以及分层填土地基的浅层(厚 1.2～2.0 m)加固处理。当夯击对邻近建筑物有影响时,或地下水位高于有效夯实深度时,不宜采用。

2.7.3.1　施工准备

(1) 机械设备

① 夯锤:采用钢筋混凝土制成,外形为截头圆锥体,锤重 1.5～3.0 t,直径 1.0～1.5 m;锤底面单位静压力宜为 15～20 kPa。

② 起重机械:可采用履带式起重机、打桩机、装有摩擦绞车的挖土机或采用桅杆式起重机、龙门式起重机。对起重机起重能力要求:当采用自动脱钩时,应大于夯锤重量的 1.5 倍;当采用钢丝绳悬吊夯锤时,应大于夯锤重量的 3 倍。

③ 吊钩:采用半自动脱钩器。

(2) 作业条件

① 施工前,必须了解邻近建(构)筑物的原有结构及基础等详细情况,如影响邻近建筑物的使用和安全时,应会同有关单位采取有效措施处理。

② 应备有工程地质勘察报告、重锤夯实场地平面图及设计对重锤夯实的效果要求等技术资料。

③ 场地已进行平整,表面松土已进行预压实,基坑周边已做好排水设施。

④ 夯实场地所有障碍物及地下管线已全部清除。

⑤ 场地已进行试夯,确定了有关技术参数,如夯锤重、底面直径及落距、最后下沉量及相应的夯击遍数和总下沉量以及夯实顺序、夯点布置等,并对夯实地基进行了夯前原位测试。

⑥ 已做好测量控制,设置了轴线桩、水准基点桩,并放出了每个夯点的位置,已撒灰线或钉木桩。

⑦ 向操作人员进行了技术和安全交底。

2.7.3.2　施工程序及操作要点

重锤夯实法的施工程序为:施工准备 → 确定夯击顺序 → 测定土表层含水率 → 土表层

含水率处理 → 分层(或分片)夯击 → 清除表层浮土。

重锤夯实法施工的操作要点如下：

(1)夯实前,坑、槽底面的标高应高出设计标高,预留土层的厚度可为试夯时的总下沉量再加 50~100 mm;基槽、基坑的坡度应适当放缓。

(2)夯实时地基土的含水率应控制在最佳含水率范围以内,如果表层含水率过大,可采取撒干土、碎砖、生石灰粉或换土等措施;如果地基土的含水率过低,应适当洒水,加水后待全部渗入土中,过一昼夜后方可夯打。

(3)夯击工作应按起重机的位置分段(或分片)进行,每段(片)范围以起重臂作用半径为准,夯击时每完成一段(片),再转入进行下一段(片)。

(4)大面积基坑或条形基槽内夯实时,应按一夯挨一夯[图 2.16(a)]顺序进行,即第一遍按一夯挨一夯进行,在一次循环中同一夯位应连夯两下,下一循环的夯位应与前一循环错开1/2 锤底直径的搭接,如此反复进行,在夯打最后一循环时,可以采用一夯压半夯的打法。在夯打独立柱基时,可采用先周边后中间或先外后里的跳打法[图 2.16(b)、图 2.16(c)]。当采用桅杆式起重机或龙门式起重机夯实时,可采用图 2.16(d)所示顺序夯实,以提高功效。

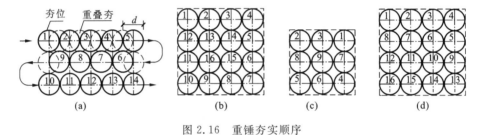

图 2.16　重锤夯实顺序
(a)一夯挨一夯;(b)先周围后中间;(c)先外后里;(d)排夯法

(5)夯实最终下沉量系指最后两击的平均每击土面的夯沉量,对砂类土取 5~10 mm;对黏性土及湿陷性黄土取 10~20 mm。落距一般为 4~6 m,夯击遍数应按试夯确定的最少遍数增加 2 遍,一般取 8~12 遍。

(6)基底标高不同时,应先全部按基础浅的标高挖掘,并将基础部分夯实后,再将深基础部分加深并夯实,不宜一次挖成阶梯形,以免夯打时在高低相交处发生坍塌。夯打做到落距正确、落锤平稳、夯位准确,基坑的夯实宽度应比基坑每边宽 0.2~0.3 m。基槽底面边角不易夯实部位应适当增大夯实宽度。

(7)重锤夯实在 10~15 m 以外对建筑物振动影响较小,可不采取防护措施;在 10 m 以内,应挖防振沟等进行隔振处理。

(8)冬期施工时应保持地基在不冻的状态下进行夯击,逐段开挖、逐段夯打,互相紧密衔接。开挖时,适当增加预留土层厚度,临夯实前挖除。如果基坑挖好后不能立即夯实,应在表面覆盖草垫或松土保温;如果已冻结,应采取地表加热解冻措施。应随时消除积雪,避免其融化后渗入地基。

(9)夯实结束后,应及时将表层浮土清除,或将浮土在接近最优含水率状态下重新用 1 m的落距夯实至设计标高。

2.7.3.3　质量标准

重锤夯实地基质量检验标准应符合表 2.21 的规定。

表 2.21　重锤夯实地基质量检验标准

项目	序号	检查项目	允许偏差		检验方法
			单位	数量	
主控项目	1	地基强度	按设计要求		按规定方法
	2	地基承载力	按设计要求		按规定方法
一般项目	1	夯锤落距	mm	±300	钢索设标志
	2	锤重	kg	±100	称重
	3	夯击遍数及顺序	按设计要求		按规定方法
	4	夯点间距	mm	±500	用钢尺量
	5	夯击范围(超出基础范围距离)	按设计要求		用钢尺量
	6	前后两遍间歇时间	按设计要求		按规定方法

2.7.3.4　施工注意事项

(1) 做好场地周边排水设施,防止已夯实场地被水淹泡。

(2) 重锤夯实完毕,应立即进行下道工序施工,如有间歇,应预留 200~300 mm 厚土层,待基础施工时再挖除,防止扰动。

(3) 夯实地基附近进行砌筑工程施工或浇筑混凝土时,应采取防护措施,以防造成砌体和混凝土受振产生裂缝。

(4) 强夯前应做好夯区地质勘察,对不均匀土层适当增加钻孔和原位测试工作,掌握土质情况,作为制订强夯方案和对比夯前、夯后的加固效果之用,必要时进行现场试验性强夯,确定强夯施工的各项参数。

(5) 夯击前后应对地基土进行原位测试,包括室内土分析试验、野外标准贯入、静力(轻便)触探、旁压仪试验(或野外荷载试验),测定有关数据,以检验地基的实际影响深度。

(6) 检测强夯的测试工作不得在强夯后立即进行,必须间隔 1~4 周,以避免测得的土体强度偏低而出现较大的误差,影响测试的准确性。

(7) 重锤夯实的质量检验除按试夯要求检查施工记录外,总夯沉量不应小于试夯总量的 90%。

(8) 质量检验的数量应根据场地复杂程度和建筑物的重要性确定。对于简单场地上的一般建筑物,每个建筑物地基的检验点不应少于 3 处;对于复杂场地或重要建筑物地基,应增加检验点数。检验深度应不小于设计处理的深度。

2.7.4　强夯法

强夯法是用起重机械(起重机或起重机配三脚架、龙门架)将大吨位(一般为 8~30 t)夯锤起吊到 6~30 m 高度后自由落下,给地基以强大的冲击能量的夯击,使土中出现冲击波和很大的冲击应力,迫使土层孔隙压缩,土体局部液化,在夯击点周围产生裂隙,形成良好的排水通道,孔隙水和气体逸出,使土料重新排列,经时效压密达到固结,从而提高地基承载力、降低其压缩性的一种有效的地基加固方法,也是我国目前最为常用和最经济的深层地基处理方法之一。

强夯法加固特点是:施工工艺、操作简单;适用土质范围广;加固效果显著,可取得较高的承载力,经强夯后地基强度可提高 2~5 倍;变形沉降量小,压缩性可降低 2~10 倍,加固影响深度可达 6~10 m;土粒结合紧密,有较高的结构强度;工效高,施工速度快(一套设备每月可加固 5000~10000 m² 地基),有利于缩短工期;节省加固时的原材料;施工费用低,节省投资,比换土回填节省 60% 的费用,与预制桩加固地基相比可节省投资 50%~70%,与砂桩相比可节省投资 40%~50%。

2.7.4.1　施工准备

(1) 机具设备

① 夯锤:用钢板作外壳,内部焊接钢筋骨架后浇筑 C30 混凝土,或用钢板做成组合式的夯锤,以便于使用和运输。夯锤底面有圆形和方形两种,圆形不易旋转,定位方便,稳定性和重合性好,应用较广;锤底面积宜按土的性质和锤重确定,锤底静压力值可取 25~40 kPa。对于粗颗粒土(砂质土和碎石类土),锤底静压力选用较大值,一般锤底面积为 3~4 m²;对于细颗粒土(黏性土或淤泥质土),锤底静压力宜取较小值,锤底面积不宜小于 6 m²。一般 10 t 夯锤底面积用 4.5 m²,15 t 夯锤用 6 m² 较合适。锤重一般为 8 t、10 t、12 t、16 t、25 t。夯锤中宜设 1~4 个直径 250~300 mm 上下贯通的排气孔,以利于空气迅速排走,减小起锤时锤底与土面间形成真空产生的强吸附力和夯锤下落时的空气阻力,以保证夯击能的有效性。

② 起重设备

由于履带式起重机重心低、稳定性好、行走方便,因此,强夯法中多使用起重量为 15 t、20 t、25 t、30 t、50 t 的履带式起重机(带摩擦离合器)。

③ 脱钩装置

采用履带式起重机作强夯起重设备,国内目前使用较多的是通过动滑轮组用脱钩装置来起落夯锤。脱钩装置要求有足够的强度,使用灵活,脱钩快速、安全。常用的工地自制自动脱钩器由吊环、耳板、销环、吊钩等组成,系由钢板焊接而成。拉绳一端固定在销柄上,另一端穿过转向滑轮,固定在悬臂杆底部横轴上,当夯锤起吊到要求高度时,升钩拉绳随即拉开销柄,脱钩装置开启,夯锤便自动脱钩下落。这种脱钩装置可使每次夯击落距一致,可自动复位,使用灵活方便,也较安全可靠。

当用起重机起吊夯锤时,为防止夯锤突然脱钩使起重臂后倾和减小对臂杆的振动,应在起重机的前方设一台 T_1-100 型推土机作地锚,在起重机臂杆的顶部与推土机之间用两根钢丝绳联系锚旋。钢丝绳与地面的夹角不大于 30°,推土机还可用于夯完后做表土推平、压实等辅助性工作。

当用起重三脚架、龙门架或起重机加辅助桅杆起吊夯锤时,则不用设置锚系设备。

(2) 现场准备工作

① 熟悉施工图纸,理解设计意图,掌握各项参数,现场实地考察,定位放线。

② 制订施工方案和确定强夯参数。

③ 选择检验区做强夯试验。

④ 场地整平,修筑机械设备进出场道路,以保证有足够的净空高度、宽度、路面强度和转弯半径。填土区应清除表层腐殖土、草根等。场地整平挖方时,应在强夯范围预留夯沉量需要的土厚。

2.7.4.2　施工程序及操作要点

强夯法的施工程序为:清理、平整场地→标出第一遍夯点位置、测量场地高程→起重机就位、夯锤对准夯点位置→测量夯前锤顶高程→夯锤起吊→夯锤脱钩自由下落夯击→往复夯击，满足夯击次数及控制标准，完成一个夯点的夯击。重复以上程序，完成第一遍全部夯点的夯击→填平夯坑，测量场地高程→停歇规定间隔时间。重复上述程序，逐次完成全部夯击遍数→用低能量满夯，将场地表层松土夯实，并测量夯后场地高程。

强夯法施工的操作要点如下：

（1）做好强夯地基的地质勘察，对不均匀土层适当增加钻孔和原位测试工作，掌握土质情况，作为制订强夯方案和对比夯前、夯后加固效果之用。必要时进行现场试验性强夯，确定强夯施工的各项参数。同时，应查明强夯范围内的地下构筑物和各种地下管线的位置及标高，并采取必要的防护措施，以免因强夯施工而造成损坏。

（2）强夯前应平整场地，周围做好排水沟，按夯点布置测量放线，确定夯位。地下水位较高时，应在表面铺 0.5～2.0 m 中（粗）砂或砂砾石、碎石垫层，以防设备下陷和便于消散强夯产生的孔隙水压，或降低地下水位后再强夯。

（3）强夯应分段进行，顺序为从边缘夯向中央。对厂房柱基亦可一排一排地夯，起重机直线行驶，从一边向另一边进行，每夯完一遍，用推土机整平场地，放线定位后即可进行下一遍夯击。强夯法的加固顺序是：先深后浅，即先加固深层土，再加固中层土，最后加固表层土。最后一遍夯完后，再以低能量满夯一遍，如有条件以采用小夯锤夯击为佳。

（4）回填土应控制含水率在最优含水率范围内，如果低于最优含水率，可钻孔灌水或洒水浸渗。

（5）夯击时应按试验和设计确定的强夯参数进行，落锤应保持平稳，夯位应准确，夯击坑内积水应及时排除。坑底上含水量过大时，可铺砂石后再进行夯击。在每一遍夯击之后，要用新土或周围的土将夯击坑填平，再进行下一遍夯击。强夯后，基坑应及时修整，浇筑混凝土垫层应封闭。

（6）对于高饱和度的粉土、黏性土和新饱和填土，进行强夯时，很难控制最后两击的平均夯沉量在规定的范围内，可采取如下措施：

① 适当降低夯击能量；

② 适当加大夯沉量差；

③ 填土时将原土上的淤泥清除，挖纵、横盲沟，以排除土内的水分，同时在原土上铺 50 cm 厚的砂石混合料，以保证强夯时将土内的水分排出，在夯坑内回填块石、碎石或矿渣等粗颗粒材料，进行强夯置换等措施。通过强夯将坑底软土向四周挤出，使在夯点下形成块（碎）石墩，并与四周软土构成复合地基，一般可取得明显的加固效果。

（7）雨季填土区强夯，应在场地四周设排水沟、截洪沟，防止雨水流入场内；填土应使中间稍高；土料含水率应符合要求；认真分层回填，分层推平、碾压，并使表面保持 1‰～2‰ 的排水坡度；当班填土当班推平压实；雨后抓紧排除积水，推掉表面稀泥和软土后再碾压；夯后应立即推平、压实夯坑，使其高于四周。

（8）冬期施工时应清除地表的冻土层再强夯，夯击次数要适当增加，如有硬壳层，要适当增加夯次或提高夯击功。

（9）做好施工过程中的监测和记录工作，包括检查夯锤重和落距，对夯点放线进行复核，检查夯坑位置，按要求检查每个夯点的夯击次数和每击的夯沉量等，并对各项参数及施工情况进行详细记录，作为质量控制的根据。

2.7.4.3　质量控制

（1）施工前应检查夯锤重量、尺寸、落锤控制手段、排水设施及被夯地基的土质。

（2）施工中应检查落距、夯击遍数、夯点位置、夯击范围。

（3）施工结束后，检查被夯地基的强度并进行承载力检验。检查点数，每一独立基础至少有一点，基槽每 20 延米取一点，整片地基 50～100 m² 取一点。

（4）强夯地基质量检验标准如表 2.21 所示。

2.7.5　振冲法

振冲法又称振动水冲法，是以起重机吊起振冲器，启动潜水电机带动偏心块，使振冲器产生高频振动，同时启动水泵，通过喷嘴喷射高压水流，在边振边冲的共同作用下，将振冲器沉到土中的预定深度，经清孔后，从地面向孔内逐段填入碎石，或不加填料，使土在振动作用下被挤密实，达到要求的密实度后即可提升振冲器，如此重复填料和振密，直至地面，在地基中形成一个大直径的密实桩体与原地基构成复合地基，从而提高地基的承载力、减少沉降和不均匀沉降，是一种快速、经济、有效的加固方法。

振冲法按加固机理和效果的不同，又分为振冲置换法和振冲密实法两类。前者是在地基土中借振冲器成孔，振密填料置换，制造一群以碎石、砂砾等散粒材料组成的桩体，与原地基土一起构成复合地基，使地基承载力提高，沉降减少，该方法又名振冲置换碎石桩法；后者主要是利用振动和压力水使砂层液化，砂颗粒相互挤密，重新排列，孔隙减少，从而提高砂层的承载力和抗液化能力，该方法又名振冲挤密砂桩法。

振冲法加固地基特点是：技术可靠，机具设备简单，操作技术易于掌握，施工简便，可节省"三材"，因地制宜，就地取材；加固速度快，节约投资；碎石桩具有良好的透水性，可加速地基固结，可使地基承载力提高 1.2～1.35 倍。此外，振冲过程中的预振效应可使砂土地基增加抗液化能力。

2.7.5.1　振冲法的构造要求

（1）振冲置换法

① 处理范围

处理范围应大于基底面积。对于一般地基，在基础外缘宜扩大 1～2 排桩；对于可液化地基，在基础外缘应扩大 2～4 排桩。

② 桩位布置

对大面积满堂处理，宜用等边三角形布置；对独立或条形基础，宜用正方形、矩形或等腰三角形布置。

③ 桩的间距

桩的间距应根据荷载大小和原土的抗剪强度确定，一般取 1.5～2.5 m。对荷载大或原土强度低，或桩末端到达相对硬层的短桩宜取小值；反之宜取大值。

④ 桩长的确定

当相对硬层的埋藏深度不大时，应按相对硬层埋藏深度确定；当相对硬层的埋藏深度较大时，应按建筑物地基的变形允许值确定，桩长不宜短于 4 m。在可液化的地基中，桩长应按要求的抗震处理深度确定。桩顶应铺设一层 200～500 mm 厚的碎石垫层。

⑤ 桩的直径

桩的直径可按每根桩所用的填料计算，一般为 0.8～1.2 m。

（2）振冲挤密法

① 处理范围

处理范围应大于建筑物基础范围,在建筑物基础外缘每边放宽不得小于 5 m。

② 振冲深度

当可液化土层不厚时,应穿透整个可液化层;当可液化土层较厚时,应按要求的抗震处理深度确定。

③ 每一振点所需的填料量

根据地基土要求达到的密实程度和振点间距而定,应通过现场试验确定。

2.7.5.2　机具设备要求

（1）振冲器

类似于混凝土插入式振动器,其工作原理是:利用电机旋转一组偏心块产生一定频率和振幅的水平振动,压力水通过空心竖轴从振冲器下端喷口喷出。

操纵振冲器的起吊设备可采用 8～10 t 履带式起重机、轮胎式起重机、汽车吊或轨道式自行塔架等。水泵要求水压力为 400～600 kPa,流量 20～30 m³/h,每台振冲器备用一台水泵。

（2）控制设备

控制设备包括控制电流操作台、150 A 电流表、500 V 电压表以及供水管道、加料设备(吊斗或翻斗车)等。

2.7.5.3　材料要求

填料可用坚硬不受侵蚀影响的碎石、卵石、角砾、圆砾、矿渣以及砾砂、粗砂、中砂等;粗骨料粒径以 20～50 mm 较合适,最大粒径不宜大于 80 mm,含泥量不宜大于 5%,不得含有杂质、土块和已风化的石子。

2.7.5.4　施工程序

（1）振冲置换法施工工艺见图 2.17。

（2）振冲挤密法施工工艺见图 2.18。

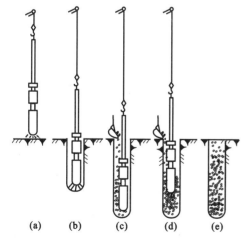

图 2.17　振冲置换法施工工艺

（a）定位；（b）振冲下沉；（c）振冲至设计标高并下料；

（d）边振边下料,边上提；（e）成桩

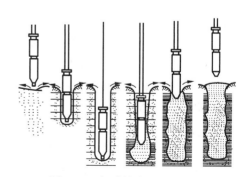

图 2.18　振冲挤密法施工工艺

（定位→成孔→边振边上提→振密）

（3）振冲成孔方法可按表 2.22 选用。

表 2.22　振冲成孔方法

成孔方法	步骤	优缺点
排孔法	由一端开始,依次造孔到另一端结束	易于施工,且不易漏掉孔位。但当孔位较密时,后打的桩易发生倾斜和位移
跳打法	同一排孔采取隔一孔造一孔	影响小,易保证桩的垂直度。但要防止漏掉孔位,并应注意桩位准确
围幕法	先造外围 2～3 圈(排)孔,然后造内圈(排)。采用隔一圈(排)造一圈(排),或依次向中心区造孔	能减少振冲能量的扩散,振密效果好,可节约桩数 10%～15%,大面积施工时常采用此法。但施工时应注意防止漏掉孔位和保证其位置准确

2.7.5.5　施工操作要点

（1）施工前应先进行振冲试验,以确定合适的水压、水量、成孔速度及填料方法,达到土体密实时的密实电流、填料量和留振时间(称为施工工艺的三要素)。一般控制标准是:密实电流不小于 50 A;填料量为每米桩长不小于 0.6 m³,且每次搅拌量控制在 0.20～0.35 m³;留振时间 30～60 s。

（2）成孔

启动水泵和振冲器,水压可为 400～600 kPa(对于较硬土层应取上限,对于软土取下限),水量可用 200～400 L/min,使振冲器徐徐沉入土中,直至达到设计处理深度以上 0.3～0.5 m。如土层中夹有硬层时,应适当进行扩孔,即在硬层中将振冲器往复上下多次,使孔径扩大,以便于填料。

（3）清孔

成孔过程中,由于泥浆水太稠,使得填料下降速度缓慢,因此,在成孔后应停留几分钟进行清孔,以便回水将稠泥浆带出地面,以降低孔内泥浆密度。

（4）填料和振料

一般成孔后将振冲器提出少许,从孔口往下填料,填料从孔壁间隙下落,边填边振,直至该段振实,然后将振冲器提升 0.5 m,再从孔口往下填料,逐段施工。填料宜"少吃多餐",每次往孔内倒入的填料量约为填料堆积在孔内 0.8 m 高,然后用振冲器振密后再继续加料。在强度很低的软土地基施工中,则应采用"先护壁,后制桩"的施工方法。即在振冲开孔到达第一层软弱层时,加些填料进行初步挤振,将填料挤到此层软弱层周围以加固孔壁,接着再用同样的方法处理以下第二层、第三层软弱层,直至加固深度。

（5）振冲挤密法施工操作的关键是控制水量大小和留振时间。水量的大小适宜才能保证地基中砂土充分饱和,受到振动能够产生液化;足够的留振时间(30～60 s)使地基中的砂土完全液化,在停振后土颗粒便重新排列,使孔隙比减小,密实度提高。对粉细砂应加填料,其作用是填充在振冲器上提后留下的孔洞。此外,填料作为传力介质,在振冲器的水平振动下,通过连续加填料将砂层进一步挤压加密。对中、粗砂,当振冲器上提后孔壁极易坍落,从而自行填满下面的孔洞,因而可以不加填料。如果干砂厚度大、地下水位低,则应采取措施大量补水,使砂处于或接近饱和状态时方可施工。

（6）振冲挤密法的水压、水量控制同振冲置换法,下沉速率控制在 1～2 m/min,待达到要求处理深度后,将水压和水量降至孔口有一定量回水,但无大量细颗粒带出的程度,将填料堆于孔口扩筒周围,采取自下而上地分段振动加密,每段长 0.5～1.0 m,填料在振冲器振动下依靠自重沿护筒周壁下沉至孔底,在电流升高到规定控制值后,将振冲器上提 0.3～0.5 m;重复上一步骤直至完成全孔处理。

(7) 加固区的振冲桩施工完毕,在振冲最上 1 m 左右时,由于土覆压力小,桩的密实度难以保证,故宜予以挖除,另作垫层,或另用振动碾压机进行碾压密实处理。

2.7.5.6　质量控制

(1) 施工前应检查振冲器的性能,电流表、电压表的准确度,填料的性能。

(2) 施工中应检查密实电流、供水压力、供水量、填料量、孔底留振时间、振冲点位置、振冲器施工参数等(施工参数由振冲试验或设计确定)。

(3) 施工结束后应在有代表性的地段做地基强度(标准贯入、静力触探)或地基承载力(单桩静载荷或复合地基静载)检验。

(4) 振冲施工结束后,除砂土地基外,应间隔一定时间后方可进行质量检验。对黏性土地基,间隔时间为 3～4 周;对粉土地基,间隔时间为 2～3 周。

(5) 振冲地基质量检验标准如表 2.23 所示。

表 2.23　振冲地基质量检验标准

项次	序号	检查项目	允许偏差或允许值		检查方法
			单位	数值	
主控项目	1	填料粒径	按设计要求		抽样检查
	2	密实电流(黏性土)(功率为 30 kW 的振冲器)	A	50～55	电流表读数
		密实电流(砂性土或粉土)(功率为 30 kW 的振冲器)	A	40～50	
		密实电流(其他类型振冲器)	A	1.5～2.0	电流表读数(读取空振电流)
	3	标准贯入、静力触探	按设计要求		按规定的方法
	4	载荷试验(单桩、复合地基)	按设计要求		按规定的方法
一般项目	1	填料含泥量	%	<5	抽样检查
	2	振冲器喷水中心与孔径中心偏差	mm	≤50	用钢尺量
	3	成孔中心与设计孔位中心偏差	mm	≤100	用钢尺量
	4	桩体直径	mm	<50	用尺量
	5	孔深	mm	±200	量钻杆或重锤测

实训项目

(1) 组织施工现场参观教学

根据当地实际,按教学进度组织一两次基础工程的现场参观教学。

(2) 测试土的压实度

具体方法和步骤详见土工试验。

复习思考题

1. 浅基础有哪些构造类型？各有什么特点？

2. 刚性基础和柔性基础有何区别？其分别适用于何种情况？

3. 简述柱下独立基础和墙下条形基础的施工工艺要求有何异同。

4. 筏形基础的施工工艺及其要点有哪些？

5. 条形基础的受力筋在十字交叉处、墙角、丁字头处应如何布置？

6. 箱形基础的特点及施工要求有哪些？

7. 桩基如何分类？有哪些形式？

8. 预制桩的制作方法及要求有哪些？

9. 打桩的顺序有几种？与哪些因素有关？

10. 打桩过程中应注意哪些事项？

11. 什么是静力压桩？有何特点？

12. 预制桩施工质量检验标准中主控项目、一般项目包含哪些内容？

13. 桩位的允许偏差是多少？

14. 什么是混凝土灌注桩？有何特点？

15. 灌注桩按成孔方式不同分为哪几类？

16. 灌注桩与预制桩相比有何优缺点？

17. 泥浆护壁回转钻成孔灌注桩施工要点有哪些？泥浆的作用是什么？

18. 什么是沉管灌注桩？

19. 人工挖孔桩有什么特点？施工要点有哪些？

20. 简述人工挖孔桩施工安全要求。

21. 怎样控制灌注桩的施工质量？

22. 地基处理的目的是什么？

23. 何谓换填垫层法？适用于何种情况？

24. 砂和砂石垫层质量检验的方法有哪些？

25. 什么是重锤夯实法？

26. 何谓强夯法？有何特点？

27. 何谓振冲法？有何特点？

单元 3　砌筑工程施工

知识目标

1. 熟悉脚手架类型、构造要求及搭设、拆除的要求；
2. 了解垂直运输的类型及有关要求；
2. 掌握建筑工程的施工工艺、施工要点、质量检验方法；
3. 熟悉常见质量问题及防治措施。

能力目标

1. 能规范搭设、拆除脚手架；
2. 能正确选择垂直运输机械；
3. 能正确施工砖墙；
4. 能规范施工砌块墙体。

思政目标

1. 通过砌筑砖墙培养学生爱国主义情怀；
2. 通过砌筑砖墙培养学生吃苦耐劳的精神；
3. 通过砌筑砌块墙培养学生的规范意识。

资源

1.《建筑施工扣件式钢管脚手架安全技术规范》(JGJ 130—2011)；
2.《砌体结构工程施工规范》(GB 50924—2014)；
3.《砌体工程施工质量验收规范》(GB 50203—2011)；
4.《蒸压加气混凝土制品应用技术标准》(JGJ/T 17—2020)等。

砌筑工程在建筑工程施工中用途较广,本单元主要讲解砌体工程的常规做法,重点讲解砌筑工程的施工方法、施工要点、质量标准、检验方法和安全技术,并介绍外墙保温的施工等。

脚手架是为了保证各施工过程顺利进行而搭设的工作平台。按搭设位置不同,脚手架可分为外脚手架和里脚手架;按所用材料不同,脚手架可分为木脚手架、竹脚手架和金属脚手架;按结构形式不同,脚手架可分为多立杆式脚手架、碗扣式脚手架、门型脚手架、方塔式脚手架、附着式升降脚手架及悬吊式脚手架。

3.1 扣件式钢管脚手架

扣件式钢管脚手架是目前我国使用得最为普遍的脚手架,它由钢管杆件和扣件连接而成,具有工作可靠、装拆方便和适应性强等优点。其宽度一般为 1.5~2.0 m,一步架高为 1.2~1.4 m。基本形式有双排式和单排式两种。其构成见图 3.1。

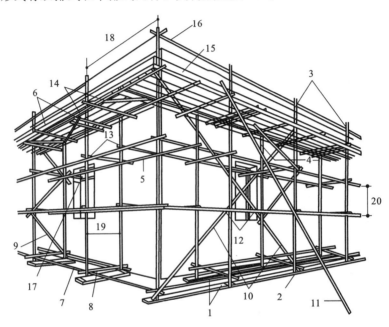

【扫码演示】

图 3.1　扣件式钢管脚手架的构成

1—垫板;2—底座;3—外立杆;4—内立杆;5—大横杆;6—小横杆;7—纵向扫地杆;
8—横向扫地杆;9—横向斜撑;10—剪刀撑;11—抛撑;12—旋转扣件;13—直角扣件;
14—水平斜撑;15—挡脚板;16—防护栏杆;17—连墙件;18—柱距;19—排距;20—步距

3.1.1　扣件式钢管脚手架的构造要求

扣件式脚手架由扣件、钢管、底座和脚手板组成。

3.1.1.1　扣件

扣件用于钢管之间的连接,其基本形式有三种,见图 3.2。

(1)直角扣件:用于两根钢管的垂直交叉连接。

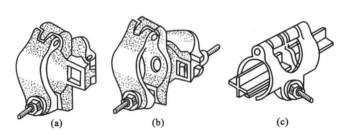

图 3.2　扣件基本形式

(a)直角扣件;(b)旋转扣件;(c)对接扣件

（2）旋转扣件:用于两根钢管任意角度交叉连接。

（3）对接扣件:用于两根钢管的对接连接。

3.1.1.2 钢管

钢管包括立杆、纵向水平杆(大横杆)、横向水平杆(小横杆)、剪刀撑、连墙杆、扫地杆、栏杆等。

钢管优先采用外径 48.3 mm、壁厚 3.6 mm 的焊接钢管,每根钢管的最大质量不应大于 25.8 kg,用于立杆、大横杆和斜杆的钢管长为 4～6.5 m,小横杆长为 2.1～2.3 m。其主要杆件要求如下:

（1）立杆

每根立杆底部应设置底座或垫板,脚手架必须设置纵、横向扫地杆,纵向扫地杆应采用直角扣件固定在距底座上皮不大于 200 mm 处的立杆上。横向扫地杆亦应采用直角扣件固定在紧靠纵向扫地杆下方的立杆上,脚手架底层步距不应大于 2 m。立杆接长除顶层顶步可采用搭接外,其余各层各步接头必须采用对接扣件连接。对接、搭接应符合下列规定:

① 立杆上的对接扣件应交错布置:两根相邻立杆的接头不应设置在同步内,同步内隔一根立杆的两个相隔接头在高度方向错开的距离不宜小于 500 mm;各接头中心至最近主节点的距离不宜大于步距的 1/3。

② 搭接长度不应小于 1 m,应采用不少于 2 个旋转扣件固定,端部扣件盖板的边缘至杆端距离不应小于 100 mm。

③ 立杆顶端宜高出女儿墙上皮 1 m,高出檐口上皮 1.5 m。

（2）大横杆

① 大横杆宜设置在立杆内侧,其长度不宜小于 3 跨。

② 大横杆接长宜采用对接扣件连接,也可采用搭接。对接、搭接应符合下列规定:

a. 大横杆的对接扣件应交错布置:两根相邻纵向水平杆的接头不宜设置在同步或同跨内;不同步或不同跨的两个相邻接头在水平方向错开的距离不应小于 500 mm;各接头中心至最近主节点的距离不宜大于纵距的 1/3。

b. 搭接长度不应小于 1 m,应等间距设置 3 个旋转扣件固定,端部扣件盖板边缘至搭接纵向水平杆杆端的距离不应小于 100 mm。

c. 使用冲压钢脚手板、木脚手板、竹串片脚手板时,大横杆应作为小横杆的支座,用直角扣件固定在立杆上;当使用竹笆脚手板时,大横杆应采用直角扣件固定在小横杆上。

（3）小横杆

① 主节点处必须设置一根横向水平杆,用直角扣件扣接且严禁拆除。主节点处两个直角扣件的中心距不应大于 150 mm。

② 作业层上非主节点处的小横杆,宜根据支撑脚手板的需要等间距设置,最大间距不应大于纵距的 1/2。

③ 当使用冲压钢脚手板、木脚手板、竹串片脚手板时,双排脚手架的横向水平杆两端均应采用直角扣件固定在纵向水平杆上;单排脚手架的横向水平杆的一端,应用直角扣件固定在纵向水平杆上,另一端应插入墙内,插入长度不应小于 180 mm。

（4）连墙件

① 连墙件布置最大间距如表 3.1 所示。

表 3.1　连墙件布置最大间距

脚手架高度		竖向间距 h	水平间距 l_a	每根连墙件覆盖面积/m²
双排	≤50 m	3h	$3l_a$	≤40
	>50 m	2h	$3l_a$	≤27
单排	≤24 m	3h	$3l_a$	≤40

注:h 为步距;l_a 为纵距。

② 连墙件的布置应符合下列规定:

a. 宜靠近主节点设置,偏离主节点的距离不应大于 300 mm。

b. 应从底层第一步纵向水平杆处开始设置,当该处设置有困难时,应采用其他可靠措施固定。

c. 连墙件具体构造见图 3.3。

图 3.3　连墙件具体构造

1—两只扣件;2—两根短管;3—铁丝与墙内埋设砟钢环拉柱

d. 宜优先采用菱形布置,也可采用方形、矩形布置。

e. 一字形、开口形脚手架的两端必须设置连墙件,连墙件的垂直间距不应大于建筑物的层高,并不应大于 4 m(2 步)。

f. 对高度在 24 m 以下的单、双排脚手架,宜采用刚性连墙件与建筑物可靠连接,亦可采用拉筋和顶撑配合使用的附墙连接方式。严禁使用仅有拉筋的柔性连墙件。

g. 对高度在 24 m 以上的双排脚手架,必须采用刚性连墙件与建筑物可靠连接。

(5)剪刀撑

① 高度在 24 m 以下的单、双排脚手架均必须在外侧立面的两端各设置一道剪刀撑,并应由底至顶连续设置;中间各道剪刀撑之间的净距不应大于 15 m。

② 高度在 24 m 及以上的双排脚手架应在外侧立面整个长度和高度上连续设置剪刀撑。

③ 剪刀撑斜杆的接长应采用搭接或对接;剪刀撑斜杆应用旋转扣件固定在与之相交的横向水平杆的伸出端或立杆上,旋转扣件中心线至主节点的距离不宜大于 150 mm。

(6)脚手板

① 作业层脚手板应满铺、铺稳,离开墙面的距离不应大于 150 mm。

② 使用冲压钢脚手板、木脚手板、竹串片脚手板等,应设置在三根横向水平杆上。当脚手板长度小于 2 m 时,可采用两根横向水平杆支承,但应将脚手板两端与其可靠固定,严防倾翻。此冲压钢脚手板、木脚手板、竹串片脚手板的铺设可采用对接平铺,亦可采用搭接铺设。脚手板对接[图 3.4(a)]平铺时,接头处必须设两根横向水平杆,脚手板外伸长应取 130~150 mm,两块脚手板外伸长度之和不应大于 300 mm;脚手板搭接[图 3.4(b)]铺设时,接头必须支在横向水平杆上,搭接长度应大于 200 mm,其伸出横向水平杆的长度不应小于 100 mm。

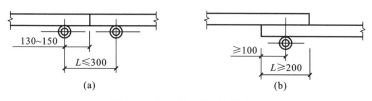

图 3.4　脚手板对接、搭接构造

（a）脚手板对接；（b）脚手板搭接

③ 作业层端部脚手板探头长度应取 150 mm,其板长两端均应与支承杆可靠地固定。

（7）护栏和挡脚板

作业层、斜道的栏杆和挡脚板的搭设应符合下列规定:①栏杆和挡脚板应搭设在外立杆内侧;②上栏杆上皮高度应为 1.2 m;③挡脚板高度不应小于 180 mm;④中栏杆应居中设置。

（8）脚手架底座

脚手架底座(图 3.5)设于立杆底部,可用钢管、钢板焊接,也可用铸铁制成。

图 3.5　脚手架底座

3.1.2　施工准备

3.1.2.1　材料及主要机具

（1）施工材料

扣件式钢管脚手架的施工材料:ϕ48.3 mm×3.6 mm 钢管、扣件、脚手板(可采用钢、木、竹材料制作)、连墙件等。

其他施工材料:铁丝、可调托撑、安全网、挡脚板、垫板(可采用钢、木、混凝土制作)等。

（2）施工机具

塔吊、汽车吊、汽车、经纬仪、水准仪、对讲机、钢卷尺、吊线、铁锤、把手等。

3.1.2.2　作业条件

（1）已具备:脚手架的平、立、剖面图;脚手架基础做法;连墙件的布置及构造;脚手架的转角处、通道洞口处构造;脚手架的施工荷载限值;脚手架的计算;脚手架搭设、使用、拆除等的安全措施。

（2）脚手架搭设前,工程技术负责人应按施工组织设计要求向搭设和使用人员进行技术和安全作业要求的交底。应按《建筑施工扣件式钢管脚手架安全技术规范》(JGJ 130—2011)和施工组织设计的要求对钢管、扣件、门架、配件、加固件、脚手板等进行检查验收,不合格产品不得使用。

（3）经检验合格的构配件应按品种、规格分类,堆放整齐、平稳,堆放场地不得有积水。

（4）应清除搭设场地内的杂物,平整搭设场地,并使排水畅通。

3.1.3　施工程序及要点

3.1.3.1　施工程序

搭设扣件式钢管脚手架的施工程序为:脚手架基础验收合格→放线定位→搭设脚手架→脚手架搭设验收→脚手架使用和维护→拆除脚手架→清理现场。

【扫码演示】

3.1.3.2　扣件式钢管脚手架的搭设和拆除

（1）地基处理

为保证脚手架安全使用,搭设脚手架时必须加设底座或基础并做好地基处理,必须将地基土夯实找平。在底座下应设垫木(板),不得将底座直接置于土上,以便均匀分布由立杆传来的荷载。

在脚手架外侧还应设置排水沟,以防雨天积水浸泡地基,使脚手架产生不均匀下沉,引起脚手架的倾斜变形。

(2)杆件搭设顺序

扣件式钢管脚手架的搭设:底座安放→搭设纵向和横向扫地杆→立杆搭设→搭设纵向水平杆、横向水平杆→搭设连墙件、剪刀撑、横向斜撑等→作业层、斜道的栏杆、脚手板和挡脚板的搭设→安全网张挂。

(3)脚手架的验收

脚手架搭设完毕或分段搭设完毕,应按施工方案、《建筑施工脚手架安全技术统一标准》(GB 51210—2016)和《建筑施工安全检查标准》(JGJ 59—2011)的要求对脚手架工程质量进行检查,经检查合格后方可交付使用。

(4)脚手架的使用管理与维护

脚手架及其地基基础应在下列阶段进行检查与验收:

① 基础完工后及脚手架搭设前;

② 作业层施加荷载前;

③ 每搭设完 6~8 m 高度后;

④ 达到设计高度后;

⑤ 遇有六级及以上强风或大雨后;

⑥ 冻结地区解冻后;

⑦ 停用超过一个月。

在脚手架使用过程中,应定期检查下列项目:

① 杆件的设置和连接,连墙件、支撑、门洞桁架等的构造应符合规范和专项施工方案的要求;

② 地基是否积水,底座是否松动,立杆是否悬空;

③ 扣件螺栓是否松动;

④ 高度在 24 m 以上的双排、满堂脚手架,及高度在 20 m 以上的满堂支撑架,其立杆的沉降与垂直度的偏差是否符合《建筑施工扣件式钢管脚手架安全技术规范》(JGJ 130—2011)的规定;

⑤ 安全防护措施应符合《建筑施工安全检查标准》(JGJ 59—2011)的要求;

⑥ 应无超载使用;

⑦ 严禁在脚手架上拉缆风绳或固定、架设混凝土泵、泵管及起重设备等;

⑧ 作业需要时,临时拆除交叉支撑或连墙件应经主管部门批准,并应符合有关规定。

(5)脚手架的拆除

拆除脚手架前,应设置警戒区,由专职人员负责警戒,先清除脚手架上的材料、工具和杂物。脚手架的拆除应从一端走向另一端,同一层的构配件和加固件应按先上后下、先外后里的顺序进行,严禁上下同时作业,所有加固件应随脚手架逐层拆除。严禁先将连墙件整层或数层拆除后再拆脚手架。分段拆除高差不应大于 2 步,如高差大于 2 步,应按开口脚手架进行加固。当拆至脚手架下部最后一节立柱时,应先架临时抛撑加固,最后拆除连墙件。拆下的钢管与配件应成捆用机械吊运或由井架传送至地面。

（6）施工现场清理

运至地面的构配件应按《建筑施工脚手架安全技术统一标准》（GB 51210—2016）的规定及时检查、整修与保养，并按品种、规格分别存放。

3.1.4　成品保护

安装、拆除脚手架时，作业人员必须轻拿轻放，严禁使用榔头等硬物击打拆除，钢管、扣件、工具等必须人工传递，严禁高空乱掷、乱砸，防止砸坏材料等。施工机械进入脚手架场地施工时，必须设防护警示栏杆，由专人监护。严禁在脚手架上拌砂浆、电焊或切割铁件。浇筑混凝土和焊接作业时应防止污染、损坏脚手架和安全网。

3.1.5　安全措施

为了确保脚手架的安全，脚手架应具备足够的强度、刚度和稳定性。对多立柱式外脚手架，施工均布活荷载标准规定为：维修脚手架为 $1 kN/m^2$；装饰脚手架为 $2 kN/m^2$；结构脚手架为 $3 kN/m^2$。若需超载，则应采取相应措施并进行验算。

当外墙施工高度超过 4 m 或立体交叉作业时，必须设置安全网，以防材料下落伤人和高空操作人员坠落。安全网是用直径 9 mm 的麻绳、鬃绳或尼龙绳编织而成的，一般规格为宽 3 m、长 6 m、网眼 50 mm 左右，每块支好的安全网应能承受不小于 1.6 kN 的冲击荷载。

架设安全网时，其伸出墙面宽度应不小于 2 m，外口要高于里口 500 mm，两网搭接应牢固，每隔一定距离应用拉绳将斜杆与地面锚桩拉牢。施工过程中要经常对安全网进行检查和维修，严禁向安全网内扔木料和其他杂物。

当用里脚手架施工外墙时，要沿墙外架设安全网。

多层、高层建筑用外脚手架时，亦需在脚手架外侧设安全网。安全网要随楼层施工进度逐层上升。多层、高层建筑除一道逐步上升的安全网外，尚应在第 2 层和每隔 3～4 层加设固定的安全网。高层建筑满搭外脚手架时，也可在脚手架外表面满挂竖向安全网，在作业层的脚手架下应平挂安全网。图 3.6 为安全网搭设方式。

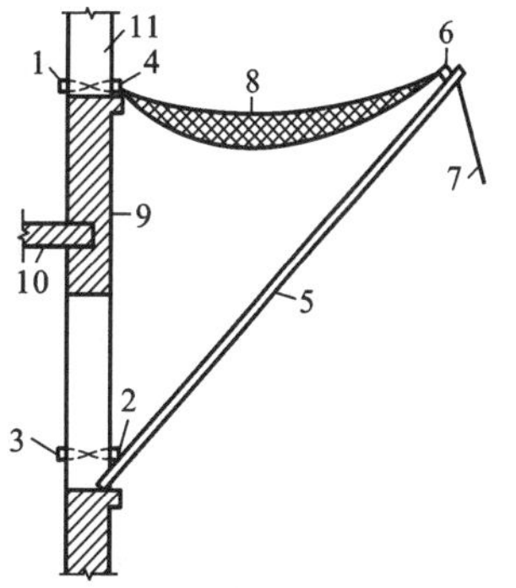

在无窗口的山墙上，可在墙角设立杆来挂安全网，也可在墙体内预埋钢筋环以支撑斜杆，还可用短钢管穿墙，用旋转扣件来支设斜杆。

图 3.6　安全网搭设方式
1、2、3—水平杆；4—内水平杆；5—斜杆；
6—外水平杆；7—拉绳；8—安全网；
9—外墙；10—楼板；11—窗口

钢脚手架（包括钢井架、钢龙门架、钢独脚拔杆提升架等）不得搭设在距离 35 kV 以上的高压线路 4.5 m 以内的范围和距离 1～10 kV 高压线路 2 m 以内的地区，否则使用期间应断电或拆除电源。过高的脚手架必须按规定设有防雷措施。

3.2　垂直运输设备

垂直运输设备是指担负垂直输送材料和施工人员上下的机械设备和设施。在建筑施工过程中，垂直运输量较大，都需要用垂直运输机具来完成。目前，建筑工程中常用的垂直运输设备有井字架、龙门架、建筑施工电梯、塔式起重机等。

3.2.1 井字架、龙门架

3.2.1.1 井字架

井字架是施工中最常用的、最简便的垂直运输设备。它稳定性好,运输量大。除用型钢或钢管加工的定型井架之外,还可用脚手架搭设而成。井字架起重能力一般为 3 t,提升高度一般在 60 m 以内。

井字架多为单孔井字架,但也可构成两孔或多孔井字架。井字架内设吊盘(也可在吊盘下加设混凝土料斗),两孔或三孔井字架可分别设吊盘或料斗,以满足同时运输多种材料的需要。井字架上还可设小型拔杆,供吊运长度较大的构件,其起重量为 0.5~1.5 t,工作幅度可达10 m。为保证井字架的稳定性,必须设置缆风绳或附墙拉结。图 3.7 所示是角钢井字架。

3.2.1.2 龙门架

龙门架是由两根立柱及天轮梁(横梁)构成。在龙门架上装设滑轮、导轨、吊盘(上料平台)、安全装置以及起重索、缆风绳等,即构成一个完整的垂直运输体系(图 3.8)。龙门架构造简单,容易制作,用材少,装拆方便,起重能力一般在 2 t 以内,提升高度一般在 40 m 以内,适用于中小型工程。

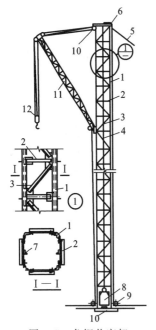

图 3.7 角钢井字架

1—立柱;2—平撑;3—斜撑;4—钢丝绳;
5—缆风绳;6—天轮;7—导轨;8—吊盘;
9—地轮;10—垫木;11—摇臂拔杆;12—滑轮组

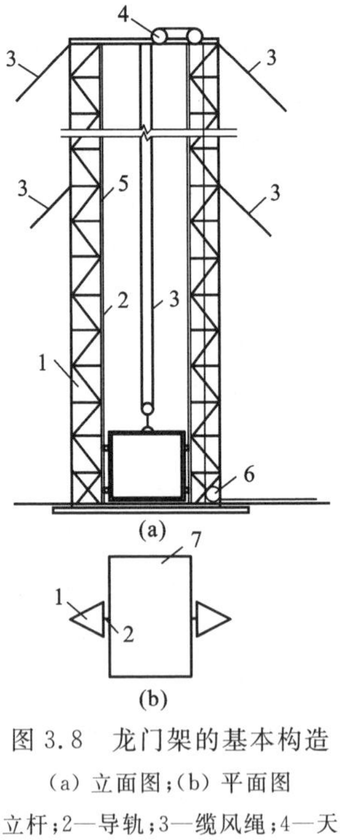

图 3.8 龙门架的基本构造

(a)立面图;(b)平面图

1—立杆;2—导轨;3—缆风绳;4—天轮;
5—吊盘停车安全装置;6—地轮;7—吊盘

3.2.1.3 井字架、龙门架的安装和使用注意事项

井字架、龙门架必须立于可靠的地基和基座上,并先选在排水畅通之处。如果地基土质不好,要加碎砖或碎石夯实,并做 150 mm 厚 C15 混凝土垫层,立柱底部应设底座和 50 mm×200 mm 的垫木。井字架、龙门架高度在 12~15 m 以下时设一道缆风绳,15 m 以上每增高 5~10 m 增设一道。井字架每道缆风绳不少于 4 根,龙门架每道缆风绳不少于 6 根。缆风绳宜用

7～9 mm 的钢丝绳,与地面成 45°夹角。井字架杆件安装要准确,结合要牢固,垂直度偏差不得超过总高度的 1/600,导轨垂直度及间距尺寸的偏差不得大于±10 mm。

在雷雨季节,井字架、龙门架架高超过 30 m 时,应装设避雷电装置。井字架、龙门架自地面 5 m 以上的四周(出料口除外)应使用安全网或其他遮挡材料(竹笆、篷布等)进行封闭,避免吊盘上的材料坠落伤人。卷扬机司机操作,观察吊盘升降的一面只能使用安全网。必须采用限位自停措施,以防止吊盘上升时"冒顶"。吊盘应有可靠的安全装置,防止吊盘在运行中和停车装卸料时发生因卷扬机制动失灵而跌落等事故。吊盘不得长时间悬于架中,应及时落至地面。吊盘内不要装长杆件材料和凌乱堆放的材料,以免材料坠落或长杆件材料卡住井架酿成事故。吊盘内的材料应居中放置,避免载重偏向一边。

3.2.2　建筑施工电梯

目前在高层建筑施工中常采用客货两用的建筑施工电梯,其吊笼装在井架外侧,沿齿条式轨道升降,附着在外墙或建筑物其他结构上,可载货物 1.0～1.2 t,亦可乘 12～15 人。其高度随着建筑物主体结构施工而接高,可达 100 m。建筑施工电梯(图 3.9)适用于高层建筑,也可用于高大建筑物、多层厂房和一般楼房施工中的垂直运输。

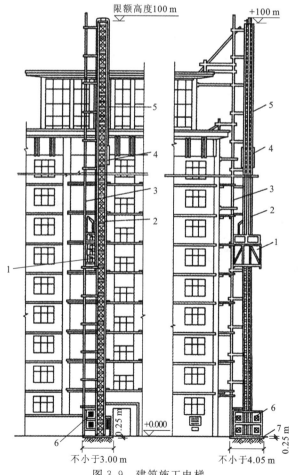

【扫码演示】

图 3.9　建筑施工电梯

1—吊笼;2—小吊杆;3—架设安装杆;4—平衡箱;5—导轨架;6—底笼;7—混凝土基础

3.2.3　塔式起重机

塔式起重机是一种具有竖直塔身的全回转臂式起重机。它具有较高的起重高度、工作幅度和起重能力,工作速度快、生产效率高,广泛用于多层、高层房屋的施工。塔式起重机的类型较多,按结构与性能特点分为三大类:一般式塔式起重机、自升式塔式起重机和爬升式起重机。

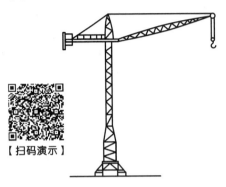

图 3.10　QT1-6 型塔式起重机

3.2.3.1　一般式塔式起重机

一般式塔式起重机主要有 QT1-6、QT-60/80 等型号。QT1-6 型塔式起重机(图 3.10)为上回转动臂变幅式塔式起重机,起重量为 2～6 t,工作幅度 8.5～20 m,最大起升高度约 40 m,起重力矩 400 kN·m,适用于结构吊装及材料装卸工作。QT-60/80 型塔式起重机为上回转动臂变幅式塔式起重机,起重量为 10 t,起重力矩为 600～800 kN·m,起重高度可达 70 m,是使用较为广泛的机型,适用于较高建筑的结构吊装。

3.2.3.2　自升式塔式起重机

自升式塔式起重机又称外爬式塔式起重机,其型号较多,如 QT250、QT260、QTZ100、QT2120 等。QT4-10 型多功能(可附着、可固定、可行走、可爬升)自升式塔式起重机,是一种上旋转、小车变幅自升式塔式起重机,随着建筑物的增高,利用液压顶升系统而逐步自行接高塔身。

自升式塔式起重机的液压顶升系统主要有:顶升套架、长行程液压千斤顶、支承座、顶升横梁、引渡小车、引渡轨道及定位销等。液压千斤顶的缸体装在塔吊上部结构的底端支承座上,活塞杆通过顶升横梁支承在塔身顶部。其顶升过程如图 3.11 所示。

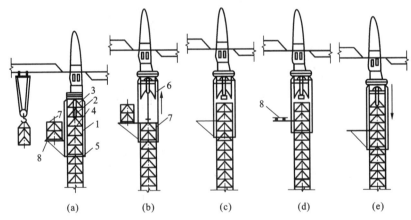

图 3.11　附着式自升式塔式起重机的顶升过程

(a) 准备状态;(b) 顶升塔顶;(c) 推入塔身标准节;(d) 安装塔身标准节;(e) 塔顶与塔身连成整体

1—顶升套架;2—长行程液压千斤顶;3—支承座;4—顶升横梁;5—定位销;6—过渡节;7—标准节;8—引渡小车

3.2.3.3　爬升式起重机

爬升式起重机又称内爬式塔式起重机,是一种安装在建筑物内部(电梯井或特设空间)的结构上,依靠爬升机构随建筑物向上建造而向上爬升的起重机,主要型号有 QT5-4/40 型、QT5-4/60 型、QT3-4 型等。一般内爬式塔式起重机的外形如图 3.12 所示。一般是建筑物每施工 1～2 层,起重机就爬升一次,塔身自由高度只有 20 m 左右,但起升高度随建筑物高度而定。爬升式起重机的特点是:塔身短,起升高度大而且不占建筑物的外围空间,但司机作业时看不到起吊过程,全靠信号指挥,施工完成后拆塔工作属于高空作业等。图 3.13 为爬升式起重机的爬升过程。

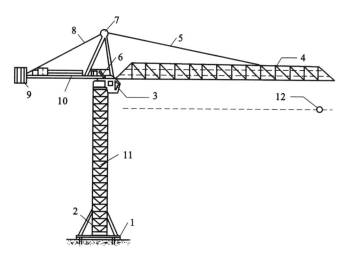

图 3.12　内爬式塔式起重机的外形

1—十字框架底盘;2—爬升塔身;3—控制室;4—主臂;5—主臂拉索;6—回转台;
7—塔顶;8—平衡臂拉索;9—压铁;10—平衡臂;11—延伸塔身;12—吊钩

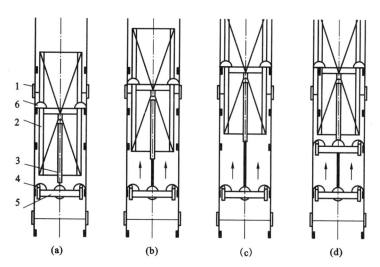

图 3.13　爬升式起重机的爬升过程

(a)、(b) 下支腿支承在踏步上,顶升塔身;(c)、(d) 上支腿支承在踏步上,缩回活塞杆,将活动横梁提起

1—爬梯;2—塔身;3—液压缸;4、6—支腿;5—活动横梁

爬升作业应注意以下问题:

(1)内爬升作业应在白天进行。风力在五级及以上时,应停止作业。

(2)内爬升时,应加强机上与机下之间的联系以及上部楼层与下部楼层之间的联系,遇有故障及异常情况,应立即停机检查,故障未排除,不得继续爬升。

(3)内爬升过程中,严禁进行起重机的起升、回转、变幅等各项动作。

（4）起重机爬升到指定楼层后，应立即拔出塔身底座的支承梁或支腿，通过内爬升框架固定在楼板上，并应顶紧导向装置或用楔块塞紧。

（5）内爬升塔式起重机的固定间隔不宜小于3个楼层。

（6）对固定内爬升框架的楼层楼板，在楼板下面应增设支柱做临时加固。搁置起重机底座支承梁的楼层下方两层楼板，也应设置支柱做临时加固。

（7）每次内爬升完毕后，楼板上遗留下来的开孔应立即采用钢筋混凝土封闭。

（8）起重机完成内爬升作业后，应检查内爬升框架的固定、底座支承梁的紧固以及楼板临时支撑的稳固等，确认可靠后方可进行吊装作业。

3.3　砌筑工程

3.3.1　制备砂浆

3.3.1.1　砂浆的种类

砌筑砂浆主要使用水泥砂浆和水泥混合砂浆。砂浆的强度等级应按下列规定采用：

① 烧结普通砖、烧结多孔砖、蒸压灰砂普通砖和蒸压粉煤灰普通砖砌体采用的普通砂浆强度等级有 M15、M10、M7.5、M5 和 M2.5；蒸压灰砂普通砖和蒸压粉煤灰普通砖砌体采用的专用砌筑砂浆强度等级有 Ms15、Ms10、Ms7.5、Ms5.0；

② 混凝土普通砖、混凝土多孔砖、单排孔混凝土砌块和煤矸石混凝土砌块砌体采用的砂浆强度等级有 Mb20、Mb15、Mb10、Mb7.5 和 Mb5；

③ 双排孔或多排孔轻骨料混凝土砌块砌体采用的砂浆强度等级有 Mb10、Mb7.5 和 Mb5；

④ 毛料石、毛石砌体采用的砂浆强度等级有 M7.5、M5 和 M2.5。确定砂浆强度等级时应采用同类块体为砂浆强度试块底模。

3.3.1.2　材料要求

（1）砌筑砂浆

使用的水泥品种及等级，应根据砌体部位和所处环境来选择。基础及潮湿环境使用水泥砂浆，一般墙体使用水泥混合砂浆。

（2）水泥

水泥的使用应符合下列规定：

① 水泥进场时应对其品种、等级、包装或散装仓号、出厂日期等进行检查，并应对其强度、安定性进行复验，其质量必须符合现行国家标准《通用硅酸盐水泥》(GB 175—2007)的有关规定。

② 当在使用中对水泥质量有怀疑或水泥出厂超过三个月（快硬硅酸盐水泥超过一个月）时，应复查试验，并按复验结果使用。

③ 不同品种的水泥，不得混合使用。

抽检数量：按同一生产厂家、同品种、同等级、同批号连续进场的水泥，袋装水泥不超过 200 t 为一批，散装水泥不超过 500 t 为一批，每批抽样不少于一次。

检验方法：检查产品合格证、出厂检验报告和进场复验报告。

（3）砂

砂浆用砂宜采用过筛中砂，并应满足下列要求：

①　不应混有草根、树叶、树枝、塑料、煤块、炉渣等杂物;

②　砂中含泥量,泥块含量,石粉含量,云母、有机物、硫化物、硫酸盐及氯盐含量(配筋砌体砌筑用砂)等应符合现行行业标准《普通混凝土用砂、石质量及检验方法标准》(JGJ 52—2006)的有关规定;

③　人工砂、山砂及特细砂经试配应满足砌筑砂浆技术条件要求后使用。

(4) 石灰膏

不得采用脱水硬化的石灰膏,消石灰粉不得直接用于砌筑砂浆中。

(5) 外加剂

凡在砂浆中掺入有机塑化剂、早强剂、缓凝剂、防冻剂等,应经检验符合要求后方可使用。有机塑化剂应有砌体强度的型式检验报告。

(6) 水

水质应符合《混凝土用水标准》(JGJ 63—2006)的规定。

3.3.1.3　砂浆的制备及使用

(1) 砂浆制备

砌筑砂浆应采用机械搅拌,搅拌时间自投料完起算应符合下列规定:

①　水泥砂浆和水泥混合砂浆不得少于 120 s;

②　水泥粉煤灰砂浆和掺用外加剂的砂浆不得少于 180 s;

③　掺增塑剂的砂浆,其搅拌方式、搅拌时间应符合现行行业标准《砌筑砂浆增塑剂》(JG/T 164—2004)的有关规定;

④　干混砂浆及加气混凝土砌块专用砂浆宜按掺用外加剂的砂浆确定搅拌时间或按产品说明书采用。

(2) 砂浆使用

现场拌制的砂浆应随拌随用,拌制的砂浆应在 3 h 内使用完毕;当施工期间最高气温超过30℃时,应在 2 h 内使用完毕。预拌砂浆及蒸压加气混凝土砌块专用砂浆的使用时间应按照厂方提供的说明书确定。

砌体结构工程使用的湿拌砂浆,除直接使用外必须储存在不吸水的专用容器内,并根据气候条件采取遮阳、保温、防雨雪等措施,砂浆在储存过程中严禁随意加水。

3.3.1.4　砂浆强度检查

砌筑砂浆试块强度验收时其强度合格标准应符合下列规定:

①　同一验收批砂浆试块强度平均值应大于或等于设计强度等级值的 1.10 倍;

②　同一验收批砂浆试块抗压强度的最小一组平均值应大于或等于设计强度等级值的 85%。

③　砌筑砂浆的验收批,同一类型、同一强度等级的砂浆试块不应少于 3 组;同一验收批砂浆只有 1 组或 2 组试块时,每组试块抗压强度平均值应大于或等于设计强度等级值的 1.10倍;对于建筑结构的安全等级为一级或设计使用年限为 50 年及以上的房屋,同一验收批砂浆试块的数量不得少于 3 组;

④　砂浆强度应以标准养护下 28 d 龄期的试块抗压强度为准;

⑤　制作砂浆试块的砂浆稠度应与配合比设计一致。

抽检数量:每一检验批且不超过 250 m³ 砌体的各类、各强度等级的普通砌筑砂浆,每台搅拌机应至少抽检一次。验收批的预拌砂浆、蒸压加气混凝土砌块专用砂浆,抽检可为 3 组。

检验方法:在砂浆搅拌机出料口或在湿拌砂浆的储存容器出料口随机取样制作砂浆试块(现场拌制的砂浆,同盘砂浆只应制作 1 组试块),试块标养 28 d 后做强度试验。预拌砂浆中的湿拌砂浆稠度应在进场时取样检验。

3.3.2　砖墙砌筑

3.3.2.1　施工准备

砌体工程所用的材料应有产品合格证书、产品性能检测报告。块材、水泥、钢筋、外加剂等应有材料主要性能的进场复验报告。严禁使用国家明令淘汰的材料。

(1)砖的准备

砖的品种、强度等级必须符合设计要求,规格应一致。砌筑砖砌体时,砖应提前 1~2 d 浇水湿润,以免砌筑时因干砖吸收砂浆中的大量水分,使砂浆流动性降低,砌筑困难,并影响砂浆的黏结力和强度。但也要注意不能将砖浇得过湿,从而使砖不能吸收砂浆中的多余水分,影响砂浆的密实性、强度和黏结力,并且还会产生坠灰和砖块滑动现象,使墙面不洁净、灰缝不平整、墙面不平直。一般要求砖处于半干半湿状态(将水浸入砖 10 mm 左右),含水率为 10%~15%,不应在脚手架上给砖浇水。

(2)机具的准备

砌筑前,必须按施工组织设计要求组织垂直和水平运输机械、砂浆搅拌机进场、安装、调试等工作。同时,还应准备脚手架、砌筑工具(如皮数杆、托线板)等。

【扫码演示】

【扫码演示】

3.3.2.2　砖墙的组砌形式

240 mm 厚砖墙的组砌形式有:

(1)一顺一丁

一顺一丁砌法是一皮中全部顺砖与一皮中全部丁砖相互间隔砌成,上下皮间的竖缝相互错开 1/4 砖长,如图 3.14(a)所示。

(2)三顺一丁

三顺一丁砌法是三皮中全部顺砖与一皮中全部丁砖间隔砌成,上下皮顺砖与丁砖间竖缝相互错开 1/4 砖长,上下皮顺砖间竖缝错开 1/2 砖长,如图 3.14(b)所示。

(3)梅花丁

梅花丁砌法是每皮中丁砖与顺砖相隔,上皮丁砖坐中于下皮顺砖,上下皮间竖缝相互错开 1/4 砖长,如图 3.14(c)所示。

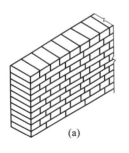
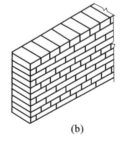
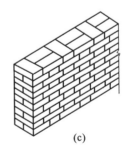

图 3.14　砖墙组砌形式

(a)一顺一丁;(b)三顺一丁;(c)梅花丁

为了使砖墙的转角处各皮间竖缝相互错开,必须在外角处砌七分头砖(即 3/4 砖长)。当采用一顺一丁组砌时,七分头的顺面方向依次砌顺砖,丁面方向依次砌丁砖,如图 3.15(a)所示。

砖墙的丁字接头处,应分皮相互砌通,内角相交处的竖缝应错开 1/4 砖长,并在横墙端头处加砌七分头砖,如图 3.15(b)所示。

砖墙的十字接头处,应分皮相互砌通,立角处的竖缝相互错开 1/4 砖长,如图 3.15(c)所示。

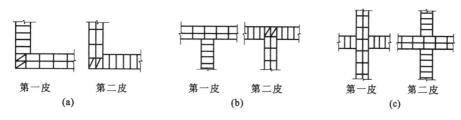

图 3.15　砖墙交接处组砌

(a)—一砖墙转角(一顺一丁);(b)—一砖墙丁字交接处(一顺一丁);(c)—一砖墙十字交接处(一顺一丁)

3.3.3　砖砌体的施工工艺

砌体的施工过程一般为:抄平、弹线、摆砖、立皮数杆、盘角、挂线、砌砖、勾缝、清扫墙面。

(1)抄平

① 首层墙体砌筑前的抄平

由于施工中基层上表面不同位置的标高存在差异,因此需要抹找平层。找平层的做法是,在基层表面处墙四个大角位置及每隔 10 m 位置抹一灰饼,用水准仪确定灰饼的上表面标高,使之与设计标高一致。然后,按这些标高用 M7.5 防水砂浆或掺有防水剂的 C10 细石混凝土找平。

② 楼层墙体砌筑前的抄平

每层的楼板安装完毕开始砌筑墙体前,将水准仪架设在楼板上,检测外墙四角表面的标高与设计标高的误差。根据误差来调整后续墙体的灰缝厚度,一般经过 10 皮砖即可改正过来。当墙体砌筑到 1.5 m 左右,用水准仪对各内墙进行抄平,并在墙体侧面,距楼、地面设计标高500 mm 位置上弹一四周封闭的水平墨线(即 50 线),这条线是室内后续各项施工标高的控制线,应及时弹出。

(2)弹线(图 3.16)

① 底层放线

找平层具有一定强度后,用经纬仪将外墙轴线引测到找平层表面,弹出墨线。在外墙轴线上,用钢尺测设各内墙轴线位置。轴线弹出后,按设计尺寸弹出墙的两边线。然后按图纸标注的尺寸弹出门、窗洞口位置的墨线。对于门的位置,墨线弹在找平层表面;对于窗的位置,墨线弹在墙的外侧面。

② 楼层放线

为了保证各楼层墙身轴线在同一铅垂面内,可用经纬仪或垂球将底层控制轴线投测到各层墙表面。然后,用钢尺丈量其

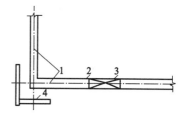

图 3.16　弹线

1—墙轴线;2—墙边线;

3—门洞位置线;4—龙门板

间距,经校核无误后,在墙表面弹出轴线和墙边线。最后,按设计图纸弹出门、窗洞口的位置线,图纸要求上、下两层门、窗洞口对齐的,一般用垂球线引测。

(3) 摆砖(铺底、摆底)

摆砖是指在放线的基面上按选定的组砌方式用干砖试摆。一般在房屋外纵墙方向摆顺砖,在山墙方向摆丁砖(即山丁檐跑)。摆砖由一个大角摆到另一个大角,砖与砖间留 10 mm 缝隙。摆砖的目的是为了校核所放出的墨线在门窗洞口、附墙垛等处是否符合砖的模数,以尽可能减少砍砖,并使砌体灰缝均匀、组砌得当。

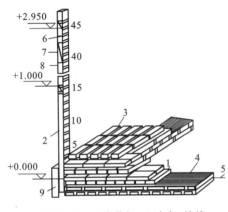

图 3.17 立皮数杆、立头角、挂线
1—墙基;2—皮数杆;3—头角;
4—防潮层;5—挂线;6—二层地面楼板;
7—窗口过梁;8—窗口;9—木桩

(4) 立皮数杆

皮数杆是砌筑时控制砌体竖向尺寸的标志,同时还可以保证砌体的垂直度。皮数杆长度应略大于一个楼层的高度。皮数杆一般立于房屋的四个大角、内外墙交接处、楼梯间以及洞口多的地方,每隔 10～15 m立一根。采用外脚手架时,皮数杆一般立在墙里侧;采用里脚手架时,皮数杆应立在墙外侧。底层立皮数杆的方法是:在立杆处打一木桩,在木桩上测出 ±0.000标高位置,然后把皮数杆上的 ±0.000 线与其对齐,用钉钉牢(图 3.17)。每次开始砌砖前应检查一遍皮数杆的垂直度和牢固程度。

(5) 盘角、挂线

大角又称头角,即墙角,是砌墙挂线确定墙面横平竖直的主要依据。开始砌筑墙体时,先由技术水平高的工人在建筑物的外墙角,按皮数杆的标线砌五皮砖,然后将准线挂在头角墙身上,再砌中间墙身。墙身较长时,可从墙中间或流水段分界处先砌五皮砖。准线按皮挂,砌一皮砖,升一次线。对一砖墙(240 mm 墙)单面挂线即可;对一砖半墙(370 mm 墙)以上的墙,应双面挂线。

(6) 砌砖

砖砌体的砌筑方法有"三一"砌砖法、挤浆法、刮浆法和满口灰法。其中,"三一"砌砖法和挤浆法最为常用。

① "三一"砌砖法,即一块砖、一铲灰、一揉压并随手将挤出的砂浆刮去的砌筑方法。这种砌法的优点是灰缝容易饱满,黏结性好,墙面整洁。故实心砖砌体宜采用"三一"砌砖法。

② 挤浆法是用灰勺、大铲或铺灰器在墙顶上铺一段砂浆,然后双手拿砖或单手拿砖,用砖挤入砂浆中一定厚度之后把砖放平,达到下齐边、上齐线、横平竖直的要求。这种砌法的优点是可以连续挤砌几块砖,减少烦琐的动作;平推平挤可使灰缝饱满;效率高;保证砌筑质量。

砌筑过程中应三皮一吊、五皮一靠,保证墙面垂直平整。

(7) 勾缝、清理

清水墙砌完后,应进行勾缝。勾缝前应清除墙面上黏结的砂浆、灰尘污物等,并洒水湿润,勾缝要求横平竖直、深浅一致、搭接平整并压实抹光。混水墙砌完后,只需用一块厚 8 mm 的扁铁将灰缝刮一次,将凸出墙面的砂浆刮去,灰缝缩进墙面 10 mm 左右,以便于进行修饰工程。勾缝完毕后,应进行墙面、柱面和落地灰的清理。

3.3.4　砖墙的技术要求

砖砌体总的质量要求是砖和砂浆的强度必须符合设计要求,砌筑过程中做到:横平竖直,砂浆饱满,上下错缝,内外搭接。

（1）砖的强度等级必须符合设计要求

砖的抽检数量:每一生产厂家的砖运到现场后,按烧结砖 15 万块、多孔砖 5 万块、灰砂砖及粉煤灰砖 10 万块各为一验收批,抽检数量为一组。

（2）灰缝横平竖直,灰浆饱满

砖砌体的水平灰缝应满足平直度的要求,灰缝厚度一般为 10 mm,但不小于 8 mm,也不应大于 12 mm,砌筑时必须按皮数杆挂线砌筑。

砂浆饱满的程度以砂浆饱满度表示,砌体水平灰缝的砂浆饱满度应达到 80% 以上。每检验批抽查不应少于 5 处。用百格网检查砖底面与砂浆的黏结痕迹面积,每处检验 3 块砖,取其平均值。

（3）墙体垂直,墙面平整

墙体垂直与否,直接影响墙体的稳定性;墙面平整与否,影响墙体的外观质量。在施工过程中应经常用 2 m 托线板检查墙面垂直度,用 2 m 直尺和楔形塞尺检查墙体表面平整度,发现问题要及时纠正。砖砌体位置、垂直度及尺寸允许偏差应符合表 3.2、表 3.3 的规定。

表 3.2　砖砌体的位置及允许偏差

项次	项目			允许偏差/mm	检验方法
1	轴线位移			10	用经纬仪和尺检查,或用其他测量仪器检查
2	垂直度	每层		5	用 2 m 托线板检查
		全高	≤10 m	10	用经纬仪或吊线和尺检查,或用其他测量仪器检查
			>10 m	20	

表 3.3　砖砌体的一般尺寸允许误差

项次	项目		允许偏差/mm	检验方法	抽检数量
1	基础顶面和楼面标高		±15	用水平仪和尺检查	不应少于 5 处
2	表面平整度	清水墙、柱	5	用 2 m 靠尺和楔形塞尺检查	有代表性自然间抽 10%,但不应少于 3 间,每间不应少于 2 处
		混水墙、柱	8		
3	门窗洞口宽、高(后塞口)		±5	用尺检查	检验批洞口的 10%,且不应少于 5 处
4	外墙上下窗口偏移		20	以底层窗口为准,用经纬仪或吊线检查	检验批的 10%,且不应少于 5 处
5	水平灰缝平直度	清水墙	7	拉 10 mm 线和尺检查	有代表性自然间抽 10%,但不应少于 3 间,每间不应少于 2 处
		混水墙	10		
6	清水墙游丁走缝		20	用吊线和尺检查,以每层第一皮砖为准	

抽检数量:轴线查全部承重墙柱;外墙垂直度全高查阳角,不应少于 4 处,每层每 20 m 查

一处;内墙按有代表性的自然间抽10%,但不应少于2处,柱不少于5根。

（4）错缝搭接

砌体应按规定的组砌方式错缝搭接砌筑,以保证砌体的整体性及稳定性,不允许出现通缝。

（5）接槎可靠

砖砌体的转角处和交接处应同时砌筑,严禁无可靠措施的内外墙分砌施工。对不能同时砌筑而又必须留置的临时间断处,应砌成斜槎(图3.18),斜槎水平投影长度不小于高度 H 的2/3。抽检数量:每检验批抽20%接槎,且不应少于5处。

检验方法:观察检查。非抗震设防及抗震设防烈度为6度、7度地区的临时间断处,当不能留斜槎时,可留直槎,但直槎必须做成凸槎。留直槎处应加设拉结筋,拉结筋的数量为每120 mm墙厚放置1φ6拉结钢筋(120 mm墙厚放置2φ6拉结钢筋),间距沿墙高不应超过500 mm;埋入长度从墙的留槎处算起每边均不应小于500 mm,对抗震设防烈度为6度、7度地区,不应小于1000 mm;末端应有90°弯钩,如图3.19所示。

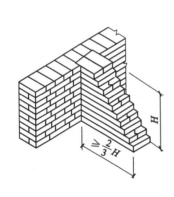

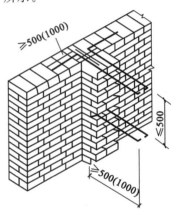

图3.18　烧结普通砖砌体斜槎　　图3.19　烧结普通砖砌体直槎

隔墙与承重墙或柱不能同时砌筑而又不能留成斜槎时,可于墙或柱中引出凸槎,并于承重墙或柱的灰缝中预埋拉结筋,其构造与上述直槎相同,但每道墙不得少于2根。在完成接槎处的砌筑时,必须将接槎处的表面清理干净,浇水湿润,并应填实砂浆,保持灰缝平直。

（6）预留脚手眼和施工洞口

砖墙砌到一定高度后就要搭设脚手架。当使用单排脚手架时,横向水平杆的一端就要支放在砖墙上。砌砖时要预先准确地留出脚手眼,一般在1 m高处开始留,水平间距1 m左右留一个。然后,在脚手眼上砌三皮砖,保护砌好的砖。

在下列墙体或部位中不得留设脚手眼:

① 空斗墙、半砖墙和砖柱;

② 砖过梁上按过梁净跨的1/2高度范围内的墙体,以及与过梁成60°角的三角形范围内的墙体;

③ 宽度小于1 m的窗间墙;

④ 梁或梁垫下及其左右各500 mm的范围内;

⑤ 砖砌体的门、窗洞口两侧200 mm和转角处450 mm的范围内。

需要在砖墙中留置临时洞口时,必须按设计尺寸和部位进行预留,不允许砌成后再凿墙开洞。临时洞口的侧边离交接处的墙面不应小于500 mm,洞口顶部宜设置过梁,并预埋水平拉结筋,洞口净宽不应超过 1 m。临时施工洞口补砌时,洞口周围砖块表面应清理干净,并浇水湿润,再用与原墙相同的材料补砌严密。

（7）砖墙工作段的分段位置

分段位置宜设在伸缩缝、沉降缝、防震缝、构造柱或门、窗洞口处,相邻工作段的砌筑高度差不得超过一个楼层的高度,也不宜大于 4 m。砖墙临时间断处的高度差不得超过一步脚手架的高度(可砌高度 1.2 m)。

（8）构造柱的施工要求

设有钢筋混凝土构造柱的抗震多层砖混结构,应先绑扎钢筋,后砌柱侧砖墙,最后支模浇筑混凝土。墙与柱应沿高度方向每 500 mm 设 2φ6 钢筋,每边伸入墙内不应少于 1 m;构造柱应与圈梁连接,砖墙应砌成马牙槎,每一个马牙槎沿高度方向的尺寸不应超过 300 mm,马牙槎从每层柱脚开始,应先退后进,如图 3.20 所示。该层构造柱混凝土浇完之后,才能进行上一层的施工。抽检数量:每检验批抽 20% 的构造柱,且不少于 3 处。

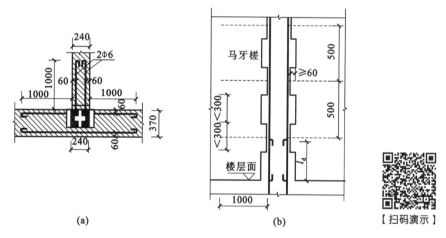

图 3.20 构造柱的拉结钢筋及马牙槎布置
(a) 平面图;(b) 立面图

3.3.5 加气混凝土砌块砌筑

加气混凝土砌块是以水泥、矿渣、砂、石灰等为主要原料,加入加气剂,经搅拌成型、蒸压养护而成的实心砌块。

3.3.5.1 加气混凝土砌块砌体构造

承重加气混凝土砌块墙的外墙转角处、墙体交接处,均应沿墙高 1 m 左右,在水平灰缝中放置拉结钢筋,拉结钢筋为 3φ6 钢筋,钢筋伸入墙内不少于 1000 mm,见图 3.21(a)。

非承重加气混凝土砌块墙的转角处、与承重墙交接处,均应沿墙高 1 m 左右,在水平灰缝中放置拉结钢筋,拉结钢筋为 2φ6 钢筋,钢筋伸入墙内不少于 700 mm,见图 3.21(b)。

加气混凝土砌块外墙的窗口下一皮砌块下的水平灰缝中应设置拉结钢筋,拉结钢筋为 3φ6,钢筋伸过窗口侧边应不小于 500 mm,见图 3.22。

3.3.5.2 填充墙砌体工程施工

（1）一般要求

① 轻骨料混凝土小型空心砌块、蒸压加气混凝土砌块砌筑时,其产品龄期应大于 28 d;蒸

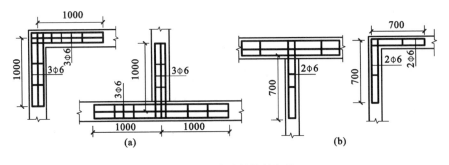

图 3.21　砌块墙的拉结钢筋

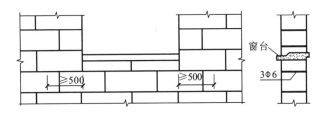

图 3.22　砌块墙窗口下配筋

压加气混凝土砌块的含水率宜小于 30%。

②蒸压加气混凝土砌块采用专用砂浆或普通砂浆砌筑时,应在砌筑当天对砌块砌筑面浇水湿润,蒸压加气混凝土砌块的相对含水率宜为 40%～50%。

③在厨房、卫生间、浴室等处采用加气混凝土砌块砌筑墙体时,墙体部宜设置现浇混凝土坎台等,高度宜为 150 mm。

④抗震设防地区的填充砌体应按设计要求设置构造柱及水平连系梁,且填充砌体的门、窗洞口部位,砌块砌筑时不应侧砌。

(2)编制砌块排列图

加气混凝土砌块砌筑前,应根据建筑物的平面图、立面图利用 BIM 技术绘制砌块排列图,以指导吊装施工和砌块准备,如图 3.23 所示。

砌块排列图绘制方法:在立面图上用 1∶50 或 1∶30 的比例绘制出纵横墙面,然后将过梁、平板、大梁、楼梯、混凝土垫块等在图上标出,再将管道等孔洞标出;在纵横墙上画水平灰缝线,按砌块错缝搭接的构造要求和竖缝的大小,尽量以主砌块为主、其他各种型号砌块为辅进行排列。砌块中水平灰缝厚度应为 10～20 mm,当水平灰缝有配筋或柔性拉结条时,其灰缝厚度应为 20～25 mm。竖缝的宽度为 15～20 mm,当竖缝宽度大于 30 mm 时,应用强度等级不低于 C20 的细石混凝土填实。

(3)砌块砌筑

填充墙砌体砌筑应在承重主体结构检验批验收合格后进行。填充墙顶部与承重主体结构间的缝隙部位应在填充墙砌筑 14 d 后进行砌筑。蒸压加气混凝土砌块需要切割时应采用无齿锯切割,裁切长度不应小于砌块总长度的 1/3。

填充墙砌筑时应上下错缝,搭接长度不宜小于砌块长度的 1/3,且不应小于 150 mm。当不能满足搭接长度要求时,应在水平灰缝中设置 2φ6 钢筋或 φ4 钢筋网片加强(图 3.24),加强筋从砌块搭接的错缝部位起,每侧搭接长度不宜小于 700 mm。

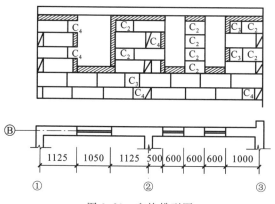

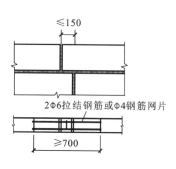

图 3.23　砌块排列图　　　　　　　图 3.24　加气混凝土砌块墙中的拉结钢筋

在墙体转角处设置皮数杆,在皮数杆上画出砌块皮数及砌块高度,并在相对砌块上边线间拉准线,依准线砌筑;加气混凝土砌块的砌筑面上应适量洒水;加气混凝土砌块宜采用专用工具(铺灰铲、锯等)砌筑。

加气混凝土砌块墙的灰缝应横平竖直、砂浆饱满,水平灰缝和竖向灰缝砂浆饱满度不应小于 80%。水平灰缝厚度宜为 15 mm;竖向灰缝宽度宜为 20 mm。

加气混凝土砌块墙的转角处应使纵横墙的砌块相互搭砌,隔皮砌块露端面。加气混凝土砌块墙的 T 字交接处应使横墙砌块隔皮露端面,并坐中于纵墙砌块(图 3.25、图 3.26)。

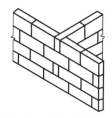

图 3.25　转角处　　　　　　　　　　　图 3.26　T 字交接处

加气混凝土砌块墙上不得留设脚手眼。每一楼层内的砌块墙体应连续砌完,不留接槎。如必须留槎时应留成斜槎,或在门、窗洞口侧边间断。

(4)加气混凝土砌块砌体质量要求

加气混凝土砌块砌体质量应符合以下规定:

① 主控项目应全部符合规定;砌块和砌筑砂浆的强度等级应符合设计要求。

② 一般项目应有 80% 及以上的抽检处符合规定,或偏差值在允许偏差范围内。

加气混凝土砌体一般尺寸的允许偏差应符合表 3.4 的规定。检验方法:观察和用尺检查。

表 3.4　加气混凝土砌体一般尺寸允许偏差

项次	项目		允许偏差/mm	检验方法
1	轴线位移		10	用尺检查
	垂直度	小于或等于 3 m	5	用 2 m 托线板或吊线尺检查
		大于 3 m	10	
2	表面平整度		8	用 2 m 靠尺和楔形塞尺检查
3	门窗洞口高、宽(后塞口)		±5	用尺检查
4	外墙上、下窗口偏移		20	用经纬仪或吊线检查

3.3.6　砌体工程安全要求

在操作之前必须检查操作环境是否符合安全要求,道路是否畅通,机具是否完好牢固,安全设施和防护用器是否齐全,经检查符合要求后方可施工。

墙身砌体高度超过地坪 1.2 m 以上应搭设脚手架,在一层以上或高度大于 4 m 时,采用里脚手架并支搭安全网,采用外脚手架并设护身栏杆和挡脚板后方可砌筑。脚手架上堆料量不得超过规定荷载,堆砖高度不得超过 3 皮侧砖,同一块脚手板上的操作人员不应超过 2 人。

在楼层(特别是预制板面)施工时,堆放机械、砖块等物品不得超过使用荷载,如果堆载超过使用荷载,则必须经过验算采取有效加固措施后方可进行堆放和施工。不允许站在墙顶上做画线、刮缝和清扫墙面或检查大角垂直等工作。不允许用不稳固的工具或物体在脚手板面垫高操作,更不允许在未经过加固的情况下,在一层脚手架上随意再叠加一层。脚手板不允许有空头现象,不允许用 2 cm×4 cm 的木料或钢模板作立人板。砍砖时应面向内打,防止碎砖跳出伤人。使用垂直运输的吊笼、绳索具等,必须满足负荷要求,牢固无损,吊运时不得超载,并需经常检查,发现问题及时修理。用起重机吊砖要用砖笼,吊砂浆的料斗不能装得过满,吊件回转范围内不得有人停留。砖料运输车辆两车前后距离平道上不小于 2 m,坡道上不小于 10 m。装砖时要先取高处后取低处,防止倒塌伤人。砌好的山墙应临时在各跨山墙上系连系杆(如檩条等),以保证山墙稳定,或采取其他有效的加固措施。

冬季施工时,脚手板上的冰霜、积雪等应先清除后才能上架子进行操作。如遇雨天及每天下班时,要做好防雨措施,以防雨水冲走砂浆,使得砌体倒塌。在同一垂直面内上下交叉作业时,必须设置安全隔板,下方操作人员必须戴好安全帽。人工垂直向上或往下传递砖块,架子上的站人板宽度应不小于 60 cm。

3.4　外墙保温施工

随着国民经济的发展,对建筑节能的要求越来越高,建筑节能工作主要包括建筑围护结构节能和采暖供热节能。提高建筑围护结构节能是当今设计和施工的主要课题。其中外墙传热损失较大,约占全部传热损失的 25%,因此,提高外墙保温性能是建筑节能的关键环节之一。近年来,外墙保温施工技术取得了迅速发展。

外墙保温是指采用一定的固定方式(黏结、机械锚固、粘贴加机械锚固、喷涂、浇筑等),把导热系数较低(保温隔热效果较好)的绝热材料与建筑物墙体固定成一体,形成墙体厚度适宜、既满足结构要求又满足节能保温要求的复合保温外墙。

复合保温外墙在做法上一般分为外墙内保温和外墙外保温。内保温是把保温层做在结构层内侧;外保温则是把保温层做在结构层外侧。此外,还有一种夹芯保温,即两面为钢筋混凝土薄板(混凝土空心砌块),中间填充保温材料。外墙外保温与外墙内保温相比,主要有以下优点:可避免产生热桥;可使结构墙体得到有效保护;综合效益较好;既适用于新建节能建筑,也适用于既有建筑的节能改造。内保温做法使室内墙面难以吊(挂)物,给装修带来一定困难。随着建筑节能工作的深入和采暖收费制度的改革,节能改造势在必行。

3.4.1　墙体系统的基本构造

聚苯板增强网薄抹灰外墙外保温系统由聚苯板保温层、薄抹面层和饰面涂料层或饰面砖构成,聚苯板用胶粘剂固定在基层上,薄抹面层中满铺玻纤网或后热镀锌电焊网。其基本构造见图 3.27。

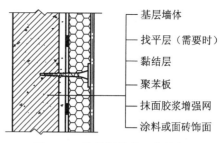

基层墙体
找平层（需要时）
黏结层
聚苯板
抹面胶浆增强网
涂料或面砖饰面

图 3.27　聚苯板增强网薄抹灰
外墙外保温系统构造

3.4.2　外墙外保温系统施工工序

外墙外保温系统根据工程进度及现场情况,可分为单组双向或两组同向流水作业,即单组粘(钉)保温板由下到上施工,抹灰由上到下施工;双组粘(钉)保温板和抹灰均由下到上施工,流水间隔 12 h 以上。外墙外保温系统的施工程序见图 3.28。

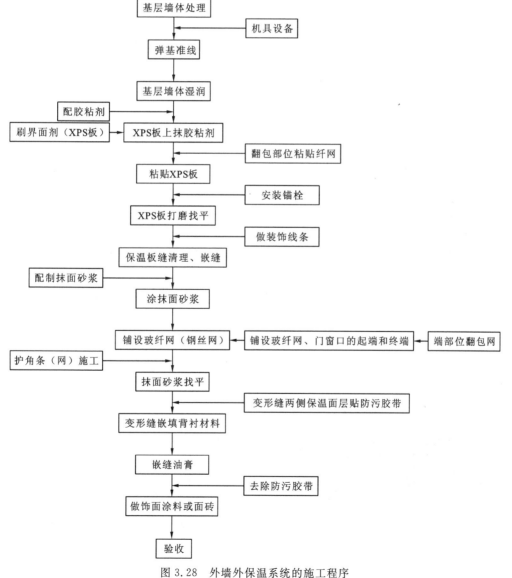

图 3.28　外墙外保温系统的施工程序

3.4.3　外墙外保温墙体施工

3.4.3.1　基层墙面清理

基层墙面应坚实、平整,表面应清洁,无油污、脱模剂等妨碍黏结的附着物。凸起、空鼓和疏松部位应剔除并进行整体找平处理。找平层应与墙体黏结牢固,面层不得有起皮等现象。

3.4.3.2　配制胶粘剂或抹面胶浆

配制胶粘剂或抹面胶浆时应严格按照供应商提供的配比和制作工艺在现场进行。配制双组分胶粘剂或抹面胶浆用的树脂乳液开封后,用专用电动搅拌器将其充分搅拌至均匀,然后加入一定比例的粉料继续搅拌至充分均匀,直至达到所需的黏稠度;配制单组分胶粘剂时把预配干粉胶粘剂或抹面胶浆直接加入适量水中,用专用电动搅拌器搅拌均匀,以达到工程所需的黏稠度。胶粘剂或抹面胶浆应控制在 2 h 内或在产品说明书中规定的时间内用完。

3.4.3.3　粘贴聚苯板

（1）挂线

粘贴聚苯板前,在建筑外墙阴阳角及其他必要处挂垂直基准钢线,每个楼层适当位置挂水平线,以控制聚苯板的垂直度和平整度,并首先进行系统的起始端和终端的翻包或包边施工。

（2）弹线

在经平整处理的外墙面上沿距散水标高 20 mm 的位置用墨线弹出水平线,标出聚苯板黏结位置,并应视墙面洞口分布情况进行聚苯板排板、基层上弹线。

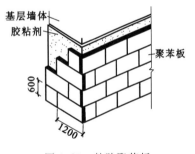

图 3.29　粘贴聚苯板

（3）粘贴聚苯板

聚苯板应由勒脚部位开始,自下而上,沿水平方向铺设,竖缝应逐行错缝 1/2 板长,在墙角处应交错互锁,并应保证角垂直度(图 3.29)。

粘贴聚苯板可采用两种方法:

① 条粘法:在聚苯板的背面满涂胶粘剂,然后将专用的锯齿抹子紧压聚苯板板面,保持抹子和板面成 45°,刮除锯齿间多余的黏结胶浆,使板面形成若干条宽度 10 mm、厚度 10 mm、中心距为 25 mm 的胶浆带(图 3.30)。

② 点框粘贴法:沿聚苯板周边用不锈钢抹子涂抹配制好的胶粘剂带(胶宽 50 mm、厚 10 mm)。当采用标准尺寸聚苯板时,尚应在板面中间部位均匀布置 8 个黏结胶浆点,每点直径不小于 140 mm,粘贴面砖时每点直径不小于 175 mm;当采用非标准尺寸的聚苯板时,板面中间部位涂抹的胶粘剂一般为 4～6 个点(图 3.31)。

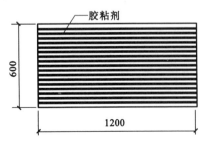

图 3.30　聚苯板条粘法

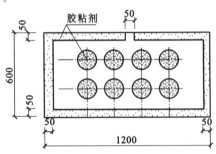

图 3.31　聚苯板点框粘贴法

为增加聚苯板与胶粘剂及抹面层的黏结力,应在聚苯板两面喷刷专用界面剂。聚苯板上抹完胶粘剂后,应立即将保温板平贴在基层墙面上滑动就位。粘贴时应轻揉、均匀挤压,应随时用 2 m 靠托线板检查平整度和垂直度,并应及时清除板边溢出的胶粘剂。板缝应拼严,若板缝间隙在 1.5 mm 以上,应用阻燃型聚氨酯发泡胶填充。板间高差应不大于 1.5 mm,否则应用砂纸或专用打磨机具打磨平整(粘贴上墙后的聚苯板应放置 24 h 后才可打磨),打磨后清除表面漂浮颗粒和灰尘。局部不规则处粘贴聚苯板可现场裁切,但切口面必须垂直。整块墙面的边角处应用最小尺寸超过 300 mm 的聚苯板。

(4) 玻璃纤维网铺设

① 涂抹抹面胶浆应在聚苯板粘贴完毕 24 h 后进行。聚苯板应干燥,表面应平整、清洁。

② 涂料饰面:用抹子在聚苯板表面均匀涂抹第一道厚度为 2～3 mm 的抹面胶浆,并立即将玻璃纤维网压入抹面胶浆中,以覆盖网、微见玻璃纤维网轮廓为宜,要平整压实、无褶皱。待第一道抹面胶浆稍干硬至可以触碰时再抹第二道抹面胶浆,厚度为 1～2 mm,以完全覆盖玻璃纤维网为宜。抹面胶浆切忌不停揉搓,以免形成空鼓。首层墙面应加铺一层玻纤网,铺设时应加抹一道抹面胶浆,厚度应控制在 1～2 mm。加铺的玻璃纤维网的接缝为对接,接缝应对齐平整。

③ 面砖饰面:第一道抹面胶浆厚度为 2～3 mm,待抹面胶浆达到一定强度后钻孔,用锚栓压住玻璃纤维网插入胀塞套管,然后拧紧锚固钉固定在基层墙体上,检查合格后抹第二道抹面胶浆,厚度为 3～4 mm。若铺贴玻璃纤维网过程中遇有搭接时,搭接长度应不小于 100 mm。

实训项目

砌　筑　砖　墙

(1) 实训目的

通过本节实训,使学生将理论与实践有机结合,将所学课程相关知识加以整合运用,增强学生的动手操作能力,丰富学生的实践技能,为后续课程的学习提供支持,为以后的工作打下扎实的基础。

(2) 实习要求

在本次实训活动中,以砌筑工来要求学生进行实操训练,直接参与工程现场或(校内)施工活动。本次以砌筑砖墙为例进行说明。

(3) 实训内容

① 准备工作

a. 工具

大铲一把,托线板与线锤一组,盒尺一个,砌墙线两捆,小推车一辆,砂浆盆一个,砂浆桶两个,铁铲一把,皮数杆两根等。

b. 设备

磅秤、筛子各一个,砂浆搅拌机一台等(可共用)。

c. 材料

砖:黏土实心砖、多孔砖或灰砂砖,砖的品种、强度等级必须符合设计要求,并应规格一致。用于清水墙、柱表面的砖,应边角整齐、色泽均匀。

水泥：普通水泥、矿渣水泥、火山灰质水泥等常用品种的水泥都可以用来配制砌筑砂浆。为了合理利用资源、节约原材料，在配制砂浆时要尽量采用低强度等级水泥和砌筑水泥，严禁使用废品。

石灰膏：为了改善砂浆的和易性，应在砂浆中掺入适量的石灰膏浆制成混合砂浆。

砂：砌筑砂浆用砂应符合混凝土用砂的技术性质要求。对于砖砌体以使用中砂为宜，对 M5 以上的砂浆，砂中含泥量不应大于 5%；对 M5 以下的水泥混合砂浆，砂中含泥量可大于 5%，但不应超过 10%。

水：应用洁净水来拌制砂浆。

② 施工准备

a. 浇水润砖

砖应提前 1～2 d 浇水湿润，烧结普通砖、多孔砖以及填充墙砌筑用的空心砖的含水率宜为 10%～15%；灰砂砖、粉煤灰砖含水率宜为 8%～12%。

b. 植拉结筋

根据《建筑抗震设计规范》(GB 50011—2010)要求，提前在混凝土柱或混凝土墙上植拉结筋，以保证砖墙与混凝土柱或墙的整体性。

c. 拌制砂浆

根据砌筑砌体的体积估算出需要拌制的砂浆用量，并按砂浆配合比计算出水泥、砂子、石灰以及外加剂的质量。拌制时的投料顺序是：机斗内先放水和水泥，搅拌成水泥浆，再放入石灰膏和砂子，其拌和时间自投料完起算，至开始卸料为止，不得少于 2 min。砂浆拌成后和使用时，均应盛入贮灰桶内。如果砂浆出现泌水现象，应在砌筑前再次拌和，才能使用。

③ 砌筑施工

a. 找平弹线

砌筑砖墙前，先找平，20 mm 以内用 M7.5 水泥砂浆，超过 20 mm 用 C10 细石混凝土，然后定出要砌筑墙体墙身的轴线、边线和门、窗洞口等的位置。

b. 摆砖样

在放好线的基面上按选定的组砌方式用干砖试摆，核对所弹出的墨线在门洞、窗口、墙垛等处是否符合砖的模数，以便借助灰缝进行调整，尽可能减少砍砖，并使砖墙灰缝均匀、组砌得当。

c. 立皮数杆

皮数杆(图 3.32)是用来保证墙体每皮砖水平、控制墙体竖向尺寸和各部件标高的木质标志杆。根据设计要求、砖的规格和灰缝厚度，皮数杆上应标明皮数以及门窗洞口、过梁、楼板等竖向构造变化部位的标高。皮数杆一般立于房屋的四大角、内外墙交接处、楼梯间以及洞口多的地方，每隔 10～15 m 立一根，立皮数杆时要用水准仪抄平，使皮数杆上的楼地面标高线位于设计标高处，还要用线锤或经纬仪校正其垂直度。

④ 砌筑

a. 盘角(图 3.33)

先砌筑外墙角，按皮数杆的标线砌五皮砖，然后将准线挂在头角墙身上，再砌中间墙身，即盘角。

b. 挂线(图 3.34)

砌砖时为了保证墙面垂直、水平灰缝平整，必须拉线作为砌墙的标准。一道长墙的两端大

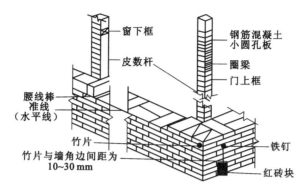

图 3.32　立皮数杆

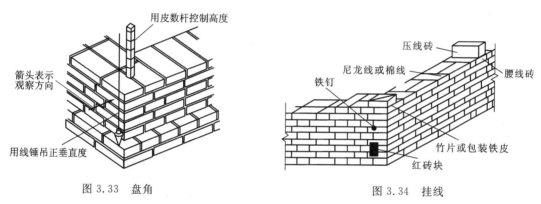

图 3.33　盘角　　　　　　　图 3.34　挂线

角是根据皮数杆、线锤、靠尺等砌起一定高度(一般为 3～5 皮砖),使之垂直平整,中间部分的砌筑主要依靠拉线,240 mm 及其以下的墙,可单面挂线;240 mm 以上的墙,应双面挂线。挂线时,两端必须将线拉紧。拉线后,在墙角处用别棍(小竹片、22# 铅丝或小圆钉)别住,防止线陷入灰缝中。线拉紧后,用眼睛穿看,检查有没有触线的地方,或由于线自重引起中间下垂。一般在 5～8 m 长度内垫一块砖来稳定线,俗称"腰线",使线平直无误后才能砌筑。拉线虽然使砌砖有了依据,但线有时会受风或其他原因影响而偏离正确位置,所以,砌墙时还要学会"穿墙",即穿看下面已砌好的墙面来确认新砌砖的位置是否正确。在砌砖操作中不要碰线。

c. 砌筑

砌筑时宜采用"三一"砌砖法,即一铲灰、一块砖、一挤揉。操作时右手拿铲、左手拿砖,当用大铲从灰浆桶中舀起一铲灰时,左手顺势取一块砖,右手把灰铺在墙上,左手将砖稍稍蹭着灰面,把灰挤一点到砖顶头的立缝里,然后把砖揉一揉,顺手用大铲把挤出墙的灰刮下,甩到前面的竖缝中或灰桶中。砌砖时应三皮一吊,五皮一靠。

⑤ 砌砖时的注意事项

a. 砖必须砌正,做到横平竖直。

b. 墙砌到一步架高时,要用靠尺全面检查墙面的垂直度和平整度。另外,要随时注意头角的垂直和方正,发现问题应及时纠正。

c. 应学会选砖,尤其是清水墙,砖面的选择很重要。

d. 必须做到每皮砖拉通线,砌砖时砖必须跟线走,俗称"上跟线,下跟楞,左右相跟要对平"。

e. 砌好的墙不能砸。如果墙面有鼓出部分,不能用砸砖方式来调整。若墙体有较大偏差,应拆除重砌,以保证质量。

f. 每层承重墙的最上一皮砖应用丁砖砌筑。在梁或梁垫的下面、砌体的台阶水平面上及砖砌体的挑出层(挑檐、腰线等)中,也应用丁砖砌筑。

g. 当天砌的墙体,由于砂浆强度较低,因此,墙体每天的砌筑高度应不大于1.8 m。

h. 相邻工作段的临时间断处,留槎高度不能超过一层楼高,最好留在门、窗洞口处。

i. 小于1 m宽的窗间墙,应用整砖砌。

j. 要在实践中注意练好基本功,掌握操作要领,从严要求,混水墙要当清水墙砌,养成良好习惯。此外,砍砖时要砍得整齐和准确。注意墙面清洁,不要污损墙面。

⑥ 砖砌体质量要求与检查方法

参照现行《砌体结构工程施工质量验收规范》(GB 50203—2011)执行。

复习思考题

1. 简述脚手架的作用、分类及基本要求。

2. 钢管扣件式脚手架主要由哪些部件组成?扣件有哪几种基本形式?各起什么作用?

3. 简述钢管扣件式脚手架的搭设要点。

4. 简述里脚手架的类型及构造特点。

5. 安全网的搭设应遵守什么原则?应注意什么问题?

6. 砌筑工程中垂直运输机械主要有哪些?试述井字架、龙门架的主要构造。

7. 砌筑工程对砂浆制备和使用有什么要求?试述砂浆强度检验的规定。

8. 砌筑工程对砖有什么要求?普通黏土砖砌筑前浇水的目的及其要求是什么?

9. 砖砌体有哪几种组砌形式?各有什么优缺点?砌筑方法有哪些?什么是"三一"砌砖法?

10. 摆砖样的作用及其要求有哪些?

11. 什么叫皮数杆?如何画线?皮数杆的设置有什么要求?

12. 砖墙为什么要挂线?挂线的要求有哪些?

13. 砖墙在转角处和交接处留设临时间断有什么构造要求?

14. 砖砌体的每日砌筑高度有何规定?为什么?

15. 砖砌体的砌筑质量有哪些要求?影响砌体质量的因素有哪些?

16. 如何检查砖砌体的质量?

17. 试述影响砖砌体工程质量的因素及防治措施。

18. 砌块如何分类?其施工工艺是什么?

19. 简述混凝土小型空心砌块砌筑时的一般要求。

20. 什么是砌块排列图?砌块的排列有哪些技术要求?

21. 砌体工程在施工中主要采取哪些安全技术措施?

22. 砌筑工程实训时,砌块和砌砖各如何砌筑?和施工现场的技术工人相比,你还存在哪些差距?以后应在哪些方面改进?

23. 现场参观工程和课堂上的讲授内容是否相同?是否按规范操作?现场有哪些地方值得我们学习?有哪些地方在管理和技术安全上存在不足?

单元 4　钢筋混凝土工程施工

知识目标

1. 了解钢筋混凝土工程施工工艺过程；
2. 掌握钢筋配料、钢筋代换的计算方法；
3. 掌握钢筋加工、连接的技术要求；
4. 掌握钢筋隐蔽工程验收的要点；
5. 掌握模板安装与拆除要求；
6. 掌握混凝土施工配料、搅拌、运输、浇筑、养护的施工要求；
7. 掌握混凝土工程质量检验要求；
8. 熟悉钢筋混凝土工程常见质量问题及防治措施。

能力目标

1. 能正确计算钢筋配料、钢筋代换、混凝土施工配料；
2. 能正确进行钢筋加工、连接等施工；
3. 能判断钢筋、模板、混凝土施工的正确性；
4. 能正确安装和拆除模板；
5. 能正确进行混凝土施工。

思政目标

1. 通过钢筋下料，培养学生严谨的工作作风；
2. 通过模板安装，培养学生的规范意识；
3. 通过混凝土浇筑，培养学生的安全意识。

资　源

1. 《预拌混凝土》(GB/T 14902—2012)；
2. 《钢筋焊接及验收规程》(JGJ 18—2012)；
3. 《钢筋机械连接技术规程》(JGJ 107—2016)；
4. 《混凝土结构工程施工规范》(GB 50666—2011)；
5. 《混凝土结构工程施工质量验收规范》(GB 50204—2015)；
6. 《钢筋混凝土用钢　第 1 部分：热轧光圆钢筋》(GB/T 1499.1—2017)等。

4.1 模板工程

模板工程是支撑新浇筑混凝土的整个系统。模板系统包括模板、连接件和支承件。模板是供新浇混凝土成型、养护,使之达到一定强度以承受自重的临时性的并能拆除的模型板。连接件是连接模板和固定模板的小构件。支承件是保证模板形状和位置并承受模板、新浇混凝土的自重以及施工荷载的结构。

模板应满足以下要求:应保证成型后混凝土结构和构件的形状、尺寸与相互位置的准确;模板拼缝严密,不漏浆;具有足够的强度、刚度和稳定性;构造简单,装拆方便;经济适用,能多次周转使用。

模板的类型很多。20世纪70年代初,我国建筑结构以砖混结构为主,建筑施工用模板以木模板为主,进入80年代,现浇混凝土结构猛增,由于我国木材资源十分匮乏,在"以钢代木"方针的推动下,我国成功研制了组合钢模板先进施工技术,改进了模板施工工艺,节省了大量木材,钢模板推广应用面曾达到75%以上,取得了重大经济效果和社会效果。自20世纪90年代以来,我国建筑结构体系又有了很大发展,高层建筑、超高层建筑和大型公共建筑大量兴建,大规模的基础设施建设,城市交通和高速公路、铁路等飞速发展,对模板、脚手架施工技术提出了新的要求。当前,我国以组合式钢模板为主的格局已经被打破,并逐步转变为多种模板并存的格局,组合式钢模板的应用量正在下降,新型模板发展迅速。

模板工程按照材料可分为木模板、大模钢模板、压型钢模板、组合钢模板、复合材模板、塑料模板、铝合金模板等;按照结构类型可分为基础模板、柱模板、梁模板、墙体模板、板模板、楼梯模板等。本节仅介绍最常用的模板工程施工。

4.1.1 组合钢模板

组合钢模板是一种工具式模板,它由钢模板、连接件和支承件三部分组成,施工时可以在现场直接组装,亦可以预拼装成大块模板或构件模板,用起重机吊运安装。钢模板类型见图4.1。

4.1.1.1 施工准备

(1) 材料

① 平面模板规格

a. 长度:450 mm、600 mm、750 mm、900 mm、1200 mm、1500 mm。

b. 宽度:100 mm、150 mm、200 mm、250 mm、300 mm。

c. 边框孔距为150 mm,端孔距端部为75 mm。

② 定型钢角模:阴阳角模、连接角模。

③ 连接件(图4.2):U形卡、L形插销、"3"形扣件、碟形扣件、钩头螺栓、穿墙螺栓、紧固螺栓、对拉螺栓等。

　　a. U形卡:同一条拼缝上的U形卡应按一顺一倒方向安装,边肋用U形卡连接的间距不得大于300 mm。

　　b. L形插销:用于增强钢模板的纵向拼接刚度,确保接头处板面平整。

　　c. 钩头螺栓:用于钢模板与内、外钢楞之间的连接固定,直径为12 mm。

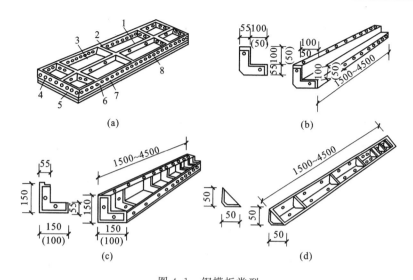

图 4.1　钢模板类型

（a）平面模板；（b）阳角模板；（c）阴角模板；（d）连接角模板

1—中肋；2—中横肋；3—面板；4—插销孔；5—横肋；6—纵肋；7—凸棱；8—钉子孔

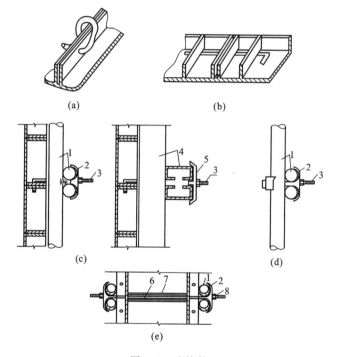

图 4.2　连接件

（a）U形卡；（b）L形插销；（c）钩头螺栓；（d）紧固螺栓；（e）对拉螺栓

1—圆钢管钢楞；2—"3"形扣件；3—钩头螺栓；4—内卷边槽钢楞；5—碟形扣件；6—对拉螺栓；7—塑料套管；8—螺母

d. 紧固螺栓：用于紧固内、外钢楞，以增强模板拼装后的整体刚度，一般为 12 mm。

e. 扣件：用于钢模板与钢楞或钢楞之间的紧固，并与其他配件一起将钢模板拼装成整体。扣件应与相应的钢楞配套使用。按钢楞的不同形状，扣件可分为碟形扣件和"3"形扣件，它能与钩头螺栓、紧固螺栓配套使用。

f. 对拉螺栓:用于连接内、外模板,墙模板的对拉螺栓孔应平直相对,穿插螺栓不得斜拉硬顶。钻孔应采用机具,严禁采用电、气焊灼孔。

④ 支撑系统:柱箍、梁卡具、可调钢支架、可调上托、组合钢支架。

a. 钢楞即模板的横档和竖档,分为内钢楞与外钢楞。钢楞宜采用整根杆件,接头应错开设置,搭接长度不应少于 200 mm。外钢楞承受内钢楞传来的荷载,或用来加强模板结构的整体刚度和调整平直度。内钢楞配置方向一般应与钢模板垂直,直接承受钢模板传来的荷载,其间距一般为 700~900 mm。钢楞的材料有圆钢管、矩形钢管、内卷边槽钢、轻型槽钢、轧制槽钢等,其中钢管用得较多。

b. 柱模板四角常设角钢柱箍(图 4.3),用于直接支撑和夹紧各类柱模。柱箍可根据柱模的外形尺寸和侧压力的大小来选用。常用柱箍材料有角钢、扁钢、槽钢和钢管。

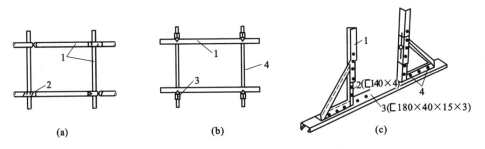

(a)   (b)   (c)

图 4.3 角钢柱箍
1—圆钢管;2—直角扣件;3—"3"形扣件;4—对拉螺栓

c. 梁卡具,也称梁托架,用于夹紧固定大梁、过梁等模板的侧模板,并承受混凝土侧压力。

d. 钢支架用于大梁、楼板等水平模板的垂直支撑,有单管支架和四管支架等多种形式。常用钢管支架如图 4.4 所示。

e. 斜撑(图 4.5)用于调整和固定墙模或柱模垂直位置。

⑤ 脱模剂。

(2)作业条件

① 模板设计:根据工程结构形式和特点及现场施工条件进行模板设计,确定模板平面布置、纵横龙骨规格、排列尺寸和穿墙螺栓的位置,确定支撑系统的形式、间距和布置,验算龙骨和支撑系统的强度、刚度和稳定性,绘制全套模板设计图(包括模板平面布置图、立面图、组装图、节点大样图、零件加工图、材料表等)。模板数量应在模板设计时结合施工流水段划分进行综合研究,合理确定模板的配置数量。

② 模板按区段进行编号,并涂好脱模剂,按施工平面布置图中指定的位置分规格堆放。

③ 根据模板设计图放好轴线和模板边线,定好模板位置和水平控制标高,墙、柱模板底边应做水泥砂浆找平层。

④ 墙柱钢筋绑扎完毕,水电管线及预埋已安装,绑好钢筋保护层垫块,并办完前一道工序的分部或分项工程隐蔽验收手续。

⑤ 斜支撑的支承点或钢筋锚环牢固可靠。

⑥ 模板安装前,根据模板方案、图纸要求和操作工艺标准,向班组进行安全、技术交底。

4.1.1.2 操作工艺

模板应涂刷脱模剂。结构表面需作处理的工程,严禁在模板上涂刷废机油或其他油类。

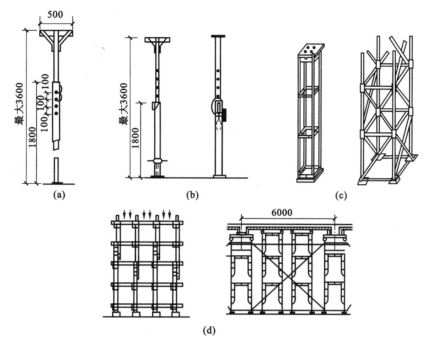

图 4.4　常用钢管支架

（a）钢管支架；（b）调节螺杆钢管支架；（c）组合钢支架和钢管井架；（d）扣件式钢管和门型脚手架支架

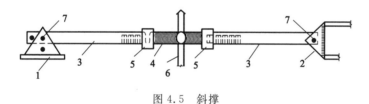

图 4.5　斜撑

1—底座；2—顶撑；3—钢管斜撑；4—花篮螺丝；5—螺母；6—旋杆；7—销钉

（1）抄平放线

① 放线：首先引测建筑的边柱或墙轴线，并以该轴线为起点，引出每条轴线。

模板放线时，根据施工图用墨线弹出模板的内边线和中心线。墙模板要弹出模板的边线和外侧控制线，以便于模板安装和校正。

② 抄平：用水准仪把建筑物水平标高根据实际标高的要求直接引测到模板安装位置。

③ 找平：模板承垫底部应预先找平，以保证模板位置正确，防止模板底部漏浆。即模板边线（构件边线外侧）用 1∶3 水泥砂浆抹找平层[图 4.6（a）]。另外，在外墙、外柱部位继续安装模板前，要设置模板承垫条带[图 4.6（b）]，并校正其平直。

（2）柱模板安装

① 立模程序为：放线→设置定位基准→第一块模块安装就位→安装支撑→邻侧模板安装就位→安装第二块模板及支撑→安装第三、四块模板及支撑→调直纠偏→安装柱子箍筋→全面检查校正→柱模群体固定→清除柱模内杂物、封闭清扫口。

② 按柱模板设计图的模板位置，由下至上安装模板，模板之间用楔形插销插紧，转角位置用连接角模将两模板连接。

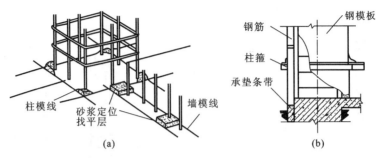

图 4.6　墙、柱模板找平

(a) 砂浆找平层；(b) 外柱外模板

③ 安装柱箍：柱箍可用钢管、型钢等制成，柱箍应根据柱模尺寸、侧压力大小等因素进行设计选择，必要时可增加穿墙螺栓。

④ 安装柱模的拉杆或斜撑：柱模每边的拉杆或顶杆固定于事先预埋在楼板内的钢筋环上，用花篮螺栓或可调螺栓调节校正模板的垂直度，拉杆或顶杆的支承点要牢固可靠，与地面的夹角不大于 45°。

（3）剪力墙模板安装

① 立模程序为：放线定位→模板安放预埋件→安装(吊装)就位一侧模板→安装支撑→安装门、窗洞模板→绑扎钢筋和混凝土(砂浆)垫块、插入穿墙螺栓及套管等→安装(吊装)就位另一侧模板及支撑→调整模板位置→紧固穿墙螺栓→固定支撑→检查校正→连接邻件模板。

② 按放线位置钉好压脚板，然后进行模板的拼装，边安装边插入穿墙螺栓和套管，穿墙螺栓的规格和间距在模板设计时应明确规定。

③ 有门、窗洞口的墙体，宜先安好一侧模板，待弹好门、窗洞口位置线后再安另一侧模板，且在安另一侧模板之前，应清扫墙内杂物。

④ 根据模板设计要求安装墙模的拉杆或斜撑。一般内墙可在两侧加斜撑，若为外墙时，应在内侧同时安装拉杆和斜撑，且边安装边校正其平整度和垂直度。

⑤ 模板安装完毕，应检查一遍扣件、螺栓、拉杆顶撑是否牢固，模板拼缝以及底边是否严密，特别是门、窗洞边的模板支撑是否牢固。

（4）梁模板安装

① 在柱或楼板上弹出轴线、梁位置线和水平线。

② 梁支架的排列、间距要符合模板设计和施工方案的规定，一般情况下，采用可调式钢支顶间距为 400～1000 mm，具体视龙骨排列而定；采用门架支顶可调上托时，其间距有 600 mm、900 mm、1800 mm 等。

③ 按设计标高调整支柱的标高，然后安装木枋或钢龙骨，铺上梁底板，并拉线找平。当梁底板跨度大于或等于 4 m 时，梁底应按设计要求起拱；如果设计无要求，则起拱高度为梁跨的 1‰～3‰。

④ 支顶之间应设水平拉杆和剪刀撑，其竖向间距不大于 2 m，若采用门架支顶，门架之间应用交叉杆连接。若楼层高度超过 3.8 m 时，要按有关规定另行制订顶架搭设方案。

⑤ 支顶支承在基土上时，应将基土平整夯实，满足承载力要求，并采取加木垫板或混凝土垫块等有效措施，确保混凝土在浇筑过程中不会发生支顶下沉。

⑥ 梁的两侧模板通过连接模用 U 形卡或插销与底模连接。当梁高超过 700 mm 时,侧模上应增加穿梁螺栓。

（5）楼面模板安装

① 安装程序同木模板。

② 底层地面应夯实,并铺垫脚板。采用多层支架支模时,支顶应垂直,上下层支顶应在同一竖向中心线上,而且要确保多层支架间在竖向与水平向的稳定。

③ 支顶与龙骨的排列和间距应根据楼板的混凝土自重和施工荷载大小在模板设计中确定。一般情况下支顶间距为 800～1200 mm,大龙骨间距为 600～1200 mm,小龙骨间距为 400～600 mm。支顶排列要考虑设置施工通道。

④ 采用通线调节支顶高度,将大龙骨找平。

⑤ 铺模板时可从一侧开始铺,每两块板间的边肋上用 U 形卡连接,U 形卡间距不宜大于 300 mm。卡紧方向应正反相间,不要同一方向。对拼缝不足 50 mm,可用木板代替。若采用 SP 模板系列,除沿梁周边铺设的模板边肋上用楔形插销连接外,中间铺设的模板不用插销连接。与梁模板交接处可通过固定角模用插销连接,收口拼缝处可用木模板或用特制的模板代替,但拼缝要严密。

⑥ 楼面模板铺完后,应检查支柱是否牢固,模板之间连接的 U 形卡或插销是否脱落、漏插,然后将楼面清扫干净。

（6）楼梯模板安装

施工前应根据实际层高放样,先安装休息平台梁模板,再安装楼梯模板斜楞,然后铺设楼梯底模、安装外帮侧模和踏步模板。安装模板时,要特别注意斜向支柱（斜撑）的固定及每层楼梯第一步和最后一步的建筑做法。

楼梯段模板组装示意见图 4.7。

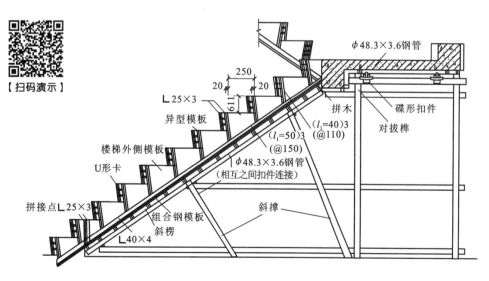

图 4.7　楼梯段模板组装示意

（7）模板的拆除

模板的拆除日期取决于混凝土的强度、模板的用途、结构的性质、混凝土硬化时的气温等。侧模板拆除时的混凝土强度应能保证棱角不因拆除模板而损坏。底模板及支架拆除时的混凝土强度应符合设计要求;当设计无具体要求时,底模拆除时的混凝土强度见表 4.1。

表 4.1　底模拆除时的混凝土强度要求

构件类型	构件跨度/m	达到设计的混凝土立方体抗压强度标准值的百分率/%
板	≤2	≥50
	>2,≤8	≥75
	>8	≥100
梁拱壳	≤8	≥75
	>8	≥100
悬臂构件	—	≥100

多层楼板模板支架的拆除:上层楼板正在浇筑混凝土时,下一层楼板的模板支架不得拆除,再下一层楼板的模板支架仅可拆除一部分;跨度大于或等于 4 m 的梁均应保留支架,其间距不得大于 3 m。

拆模的一般顺序是先支的后拆,后支的先拆,先拆除侧模板,后拆除底模板。重大、复杂模板的拆除,事前应制订拆模方案。肋形楼板的拆模顺序为先拆除柱模板,再拆除楼板底模板、梁侧模板,最后拆除梁底模板。

① 柱模板拆除

先拆掉斜拉杆或斜支撑,然后拆掉柱箍及对拉螺栓,接着拆除连接模板的 U 形卡或插销,然后用钢钎轻轻撬动模板,使模板与混凝土脱离。

② 墙模板拆除

先拆除斜拉杆或斜支撑,再拆除穿墙螺栓及纵横龙骨或钢管卡,接着将 U 形卡或插销等附件拆下,然后用钢钎轻轻撬动模板,使模板离开墙体,再将模板逐块传下堆放。

③ 楼板、梁模板拆除

a. 先将支柱上的可调上托松下,使代龙与模板分离,并让龙骨降至水平拉杆上,接着拆下全部 U 形卡或插销及连接模板的附件,再用钢钎撬动模板,使模板降下由代龙支承,拿下模板和代龙,然后拆除水平拉杆及剪刀撑和支柱。

b. 拆除模板时,操作人员应站在安全的地方。

c. 拆除跨度较大的梁下支顶时,应先从跨中开始,再分别向两端拆除。

d. 楼层较高、支撑采用双层排架时,先拆上层排架,使龙骨和模板落在底层排架上,待上层模板全部运出后再拆下层排架。

e. 若采用早拆型模板支撑系统时,支顶应在混凝土强度等级达到设计标准值的 100% 后方可拆除。

f. 拆下的模板应及时清理上面的黏结物,涂刷脱模剂,并分类堆放整齐;拆下的扣件及时集中统一管理。

4.1.1.3　质量标准

(1)保证项目

模板及其支架必须具有足够的强度、刚度和稳定性;其支承部分应有足够的支承面积,如安装在基土上,基土必须坚实,并有排水措施。

(2)基本项目

模板接缝宽度不得大于 1.5 mm;模板表面清理干净并采取防止黏结措施。

（3）允许偏差

现浇结构模板安装的允许偏差及检验方法应符合表 4.2 的规定。

表 4.2　现浇结构模板安装的允许偏差及检验方法

项目		允许偏差/mm	检验方法
轴线位置		5	用钢尺检查
底模上表面标高		±5	用水准仪或拉线、钢尺检查
截面内部尺寸	基础	±10	用钢尺检查
	柱、墙、梁	+4，−5	用钢尺检查
层高垂直度	不大于 5 m	6	用经纬仪或吊线、钢尺检查
	大于 5 m	8	用经纬仪或吊线、钢尺检查
相邻两板表面垂直度		2	用钢尺检查
表面垂直度		5	用 2 m 靠尺和塞尺检查

注：检查轴线位置时，应沿纵、横两个方向量测，并取其中的较大值。

4.1.1.4　施工注意事项

（1）柱模板容易产生的问题：柱移位，截面尺寸不准确，混凝土保护层过大，柱身扭曲，梁柱接头偏差大。防治方法：支模前按墨线校正钢筋位置，钉好压脚板；转角部位应采用连接角模，以保证角度准确；柱箍形式、规格、间距要根据柱截面大小及高度进行设计确定；梁、柱接头模板要按大样图进行安装，而且连接要牢固。

（2）墙模板容易产生的问题：墙体混凝土厚薄不一致，上口过大，墙体烂脚、不垂直。防治办法：模板之间连接用的 U 形卡或插销不宜过疏，穿墙螺栓的规格和间距应按设计确定，除地下室外壁之外，均要设置墙螺栓套管；龙骨不宜采用钢花梁；穿墙螺栓的直径、间距和垫块规格要符合设计要求；墙梁交接处和墙顶上口应拉结好；外墙所设的拉杆、顶支撑要牢固可靠，支撑的间距、位置宜由模板设计确定。模板安装前，模板底边应先做好水泥砂浆找平层，以防漏浆。

（3）梁和楼板的模板容易产生的问题：梁身不平直，梁底不平，梁侧面鼓出，梁上口尺寸加大，板中部下挠，产生蜂窝麻面。防治办法：梁高小于或等于 700 mm 的模板之间的连接插销不少于两道，梁底与梁侧板宜用连接角模进行连接；梁高大于 700 mm 的侧板，宜加穿墙螺栓。模板支顶的尺寸和间距的排列，要确保系统有足够的刚度，模板支顶的底部应在坚实地面上。梁板跨度大于 4 m 者，如设计无要求则按相关规范要求起拱。

4.1.1.5　主要安全技术措施

（1）废烂木枋不能用作龙骨。

（2）安装、拆除外墙模板时，必须确认外脚手架符合安全要求。

（3）内模板安装高度超过 2.5 m 时，应搭设临时脚手架。

（4）在 4 m 以上高空拆除模板时，不得让模板、材料自由下落，更不得大面积同时撬落；操作时必须注意下方人员的动向。

（5）水平拉杆不允许钉在脚手架或跳板等不稳定物体上。

4.1.1.6　产品保护

（1）模板安装时，不得随意开孔，穿墙螺栓应在钢加劲肋的钢环中穿过或在板缝中加木条安装。预留钢筋可一端弯成90°与混凝土墙钢筋焊接或扎牢,另一端用铁线绑牢,从板缝中拉紧紧贴模板内面,拆模后再拉出。

（2）模板竖向安装时,加劲肋的凹面须向下安装。

（3）拆模时不得用大锤硬砸或用撬棍硬撬,以免损坏模板边框。

（4）操作和运输过程中,不得抛掷模板。

（5）模板每次拆除以后必须进行清理,涂刷脱模剂,并分类堆放。

（6）在模板面进行钢筋等焊接工作时,必须用石棉板或薄钢板隔离;泵送混凝土的布料架脚和输送混凝土管支架脚下应采取加垫板等有效措施。

（7）拆下的模板如发现脱焊、变形等时,应及时修理。拆下的零星配件应用箱或袋收集。

4.1.2　胶合板模板

胶合板模板具有幅面大、拼缝少、自重轻、易加工、整体刚度好,浇筑成的混凝土表面平滑、可多次反复使用等特点,操作简单、保养维修方便、性价比高,可大大提高混凝土工程施工质量和施工效率。胶合板模板主要用于墙体和楼板模板。

4.1.2.1　木胶合板模板

（1）分类

木胶合板以材种分类,可分为软木胶合板与硬木胶合板;以耐水性能划分,可分为Ⅰ、Ⅱ、Ⅲ、Ⅳ类。混凝土模板用木胶合板应为高耐候性、耐水性能好的Ⅰ类胶合板,胶粘剂为酚醛树脂胶。判别是否为Ⅰ类胶合板,可从胶合板上锯下20 mm见方的小块,放在沸水中煮0.5～1 h,用酚醛树脂作为胶粘剂的试件煮后不会脱胶,而用脲醛树脂作为胶粘剂的试件煮后会脱胶。

（2）构造

模板用的木胶合板通常由5、7、9、11层等奇数单板经热压固化而胶合成型,相邻层的纹理方向相互垂直,通常最外层表面的纹理方向和胶合板板面的长向平行,因此,整张胶合板的长向为强方向,短向为弱方向,使用时必须加以注意。

（3）规格

模板用木胶合板的规格尺寸见表4.3。

表4.3　模板用木胶合板的规格尺寸（mm）

厚度	层数	宽度	长度
12	至少5层	915	1830
15	至少7层	1220	1830
18		915	2135
		1220	2440

（4）使用注意事项

① 必须选用经过板面处理的胶合板。

② 未经板面处理的胶合板,在使用前应进行处理。处理的方法为冷涂刷涂料,即把常温下固化的涂料胶涂刷在胶合板表面,构成保护膜。

③ 经表面处理的胶合板,在施工现场使用中一般应注意以下几个问题:

a. 脱模后立即清洗板面浮浆,并堆放整齐。

b. 模板拆除时，严禁抛扔，以免损伤板面处理层。

c. 胶合板边角涂有封边胶，故应及时清除水泥浆。为了保护模板边角的封边胶，最好在支模时在模板拼缝处粘贴防水胶带或水泥纸袋加以保护，防止漏浆。

d. 胶合板板面尽量不钻孔洞。遇有预留孔洞，可用普通木板拼补。

e. 使用前必须涂刷脱模剂。

4.1.2.2　竹胶合板模板

混凝土竹胶合板模板强度高、收缩率小、膨胀率和吸水率低、承载能力大，具有广阔的发展前途。

（1）构造及特性

混凝土模板用竹胶合板的构造如图 4.8 所示。其面板与芯板所用材料可以相同也可以不同。竹胶合板表面进行环氧树脂涂面，其抗碱性较好；进行瓷釉涂料涂面后，耐水性、耐磨性和耐碱性最佳。

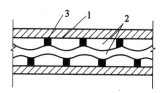

图 4.8　竹胶合板断面示意
1—竹席或薄木片面板；
2—竹帘芯板；3—胶粘剂

（2）规格

竹胶合板的规格见表 4.4。其厚度常为 9 mm、12 mm 和 15 mm。

表 4.4　竹胶合板的规格（mm）

长度	宽度	长度	宽度
1830	915	2440	1220
2000	1000	3000	1500
2135	915		

4.1.2.3　胶合板模板配制

（1）应整张直接使用，尽量减少随意锯截，造成胶合板浪费。

（2）木胶合板常用厚度一般为 12 mm 或 18 mm，竹胶合板常用厚度一般为 12 mm。

（3）钉子长度应为胶合板厚度的 1.5～2.5 倍，每块胶合板与木楞相叠处至少钉 2 个钉子。第二块模板的钉子要转向第一块模板方向斜钉，使拼缝严密。

（4）配制好的模板应在反面编号并写明规格，分别堆放保管，以免错用。

4.1.2.4　墙体和楼板模板安装

（1）墙体模板

① 墙体模板的安装工艺流程为：组装前检查→安装门窗口模板→安装第一步模板（两侧）→安装内钢楞→调整模板平直→安装第二步至顶部两侧模板→安装内钢楞、调平直→安装穿墙螺栓→安装外钢楞→加斜撑并调整模板平直→与柱、墙、楼板模板连接。

② 墙体模板常规的支模方法是：胶合板面板外侧的立档用 50 mm×100 mm 方木，横档（又称牵杠）可用 φ48.3 mm×3.6 mm 脚手钢管或方木。两侧胶合板模板用穿墙螺栓拉结（图 4.9）。

安装时，根据边线先立一侧模板，临时用支撑撑住，用线锤校正模板的垂直度，再固定牵杠，然后用斜撑固定大块侧模组拼，上下竖向拼缝要互相错开，先立两端，后立中间部分。待钢筋绑扎后，按同样方法安装另一侧模板及斜撑等，墙模板上口必须在同一水平面上，严防墙顶标高不一。

为了保证墙体的厚度正确,在两侧模板之间可用混凝土撑棍,防水混凝土墙要加有止水板的撑头。混凝土中的撑棍不再取出。为了防止浇筑混凝土的墙身鼓胀,可用 8~10 号铅丝或直径 12~16 mm 螺栓拉结两侧模板,间距不大于 1 m,应使两侧穿孔的模板对称放置,确保孔洞对准,以使穿墙螺栓与墙模保持垂直。螺栓要纵横排列,并在混凝土凝结前经常转动,以便在凝结后取出,如墙体不高、厚度不大,亦可在两侧模板上口钉上搭头木。

(2)楼板模板

工程中常采用脚手钢管搭设排架铺设楼板模板:用 ϕ48.3 mm×3.6 mm 脚手钢管搭设排架,在排架上铺放 50 mm×100 mm 方木,间距为 400 mm 左右,作为面板的搁栅(楞木),在其上铺设胶合板面板(图 4.10)。采用立柱作支架时,从边跨一侧开始逐排安装立柱,并同时安装外钢楞(大龙骨)。立柱和钢楞(龙骨)的间距根据模板设计计算决定,一般情况下立柱与外钢楞间距为 600~1200 mm,内钢楞(小龙骨)间距为 400~600 mm。调平后即可铺设模板。在铺设完模板、校正标高后,立柱之间应加设水平杆,其道数根据立柱高度确定。一般情况下,距离地面 200 mm 处应设一道水平杆,往上纵横方向每隔 1.5 m 左右设一道水平杆。采用钢管脚手架作支撑时,在其高度方向每隔 1.2~1.3 m 设一道双向水平拉杆。

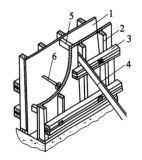

图 4.9　胶合板面板的墙体模板
1—胶合板;2—立档;3—横档;
4—斜撑;5—撑头;6—穿墙螺栓

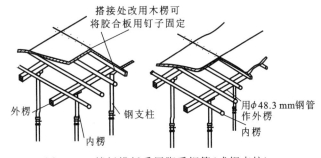

图 4.10　楼板模板采用脚手钢管(或钢支柱)

4.1.2.5　胶合板模板安装施工要点

(1)在安装模板前,按位置线安装门、窗洞口模板,与墙体钢筋固定,并安装好预埋件或木砖等。

(2)安装其他模板到墙顶部,内钢楞外侧安装外钢楞,并将其用方钢卡或碟形扣件与钩头螺栓和内钢楞固定,穿墙螺栓由内、外钢楞中间插入,用螺母将碟形扣件拧紧,使两侧模板成为一体。安装斜撑,调整模板垂直,合格后,与墙、柱、楼板模板连接。

(3)钩头螺栓、穿墙螺栓、对接螺栓等连接件都要连接牢靠,松紧力度一致。

(4)支架的支柱可用早拆翼托支柱从边跨一侧开始,依次逐排安装,同时安装钢(木)楞及横拉杆,其间距按模板设计的规定采用。一般情况下,支柱间距为 80~120 cm,钢(木)楞间距为 60~120 cm,需要装双层钢(木)楞时,上层钢(木)楞间距一般为 40~60 cm。

支架搭设完毕后,要认真检查板下钢(木)楞与支柱连接及支架安装是否牢固与稳定,根据给定的水平线认真调节支模翼托的高度,将钢(木)楞找平。

4.1.2.6　质量标准

(1)保证项目

模板及其支架必须有足够的强度、刚度和稳定性;其支承部分应有足够的支承面积。如果安装在基土上,基土必须坚实,并有排水措施。对湿陷性黄土,必须有防水措施;对冻胀土,必须有防冻融措施。

检查方法:对照模板设计,采取现场观察或尺量检查。

(2) 基本项目

① 接缝宽度不得大于 1.5 mm。检查方法:观察和用楔形塞尺检查。

② 将模板表面清理干净,并采取防止黏结措施。模板上粘浆和满刷隔离剂的累计面积,墙板应不大于 1000 cm²,柱、梁应不大于 400 cm²。检查方法:观察和用尺检查。

③ 允许偏差项目同表 4.2。

4.2 钢 筋 工 程

建筑工程中常用的钢筋按轧制外形可分为光圆钢筋、变形钢筋及精轧螺旋钢筋;按生产工艺分为热轧钢筋、冷轧钢筋、冷拉钢筋、冷拔钢丝、热处理钢筋、碳素钢丝、刻痕钢丝、钢绞线和冷轧扭钢筋等;按直径大小分为钢丝、细钢筋(直径为 6~10 mm)、中粗钢筋(直径为 12~20 mm)和粗钢筋(直径大于 20 mm)。

冷轧扭钢筋是我国独创的实用、新型、高效的冷加工钢筋,在建筑业中得到了广泛使用。

(1) 冷轧扭钢筋生产

冷轧扭钢筋(图 4.11)是用低碳钢钢筋(含碳量低于 0.25%)为原料,经专用生产线,先冷轧扁,然后用机器将其冷扭成螺旋状,形成系列螺旋状直条钢筋。这种钢筋强度高、塑性好、黏结性能良好,代替钢筋可节约钢材约 30%,但抗折性能下降,其弯折不能超过 90°。冷轧扭钢筋一般用于预制钢筋混凝土圆孔板、叠合板中的预制薄板,以及现浇钢筋混凝土楼板等。

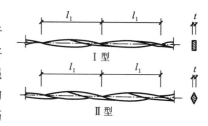

图 4.11 冷轧扭钢筋
t—轧扁厚度;l_1—节距

(2) 冷轧扭钢筋检验

冷轧扭钢筋进场时,应分批进行检查和验收。每批由同一钢厂、同一牌号、同一规格的钢筋组成,质量不大于 10 t。当连续检验 10 批均为合格时,检验批质量可扩大 1 倍。

① 外观检查

从每批钢筋中抽取 5% 进行外形尺寸、表面质量和质量偏差的检查。钢筋表面不应有影响钢筋力学性能的裂纹、折叠、结疤、压痕、机械损伤或其他影响使用的缺陷。钢筋的轧扁厚度和节距、质量等应符合有关要求。当质量负偏差大于 5% 时,该批钢筋判定为不合格。当且仅当轧扁厚度小于规定值或节距大于规定值时,仍可判为合格,但需降直径规格使用。

② 力学性能试验

从每批钢筋中随机抽取 3 根钢筋,各取一个试件。其中,两个试件做拉伸试验,一个试件做冷弯试验。试件长度宜取偶数倍节距,且不应小于 4 倍节距,同时小于 500 mm。

若全部试验项目均符合有关要求,则该批钢筋判为合格。如果有一项试验结果不符合要求,则应加倍取样复检判定。

(3) 冷轧扭钢筋施工注意事项

冷轧扭钢筋在施工中应注意以下问题:严禁采用对冷轧扭钢筋有腐蚀作用的各种外加剂

或掺合料(因冷轧扭钢筋对腐蚀较敏感)。冷轧扭钢筋严禁二次冷加工(包括冷拉、冷拔、冷轧等)。冷轧扭钢筋不能用作预制构件的吊环或梁的箍筋,一般也不允许在钢筋末端做弯钩,允许弯 90°直角弯钩。用冷轧扭钢筋取代光圆钢筋时,以低一级的冷轧扭钢筋代换Ⅰ级钢筋。钢筋代用一定要征得设计单位的同意,并签订工程变更洽商单等。

4.2.1　钢筋的验收和存放

4.2.1.1　钢筋的验收

钢筋混凝土工程中所用的钢筋均应进行现场检查验收,合格后方能入库存放、待用。

钢筋进场应按现行国家标准规定抽取试件做力学性能检验,其质量必须符合有关标准规定。

检查产品合格证、出厂合格证和进场复验报告。热轧钢筋应分批验收,每批不超过 60 t。验收内容有:查对标牌,检查外观,并按有关标准的规定抽取试样进行力学性能试验。

① 外观检查:钢筋应平直、无损伤,表面不得有裂纹、油污、颗粒状(或片状)锈蚀;钢筋表面凸块不允许超过螺纹的高度;钢筋的外形尺寸应符合有关规定。

② 力学性能试验:从每批中任意抽出两根钢筋,每根钢筋上取两个试样分别进行拉力试验(测定其屈服点、抗拉强度、伸长率)和冷弯试验。如果有一项试验结果不符合规定,则从同一批中另取双倍数量的试件重做各项试验,如果仍有一项指标不合格,则该批钢筋为不合格品,应降级使用。

当发现钢筋脆断、焊接性能不良或力学性能显著异常等现象时,应对该批钢筋进行化学成分检验或其他专项检验。

4.2.1.2　钢筋的存放

钢筋运至现场后,必须严格按批分等级、牌号、直径、长度等挂牌存放,并注明数量,不得混淆。应堆放整齐,避免锈蚀和污染,堆放钢筋处要加垫木,使钢筋离地一定距离;若有条件,应尽量将钢筋堆入仓库或料棚内。

4.2.2　钢筋下料计算及代换

钢筋配料是根据结构施工图,先绘出各种形状和规格的单根钢筋简图并加以编号,然后分别计算钢筋下料长度、根数及质量,填写配料单,申请加工。

4.2.2.1　钢筋下料长度计算

(1)钢筋长度

钢筋因弯曲或弯钩会使其长度变化,在配料中不能直接根据图纸中尺寸下料。钢筋下料长度应根据构件尺寸、混凝土保护层厚度、钢筋弯曲调整值和弯钩增加长度等规定综合考虑。

结构施工图中所指的钢筋长度是钢筋外边缘之间的长度(即从钢筋的外皮到外皮量得的尺寸),在钢筋制备安装后,按照外皮尺寸验收。各种钢筋下料长度计算如下:

直钢筋下料长度＝构件长度－保护层厚度＋弯钩增加长度

弯起钢筋下料长度＝直段长度＋斜段长度－弯曲调整值＋弯钩增加长度

箍筋下料长度＝箍筋周长＋箍筋调整值

若钢筋有搭接,还应增加钢筋搭接长度。

要求钢筋配料人员熟识图纸、会审记录及现行施工规范,按图纸要求的钢筋规格、形状、尺寸、数量正确合理地填写钢筋配料单,计算出钢筋的用量。

（2）混凝土保护层厚度

混凝土保护层是指结构构件中钢筋外边缘至混凝土构件表面范围用于保护钢筋的混凝土。无设计要求时其厚度应符合表 4.5 的规定。

表 4.5　纵向受力钢筋的混凝土保护层最小厚度（mm）

环境类别	板、墙、壳	梁、柱、杆
一	15	20
二 a	20	25
二 b	25	35
三 a	30	40
三 b	40	50

注：① 基础中纵向受力钢筋的混凝土保护层厚度不应小于 40 mm；当无垫层时不应小于 70 mm。
　　② 混凝土强度等级不大于 C25 时，表中保护层厚度数值应增加 5 mm。

（3）弯曲调整值

钢筋弯曲后,弯曲处内皮收缩、外皮延伸,轴线长度不变,弯曲处形成圆弧,弯起后尺寸大于下料尺寸。钢筋的量度方法是沿直线量外包尺寸（图 4.12）,因此,弯起钢筋的量度尺寸大于下料尺寸,两者之间的差值称为弯曲调整值。弯曲调整值应根据理论推算并结合实践经验取值,钢筋弯曲调整值见表 4.6。

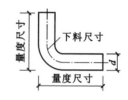

图 4.12　钢筋弯曲时的量度方法

表 4.6　钢筋弯曲调整值

钢筋弯曲角度（°）	30	45	60	90	135
钢筋弯曲调整值	$0.35d$	$0.5d$	$0.85d$	$2d$	$2.5d$

注：d 为钢筋直径。

（4）弯钩增加长度

钢筋的弯钩形式有三种：半圆弯钩、直弯钩及斜弯钩（图 4.13）。最常用的是半圆弯钩；直弯钩只用在柱钢筋的下部、箍筋和附加钢筋中；斜弯钩只用在直径较小的钢筋中。

光圆钢筋的弯钩增加长度按图 4.13 所示的简图（弯心直径为 $2.25d$、平直部分为 $3d$）计算：对半圆弯钩为 $6.25d$,对直弯钩为 $3.5d$,对斜弯钩为 $4.9d$。

在实际工作中,由于实际弯心直径与理论弯心直径有时不一致,钢筋粗细和机具条件不同等而影响平直部分的长短（手工弯钩时平直部分可适当加长,机械弯钩时可适当缩短）,因此,在实际配料计算时,对弯钩增加长度常根据具体条件采用经验数据（表 4.7）。

表 4.7　半圆弯钩增加长度参考表（用机械弯）

钢筋直径 d/mm	≤6	8～10	12～18	20～28	32～36
一个弯钩长度/mm	$4d$	$6d$	$5.5d$	$5d$	$4.5d$

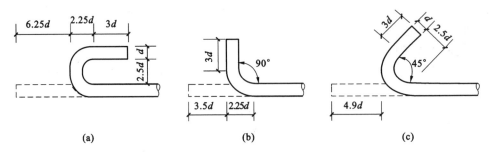

图 4.13　钢筋弯钩计算简图

(a) 半圆弯钩;(b) 直弯钩;(c) 斜弯钩

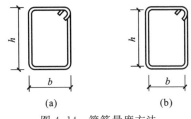

图 4.14　箍筋量度方法

(a) 量外包尺寸;(b) 量内皮尺寸

（5）箍筋调整值

箍筋调整值即为弯钩增加长度和弯曲调整值两项之差或和,根据箍筋量外包尺寸或内皮尺寸确定(图 4.14、表 4.8)。

（6）钢筋下料计算注意事项

① 在设计图纸中,钢筋配置的细节问题没有注明时,一般按构造要求处理。

表 4.8　箍筋调整值

箍筋量度方法	箍筋直径/mm			
	4～5	6	8	10～12
量外包尺寸	40	50	60	70
量内皮尺寸	80	100	120	150～170

② 配料计算时,要考虑钢筋的形状和尺寸,在满足设计要求的前提下,要有利于加工。

③ 配料时,还要考虑施工需要的附加钢筋。如:后张预应力构件预留孔道用的钢筋井字架;基础双层钢筋网中固定上层钢筋撑脚;墙板双层钢筋网中固定钢筋间距的钢筋撑铁;柱梁钢筋骨架中的四面斜撑等。

【例 4.1】　某办公楼钢筋混凝土梁配筋如图 4.15 所示,计算钢筋下料长度。钢筋保护层为 30 mm。

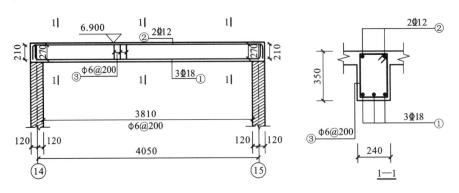

图 4.15　某办公楼钢筋混凝土梁配筋图

【解】 ①号钢筋下料长度

$$4050+2\times120-2\times30-2\times12+2\times270-2\times2\times18=4674(\text{mm})$$

②号钢筋下料长度

$$4050+2\times120-2\times30+2\times210-2\times2\times12=4602(\text{mm})$$

③号箍筋下料长度

宽度方向：$240-2\times30=180(\text{mm})$

高度方向：$350-2\times30=290(\text{mm})$

下料长度为：$(180+290)\times2+50=990(\text{mm})$

箍筋根数：$(4050+240-2\times30)\div200+1=23(\text{根})$

（7）配料单与料牌

钢筋配料计算完毕，应填写配料单。列入加工计划的配料单，应将每一编号的钢筋制作一块料牌，作为钢筋加工的依据与安装的标志。钢筋配料单和料牌应严格校核，必须准确无误，以免返工浪费。钢筋料牌见图 4.16。

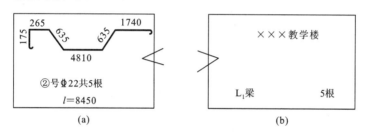

图 4.16 钢筋料牌

(a) 反面；(b) 正面

4.2.2.2 钢筋代换

钢筋代换时，必须充分了解设计意图和代换材料性能，并严格遵守《混凝土结构设计规范》（GB 50010—2010）的各项规定；凡重要结构中的钢筋代换，应征得设计单位同意。

（1）代换原则及方法

当施工中遇到钢筋品种或规格与设计要求不符时，可参照以下原则进行钢筋代换。

① 等强度代换

当构件配筋受强度控制时，可按强度相等的原则代换。设计图中所用的钢筋设计强度为 f_{y1}，钢筋总面积为 A_{s1}；代换后的钢筋设计强度为 f_{y2}，钢筋总面积为 A_{s2}，则应满足：

$$n_2\cdot\frac{\pi d_2^2}{4}\cdot f_{y2}\geqslant n_1\cdot\frac{\pi d_1^2}{4}\cdot f_{y1} \tag{4.1}$$

$$n_2\geqslant\frac{n_1 d_1^2 f_{y1}}{d_2^2 f_{y2}} \tag{4.2}$$

式中 n_1——原设计钢筋根数；

n_2——代换钢筋根数；

d_1——原设计钢筋直径，mm；

d_2——代换钢筋直径，mm。

② 等面积代换

当构件按最小配筋率配筋时，可按面积相等的原则代换，代换时应满足下式要求：

$$A_{s2} \geqslant A_{s1} \tag{4.3}$$

即

$$n_2 \geqslant n_1 \cdot \frac{d_1^2}{d_2^2} \tag{4.4}$$

（2）代换注意事项

① 对某些重要构件，如吊车梁、薄腹梁、桁架下弦等，不宜用 HPB300 级光圆钢筋代替 HRB335 和 HRB400 级带肋钢筋。

② 钢筋代换后，应满足配筋构造规定，如钢筋的最小直径、间距、根数、锚固长度等要求。

③ 同一截面内，可同时配有不同种类和直径的代换钢筋，但每根钢筋的拉力差不应过大（如同品种钢筋的直径差值一般不大于 5 mm），以免构件受力不均。

④ 梁的纵向受力钢筋与弯起钢筋应分别代换，以保证正截面与斜截面强度。

⑤ 偏心受压构件（如框架柱、有吊车厂房柱、桁架上弦等）或偏心受拉构件作钢筋代换时，不取整个截面配筋量计算，应按受力面（受压或受拉）分别代换。

⑥ 当构件受裂缝宽度控制时，如果以小直径钢筋代换大直径钢筋，或是用强度等级低的钢筋代替强度等级高的钢筋，则可不做裂缝宽度验算。

4.2.3　钢筋加工

钢筋的加工包括冷拉、冷拔、调直、除锈、切断、弯曲成型、焊接、绑扎等。钢筋加工前应将表面清理干净。钢筋表面有颗粒状、片状老锈或有损伤时不得使用。

4.2.3.1　钢筋的冷加工

钢筋冷加工有冷拉、冷拔和冷轧，用以提高钢筋强度设计值，能节约钢材，满足预应力钢筋的需要。本节主要讲述钢筋冷拉。

钢筋冷拉是在常温下对钢筋进行强力拉伸，拉应力超过钢筋的屈服强度，使钢筋产生塑性变形，以达到调直钢筋、提高强度的目的。

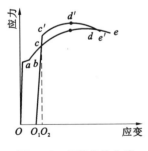

图 4.17　钢筋拉伸曲线

（1）冷拉原理

冷拉后钢筋的内应力会促进钢筋内的晶体组织调整，使屈服强度进一步提高，该过程称为"时效"。钢筋经冷拉和时效后的拉伸特性曲线即为 $O_1 c' d' e'$（图 4.17）。冷拉钢筋的时效过程在常温下需 15～20 d（称自然时效）才能完成；但若温度为 100 ℃，则只需 2 h 即可完成。因此，可利用蒸汽、电热等手段加速时效。在自然条件下冷拉 HRB400、RRB400 钢筋一般达不到时效的效果，宜采用人工时效，一般通电加热至 150～200 ℃，保持 20 min 左右即可。

（2）冷拉控制方法

钢筋冷拉控制方法有控制冷拉应力法和控制冷拉率法。冷拉后检查钢筋的冷拉率，用作预应力混凝土结构的预应力筋宜采用冷拉应力来控制。

钢筋冷拉以冷拉率控制时，其控制值必须由试验确定。对同炉批钢筋，试件不宜少于 4 个，每个试件都按规定的冷拉应力值在万能试验机上测定相应的冷拉率，取平均值作为该炉批钢筋的实际冷拉率。如果钢筋强度偏高、平均冷拉率低于 1% 时，仍按 1% 进行冷拉。钢筋冷拉速度不宜过快,一般以每秒拉长 5 mm 或每秒增加 5 N/mm² 拉应力为宜。

预应力筋由几段对焊而成时,应在焊接后再进行冷拉,以免因焊接而降低冷拉所获得的强度。

冷拉钢筋应分批进行验收,每批应由同级别、同直径的钢筋组成。钢筋的验收包括外观检查和力学性能检查。外观检验包括钢筋表面不得有裂纹和局部缩颈。若钢筋作为预应力筋使用,则应逐根检查。冷拉钢筋的力学性能试验同热轧钢筋。

(3) 冷拉设备

冷拉设备由拉力设备、承力结构、回程装置、测量设备和钢筋夹具等部分组成,如图 4.18 所示。拉力设备为卷扬机和滑轮组,多用 3～5 t 的慢速卷扬机;承力结构可采用地锚,冷拉力大时可采用钢筋混凝土冷拉槽。回程装置可用回程荷重架或回程滑轮组;测量设备常用液压千斤顶或电子秤。

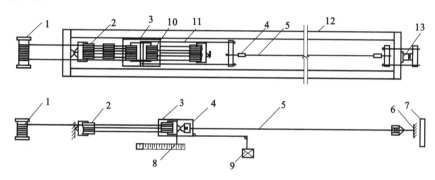

图 4.18　冷拉设备

1—卷扬机;2—滑轮组;3—冷拉小车;4—夹具;5—被冷拉的钢筋;6—地锚;7—防护壁;
8—标尺;9—回程荷重架;10—回程滑轮组;11—传力架;12—冷拉槽;13—液压千斤顶

(4) 钢筋冷拉计算

钢筋的冷拉计算包括冷拉力、拉长值、弹性回缩值和冷拉设备选择计算。

① 冷拉力应等于钢筋冷拉前截面面积 A_s 乘以冷拉时的控制应力 σ_{con},有:

$$N_{con} = A_s\sigma_{con} \tag{4.5}$$

② 钢筋的拉长值 ΔL 应等于冷拉前钢筋的长度 L 与钢筋的冷拉率 δ 的乘积,即

$$\Delta L = L\delta \tag{4.6}$$

③ 钢筋弹性回缩值 ΔL_1(弹性回缩率为 δ_1)为:

$$\Delta L_1 = (L + \Delta L)\delta_1 \tag{4.7}$$

④ 钢筋冷拉完毕后的实际长度 L' 为:

$$L' = L + \Delta L - \Delta L_1 \tag{4.8}$$

4.2.3.2　钢筋除锈

钢筋表面要洁净,黏着的油污、泥土、浮锈使用前必须清理干净,可用冷拉除锈、机械方法或手工除锈等。经冷拉或机械调直的钢筋一般不必再除锈,如果由于保管不良而产生鳞片状锈蚀时,仍应进行除锈。

4.2.3.3　钢筋调直

钢筋调直方法有钢筋调直机调直和冷拉调直。经调直后的钢筋不得有局部弯曲、死弯、小波浪形,其表面伤痕不应使钢筋截面减少 5%。图 4.19 为 GT3/8 型钢筋调直机外形。

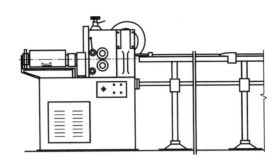

图 4.19　GT3/8 型钢筋调直机外形

（1）调直机调直时，调直筒两端的调直模一定要在调直前后导孔的轴心线上，如图4.20所示。

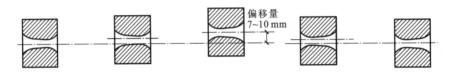

图 4.20　调直模的安装

压辊的槽宽：一般在钢筋穿入压辊之后，在上下压辊间宜有 3 mm 以内的间隙。压辊的压紧程度要做到既保证钢筋能顺利被牵引前进，看不出钢筋有明显的转动，在被切断的瞬时钢筋和压辊间又允许发生打滑。

（2）采用冷拉方法调直钢筋的冷拉率：HPB300 级钢筋冷拉率不宜大于 4%；HRB335、HRB400 级钢筋冷拉率不宜大于 1%；预制构件的吊环不得冷拉，只能用 HPB300 级热轧钢筋制作。对不允许采用冷拉钢筋的结构，钢筋调直冷拉率不得大于 1%。

4.2.3.4　钢筋切断

（1）钢筋切断机

图 4.21 为钢筋切断机外形。

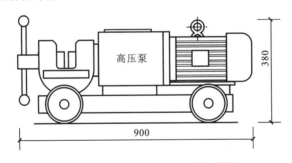

图 4.21　DYQ32B 型电动液压切断机

（2）切断要点

① 钢筋切断应根据钢筋号、直径、长度和数量，统筹排料，长短搭配，先断长料后断短料，尽量减少和缩短钢筋短头，以节约钢材。

② 断料时应避免用短尺量长料，防止在量料中产生累计误差。故宜在工作台上标出尺寸刻度线并设置控制断料尺寸用的挡板。

③ 在切断过程中,若钢筋有劈裂、缩头或严重的弯头等必须切除。

④ 钢筋的断口不得呈马蹄形或有起弯等现象。

4.2.3.5　钢筋弯曲成型

钢筋弯曲成型工程现场常用钢筋弯曲机弯曲。图 4.22 为 GW40 型钢筋弯曲机。

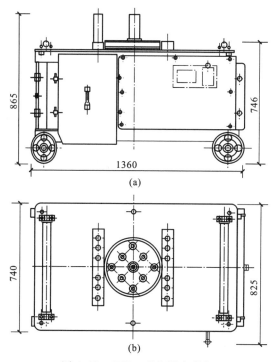

图 4.22　GW40 型钢筋弯曲机

弯曲成型工艺如下所述:

① 画线

钢筋弯曲前,对形状复杂的钢筋(如弯起钢筋),应根据钢筋料牌上标明的尺寸,用石笔将各弯曲点位置画出。

a. 根据不同的弯曲角度扣除弯曲调整值(从相邻两段长度中各扣除一半);

b. 钢筋端部带半圆弯钩时,该段长度画线时增加 $0.5d$(d 为钢筋直径);

c. 画线工作宜从钢筋中心线开始向两边进行;两边不对称的钢筋,也可从钢筋一端开始画线,如画到另一端有出入时,则应重新调整。

【例 4.2】　有一根直径 20 mm 的弯起钢筋,其所需的形状和尺寸如图 4.23 所示。试对其画线。

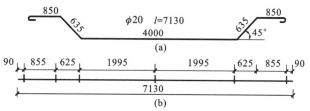

图 4.23　弯起钢筋的画线

画线方法如下：

第一步：在钢筋中心线上画第一道线；

第二步：取中段 $4000/2-0.5d/2=1995$ mm，画第二道线；

第三步：取斜段 $635-2×0.5d/2=625$ mm，画第三道线；

第四步：取直段 $850-0.5d/2+0.5d=855$ mm，画第四道线。

② 钢筋弯曲成型（图 4.24）

钢筋在弯曲机上成型时，心轴直径应是钢筋直径的 2.5～5.0 倍，钢筋弯曲点线和心轴的关系如图 4.25 所示。由于成型轴和心轴同时转动就会带动钢筋向前滑移，因此，钢筋弯 90°时，弯曲点线与心轴内边缘大致平齐；弯 180°时，弯曲点线距心轴内边缘为 $(1.0～1.5)d$（钢筋硬度大时取大值）。

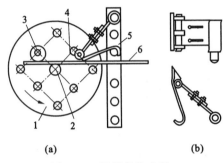

图 4.24　钢筋弯曲成型

【扫码演示】

(a) 工作简图；(b) 可变挡架构造

1—工作盘；2—心轴；3—成型轴；

4—可变挡架；5—插座；6—钢筋

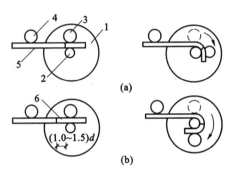

图 4.25　钢筋弯曲点线与心轴的关系

(a) 弯 90°；(b) 弯 180°

1—工作盘；2—心轴；3—成型轴；

4—固定挡铁；5—钢筋；6—弯曲点

4.2.4　钢筋连接

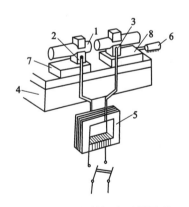

图 4.26　钢筋闪光对焊原理

1—焊接的钢筋；2—固定电极；3—可动电极；

4—机座；5—变压器；6—平动顶压机构；

7—固定支座；8—滑动支座

4.2.4.1　钢筋焊接

钢筋常用的焊接方法有闪光对焊、电渣压力焊、电弧焊、埋弧压力焊、电阻点焊和气压焊等。埋弧压力焊用于钢筋和钢板的连接，电阻点焊用于交叉钢筋的连接。

（1）闪光对焊

闪光对焊是将两根钢筋安放成对接形式，利用焊接电流通过两根钢筋接触点产生的电阻热使接触点金属熔化，形成闪光，火花四溅，迅速施加顶锻力完成的一种压焊方法（图 4.26）。闪光对焊适用于纵向水平钢筋的连接。

① 操作工艺

根据钢筋品种、直径和所用焊机功率大小选用连续闪光焊、预热闪光焊、闪光—预热—闪光焊。对于可焊性差的钢筋，对焊后宜采用通电热处理措施，以改善接头塑性。

a. 连续闪光焊:工艺过程包括连续闪光和顶锻过程。施焊时,先闭合一次电路,使两钢筋端面轻微接触,此时端面的间隙中即喷射出火花般熔化的金属微粒(闪光),接着徐徐移动钢筋,使两端面仍保持轻微接触,形成连续闪光。当闪光到预定的长度,使钢筋端头加热到将近熔点时,就以一定的压力迅速进行顶锻,然后灭电顶锻到一定长度,焊接接头即完成。

b. 预热闪光焊:工艺过程包括预热、闪光及顶锻等过程。预热方法有连接闪光预热和电阻预热两种。连续闪光预热是使两钢筋端面交替地轻微接触和分开,发出断续闪光来实现预热;电阻预热是在两钢筋端面通脉交电流,以产生电阻热(不闪光)来实现预热,此方法所需功率较大。二次闪光与顶锻过程同连续闪光焊。

c. 闪光—预热—闪光焊:是在预热闪光焊前加一次闪光过程。其工艺过程包括一次闪光、预热、二次闪光及顶锻等过程,施焊时首先连续闪光,使钢筋端部闪平,之后的流程同预热闪光焊。焊接钢筋直径较大时,宜用此方法。

d. 焊后通电热处理:焊后松开夹具,放大钳口距,再夹紧钢筋;接头降温至暗黑后,即采取低频脉冲式通电加热;当加热至钢筋表面呈暗红色或橘红色时,通电结束;松开夹具,待钢筋冷后取下。

为了获得良好的对焊接头,应合理选择对焊参数。焊接参数包括调伸长度、闪光留量、闪光速度、顶锻留量、顶锻速度、顶锻压力及变压级次。采用预热闪光焊时,还要有预热留量与预热频率等参数。

② 对焊前应清除钢筋端头约 150 mm 范围的铁锈、污泥等,防止夹具和钢筋间接触不良而引起"打火"。钢筋端头有弯曲时应予以调直及切除。

③ 对焊注意事项

当调换焊工或更换焊接钢筋的规格和品种时,应先制作对焊试件(不少于 2 个)进行冷弯试验,合格后,方能成批焊接。

焊接完成,应在接头红色变为黑色后才能松开夹具,平稳地取出钢筋,以免引起接头弯曲。当焊接后张预应力钢筋时,焊后趁热将焊缝毛刺打掉,以利于钢筋穿入孔道。

④ 质量标准

钢筋对焊完毕,应对全部接头进行外观检查及机械性能试验。

a. 保证项目

对焊所用钢筋的材质性能和工艺方法必须符合质量检验评定标准规定;对焊钢筋应具有出厂合格证和试验报告。

b. 基本项目

根据《钢筋焊接及验收规程》(JGJ 18—2012)的要求:

闪光对焊接头的质量检验,应分批进行外观质量检查和力学性能检验,并应符合下列规定:①在同一台班内,由同一个焊工完成的 300 个同牌号、同直径钢筋焊接接头应作为一批。当同一台班内焊接的接头数量较少,可在一周之内累计计算;累计仍不足 300 个接头时,应按一批计算。②进行力学性能检验时,应从每批接头中随机切取 6 个接头,其中 3 个做拉伸试验,3 个做弯曲试验。③异径钢筋接头可只做拉伸试验。

闪光对焊接头外观质量检查结果应符合下列规定:①对焊接头表面应呈圆滑、带毛刺状,不得有肉眼可见的裂纹;②与电极接触处的钢筋表面不得有明显烧伤;③接头处的弯折角度不得大于 2°;④接头处的轴线偏移不得大于钢筋直径的 1/10,且不得大于 1 mm。

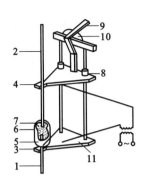

图 4.27　电渣压力焊构造

【扫码演示】

1、2—钢筋;3—固定电极;
4—活动电极;5—药盒;
6—引弧钢丝圈;7—焊药;
8—滑动架;9—手柄;
10—支架;11—固定架

（2）电渣压力焊

电渣压力焊是利用电流通过渣池所产生的电阻热将钢筋端部熔化,然后施加压力使钢筋焊合。其构造如图 4.27 所示。电渣压力焊常用于现浇钢筋混凝土结构中竖向或斜向(倾斜度不大于 10°)钢筋的连接。

① 施工准备

钢筋:应有出厂合格证,试验报告性能指标应符合有关标准或规范的规定。钢筋的验收和加工应按有关的规定进行。

电渣压力焊焊接使用的钢筋端头应平直、干净,不得有马蹄形、压扁、凹凸不平、弯曲歪扭等严重变形。如有严重变形时,应用手提切割机切割或用气焊切割、矫正,以保证钢筋端面垂直于轴线。钢筋端部 200 mm 范围内不应有锈蚀、油污、混凝土浆等污染,受污染的钢筋应清理干净后才能进行电渣压力焊焊接。处理钢筋应在当天进行,防止处理后再生锈。

《钢筋焊接及验收规程》(JGJ 18—2012)规定:焊剂应存放在干燥的库房内,若受潮时,在使用前应在 250～350 ℃下烘焙 2 h,使用中回收的焊剂应除去熔渣和杂物,并与新焊剂混合均匀后使用。

② 机具设备

焊接夹具:应具有一定刚度,使用灵巧,坚固耐用,上、下钳口同心。焊接电缆的断面面积应与焊接钢筋大小相适应。焊接电缆以及控制电缆的连接处必须保持良好接触。

焊剂盒:应与所焊钢筋的直径大小相适应。

石棉绳:用于填塞焊剂盒安装后的缝隙,防止焊剂盒中的焊剂泄漏。

铁丝球:用于引燃电弧。用 22 号或 20 号镀锌铁丝绕成直径约为 10 mm 的圆球,每焊一个接头用一颗。

秒表和电渣焊机。

③ 操作工艺

焊接钢筋时,用焊接夹具分别钳固上下两根待焊接的钢筋;上下钢筋安装时,中心线要一致。安放引弧铁丝球的方法:抬起上钢筋,将预先准备好的铁丝球安放在上、下钢筋焊接端面的中间位置,放下上面的钢筋并轻压铁丝球,使之接触良好。放下上面的钢筋时,要防止铁丝球被压扁变形。在安装焊剂盒底部的位置缠上石棉绳,然后再装上焊剂盒,并在焊剂盒中满装焊剂。安装焊剂盒时,焊接口宜位于焊剂盒的中部,石棉绳缠绕应严密,防止焊剂泄漏。而后进行焊接、顶锻,之后卸出焊剂,拆除焊剂盒、石棉绳及夹具。回收的焊剂应除去熔渣及杂物,受潮的焊剂经烘、焙干燥后,可重复使用。

钢筋焊接完成后,应及时进行焊接接头外观检查,外观检查不合格的接头应切除重焊。

④ 质量检验

电渣压力焊接头的质量检验,应分批进行外观质量检查和力学性能检验。

a. 力学性能检验

在现浇钢筋混凝土结构中,应以 300 个同牌号钢筋接头作为一批;在房屋结构中,应在不超过连续二楼层中 300 个同牌号钢筋接头作为一批;当不足 300 个接头时,仍应作为一批;每批随机切取 3 个接头试件做拉伸试验。

b. 接头外观质量

四周焊包凸出钢筋表面的高度,当钢筋直径为 25 mm 及以下时,不得小于 4 mm;当钢筋直径为 28 mm 及以上时,不得小于 6 mm;钢筋与电极接触处,应无烧伤缺陷;接头处的弯折角度不得大于 2°;接头处的轴线偏移不得大于 1 mm。

⑤ 施工注意事项

焊接夹具的上、下钳口应夹紧于上、下钢筋上;钢筋一经夹紧,不得晃动,且两钢筋应同心。引弧可采用直接引弧法或铁丝圈(焊条芯)间接引弧法;引燃电弧后,应先进行电弧过程,然后加快上钢筋下送速度,使上钢筋端面插入液态渣池约 2 mm,转变为电渣过程,最后在断电的同时,迅速下压上钢筋,挤出熔化金属和熔渣。接头焊毕,应稍作停歇,方可回收焊剂和卸下焊接夹具。

(3) 电弧焊

电弧焊是利用弧焊机使焊条与焊件之间产生高温,熔化焊条与焊件的金属使其凝固后形成一条焊缝。电弧焊适用于焊接 $\phi(10\sim40)$ mm 的 HPB300、HRB335、HRB400 级钢筋。

① 施工准备

电弧焊的主要设备是弧焊机。弧焊机可分为交流和直流两类。

焊条应分类、分牌号放在通风良好、干燥的仓库中保管好,重要工程焊条要保持一定温度和湿度(一般温度为 10～15 ℃,相对湿度以小于 5％为宜),焊条焊接前一般在 20～25 ℃烘箱内烘干。

② 操作工艺

钢筋电弧焊分为搭接焊、帮条焊、坡口焊和熔槽帮条焊四种接头形式。

a. 搭接焊工艺

搭接焊适用于 HPB300、HRB335、HRB400 级钢筋的焊接,其制作要点除应注意对钢筋搭接部位的预弯和安装,确保两钢筋轴线相重合之外,其余则与帮条焊工艺基本相同。无论是帮条接头还是搭接接头,其焊缝长度要求为:HPB300 级钢筋单面焊时大于或等于 8d,双面焊时大于或等于 4d;HRB335 级钢筋单面焊时大于或等于 10d,双面焊时大于或等于 5d,见图4.28(a)。

b. 帮条焊工艺

钢筋帮条焊的接头形式见图 4.28(b)。帮条焊适用于 HPB300、HRB335、HRB400 级钢筋的接驳,帮条宜采用与主筋同级别、同直径的钢筋制作,其操作要点如下:

先将主筋和帮条间用四点定位焊固定,离端部约 20 mm,主筋间隙留 2～5 mm;施焊时应在帮条内侧开始打弧,收弧时弧坑应填满,并向帮条一侧拉出灭弧。尽量施水平焊,需多层焊时,第一层焊的电流可以稍大,以增加熔化深度,焊完一层之后,应将焊渣清除干净。

c. 钢筋坡口焊对接

钢筋坡口对接分为坡口平焊对接[图 4.28(d)]和坡口立焊对接。

由坡口根部引弧,横向施焊数层,接着焊条做“之”字形运弧,将坡口逐层堆焊填满。焊接时适当控制速度以避免接头过热,亦可将几个接头轮流施焊。每填满一层焊缝,都要把焊渣清除干净,再焊下一层,直至焊缝金属高于钢筋直径 0.1d 为止,以焊缝加强宽度比坡口边缘加宽 2～3 mm 为宜。

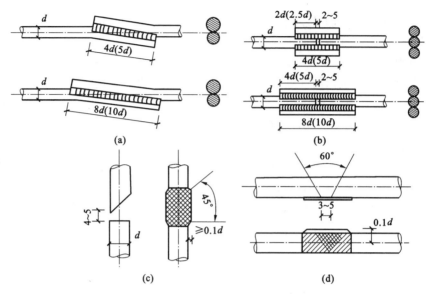

图 4.28　钢筋电弧焊的接头形式

(a) 搭接焊接头;(b) 帮条焊接头;(c) 立焊的坡口焊接头;(d) 平焊的坡口焊接头

钢筋 V 形坡口立焊时,坡口角度为 35°～55°,见图 4.28(c)。

立焊对接垫板的装配和定位焊、坡口平焊基本相同,但根部间隙取 3～5 mm;坡口立焊首先在下部钢筋端面上引弧,并在该端面上堆焊一层,使下部钢筋逐渐加热,然后用快速短小的横向焊缝把上下钢筋端面焊接起来。当焊缝超过钢筋直径的一半时,焊条摆宜采用立焊的运弧方式,一层一层把坡口填满。

d. 钢筋熔槽帮条焊

钢筋熔槽帮条焊适用于直径大于或等于 25 mm 的钢筋现场安装焊接。操作时把两钢筋水平放置,将一角钢作垫模。

③ 钢筋电弧焊质量标准

焊接前必须先核对钢筋的材质、规格及焊条类型,确保其符合钢筋工程的设计施工规范,有材质及产品合格证书和物理性能检验;对于进口钢材,需增加化学性能检定,检验合格后方能使用。

所有焊接接头必须进行外观检验,其要求是:焊缝表面平顺,没有较明显的咬边、凹陷、焊瘤、夹渣及气孔,严禁有裂纹出现。

(4) 钢筋气压焊

钢筋气压焊是采用氧气-乙炔火焰对两钢筋连接处加热,使之达到塑性状态后施加适当轴向压力,从而形成牢固对焊接头的施工方法。

施焊前应用角向磨光机对钢筋端部稍微倒角,并将钢筋端面打磨平整,清除氧化膜,露出光泽。离端面 2 倍钢筋直径长度范围内钢筋表面上的铁锈、油污、泥浆等附着物应清刷干净。将所需焊接的两根钢筋用焊接夹具分别夹紧并调整对正,两钢筋的轴线要在同一直线上。钢筋夹紧对正后,须施加初始轴向压力顶紧,两根钢筋间局部位置的缝隙不得大于 3 mm。

在焊接的开始阶段,采用碳化焰对准两根钢筋接缝处集中加热。在加热过程中,要及时调整保持中性焰。当钢筋接头处温度降低,即接头处红色大致消失后,可卸除压力,然后拆下夹具。

4.2.4.2　钢筋机械连接

钢筋机械连接是指通过连接件的机械咬合作用或钢筋端面的承压作用,将一根钢筋中的力传递至另一根钢筋的连接方法。其优点是:接头质量稳定可靠;操作简便,施工速度快,不受气候影响;施工安全等。

钢筋机械连接分为套筒挤压连接、锥螺纹连接、直螺纹连接等。

(1)套筒挤压连接

套筒挤压连接(图 4.29)是在待连接的两根钢筋端部套上钢管,然后用便携式液压机巧压,使套管变形,将两根钢筋连接成一体的一种机械连接方法。此方法适用于工业与民用建(构)筑物、高层建筑、地基工程等工程中,各类钢筋混凝土结构的 $\phi(20\sim40)$ mm Ⅰ、Ⅱ 级钢筋接头,异径钢筋接头,带肋钢筋接头的连接。

【扫码演示】

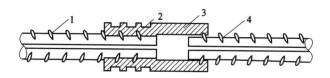

图 4.29　钢筋套筒挤压连接
1—已挤压的钢筋;2—压痕道数;3—钢套筒;4—未挤压的钢筋

① 施工准备

a. 材料

带肋钢筋:压接部位干净、平整。

套筒:表面可为加工表面或无缝钢管、圆钢的自然表面,无肉眼可见裂纹。套筒表面不应有明显起皮的严重锈蚀。套筒外圆及内孔应有倒角。套筒表面应有挤压规定标识。

b. 机械设备

套筒挤压连接的成套设备是由挤压连接钳、超高压电动油泵、超高压油管、悬挂器(手动葫芦)等组成。

套筒挤压连接钳有 YJ-40 型挤压钳,用于 $\phi(36\sim40)$ mm 的带肋钢筋对接;YJ-32 型挤压钳,用于 $\phi(20\sim32)$ mm 的带肋钢筋对接;YJ-23 型挤压钳,用于 $\phi(18\sim25)$ mm 的带肋钢筋对接。

c. 作业条件

压接前要清除钢套和钢筋压接部位的铁锈、油污、泥砂等,钢筋端部要平直,如有弯折,必须予以矫直。液压系统中严禁混入杂质,在连接拆卸超过软管时,要保护好钢筋端部,不能带有灰尘、砂土等杂物。

② 操作工艺

套筒挤压连接分为两道工序:第一道工序是先在地面上把每根待连接的钢筋一端按要求与套管的一半压好;第二道工序是将压好一半接头的钢筋插到待接的钢筋端部,然后用挤压钳压好,这样就完成了整个接头的挤压工作。

挤压接头必须从套筒的中部按标记向端部顺序挤压。挤压后的套筒不应有可见裂纹。

③ 质量标准

钢筋端部应有挤压套筒后可检查钢筋插入深度的明显标记,钢筋端头离套筒长度中点不宜超过 10 mm。压痕处套筒外径应为原套筒外径的 80%～90%,挤压后套筒长度应为原套筒长度的 1.10～1.15 倍。

④ 施工注意事项

a. 套管的几何尺寸及钢筋接头位置要符合设计要求。

b. 钢筋的连接端和套管内壁不允许有油污、铁锈、泥砂;套管接头外边的油脂必须擦干净。

c. 柱子钢筋接头要高出混凝土面 1 m,以利于钢筋挤压连接作业。

d. 不允许砸平带肋钢筋花纹。

e. 钢筋端部要平直,如有弯折,必须予以矫直。

⑤ 主要安全技术措施

不允许硬拉电线或高压油管;高压油管不得打死弯;操作人员必须经培训、考核合格后持证上岗;作业人员必须遵守施工作业的有关规定。

(2)锥螺纹连接

钢筋锥螺纹连接(图 4.30)是将两根待接钢筋端头用套丝机做出锥形外丝,然后用带锥形内丝的套筒将钢筋两端拧紧的钢筋连接方法。可在现场用套丝机对钢筋端头进行套丝。套完锥形丝扣的钢筋用塑料帽保护,利用测力扳手拧紧套筒至规定的力矩值即可完成钢筋对接。锥螺纹连接现场操作速度快、适用范围广、不受气候影响,但锥螺纹接头破坏都发生在接头处。

【扫码演示】

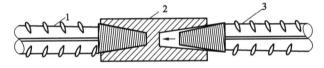

图 4.30 钢筋锥螺纹连接
1、3—变形钢筋;2—锥形螺纹套筒

① 施工准备

a. 材料

钢筋材质应符合钢筋混凝土用钢筋现行标准。锥螺纹连接套筒同直螺纹;材质为 HRB335 级钢筋用 30～45 号钢,Ⅲ级钢筋用 45 号钢。

b. 机具设备

钢筋锥螺纹套丝机:SZ-50A 型,能套制 $\phi(16\sim50)$ mm 钢筋。量规:牙形规、卡规、锥螺纹塞规。力矩扳手:PW360(管钳型)力矩值为 $100\sim360$ N·m。辅助机具:砂轮锯、角向磨光机、台式砂轮各一台。

c. 作业条件

接头连接套规格必须与钢筋规格一致。

② 操作工艺

锥螺纹钢筋接头是先在施工现场或钢筋加工厂,用套丝机把钢筋的连接端头加工成锥螺纹,然后通过锥螺纹连接套,用力矩扳手按规定的力矩值把钢筋和连接套拧紧在一起。

③ 质量标准

钢筋丝头要求牙形饱满无断牙、秃牙,且与牙形规的牙形吻合,小端直径不得超过允许值;钢筋螺纹的完整牙数不小于规定牙数;完成的钢筋接头必须用油漆作标记。钢筋丝头的锥度和螺距应采用专用锥螺纹量规检验;各规格丝头的自检数量不应少于 10%,检验合格率不应小于 95%。接头安装应用扭力扳手拧紧。

钢筋丝头加工时钢筋端部不得有影响螺纹加工的局部弯曲,钢筋丝头长度应满足产品设计要求,拧紧后的钢筋丝头不得相互接触,丝头加工长度极限偏差应为$(-0.5\sim-1.5)p$。

（3）直螺纹连接

直螺纹连接是指与钢筋端部连接的纵、横向肋用滚压机剥去,然后直接滚压成普通直螺纹,由专用直螺纹套筒连接,形成钢筋连接(图 4.31)。

直螺纹连接精度高、速度快,质量稳定,操作简便,价格适中。

① 套筒质量要求

套筒外表面为加工表面或无缝钢管、圆钢的自然表面,无肉眼可见的裂纹或其他缺陷。套筒表面允许有锈斑或浮锈,不应有锈皮。螺牙饱满,无其他缺陷。套筒外圆及内孔应有倒角。套筒表面应有符合规定的标记和标志。

② 钢筋丝头加工

钢筋端部应采用带锯、砂轮锯或带圆弧形刀片的专用钢筋切断机切平。镦粗头不应有与钢筋轴线相垂直的横向裂纹,不得有马蹄形或挠曲。镦粗头不应有与钢筋轴线相垂直的横向裂纹。钢筋丝头长度应满足产品设计要求,极限偏差应为$0\sim2.0p$。钢筋丝头牙形饱满,无断牙、巧牙等缺陷,钢筋螺纹加工后,随即用量规逐根检测(图 4.32)。宜满足 6f 级精度要求,应采用专用直螺纹量规检验,通规应能顺利旋入并达到要求的拧入长度,止规旋入不得超过 $3p$。各规格的自检数量不应少于总量的 10%,检验合格率不应小于 95%。

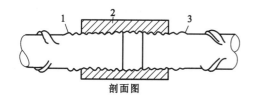

剖面图

图 4.31　钢筋直螺纹套筒连接
1—已连接的钢筋;2—直螺纹套筒;3—正在拧入的钢筋

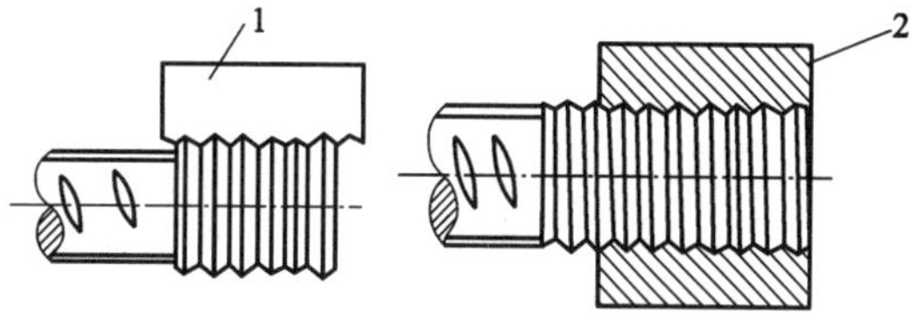

图 4.32　直螺纹接头量规
1—牙形规;2—直螺纹环规

③ 工艺操作要点

a. 钢筋切割:钢筋应先调直并用无齿锯切去端头 30 mm,保证切口断面与钢筋轴线垂直。如果钢筋头部弯曲过大,则不能使用机械加工。严禁用气割下料。

b. 钢筋螺纹加工:加工钢筋螺纹的丝头、牙形、螺距等必须与套筒牙形、螺距一致,且经配套的量规检验合格。加工钢筋螺纹时,应采用水溶性切削润滑液;当气温低于 0 ℃时,应掺入15%～20%亚硝酸钠,不得用机油作润滑液或不加润滑液套丝。操作工人应逐个检查钢筋丝头的外观质量并作出操作者标记。经自检合格的钢筋丝头,应对每种规格加工批量随机抽检10%,且不少于 10 个,并填写钢筋螺纹加工检验记录,如果有一个丝头不合格,则应对该加工批全数检查,不合格丝头应重加工,经再次检验合格后方可使用。已检验合格的丝头,应加戴保护帽加以保护,按规格分类堆放整齐。

c. 钢筋连接:连接钢筋时,钢筋规格和套筒的规格必须一致,钢筋螺纹的型式、螺距、螺纹外径应和套筒匹配,并确保钢筋和套筒的丝扣干净、完整无损。直螺纹接头的连接应用管钳扳手拧紧,连接钢筋时,应对准轴线将钢筋拧入套筒。接头拼接完成后,应使两个丝头在套筒中央位置互相顶紧,接头安装后的单侧外露螺纹不宜超过 2 扣。

④ 质量标准

接头现场抽检项目应包括极限抗拉强度试验、加工和安装质量检验。抽检应按验收批进行,同钢筋生产厂、同强度等级、同规格、同类型和同型式接头应以 500 个为一个验收批进行检验与验收,不足 500 个也应作为一个验收批。

加工和安装质量检验:螺纹接头安装后应按规定的验收批,抽取其中 10％的接头进行拧紧扭矩校核,拧紧扭矩值不合格数超过被校核接头数的 5％时,应重新拧紧全部接头,直到合格为止。

极限抗拉强度试验:对接头的每一验收批,应在工程结构中随机截取 3 个接头试件做极限抗拉强度试验,按设计要求的接头等级进行评定。当 3 个接头试件的极限抗拉强度均符合相应等级的强度要求时,该验收批应评为合格。若仅有 1 个试件的极限抗拉强度不符合要求,应再取 6 个试件进行复检。若复检中仍有 1 个试件的极限抗拉强度不符合要求,则该验收批应评为不合格。

同一接头类型、同型式、同等级、同规格的现场检验连续 10 个验收批抽样试件抗拉强度试验一次合格率为 100％时,验收批接头数量可扩大为 1000 个。

4.2.5　钢筋绑扎

4.2.5.1　施工准备

（1）材料

钢筋半成品的质量要符合设计图纸要求,钢筋绑扎用的铁丝采用 20～22 号铁丝(镀锌铁丝),水泥砂浆垫块要有足够强度。

（2）工具

常用的工具有铅丝钩、小扳手、撬杠、绑扎架、折尺或卷尺、白粉笔、专用运输机具等。

（3）作业条件

① 熟识图纸,核对半成品钢筋的级别、直径、尺寸和数量是否与料牌相符,如有错漏应纠正增补。

② 钢筋定位:画出钢筋安装位置线,如果钢筋品种较多,应在已安装好的模板上标明各种型号构件的钢筋规格、形状和数量。

③ 绑扎形式复杂的结构部件,应事先考虑支模和绑扎的先后次序,宜制订安装方案。

④ 绑扎部位上所有的杂物应在安装前清理干净。

【扫码演示】

4.2.5.2　操作及要点

钢筋绑扎程序是:画线→摆筋→穿箍→绑扎→安装垫块等。

（1）画线

平板或墙板的钢筋在模板上画线;柱的箍筋在两根对角线主筋上画点;梁的箍筋则在架立筋上画点。

（2）摆筋

板类构件摆筋顺序一般先排主筋后排负筋;梁类构件一般先排纵筋。排放有焊接接头和绑扎接头的钢筋应符合规范规定。有变截面的箍筋应事先将箍筋排列清楚,然后安装纵向钢筋。

（3）穿箍

按图纸要求间距先把箍筋套在下层伸出的纵向搭接筋上,按已画好的箍筋位置线,将已套好的箍筋往上移动。

（4）绑扎

① 钢筋的绑扎搭接接头应在接头中心和两端用铁丝扎牢；相邻绑扎丝扣要相互成"八"字形。

② 墙、柱、梁钢筋骨架中各竖向面钢筋网交叉点应全数绑扎。板上部钢筋网的交叉点应全数绑扎，底部钢筋网除边缘部分外可间隔交错绑扎。

③ 梁、柱的箍筋弯钩应沿纵向受力钢筋方向错开设置。

④ 构造柱纵向钢筋宜与承重结构同步绑扎。

⑤ 梁及柱中箍筋、墙中水平分布钢筋、板中钢筋距构件边缘的起始距离宜为 50 mm。

⑥ 构件交接处的钢筋位置应符合设计要求。当设计无具体要求时，应保证主要受力构件和构件中主要受力方向的钢筋位置。框架节点处梁纵向受力钢筋宜放在柱纵向钢筋内侧；当主次梁底部标高相同时，次梁下部钢筋应放在主梁下部钢筋之上；剪力墙中水平分布钢筋宜放在外侧，并宜在墙端弯折锚固。

⑦ 墙的钢筋网采用双层钢筋网时，在两层钢筋之间应设置撑铁（钩）固定钢筋的间距（图4.33）。

⑧ 绑扎梁与板纵向受力钢筋出现双层或多层排列时，两排钢筋之间应垫以直径 25 mm 的短钢筋，如果纵向钢筋直径大于 25 mm，则短钢筋直径规格应与纵向钢筋规格相同。

⑨ 板的钢筋网绑扎与基础相同，但应防止板上部的负钢筋被踩下。特别是雨篷、挑檐、附台等悬臂板，要严格控制负筋位置。

⑩ 框架梁节点处钢筋穿插十分稠密时，应保证梁顶面主筋间的净间距大于或等于30 mm，以利于灌筑混凝土。

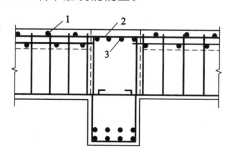 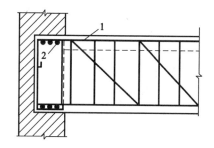

图 4.33　板、次梁与主梁交叉处钢筋
1—板面钢筋；2—次梁钢筋；3—主梁钢筋

图 4.34　主梁与垫梁交叉处钢筋
1—主梁钢筋；2—垫梁钢筋

（5）钢筋的接头应符合下列规定：

接头的末端距钢筋弯折处不得小于钢筋直径的 10 倍，接头不宜位于构件最大弯矩处；受拉区域内，HPB300 级钢筋绑扎接头的末端应做 180°弯钩。

受力钢筋的连接接头宜设置在受力较小处，在同一根受力钢筋上宜少设接头。在结构的重要构件和关键传力部位，纵向受力钢筋不宜设置连接接头。

钢筋搭接处，应在中心和两端用铁丝扎牢。受拉钢筋绑扎接头的搭接长度应符合《混凝土结构设计规范》（GB 50010—2010）的规定，受力钢筋绑扎接头的搭接长度应取受拉钢筋绑扎接头搭接长度的 70% 且不应小于 200 mm。

同一连接区段内，纵向钢筋搭接接头面积百分率为该区段内有搭接接头的纵向受力钢筋截面面积与全部纵向受力钢筋截面面积的比值。同一构件中相邻纵向受力钢筋的绑扎搭接接头宜相互错开,如图 4.35 所示。绑扎搭接接头中钢筋的横向净距离不应小于钢筋直径,且不应小于 25 mm。钢筋绑扎搭接接头连接区段的长度为 $1.3l_1$,凡搭接接头连接点位于该连接区段长度内,搭接接头均属于同一连接区段。同一连接区段内,其百分率应符合设计要求,当无具体要求时,应符合下列规定:对梁、板类及墙类构件不宜大于 25%,对柱类构件不宜大于 50%;工程中确有必要增大接头面积百分率时,对梁类构件不应大于 50%,对其他构件可根据实际情况放宽。纵向受压钢筋搭接接头面积百分率不宜大于 50%。

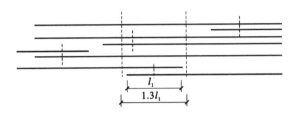

图 4.35 纵向受力钢筋绑扎搭接接头

钢筋机械连接与焊接接头连接区段的长度为 $35d$(d 为纵向受力钢筋的较大直径),且不小于 500 mm。同一连接区段内,纵向受力钢筋的接头面积百分率应符合设计要求。当设计无具体要求时,应符合下列规定:受拉区不宜大于 50%;受压区不受限制;接头不宜设置在有抗震设防要求的框架梁端、柱端的箍筋加密区,当无法避开时,对等强度、高质量的机械连接接头,接头面积百分率不应大于 50%;直接承受动力荷载的结构构件中,不宜采用焊接接头,当采用机械连接接头时,接头面积百分率不应大于 50%。

4.2.6 钢筋安装

钢筋网与钢筋骨架的分段(块)应根据结构配筋特点及起重运输能力而定。一般钢筋网的分块面积以 6~20 m² 为宜,钢筋骨架的分段长度宜为 6~12 m。

为防止钢筋网与钢筋骨架在运输和安装过程中发生歪斜变形,应采取临时加固措施。图 4.36 是绑扎钢筋网的临时加固图。

钢筋网与钢筋骨架的吊点应根据其尺寸、质量及刚度而定。宽度大于 1 m 的水平钢筋网宜采用四点起吊;跨度小于 6 m 的钢筋骨架宜采用二点起吊[图 4.37(a)],跨度大、刚度差的钢筋骨架宜采用横吊梁(铁扁担)四点起吊[图 4.37(b)]。为了防止吊点处钢筋受力变形,可采取兜底吊或加短钢筋。

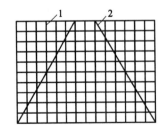

图 4.36 绑扎钢筋网的临时加固
1—钢筋网;2—加固筋

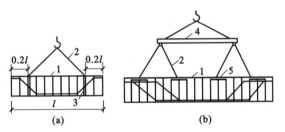

图 4.37 钢筋骨架的绑扎起吊
(a)二点绑扎;(b)采用铁扁担四点绑扎
1—钢筋骨架;2—吊索;3—兜底索;4—铁扁担;5—短钢筋

4.2.7　质量标准

（1）保证项目

① 钢筋的品种性能和质量必须符合设计要求和《混凝土结构工程施工质量验收规范》（GB 50204—2015）的规定。钢筋必须有出厂合格证明和试验报告。

② 钢筋的规格、形状、尺寸、数量、间距、锚固长度、接头位置、保护层厚度必须符合设计要求和相关规范的规定。

（2）基本项目

① 钢筋、骨架绑扎时，缺扣、松扣不超过绑扎数的 10％，且不应集中。

② 钢筋弯钩的朝向正确，绑扎接头符合相关规范的规定，搭接长度不小于规定值。

（3）允许偏差

钢筋安装及预埋件位置的允许偏差和检验方法应符合表 4.9 的规定。

表 4.9　钢筋安装及预埋件位置的允许偏差和检验方法

项目			允许偏差/mm	检验方法
绑扎钢筋网	长、宽		±10	用钢尺检查
	网眼尺寸		±20	用钢尺连续量三挡，取最大值
绑扎钢筋骨架	长		±10	用钢尺检查
	宽、高		±5	用钢尺检查
受力骨架	间距		±10	用钢尺量两端、中间各一点，取最大值
	排距		±5	
	保护层厚度	基础	±10	用钢尺检查
		柱、梁	±5	用钢尺检查
		板、墙、壳	±10	用钢尺检查
绑扎钢筋、横向钢筋间距			±5	用钢尺量连续三挡，取最大值
钢筋弯起点位置			±3	用钢尺检查
预埋件	中心线位置		±20	用钢尺检查
	水平高差		20	用钢尺和塞尺检查

4.3　混凝土工程

4.3.1　施工准备

（1）内业资料

隐蔽部位材质合格；检验和试验资料齐全；配合比正确；确定具备开盘条件的各专业（含工程分包）会签完成；项目已经出具开盘令；施工方案、技术安全交底手续齐全；配合比下料单齐全，且配合比牌清晰悬挂。

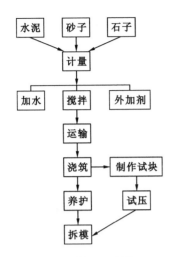

图 4.38　混凝土工程施工
工艺流程图

（2）外业要求

上道工序已经完成；后台计量器具齐全完好；前台浇筑、振捣、看筋、看模、看埋件人员到位；混凝土输送机械、设备、管路、操作平台等情况已落实；水电及原材料、商品混凝土的供应已有保证；垂直与水平运输等方面满足现场要求。

4.3.2　施工工艺流程

混凝土工程质量的好坏是混凝土能否达到设计强度等级的关键，将直接影响钢筋混凝土结构的强度和耐久性。

混凝土工程施工工艺过程包括混凝土的配料、拌制、运输、浇筑、振捣、养护等。其施工工艺流程如图 4.38 所示。

4.3.3　混凝土施工配料

为保证混凝土的质量，在施工中必须换算施工配合比，严格控制施工配料。

4.3.3.1　施工配合比换算

混凝土实验室配合比所用的骨料都是完全干燥的，而施工现场使用的砂、石都有一定的含水率，且含水率随季节、天气而不断变化。如果不考虑现场砂、石含水率变化，便改变了实际砂石用量和用水量，改变了原材料的配合比。为保证混凝土工程质量，在施工时要按砂、石实际含水率对实验室配合比进行修正。根据施工现场砂、石含水率调整后的配合比就是施工配合比。

若实验室配合比为水泥：砂：石$=1:x:y$，水胶比为 W/C，现场测得砂含水率为 W_x，石子含水率为 W_y，则施工配合比为：

$$水泥：砂：石 = 1:x(1+W_x):y(1+W_y)$$

水胶比 W/C 不变。

【例 4.3】　某教学楼混凝土实验室配合比为 1：2.15：4.36，水胶比 $W/C=0.65$，每立方米混凝土水泥用量 $C=300\ \text{kg}$，现场实测砂含水率为 4%，石子含水率为 2%，求施工配合比及每立方米混凝土各种材料用量。

【解】　施工配合比：

$$1:x(1+W_x):y(1+W_y) = 1:2.15\times(1+4\%):4.36\times(1+2\%) = 1:2.24:4.45$$

按施工配合比计算每立方米混凝土各组成材料用量：

水泥：300 kg

砂：$300\times2.24 = 672$ kg

石：$300\times4.45 = 1335$ kg

水：$W' = (W/C - xW_x - yW_y)C = (0.65 - 2.15\times4\% - 4.36\times2\%)\times300 = 143.04$ kg

4.3.3.2　施工配料

施工中若使用袋装水泥，应以一袋或两袋水泥为单位计算每盘搅拌机（每搅拌一次叫作一盘）所需各种材料用量。

【例 4.4】　已知条件同例 4.3，采用 250 L 混凝土搅拌机，求搅拌时的一次投料量。

【解】　250 L 搅拌机每盘的投料数量：

水泥:300×0.25＝75 kg　（取一袋半）

砂:75×2.24 ＝168 kg

石子:75×4.45＝ 333.75 kg

水:75×(0.65－2.15×4％－4.36×2％)＝34.26 kg

每盘混凝土一次投料量按质量投料,每盘装料数量不得超过搅拌筒标准容量的10％。投料时允许偏差不得超过下列规定:水泥、外掺混合材料为±2％;粗、细骨料为±3％;水、外加剂为±2％。

4.3.4　混凝土的搅拌

【扫码演示】

混凝土的搅拌就是将水、水泥和粗、细骨料进行均匀拌和及混合的过程,同时通过搅拌使材料达到强化、塑化。

4.3.4.1　混凝土搅拌机

混凝土搅拌机按其搅拌原理主要分为自落式搅拌机和强制式搅拌机两类。

① 自落式搅拌机

自落式搅拌机搅拌筒内壁装有叶片,搅拌筒旋转时,叶片将物料提升一定的高度后自由下落。根据搅拌筒的形状不同,分为鼓筒式、锥形反转出料式和双锥形倾斜出料式三种类型。自落式搅拌机多用以搅拌塑性混凝土和低流动性混凝土,其筒体和叶片磨损较小,易于清理,但效率低,对混凝土骨料磨损较大,导致混凝土强度降低,现已逐步被强制式搅拌机所取代。搅拌时间一般为90～120 s/盘,其构造如图4.39所示。

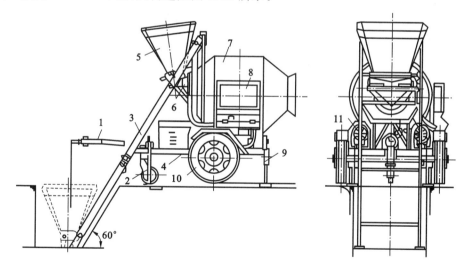

图 4.39　双锥反转出料式搅拌机

1—牵引架;2—前支腿;3—上料架;4—底盘;5—料斗;6—中间料斗;7—锥形搅拌筒;
8—电气箱;9—支腿;10—行走轮;11—搅拌动力和传动机构

② 强制式搅拌机

强制式搅拌机搅拌时将材料强行搅拌,直至搅拌均匀。这种搅拌机的搅拌作用强烈,适宜于搅拌干硬性混凝土和轻骨料混凝土,也可搅拌流动性混凝土。强制式搅拌机具有搅拌质量好、搅拌速度快、生产效率高、操作简便及安全等优点,但机件磨损严重,多用于集中搅拌站。其外形如图4.40所示。

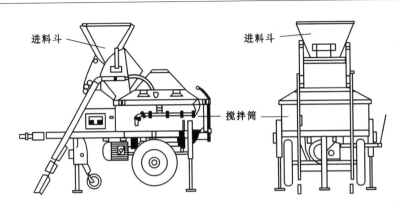

图 4.40 涡桨式强制搅拌机

我国规定混凝土搅拌机以其出料容量(m³)×1000 标定规格,我国混凝土搅拌机的系列有 150 L、250 L、350 L、500 L 等。

4.3.4.2 搅拌制度的确定

为了获得质量优良的混凝土拌合物,除正确选择搅拌机外,还必须正确确定搅拌制度,即搅拌时间、投料顺序和进料容量等。

(1)搅拌时间

混凝土的搅拌时间是从砂、石、水泥和水等全部材料投入搅拌筒起,到开始卸料为止所经历的时间。搅拌时间随搅拌机类型、容量、混凝土和易性的不同而变化。在一定范围内,随着搅拌时间的延长,强度会有所提高,若时间过长则不经济,并且和易性将降低。加气混凝土还会因搅拌时间过长而使含气量下降。通过充分搅拌应使混凝土的组成材料混合均匀、颜色一致。混凝土搅拌的最短时间可按表 4.10 采用。

表 4.10 混凝土搅拌的最短时间

混凝土坍落度 /cm	搅拌机机型	最短时间/s		
		搅拌机容量小于 250 L	搅拌机容量为 250~500 L	搅拌机容量大于 500 L
≤3	自落式	90	120	150
	强制式	60	90	120
>3	自落式	90	90	120
	强制式	60	60	90

注:掺有外加剂时,搅拌时间应适当延长。

(2)投料顺序

投料顺序应从提高搅拌质量、减少拌合物与搅拌筒的黏结、减少水泥飞扬、改善工作环境、提高混凝土强度及节约水泥等方面综合考虑确定。常用一次投料法和二次投料法。

① 一次投料法是在上料斗中先装石子、水泥、砂,一次投入搅拌筒,加水搅拌。这种方法多用于施工现场。

② 二次投料法又分为预拌水泥砂浆法和预拌水泥净浆法。预拌水泥砂浆法是指先将水泥、砂和水加入搅拌筒内进行充分搅拌,成为均匀的水泥砂浆后,再加入石子搅拌成均匀的混凝土。预拌水泥净浆法是先将水泥和水充分搅拌成均匀的水泥净浆后,再加入砂和石子搅拌成混凝土。

二次投料法与一次投料法相比可使混凝土强度提高 10%～15%,节约水泥用量 15%～20%。二次投料法多用于强制式搅拌机集中搅拌混凝土。

（3）进料容量

进料容量是搅拌前各种原材料的体积之和,又称干料容量。出料容量是搅拌机每盘可搅拌出的混凝土体积。进料容量是出料容量的 1.4～1.8 倍。进料容量超过 10%,材料在搅拌筒内无充分的空间进行掺和,影响混凝土拌合物的均匀性;如果装料过少,则又不能充分发挥搅拌机的效能。

4.3.4.3　预拌混凝土生产与运输

（1）配料顺序

预拌混凝土的配料顺序为:砂、石→水泥、掺合料→水、外加剂。

（2）混凝土搅拌

① 干式配料站按设计把水泥、掺合料、粗（细）骨料装于搅拌车,由搅拌车完成搅拌、加水和外加剂的工作。

② 湿式配料站把材料按配料顺序全部装入搅拌机的搅拌筒内搅拌均匀后,装入混凝土搅拌运输车的料筒内。

（3）混凝土运输

① 混凝土搅拌运输车装料前应把筒内积水排净。

② 运输途中,拌筒以 1～3 r/min 的转速进行搅动,防止离析。

③ 搅拌车到达施工现场卸料前,应使拌筒以 8～12 r/min 转 1～2 min,然后再进行反转卸料。

（4）质量要求

① 混凝土搅拌车出站前,每部车都必须经质量检查员检查和易性,和易性合格后才能签证放行。

② 现场取样时,应以搅拌车卸料 1/4 容积后至 3/4 容积前的混凝土为代表。

③ 混凝土取样、试件制作、养护,均应由供需双方共同签证认可。

④ 搅拌车卸料前不得出现离析和初凝现象。

⑤ 混凝土搅拌车出站前和到达现场时的坍落度抽检每天不少于 2 次。

⑥ 混凝土整车容重检查,每一配合比每天不少于 1 次。

⑦ 水、外加剂计量系统每周自检不少于 2 次;砂、石、水泥的计量系统每月自检不少于 1 次。

⑧ 混凝土装料、搅拌、运输、卸料时,水泥或水泥浆不得有明显流失。

4.3.4.4　搅拌应注意的问题

（1）在每次用搅拌机拌和第一罐混凝土前,应先开动搅拌机空车运转,运转正常后,再加料搅拌。拌第一罐混凝土时,宜按配合比多加入 10% 的水泥、水、细骨料用量,或减少 10% 的粗骨料用量,防止第一罐混凝土拌合物中的砂浆偏少。

（2）在每次开始使用搅拌机搅拌时,应注意监视与检测搅拌初始的前二、三罐混凝土拌合物的和易性。

（3）在拌和掺有掺合料（如粉煤灰等）的混凝土时,宜以部分水、水泥及掺合料在机内拌和后,再加入砂、石及剩余水,并适当延长拌和时间。

（4）使用外加剂时,宜先将外加剂制成外加剂溶液,并预加入拌用水中。当采用粉状外加剂时,也可采用定量小包装外加剂另加载体的掺用方式;当用外加剂溶液时,应经常检查外加剂溶液的浓度,并应经常搅拌外加剂溶液,使溶液浓度均匀一致,防止沉淀。溶液中的水量应包括在拌和用水量内。

(5)当混凝土搅拌完毕或预计停歇 1 h 以上时,除将余料出净外,应用石子和清水倒入搅拌筒内,开机转动 5～10 min,把黏在搅拌筒上的砂浆冲洗干净后全部卸出。搅拌筒内不得有积水,以免料筒和叶片生锈。同时,还应清理搅拌筒外的积灰,使机械保持清洁、完好。

【扫码演示】

4.3.5 混凝土的运输

4.3.5.1 对混凝土运输的要求

(1)混凝土在运输过程中不应有分层、离析现象。如有离析现象,必须在浇筑前进行二次搅拌。

(2)混凝土应以最少的转运次数、最短的时间从搅拌地点运至浇筑地点,保证混凝土从搅拌机中卸出后到浇筑完毕的延续时间不超过表 4.11 的规定。

表 4.11 混凝土从搅拌机中卸出后到浇筑完毕的延续时间(min)

混凝土强度等级	气温	
	低于 25 ℃	不低于 25 ℃
≤C30	120	90
>C30	90	60

注:① 掺用外加剂或采用快硬水泥拌制混凝土时,应按试验确定;
② 轻骨料混凝土的运输、浇筑延续时间应适当缩短。

(3)混凝土在运输中的全部时间不应超过混凝土的初凝时间。

(4)运输工具应不吸水、不漏浆,黏附的混凝土残渣要经常清理。

(5)运输道路应尽量平坦。

【扫码演示】

4.3.5.2 混凝土运输工具

(1)水平运输

常用的水平运输工具有双轮手推车、机动翻斗车、自卸汽车、混凝土搅拌运输车等。

(2)垂直运输

常用的垂直运输工具有井架、龙门架和塔式起重机等。

(3)混凝土泵运输

混凝土泵运输又称泵送混凝土,是利用混凝土泵的压力将混凝土通过管道输送到浇筑地点,进行水平和垂直运输。混凝土泵具有输送能力大(最大水平输送距离可达 800 m,最大垂直输送高度可达 300 m)、效率高、连续作业、节省人力等优点,是施工现场运输混凝土的较先进方法,现已得到广泛的应用。

泵送混凝土设备有混凝土泵、混凝土输送管和布料装置。

① 混凝土泵

混凝土泵按其移动方式分为固定式、拖式和汽车式泵;按驱动方式分为活塞式和挤压式;按动力不同分为机械活塞式和液压活塞式;汽车式泵又分为带布料杆和不带布料杆两种。目前应用较多的是活塞泵。液压活塞式混凝土泵是一种较为先进的混凝土泵。其工作原理如图 4.41 所示。

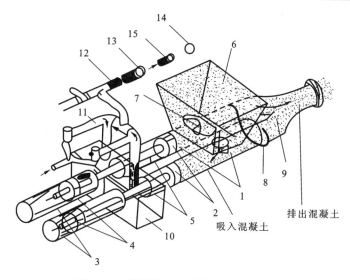

图 4.41　液压活塞式混凝土泵工作原理

1—混凝土缸；2—混凝土活塞；3—液压缸；4—液压活塞；5—活塞杆；

6—受料斗；7—吸入端水平片阀；8—排出端竖直片阀；9—"Y"形输送管；10—水箱；

11—水洗装置换向阀；12—水洗用高压软管；13—水洗用法兰；14—海绵球；15—清洗活塞

混凝土汽车泵(图 4.42)或移动泵车是将混凝土泵装在汽车底盘上组成混凝土泵车,此种泵车都附带有全回转三段折叠臂架式的布料杆,转移方便、灵活,适用范围广,既可以通过在工地配置装接的管道输送到较远、较高的混凝土浇筑部位,也可以发挥随车附带的布料杆的作用,把混凝土直接输送到需要浇筑的地点。

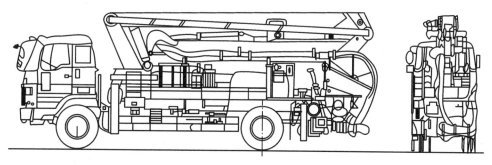

图 4.42　混凝土汽车泵

施工时,混凝土泵一般应尽量靠近浇筑地点,并且满足两台混凝土搅拌输送车能同时就位,使混凝土泵能不间断地得到混凝土供应,进行连续压送,以充分发挥混凝土泵的有效能力。

固定式混凝土泵使用时,需用汽车将它拖至施工地点,然后进行混凝土输送。固定式混凝土泵(图 4.43)具有输送能力大、输送高度高等特点,一般最大水平输送距离为 $250\sim600$ m,最大垂直输送高度为 150 m,输送能力为 60 m³/h 左右,适用于高层建筑的混凝土输送。

② 混凝土输送管

混凝土输送管有直管、弯管、锥形管和浇筑软管等。直管、弯管的管径以 100 mm、125 mm 和 150 mm 三种为主,直管标准长度以 4.0 m 为主;弯管的角度有 15°、30°、45°、60°、90° 这五种,以适应管道改变方向;锥形管长度一般为 1.0 m,用于两种不同管径输送管的连接。浇筑软管由橡胶与螺旋形弹性金属制成。软管接在管道出口处,在不移动钢管的情况下,可扩大布料范围。

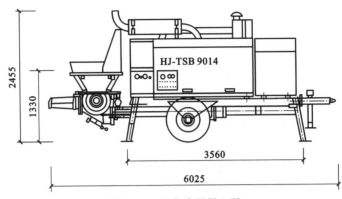

图 4.43 固定式混凝土泵

③ 布料装置

为使输送的混凝土直接浇筑到模板内,应设置具有输送和布料两种功能的布料装置(称为布料杆)。图 4.44 为移动式布料装置,放在楼面上使用,其臂架可回转 360°,可将混凝土输送到其工作范围内的浇筑地点。此外,还可将布料杆装在塔式起重机上,也可将混凝土泵和布料杆装在汽车底盘上组成布料杆泵车,用于基础工程或多层建筑混凝土浇筑。

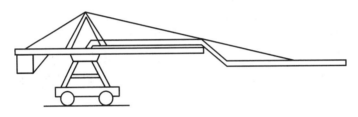

图 4.44 移动式布料装置

4.3.6 混凝土的浇筑

【扫码演示】

在混凝土浇筑工作中必须注意以下内容:

4.3.6.1 混凝土的自由下落高度

浇筑混凝土时为避免发生离析现象,混凝土自高处倾落的自由高度(称自由下落高度)不应超过 2 m。自由下落高度较大时应使用溜槽或串筒(图 4.45),以防混凝土产生离析。串筒由薄钢板制成,每节筒长 700 mm 左右,用钩环连接,筒内设有缓冲挡板。溜槽一般用木板制作,表面包铁皮,使用时其水平倾角不宜超过 30°。

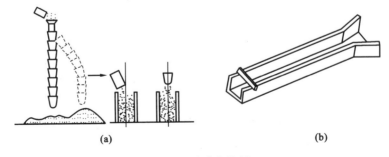

(a) **(b)**

图 4.45 串筒与溜槽

(a)串筒;(b)溜槽

4.3.6.2　混凝土分层浇筑

混凝土的浇筑应分段、分层连续进行,随浇随捣,在下层混凝土初凝之前将上层混凝土浇灌并振捣完毕。混凝土分层浇筑时,每层的厚度应符合表 4.12 的规定。

表 4.12　混凝土浇筑层厚度

项次	捣实混凝土方法		浇筑层厚度/mm
1	插入式振捣		振捣器作用部分长度的 1.25 倍
2	表面振捣		200
3	人工捣固	基础、素混凝土、配筋稀疏	250
		在梁、墙板、柱结构中	200
		配筋密集的结构中	150
4	轻骨料混凝土	插入式振捣器	300
		表面振动(振动时需加荷)	200

4.3.6.3　施工缝

浇筑混凝土应连续进行,如果必须设置间歇,间歇时间应尽量缩短。间歇的最长时间应按所用水泥品种及混凝土凝结条件确定。混凝土在浇筑过程中的最大间歇时间不得超过表 4.13 的规定。

如果由于技术或施工组织的原因,混凝土结构不能一次连续浇筑完毕,且停歇时间超过混凝土的初凝时间,当继续浇筑混凝土时,后浇筑的混凝土的振捣将破坏先浇筑的混凝土的凝结,就形成了接缝,即为施工缝。

(1) 施工缝的位置

表 4.13　混凝土浇筑中的最大间歇时间(min)

混凝土强度等级	气温	
	≤25 ℃	>25 ℃
≤C30	210	100
>C30	180	150

① 施工缝的位置宜留在结构受剪力较小且便于施工的部位。柱应留水平缝,梁、板应留垂直缝。

② 柱的施工缝宜留置在基础的顶面、梁或吊车梁牛腿的下面、吊车梁的上面、无梁楼板的柱帽的下面,如图 4.46 所示。在框架结构中,如果梁的负筋向下弯入柱内,施工缝也可设置在这些钢筋的下端,以便绑扎。

③ 和板连成整体的大截面梁(梁的高度大于 1 m)的施工缝留置在板底面以上 20～30 mm处。当板下有梁托时,留在梁托下部。

④ 单向板的施工缝可留置在平行于板的短边的任何位置。有主、次梁的肋梁楼盖宜顺着次梁方向浇筑,施工缝应留置在次梁跨中 1/3 范围内,见图 4.47。

⑤ 墙的施工缝留置在门洞口过梁跨中 1/3 范围内,也可留在纵横墙的交接处。

⑥ 楼梯施工缝应留置在梯段长度端部的 1/3 范围内,栏板施工缝与梯段施工缝相对应,栏板混凝土与踏步板一起浇筑。

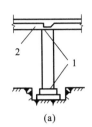 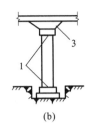 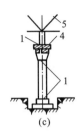 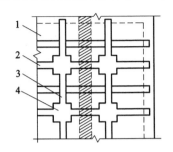

图 4.46　柱子施工缝的位置

（a）肋形楼板柱；（b）无梁楼板柱；（c）吊车梁柱

1—施工缝；2—梁；3—柱帽；4—吊车梁；5—屋架

图 4.47　肋形楼盖施工缝位置

1—楼板；2—次梁；3—主梁；4—柱

⑦ 双向受力楼板、大体积混凝土结构、拱、薄壳、蓄水池、斗仓、多层钢架及其他结构复杂的工程，施工缝的位置应按设计要求留置。

（2）施工缝的处理

在施工缝处继续浇筑混凝土时，须待已浇筑的混凝土抗压强度达到 1.2 N/mm² 后方可浇筑混凝土。继续浇筑混凝土前，应清除垃圾、水泥薄膜、表面上松动的砂石和软弱混凝土层，同时还应凿毛，用水冲洗干净并充分湿润，湿润时间一般不宜少于 24 h，残留在混凝土表面的积水应予以清除。在浇筑前，水平施工缝宜先铺上一层 10～15 mm 厚的水泥砂浆，其配合比与混凝土内的砂浆成分相同。从施工缝处开始继续浇筑时，要注意避免直接靠近缝边下料。机械振捣前，宜向施工缝处逐渐推进，并在距施工缝 80～100 cm 处停止振捣，但应加强对施工缝接缝的捣实工作，使其紧密结合。

4.3.6.4　后浇带的设置

后浇带也称施工后浇带。为防止现浇钢筋混凝土结构由于沉降、收缩、温度不均可能产生的有害裂缝，按照设计或相关规范要求，在板（包括基础底板）、墙、梁相应位置留设临时施工缝，将结构暂时划分为若干部分，经过构件内部收缩，在若干时间后再浇捣该施工缝混凝土，将结构连成整体。后浇带是既可解决沉降差又可减少收缩应力的有效措施，故在工程中应用较多。

后浇带按作用方式可分为三种：用于解决高层主体与裙房的差异沉降者，称为后浇沉降带；用于解决钢筋混凝土收缩变形者，称为后浇收缩带；用于解决混凝土温度应力者，称为后浇温度带。

后浇带的位置、距离通过设计计算确定。后浇带应设在结构受力较小的部位，其宽度应考虑施工简便、避免应力集中等因素，一般设置为 70～100 cm。后浇带内的钢筋应保存完好。后浇带一般采用密目钢丝网隔开留置，后浇带混凝土施工时应清理干净散落的混凝土及杂物，密目网如锈蚀也应清理掉。后浇带的构造见图 4.48。

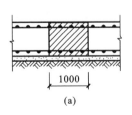 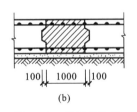 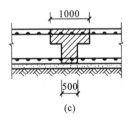

图 4.48　后浇带构造

（a）平接式；（b）企口式；（c）台阶式

后浇带的保留时间应根据设计确定,若设计无要求时,一般至少保留 28 d 以上。

后浇带在浇筑混凝土前,必须将整个混凝土表面按照施工缝的要求进行处理。填充后浇带混凝土可采用微膨胀水泥或无收缩水泥,也可采用普通水泥加入相应的外加剂拌制,但必须在有防水要求的部位设置后浇带,应考虑止水带构造;设置后浇带部位还应该考虑模板等措施内容不同的消耗因素;后浇带部位填充的混凝土强度等级须比原结构提高一级,并保持至少 15 d 的湿润养护。

4.3.6.5　现浇多层钢筋混凝土框架结构的浇筑

浇筑多层框架结构时一般按结构进行分层施工。在每一施工层中,应先浇筑柱或墙,然后再同时浇筑梁和板的混凝土。每一施工段中的柱或墙,应按各层高度连续浇筑。每一排柱子的浇筑顺序应由外向内对称进行,禁止由一端向另一端推进,以免模板吸水膨胀后使一端受推倾斜。柱子、墙(包括剪力墙)浇筑前,底部应先浇筑一层厚 50～100 mm、与所浇筑混凝土内砂浆成分相同的水泥砂浆或水泥浆。

在浇筑与柱和墙连成整体的梁和板时,应在柱和墙浇筑完毕后停歇 1～1.5 h,使其获得初步沉实后,再继续浇筑梁和板。

墙与隔墙应分段浇筑,每段的高度不应大于 3 m。肋形楼板的梁、板应同时浇筑。浇筑方法:应先将梁根据高度分层浇捣成阶梯形,当达到板底位置时即与板的混凝土一起浇捣,随着阶梯形的不断延长,则可连续向前推进(图 4.49)。倾倒混凝土的方向应与浇筑方向相反。

图 4.49　梁、板同时浇筑

4.3.6.6　剪力墙浇筑

剪力墙浇筑应采取长条流水作业,分段浇筑,均匀上升。砂浆或混凝土应用铁锹入模,不应用料斗直接灌入模内。洞口浇筑混凝土时,应使洞口两侧混凝土高度大体一致。振捣时,振捣棒应距洞边 30 cm 以上,从两侧同时振捣,以防止洞口变形,大洞口下部模板应开口并补充振捣。

4.3.6.7　泵送混凝土的浇筑

泵送混凝土的浇筑应根据工程结构特点、平面形状和几何尺寸,混凝土供应和泵送设备能力、劳动力和管理能力,以及周围场地大小等条件,预先划分好混凝土浇筑区域。

(1) 泵送混凝土对原材料的要求

泵送混凝土时,为使混凝土拌合物在泵送过程中不致离析和堵塞,就必须正确选择混凝土拌合物的原材料及配合比。

① 粗骨料宜优先选用卵石,碎石最大粒径与输送管内径之比不宜大于 1∶3,卵石不宜大于 1∶2.5。

② 细骨料以天然砂为宜,为防止离析和提高混凝土的流动性,泵送混凝土中通过 0.135 mm 筛孔的砂应不少于 15%,含砂率宜控制在 40%～50% 以内。

③ 水泥用量过少,混凝土易产生离析现象,因此,最少水泥用量为 300 kg/m³,坍落度宜为 80～180 mm,混凝土内宜适量掺入外加剂。

(2) 泵送混凝土的浇筑

① 输送管的布置宜短、直、缓,管段接头要严密,少用锥形管。

② 混凝土的供料应保证混凝土泵能连续工作,不间断。

③ 泵送混凝土应由远而近浇筑;在同一区域的混凝土,应按先竖向结构后水平结构分层

连续浇筑。

　　④ 泵送前,应先用水或适量与混凝土内水泥砂浆成分相同的水泥浆或水泥砂浆润滑输送管内壁;泵送过程中,泵的受料斗内应充满混凝土,防止吸入空气造成阻塞;开始泵送时,混凝土泵应处于慢速、匀速并随时可能反泵的状态。泵送的速度应先慢后快,逐步加速。同时,应观察混凝土泵的压力和各系统的工作情况,待各系统运转顺利后,再按正常速度进行泵送。混凝土泵送应连续进行。如果必须中断,则中断时间不要超过 1 h,同时应慢速间歇泵送,否则应立即用压力或其他方法冲洗管内残留的混凝土。泵送结束后,要及时清洗泵体和管道。

　　⑤ 在浇筑竖向结构混凝土时,布料设备的出口离模板内侧面不应小于 50 mm,并且不得向模板内侧面直冲布料,也不得直冲钢筋骨架;浇筑水平结构混凝土时,不得在同一处连续布料,应在 2～3 m 范围内水平移动布料,且宜与模板垂直。

4.3.7　混凝土振捣

　　混凝土拌合物浇入模板后呈疏松状态,必须经过振实,才能使浇筑的混凝土达到设计要求。振捣方式分为人工振捣和机械振捣两种。机械振捣是将振动器的振动力传给混凝土,使之发生强迫振动而密实成型,其效率高、质量好,在实际工作中广泛使用。

　　振动机械按工作方式可分为内部振动器(也称插入式振动器)、表面振动器(也称平板振动器)、外部振动器(也称附着式振动器)和振动台四种(图 4.50)。这些振动机械的构造原理主要是利用偏心轴或偏心块的高速旋转,使振动器因离心力的作用而振动。由于振动器的高频振动,水泥浆的凝胶结构受到破坏,从而降低了水泥浆的黏结力和骨料之间的摩擦力,提高了混凝土拌合物的流动性,使之能很好地填满模板内部,并获得较高的密实度。在现场若观察其表面不再有气泡排出、拌合物不再下沉、表面出现水泥砂浆时,则表示混凝土拌合物已被振实。

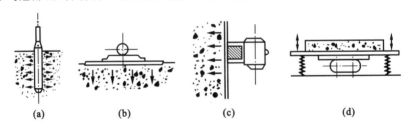

图 4.50　振动机械示意图
(a) 内部振动器;(b) 表面振动器;(c) 外部振动器;(d) 振动台

　　(1) 内部振动器

　　内部振动器又称插入式振动器,其构造如图 4.51 所示,主要适用于振捣基础、柱、墙、梁等和厚大体积设备基础的混凝土捣实。

　　使用内部振动器振捣混凝土时,应垂直插入,并插到下层尚未初凝的混凝土层中 50～100 mm,如图 4.52 所示,以促使上下层结合良好。振捣时要快插慢拔,快插是为了避免先将表面混凝土振实而造成分层离析,慢拔是为了使混凝土在振动棒拔出时不致形成空洞。

　　振动棒各插点的间距应该均匀,间距不超过振动棒有效作用半径 R 的 1.5 倍,振动器距离模板不应大于振动器作用半径的 1/2,应避免碰撞模板、钢筋、吊环或预埋件等。振捣移动方式分为行列式和交错式两种,如图 4.53 所示。交错式的重叠、搭接较多,比较合理。每个插点的振捣时间一般为 20～30 s,使用高频振动器时,最短不应少于 10 s。时间过短不易振实,

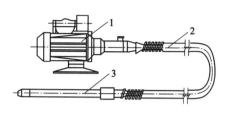

图 4.51　插入式振动器构造

1—电动机；2—软轴；3—振动棒

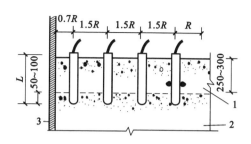

图 4.52　插入式振动器的插入深度

1—新浇筑的混凝土；

2—下层已振捣但尚未初凝的混凝土；3—模板；

R—有效作用半径；L—振捣棒长度

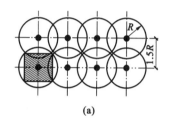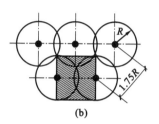

图 4.53　振捣移动方式

（a）行列式；（b）交错式

过长可能引起混凝土离析现象。

（2）表面振动器

表面振动器是由带偏心块的电动机和平板等组成的。在混凝土表面进行振捣，适用于楼板、地面等薄构件。使用时操作面应相互搭接 30～50 mm，最好振捣两遍，两遍方向相互垂直，第一遍使混凝土密实，第二遍使其表面平整。每一位置的延续时间一般为 25～40 s，以混凝土表面均匀出现浮浆为准。

（3）外部振动器

外部振动器使用时固定在模板外侧，振动器的偏心块旋转所产生的振动力通过模板传给混凝土，以达到振实的目的。使用外部振动器时要求模板有一定的刚度。外部振动器适合于振捣断面小而配筋密的构件。

4.3.8　混凝土养护

混凝土拌合物经浇筑振捣密实后，即进入静置养护期，其中水泥与水发生水化作用而使强度增加。在这一期间应为水泥的顺利水化创造条件，称作混凝土的养护。水泥的水化要有一定的温度和湿度。温度主要影响水泥水化的速度，而湿度条件则影响水泥水化能力。混凝土如在炎热气候下浇筑，又不及时养护，则会在混凝土表面出现片状或粉状剥落，降低混凝土的强度；另外，混凝土过早失水，还会因收缩变形而出现干缩裂缝，影响混凝土的整体性和耐久性，所以，应对混凝土加强养护。在混凝土浇筑完毕后，应在 12 h 以内加以养护；干硬性混凝土和真空脱水混凝土应于浇筑完毕后立即进行养护。养护方法有自然养护、蒸汽养护、蓄热养护等。

4.3.8.1　自然养护

自然养护是指在平均气温高于 5 ℃的条件下使混凝土保持湿润状态的养护方法。自然养护又可分为洒水养护和喷洒塑料薄膜养生液养护等。自然养护通常在混凝土浇筑完毕后12 h内开始。养护要点如下：

（1）混凝土的裸露表面应覆盖麻袋、草席、锯末、砂、炉渣等。

（2）初期用喷壶洒水，2 d后可用胶管浇水。外界平均气温低于 5 ℃时，不得洒水。

（3）浇水天数视水泥品种而定，硅酸盐水泥、普通硅酸盐水泥和矿渣硅酸盐水泥不得少于7 d；掺用缓凝型外加剂及有抗渗性要求的混凝土，不得少于14 d；用其他品种水泥时，混凝土的养护时间应根据水泥技术性能确定。

（4）对于大面积的混凝土公路、地坪、楼板、屋面等，可进行蓄水养护。蓄水的高度保持在40～60 mm，蒸发后则及时补充。

（5）不易洒水养护的混凝土结构可采用喷洒塑料薄膜养生液养护。它是将养生液用喷枪喷洒在混凝土上，溶液挥发后在混凝土表面形成一层塑料薄膜，使混凝土与空气隔绝，阻止其中的水分蒸发，以保证水化作用的正常进行。在夏季，薄膜成型后要防晒，否则易产生裂纹。

混凝土必须养护至其强度达到 1.2 N/mm² 以上，才允许在上面作业。

4.3.8.2　蒸汽养护

蒸汽养护就是将构件放置在有饱和蒸汽或蒸汽、空气混合物的养护室内，在有较高的温度和相对湿度的环境中进行养护，以加速混凝土的硬化，使混凝土在较短的时间内达到规定的强度标准值。

蒸汽养护过程分为静停、升温、恒温、降温四个阶段。

（1）混凝土构件成型后在室温下停放养护叫作静停。

（2）升温阶段是构件的吸热阶段。升温速度不宜过快，以免构件表面和内部产生过大温差而出现裂纹。对薄壁构件（如多肋楼板、多孔楼板等）每小时不得超过 25 ℃，其他构件不得超过 20 ℃；用于硬性混凝土制作的构件不得超过 40 ℃。

（3）升温后温度保持不变的时段即恒温阶段。此时强度增长得最快，这个阶段应保持90%～100%的相对湿度；最高温度不得大于 95 ℃，时间为 3～8 h。

（4）降温阶段是构件散热过程。降温速度不宜过快，每小时不得超过 10 ℃，出池后，构件表面与外界温差不得大于 20 ℃。

4.3.9　大体积混凝土施工

大体积钢筋混凝土具有结构厚、体形大、施工条件复杂和技术要求高等特点。除了要满足刚度、强度和耐久性的要求以外，最突出的问题就是如何控制温度的变化引起的混凝土开裂。

裂缝的出现是因混凝土体积大，在其水化过程中水化热产生的温度应力与大体积混凝土收缩而产生的收缩应力共同作用引起的。

在施工过程中，要了解大体积混凝土中温度的变化引起裂缝出现的原因，应采取措施降低混凝土内部的最高温度和减小内外温差。

4.3.9.1　裂缝的起因

钢筋混凝土结构出现裂缝，其原因是：

① 在荷载作用下，结构的强度、刚度或稳定性不够而出现的裂缝；

② 温度、收缩、不均匀沉降等所引起的裂缝。

大体积混凝土裂缝就是第二类原因，即由于水泥水化热所产生的裂缝。

大体积钢筋混凝土结构浇筑后，由于体积大，水泥的水化热量大，水化热聚积在内部不易散发，混凝土内部温度显著升高，而表面散热较快、温度相对较低，这样形成的内外温差较大，使内部产生压应力，而在表面产生拉应力。温差过大则易在混凝土表面产生裂纹。当混凝土内部逐渐散热冷却产生收缩时，由于受到基底或已浇筑的混凝土的约束，接触处将产生很大的拉应力。当拉应力超过混凝土的极限抗拉强度时，与约束接触处会产生裂缝，甚至会贯穿整个混凝土块体，由此带来严重的危害。在进行大体积钢筋混凝土结构的浇筑时，上述两种裂缝（尤其是后一种裂缝）都应设法防止。

4.3.9.2　控制裂缝出现的措施

（1）原材料的选择

① 选择水泥

优先选用水化热低的矿渣水泥，减少水泥用量。

② 掺入外加料

a. 掺入木质素磺酸钙减水剂，可改善混凝土的和易性。如果在混凝土中掺入水泥质量的 0.25% 的木质素磺酸钙，可减少 10% 的拌和水，节约 10% 的水泥，从而降低水化热。

b. 加入适量的粉煤灰。由于粉煤灰的颗粒呈球状，具有"滚球效应"，能起润滑作用，改善混凝土的黏塑性和可泵性，从而降低水化热。

③ 选择骨料

a. 粗骨料的选择。对于大体积混凝土，在施工条件允许的前提下，尽量选用粒径较大、级配良好的石子，这样可减少水泥用量，从而减少用水量，降低水化热，使混凝土的收缩也随之减小。

b. 细骨料的选择。在拌制混凝土时，一般选用中砂或粗砂，这样可减少水泥用量和用水量，从而减少混凝土的收缩和降低水化热。

c. 控制砂石的含泥量。因为含泥量过大，不仅会增加混凝土的收缩，也会降低混凝土的强度。因此，要将砂、石洗干净，以控制石子的含泥量不超过 10%，砂的含泥量不超过 2%。

④ 水

降低拌和水温度，如在拌和水中加冰屑。

（2）施工措施

① 选择浇筑方案

大体积混凝土浇筑时，为保证结构的整体性和施工的连续性，采用分层浇筑时，应保证在下层混凝土初凝前将上层混凝土浇筑完毕。一般有三种浇筑方案：

a. 全面分层［图 4.54(a)］。全面分层方案，一般适用于平面尺寸不大的结构。在整个模板内，将结构分成若干个厚度相等的浇筑层，浇筑区的面积即为构件平面面积。浇筑混凝土时从短边开始，沿长边方向浇筑，要求在逐层浇筑过程中，第二层混凝土要在第一层混凝土初凝前浇筑完毕。

b. 分段分层［图 4.54(b)］。分段分层方案适于结构厚度不大而面积或长度较大时采用。当采用全面分层方案时，浇筑强度（浇筑速度）很大，现场混凝土搅拌机、运输和振捣设备均不能满足施工要求时，可采用分段分层方案。浇筑混凝土时，结构沿长边方向分成若干段，浇筑工作从底层开始，当第一层混凝土浇筑 2～3 m 后，便回头浇筑第二层，依次浇筑各层，如此向前呈阶梯形推进。

c. 斜面分层[图 4.54(c)]。斜面分层方案多用于结构长度远远超过 3 倍厚度的结构。采用斜面分层方案时，混凝土一次浇筑到顶，由于混凝土自然流淌而形成斜面，混凝土振捣工作从浇筑层下端开始逐渐上移。

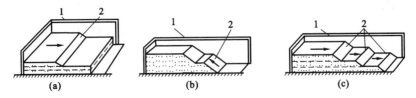

图 4.54　大体积混凝土浇筑方案
(a) 全面分层；(b) 分段分层；(c) 斜面分层
1—模板；2—新浇筑的混凝土

② 控制浇筑时混凝土的温度

在夏天，为防止太阳直射，将砂、石堆放于阴棚之下，或用冷水冲洗砂、石，以达到降温的目的；另外，可选择气温不是很高的季节施工；也可预埋冷却水管，通过循环将混凝土内部热量带出。《大体积混凝土施工规范》(GB 50496—2009)规定，浇筑温度控制在 25 ℃，所以，在浇筑时，合理控制振捣时间，浇筑完后要及时加强对混凝土的养护。

4.3.10　混凝土质量的检查

混凝土质量的检查包括施工过程中的质量检查和养护后的质量检查。

4.3.10.1　施工过程的质量检查

即在制备和浇筑过程中对原材料的质量、配合比、坍落度等的检查，每一工作班至少检查两次，遇有特殊情况还应及时进行检查。混凝土的搅拌时间应随时检查。

4.3.10.2　混凝土养护后的质量检查

主要包括混凝土的强度、表面外观质量和结构构件的轴线、标高、截面尺寸和垂直度的偏差。如果设计上有特殊要求，还需对其抗冻性、抗渗性等进行检查。

(1) 混凝土强度的检查

主要指抗压强度的检查。应以边长为 150 mm 的立方体试件，在温度为 17～23 ℃和相对湿度为 90％以上的潮湿环境或水中的标准条件下，经 28 d 养护后测得具有 95％保证率的混凝土抗压强度。

评定结构或构件混凝土强度质量的试块，应在浇筑处随机抽样留设。试件留置规定为：

① 每拌制 100 盘且不超过 100 m^3 的同配合比的混凝土，其取样不得少于一次；

② 每一工作班拌制的同配合比的混凝土不足 100 盘时，其取样不得少于一次；

③ 每一现浇楼层同配合比的混凝土，其取样不得少于一次；

④ 同一单位工程每一验收项目中同配合比的混凝土，其取样不得少于一次；

⑤ 当一次连续浇筑超过 1000 m^3 时，同一配合比的混凝土每 200 m^3 取样不得少于一次。

每次取样应至少留置一组标准试件，同条件养护试件的留置组数根据实际需要确定。预拌混凝土除应在预拌混凝土厂内按规定取样外，混凝土运到施工现场后，尚应按上述规定留置试件。

商品混凝土除在搅拌站按上述规定留置试件外，在混凝土运到施工现场后，还应留置试块。

为了检查结构及构件的拆模、出池、出厂、吊装、预应力张拉、放张等需要，还应留置与结构或构件同条件养护的试件,试件组数可按实际需要确定。

　　每组三个试件应在同盘混凝土中取样制作,并按下列规定确定该组试件的混凝土强度代表值:取三个试件强度的平均值;当三个试件强度中的最大值或最小值之一与中间值之差超过中间值的 15% 时,取中间值;当三个试件强度中的最大值和最小值与中间值之差均超过中间值的 15% 时,该组试件不应作为强度评定的依据。

　　混凝土结构强度的评定要求为:混凝土强度应分批进行验收。同一验收批的混凝土应由强度等级相同、生产工艺和配合比基本相同的混凝土组成,对现浇混凝土结构构件,尚应按单位工程的验收项目划分验收批,每个验收项目应按现行国家标准《建筑工程施工质量验收统一标准》(GB 50300—2013)确定。对同一验收批的混凝土强度,应以同批内标准试件的全部强度代表值来评定。

　　如果对混凝土试件强度的代表性有怀疑,可采用非破损检验方法或从结构、构件中钻取芯样的方法,按有关标准的规定,对结构构件中的混凝土强度进行推定,作为是否应进行处理的依据。现场检测混凝土抗压强度的方法有回弹法、超声波回弹综合法及钻芯法等。

　　(2)表面外观质量检查

　　混凝土表面不应有蜂窝、麻面、孔洞、露筋、缝隙及夹层、缺棱掉角和裂缝等缺陷。

　　(3)现浇混凝土结构的尺寸检查

　　现浇混凝土结构的尺寸允许偏差和检验方法应符合表 4.14 的规定;当有专门规定时,尚应符合相应的规定。

表 4.14　现浇混凝土结构的尺寸允许偏差和检验方法

项目			允许偏差/mm	检验方法
轴线位置	基础		15	用经纬仪或吊线、钢尺检查
	独立基础		10	
	墙、柱、梁		8	
	剪力墙		5	
垂直度	层高	≤5 m	8	用经纬仪或吊线、钢尺检查
		>5 m	10	
	全高 H		$H/1000$ 且小于或等于 30	用经纬仪、钢尺检查
标高	层高		±10	用水准仪或拉线、钢尺检查
	全高		±30	
截面尺寸			+8,−5	用经纬仪或吊线、钢尺检查
电梯井	井筒长、宽对定位中心线		+25, 0	用经纬仪、钢尺检查
	井筒全高(H)垂直度		$H/1000$ 且小于或等于 30	
表面平整度			8	用 2 m 靠尺和塞尺检查
预埋设施中心线位置	预埋件		10	用钢尺检查
	预埋螺栓		5	
	预埋管		5	
预留洞中心线位置			15	用钢尺检查

注:检查轴线、中心线位置时,应沿纵、横两个方向量测,并取其中的较大值。

4.3.11　常见质量问题及其防治措施

4.3.11.1　现浇混凝土结构质量缺陷的产生原因

现浇混凝土结构的外观质量缺陷应由监理(建设)单位、施工单位等各方根据其对结构性能和使用功能影响的严重程度,按照有关要求确定。

产生混凝土质量缺陷的主要原因如下:

(1)蜂窝:混凝土配合比不准确,浆少而石子多,或搅拌不均造成砂浆与石子分离,或浇筑方法不当,或振捣不足,或模板严重漏浆引起的。

(2)麻面:模板表面粗糙不光滑,模板湿润不够,接缝不严密,是振捣时发生漏浆引起的。

(3)露筋:浇筑时垫块位移,甚至漏放,或者是混凝土保护层处漏振或振捣不密实造成的。

(4)孔洞:混凝土结构内存在空隙,砂浆严重分离,石子成堆,砂与水泥分离。另外,有泥块等杂物掺入也会形成孔洞。

(5)缝隙和夹层:主要是混凝土内部处理不当的施工缝、温度缝和收缩缝,以及混凝土内有外来杂物而造成的夹层。

(6)裂缝:构件制作时受到剧烈振动,混凝土浇筑后模板变形或沉陷,混凝土表面水分蒸发过快,养护不及时等,以及构件堆放、运输、吊装时位置不当或受到碰撞。

(7)强度不足:导致混凝土强度不足的原因是多方面的,主要是混凝土配合比设计、搅拌、现场浇捣和养护等四个方面的原因造成的。

4.3.11.2　混凝土质量缺陷的防治与处理

(1)表面抹浆修补

对数量不多的小蜂窝、麻面、露筋、露石的混凝土表面,可用 1:2～1:2.5 水泥砂浆抹面修整。在抹砂浆前,须用钢丝刷或加压力的水清洗润湿。抹浆初凝后要加强养护工作。

(2)细石混凝土填补

当蜂窝比较严重或露筋较深时,应取掉不密实的混凝土,用清水洗净并充分湿润后,再用比原强度等级高一级的细石混凝土填补并仔细捣实。

对孔洞的补强,可在旧混凝土表面采用处理施工缝的方法处理。将孔洞处疏松的混凝土和凸出的石子剔凿掉,孔洞顶部要凿成斜面,避免形成死角,然后用水刷洗干净,保持湿润72 h后,用比原混凝土强度等级高一级的细石混凝土捣实。混凝土的水胶比宜控制在 0.5 以内,并掺水泥用量 1/10000 的铝粉,分层捣实,以免新旧混凝土接触面上出现裂缝。

(3)水泥灌浆与化学灌浆

对于宽度大于 0.5 mm 的裂缝,宜采用水泥灌浆;对于宽度小于 0.5 mm 的裂缝,宜采用化学灌浆。化学灌浆所用的灌浆材料应根据裂缝性质、缝宽和干燥情况选用。作为补强用的灌浆材料,常用的有环氧树脂浆液(能修补缝宽 0.2 mm 以上的干燥裂缝)和甲凝(能修补缝宽 0.05 mm 以上的干燥细微裂缝)等。作为防渗堵漏用的灌浆材料,常用的有丙凝(能灌入 0.01 mm 以上的裂缝)和聚氨酯(能灌入 0.015 mm 以上的裂缝)等。

4.3.12　钢筋混凝土工程的安全技术

在现场安装模板时,所用工具应装在工具包内;进入现场必须佩戴安全帽。垂直运输模板或其他材料时,应统一指挥,有统一信号。拆模时应有专人负责安全监督,或设立警戒标志。

高空作业人员应经过体格检查,不合格者不得进行高空作业。高空作业应穿防滑鞋,系好安全带,安全带应高挂低用。模板在安全系统未钉牢固之前,不得上下;未安装好的梁底模板或挑檐等模板的安装与拆除,必须有可靠的技术措施,确保安全。非拆模人员不允许在拆模区域内通行。拆除后的模板应将朝天钉向下,并及时运至指定的堆放地点,拔除钉子,分类堆放整齐。

在高空绑扎和安装钢筋时,须注意不要将钢筋集中堆放在模板或脚手架的某一部分,特别是悬臂构件,还要检查支撑是否牢固。在脚手架上不要随便放置工具、箍筋或短钢筋,避免放置不稳而滑下伤人。焊接或扎结竖向放置的钢筋骨架时,不得站在已绑扎或焊接好的箍筋上工作。搬运钢筋的工人须戴帆布垫肩、围裙及手套;除锈工人应戴口罩及防风眼镜;电焊工应戴防护镜并穿工作服;300～500 mm 的钢筋短头禁止用机器切割;在有电线通过的地方安装钢筋时,必须特别小心谨慎,勿使钢筋碰着电线。

在进行混凝土施工前,应仔细检查脚手架、工作台和马道是否绑扎牢固,如有空头板应及时搭好,脚手架应设保护栏杆。运输马道宽度:单行道应比手推车的宽度大 400 mm 以上;双行道应比两车宽度大 700 mm 以上。搅拌机、卷扬机、皮带运输机和振动器等接电要安全可靠,绝缘接地装置良好,并应进行试运转。搅拌台上操作人员应戴口罩;搬运水泥的工人应戴口罩和手套,有风时戴好防风眼镜。搅拌机应由专人操作,中途发生故障时,应立即切断电源进行修理;运转时不得将铁锹伸入搅拌筒内卸料;其机械传动外露装置应加保护罩。采用井字架和拔杆运输时,应设专人指挥;井字架上的卸料人员不能将头或脚伸入井字架内,起吊时禁止在拔杆下站人。振动器操作人员必须穿胶鞋;振动器必须设专门防护性接地导线,避免火线漏电发生危险,如发生故障应立即切断电源修理。夜间施工时应设足够的照明;深坑和潮湿地点施工时,应使用 36 V 以下低压安全照明。

4.4　预应力混凝土

预应力混凝土是指结构承受荷载前,在构件受拉区预先施加压应力。当构件在荷载作用下产生拉应力时,首先抵消预压应力,然后随着荷载不断增加,受拉区混凝土才逐渐受到拉应力,从而改善受拉区混凝土的受力性能,推迟裂缝的出现和限制裂缝的开展,提高构件的抗裂度和刚度。

预应力混凝土的施工工艺,常用的有先张法和后张法两种。

4.4.1　先张法

【扫码演示】

先张法是指在构件混凝土浇筑前,先张拉预应力筋的方法。其施工过程是:首先张拉预应力筋并临时固定在台座或钢模上,然后浇筑混凝土,待混凝土强度达到设计要求后,放张预应力筋,借助于预应力筋与混凝土间的黏结力,在预应力筋弹性回缩时,使混凝土产生预压应力。图 4.55 为先张法预应力混凝土构件生产示意图。

先张法的主要优点是:生产工艺简单,工序少、效率高、质量好,成本也较低。它适用于工厂化大批量生产定型的中小型预应力混凝土构件,如预应力楼板、屋面板及中小型吊车梁等。

4.4.1.1　先张法生产设备

(1) 台座

先张法采用长线台座生产预应力混凝土构件,台座承受全部预应力筋的张拉力,故台座的承载力和刚度必须满足要求,且不得倾覆和滑移。台座构造应适合构件生产工艺的要求。

台座根据构造形式不同,可分为墩式台座与槽式台座。

① 墩式台座(图 4.56)

采用钢筋混凝土台墩作承力结构的台座称为墩式台座。它是由台墩、台面与钢横梁等组成。墩式台座主要用于生产中小型构件。台座的长度一般为 100～150 m,故又称长线台座。这样既可利用钢丝长的特点,在台座上张拉一次可生产多根构件,减少张拉和临时固定工作,同时又可减少由于预应力钢丝滑移或台座的横梁变形引起的预应力损失。

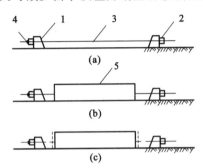

图 4.55　先张法预应力混凝土构件生产示意图
(a) 张拉预应力筋;(b) 浇筑混凝土及养护;
(c) 放张预应力筋
1—台座;2—横梁;3—预应力筋;
4—锚固夹具;5—混凝土构件

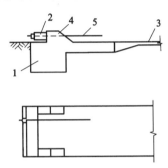

图 4.56　墩式台座
1—台墩;2—钢横梁;3—台面(局部加厚);
4—牛腿;5—预应力钢丝

a. 台墩

台墩是墩式台座的主要承力结构,这种台座依靠台墩自重和土压力以平衡张拉力产生的倾覆力矩。台墩应外伸,以增大平衡力臂,并采用台墩与台面共同工作的做法,以减少台座的用料和埋深。

b. 台面

台面是预应力构件成型的胎模。一般是在素土夯实后的碎石垫层上浇筑一层厚度为 60～100 mm、强度等级为 C15～C20 的素混凝土。台面应平整、光滑,每隔 10 m 左右设置一条伸缩缝。台面宽度一般为 2～3 m。

墩式台座设计采用台墩与台面共同工作时,台墩的水平推力主要传给了台面,因此,对台墩应进行抗倾覆稳定性和强度验算,对台面应进行承载力验算。稳定性验算一般包括抗倾覆验算与抗滑移验算。抗倾覆系数不得小于 1.5,抗滑移系数不得小于 1.3。

c. 钢横梁

钢横梁的挠度不应大于 2 mm,并不得产生翘曲。预应力筋的定位板必须安装准确,其挠度不大于 1 mm。

② 槽式台座

生产吊车梁等预应力混凝土构件时,由于张拉力和倾覆力矩都较大,通常多采用槽式台座(图 4.57)。它由钢筋混凝土压杆、台面和上下横梁等组成。钢筋混凝土传力柱是槽式台座主要承力结构,为便于装拆转移,通常可设计成装配式钢筋混凝土压杆,每根长度为 5～6 m。槽式台座长度便于生产多种构件,一般为 45～76 m(可生产 6～10 根长为 6 m 的吊车梁);为便于吊车梁的制作,台座宜低于地面,在压杆上加砌砖墙,既能起挡土作用,又便于构件进行蒸汽养护。此外,在施工现场也可利用预制好的钢筋混凝土柱、桩和基础梁等构件,装配成简易的槽式台座。

(2) 夹具

夹具是先张法施工时为保持预应力筋拉力并将其固定在台座上的临时性锚固装置。按其作用分为固定用夹具和张拉用夹具。对各种夹具的要求是:工作方便可靠、构造简单、加工方便。夹具种类很多,各地使用不一。

① 张拉夹具

张拉夹具是夹持住预应力筋后,与张拉机械连接张拉预应力筋的机具。张拉夹具的种类很多,通常用于夹持钢丝的有偏心式夹具与钳式夹具;用于夹持钢筋的有压销式夹具等,适用于张拉钢丝和直径 16 mm 以下的钢筋。

偏心式夹具(图 4.58)是利用一对带齿的月牙形偏心块夹紧钢丝,偏心块刻齿部分的硬度应较所夹持的钢丝硬度大。这种夹具构造简单、使用方便。

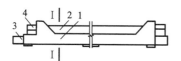
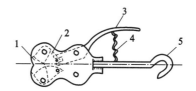

图 4.57　槽式台座
1—钢筋混凝土压杆;2—砖墙;
3—下横梁;4—上横梁

【扫码演示】

图 4.58　偏心式夹具
1—齿片;2—偏心块;3—手柄;
4—压簧;5—挂钩(与测力器联系)

钳式夹具(图 4.59)是利用楔形齿块夹紧钢丝,楔块由弹簧压紧,按下手柄时,楔块向后退出,钢丝即可插入或脱开,使用灵活。

压销式夹具(图 4.60)是在两块楔形夹片上有与所夹持钢筋直径相应的半圆形槽,槽内刻有齿纹以增加夹片与钢筋间的摩擦力,用以夹紧钢筋。当楔紧或敲退楔形压销时,便可夹紧或放松钢筋,这种夹具工作可靠、装拆方便,适用于夹持直径为 12 mm 的钢筋。

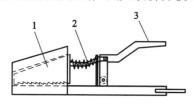
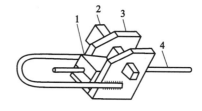

图 4.59　钳式夹具
1—楔块;2—弹簧;3—手柄

图 4.60　压销式夹具
1—楔形夹片;2—压销;3—夹具外壳;4—钢筋

② 锚固夹具

锚固夹具是张拉后将预应力筋临时锚固在台座上的装置。常用的钢丝锚固夹具有圆锥齿板式、圆锥三槽式夹具和镦头锚等;常用的钢筋锚固夹具有圆套筒销片式夹具、螺丝端杆锚具和镦头锚具等。

a. 钢丝锚固夹具

钢丝锚固夹具(图 4.61)分为圆锥齿板式夹具和圆锥槽式夹具,由钢质圆柱形套筒和带有细齿(或凹槽)的锥销等组成。锥销夹具既可用于固定端,也可用于张拉端,具有自锁和自锚能力。锚固时,将圆锥销打入套筒,借助锚阻力将钢丝锚固。圆锥齿板式夹具适用于夹持单根直径 3～5 mm 的冷轧带肋钢丝。采用镦头夹具(图 4.62)时,将预应力筋端部热镦或冷镦,通过承力分孔板锚固。镦头夹具用于预应力钢丝固定端的锚固。

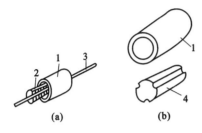

图 4.61　钢丝锚固夹具

(a)圆锥齿板式;(b)圆锥槽式

1—套筒;2—齿板;3—钢丝;4—锥销

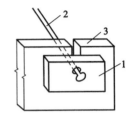

图 4.62　镦头夹具

1—垫片;2—镦头钢丝;3—承力分孔板

b. 钢筋锚固夹具

钢筋锚固常用圆套筒三片式夹具,由套筒和夹片组成(图 4.63)。套筒的内孔呈圆锥形,三个夹片互成 120°,钢筋夹持在三夹片中心,夹片内槽有齿痕,以保证钢筋的锚固。圆套筒三片式夹具适用于在先张法中锚固直径为 12 mm、14 mm 的单根冷拉 HRB335、HRB400、RRB400 级钢筋。

c. 钢筋连接器

在长线台座上钢筋与钢筋的连接或钢筋与螺丝端杆的连接,可采用套筒式钢筋连接器(图 4.64)。这种连接器由两个半圆形套筒用连接钢筋焊接而成。使用时,将套筒接在两根钢筋的端头,套上钢圈将其箍紧即可。

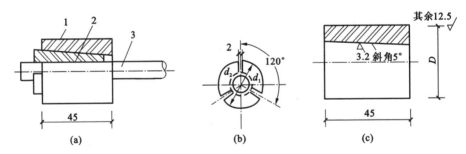

图 4.63　圆套筒三片式夹具

(a)装配图;(b)夹片;(c)套筒

1—套筒;2—夹片;3—预应力钢筋

(3)张拉设备

先张法中,预应力钢丝或钢筋可单根进行张拉,也可以多根成组进行张拉。单根张拉时,可选用小吨位的张拉设备,操作比较方便;多根成组张拉时,需要选用较大吨位的张拉设备。先张法常用的张拉机具有卷扬机、电动螺杆张拉机、台座式千斤顶等。对张拉设备的要求是:工作可靠、能准确控制张拉应力、能以稳定的速率加大拉力。

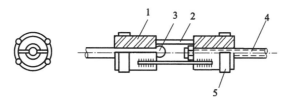

图 4.64　套筒式钢筋连接器

1—半圆形套筒;2—连接钢筋;3—钢筋镦头;4—工具式螺丝杆;5—钢圈

① 卷扬机

在长线台座上生产小型构件(如预应力空心板等)时,张拉预应力钢丝通常多用单根张拉,由于张拉力较小,可采用卷扬机张拉,以弹簧测力计测力(图 4.65)。

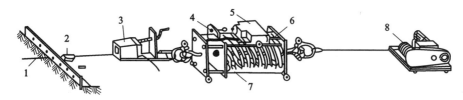

图 4.65　卷扬机张拉钢丝

1—钢丝;2—圆锥形锚固夹具;3—钳式张拉夹具;4—限位螺丝;
5—行程开关;6—弹簧测力计;7—支柱;8—卷扬机

② 电动螺杆张拉机

电动螺杆张拉机是由张拉螺杆、电动机、测力计、顶杆等组成的(图 4.66)。最大张拉力为 10 kN,张拉行程为 800 mm,适用于长线台座上张拉冷轧带肋钢丝。

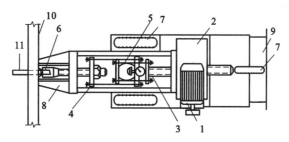

图 4.66　电动螺杆张拉机

1—电动机;2—变速箱;3—张拉螺杆;4—拉力架;5—测力计;
6—张拉夹具;7—车轮;8—顶杆;9—手柄;10—横梁;11—钢筋

③ 台座式千斤顶

台座式千斤顶是在先张法台座上整体张拉或放松预应力筋的单作用千斤顶。

4.4.1.2　先张法施工工艺

先张法预应力混凝土构件在台座上生产时,施工工艺流程如图 4.67 所示。

(1)预应力筋铺设

为了便于脱模,在铺放预应力筋前,对台面及模板应先刷隔离剂,待隔离剂干燥后才可铺放预应力筋。隔离剂应有良好的隔离效果,又不损害混凝土与钢丝的黏结力。如果预应力筋触到油污时,一定要清除干净。在生产过程中,应防止雨水冲刷台面上的隔离剂。

预应力钢丝应采用牵引小车铺放。如遇钢丝需要接长时,可借助钢丝拼接器进行接长(图 4.68)。对预应力钢筋铺放需接长时,可采用套筒连接器(图 4.69)。

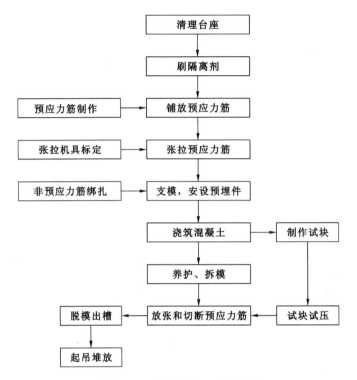

图 4.67   先张法施工工艺流程

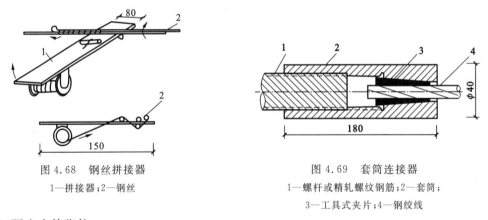

图 4.68   钢丝拼接器
1—拼接器;2—钢丝

图 4.69   套筒连接器
1—螺杆或精轧螺纹钢筋;2—套筒;
3—工具式夹片;4—钢绞线

（2）预应力筋张拉

先张法预应力筋张拉有单根张拉和多根成组张拉两种。单根张拉使用卷扬机和电动螺杆张拉机。成组张拉时使用台座式千斤顶。

预应力筋的张拉控制应力大小，直接影响预应力大小、构件的抗裂度与刚度。如果控制应力过高，钢丝易断裂，构件反拱也会过大，同时预应力筋处于高应力状态，破坏前无明显预兆。此外，施工中为减少应力松弛等原因造成的预应力损失，要进行超张拉。

预应力筋的张拉力可按下式计算：

$$P_j = \sigma_{con} \cdot A_p \tag{4.9}$$

式中 P_j——预应力筋的张拉力,kN;

   σ_{con}——预应力筋的张拉控制应力,N/mm²;

A_p——预应力筋截面面积，mm^2。

预应力筋的张拉控制应力 σ_{con} 应符合设计及专项施工方案的要求。当施工中需要超张拉时，调整后的张拉控制应力 σ_{con} 应符合下列规定。

消除应力钢丝、钢绞线：

$$\sigma_{con} \leqslant 0.80 f_{ptk} \tag{4.10}$$

中强度预应力钢丝：

$$\sigma_{con} \leqslant 0.75 f_{ptk} \tag{4.11}$$

预应力螺纹钢筋：

$$\sigma_{con} \leqslant 0.90 f_{pyk} \tag{4.12}$$

式中　f_{ptk}——预应力筋极限强度标准值，N/mm^2；

　　　f_{pyk}——预应力螺纹钢筋屈服强度标准值，N/mm^2。

① 张拉程序

预应力筋的张拉程序可采用两种不同方式，即

$$0 \to 1.05\sigma_{con} \xrightarrow{\text{持荷 2 min}} \sigma_{con} \tag{4.13}$$

或

$$0 \to 1.03\sigma_{con} \tag{4.14}$$

在第一种张拉程序中，超张拉 5% 并持荷 2 min，其目的是加速钢筋松弛早期发展，以减少应力松弛引起的预应力损失（约减少 50%）；在第二种张拉程序中，超张拉 3% 是为了弥补应力松弛所引起的应力损失。

② 预应力筋的校核

预应力钢筋张拉后，一般应校核其伸长值，其理论伸长值与实际伸长值的误差不应超过 ±6%，否则应查明原因并采取措施后再张拉。

预应力筋张拉伸长值可按下列方法确定：

a. 实测张拉伸长值可采用量测千斤顶油缸行程的方法确定，也可采用量测外露预应力筋长度的方法确定。当采用量测千斤顶油缸行程的方法时，实测张拉伸长值尚应扣除千斤顶体内的预应力筋张拉伸长值、张拉过程中工具锚和固定端工作锚楔紧引起的预应力筋内缩值；

b. 实际张拉伸长值 ΔL 可按下列公式计算确定：

$$\Delta L = \Delta L_1 + \Delta L_2$$

$$\Delta L_2 = \frac{N_0}{N_{con} - N_0} \Delta L_1$$

式中　ΔL_1——从初拉力至张拉控制力之间的实测张拉伸长值，mm；

　　　ΔL_2——初拉力下的推算伸长值，mm，计算示意如图 4.28 所示；

　　　N_{con}——张拉控制力，kN；

　　　N_0——初拉力，kN。

③ 张拉注意事项

a. 张拉时，张拉机具与预应力筋应在一条直线上；在台面上每隔一定距离放一根圆钢筋头或相当于保护层厚度的垫块，以防预应力筋因自重而下垂，破坏隔离剂，玷污预应力筋。

b. 顶紧锚塞时，不要用力过猛，以防钢丝折断；在拧紧时，应注意压力表读数始终保持所需的张拉力。

c. 预应力筋张拉完毕后,对设计位置的偏差不得大于 5 mm,也不得大于构件截面最短边长的 4%。

d. 在张拉过程中发生断丝或滑脱钢丝时,应予以更换。

e. 台座两端应有防护设施。张拉时沿台座长度方向每隔 4～5 m 放一个防护架;两端严禁站人,也不允许进入台座。

(3) 混凝土浇筑与养护

① 混凝土浇筑

预应力筋张拉完后,即可浇筑混凝土。在长线台座上浇筑混凝土时,每条生产线上的构件必须一次连续浇筑完毕;振捣必须密实,振动器不应碰撞钢丝;对刚浇筑的混凝土构件,还应注意防止踩踏外露的预应力钢丝,以免影响钢丝与混凝土之间的黏结力。

构件采用叠层生产时,应待下层构件的混凝土强度达到 8～10 N/mm² 后,方可浇筑上层构件混凝土。构件预制时,应尽量避开台面的伸缩缝;当不能避开时,在伸缩缝上面可采取先铺垫防水卷材等措施后,再浇筑混凝土,以防放松预应力筋时构件被拉裂。

② 混凝土养护

先张法预应力混凝土构件一般可采用自然养护,但为了加速台座的周转、提高产量,也可采用蒸汽养护或加早强剂。

(4) 预应力筋放张

预应力筋放张是先张法预应力混凝土构件建立预应力值的一个重要工序,它直接影响预应力混凝土构件的质量。预应力筋放张应根据预应力混凝土构件类型和配筋情况等,正确选用放张顺序和方法,以避免因放张不当引起构件翘曲、端部开裂等现象。

① 放张的要求

先张法预应力筋放张时,构件混凝土强度应符合设计要求。如设计无专门要求时,不得低于设计的混凝土强度标准值的 75%。

放张前,除了根据混凝土试块强度控制外,最好在现场先试剪断 2～3 根预应力钢丝,如果钢丝平均回缩值符合要求,可正式进行放张。

② 放张的顺序

放张前,应先拆除侧模,使放张时构件能自由伸缩,否则将会损坏模板或使构件开裂。

a. 对承受轴心压力的构件(如压杆、桩等),所有预应力筋应同时放张;

b. 对承受偏心预压力的构件,应先同时放张预压力较小区域的预应力筋,再同时放张预压力较大区域的预应力筋;

c. 当不能按上述要求放张时,应分阶段、对称、相互交错地放张。例如板类构件应从板外边向里对称放张,以免板翘曲或开裂。

放张后预应力筋的切断顺序,宜由放张端开始,逐次切向另一端。

③ 放张的方法

预应力筋放张时,均应缓慢进行,防止冲击。对配筋不多的钢丝,可采用逐根剪断、锯割或氧-乙炔焰熔断的方法放张。对配筋多的钢丝,应采用同时放张,不允许逐根放张,否则最后几根钢丝将会由于承受过大的拉力而突然断裂,导致构件端部开裂。对张拉力大的多根冷拉钢筋或钢绞线,应采用同时放张。同时放张的方法通常有楔块放张(图 4.70)或砂箱放张(图 4.71)。

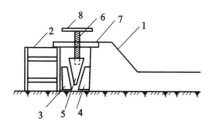 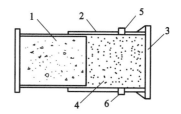

图 4.70　楔块放张示意图　　　　　　　　图 4.71　砂箱放张示意图

1—台座;2—横梁;3、4—钢块;5—楔块;　　　1—活塞;2—套箱;3—套箱底板;

6—螺杆;7—承力板;8—手轮　　　　　　　4—砂;5—进砂口;6—出砂口

用楔块装置放张预应力筋时,旋转手轮使螺杆上升,楔块退出,横梁向台座方向移动,则使多根预应力筋同时缓慢地放张。楔块装置放张方法只适用于张拉力不大的情况(一般不超过300 kN)。当张拉力较大时,可采用砂箱装置放张。砂箱装置由钢制的套箱和活塞组成,砂箱放置在台座与横梁之间。预应力筋张拉时,箱内砂被压实,承受横梁的反力。预应力筋放张时,将出砂口打开,砂慢慢流出,从而使整批预应力筋徐徐放张。采用砂箱放张,能控制放张速度、工作可靠、施工方便,可用于张拉力大于 1000 kN 的预应力筋放张。

4.4.2　后张法

后张法是先制作混凝土构件,并在预应力筋的位置预留出相应孔道,待混凝土强度达到设计规定的数值后,穿入预应力筋进行张拉,并利用锚具把预应力筋锚固,最后进行孔道灌浆。张拉过程中,借助构件两端的锚具将钢筋的张拉力传给混凝土构件,从而使混凝土产生预压应力。预应力混凝土后张法生产工艺如图 4.72 所示。

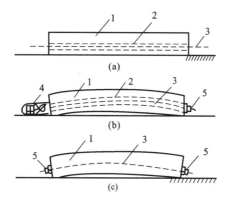

【扫码演示】

图 4.72　预应力混凝土后张法生产工艺

(a)制作混凝土构件;(b)张拉钢筋;(c)锚固和孔道灌浆

1—混凝土构件;2—预留孔道;3—预应力筋;4—千斤顶;5—锚具

后张法施工由于直接在钢筋混凝土构件上进行预应力筋的张拉,所以无须固定台座设备,不受地点限制,它既适用于预制构件生产,也适用于现场施工大型预应力构件。

4.4.2.1　后张法施工设备

(1)锚具

锚具是进行预应力筋张拉和永久固定在预应力混凝土构件上传递预应力的工具。锚具应工作可靠、构造简单、施工方便、体形小、尺寸准确、价格低,以及全部零件互换性好。

锚具进场时应有出厂合格证明书,应进行外观检查、硬度检验和锚固性能检验。预应力筋锚具组装件的锚固性能是评定锚具是否安全可靠的重要指标。用于承受一般静、动荷载的预应力混凝土结构,其预应力筋锚具(连接器)组装件除应满足静载锚固性能要求、循环次数为200万次的疲劳性能试验要求外,在抗震结构中,预应力筋锚具(连接器)组装件还应满足50次的周期荷载试验。

后张法锚具种类较多,各种锚具适用于锚固不同类型的预应力筋。常用的锚具有单根粗钢筋(冷拉热轧钢筋)用锚具、钢筋束或钢绞线束用锚具、钢丝束用锚具。

① 单根粗钢筋用锚具

a. 螺丝端杆锚具

螺丝端杆锚具既可用于单根粗钢筋张拉端,也可用于固定端。适用于锚固直径不大于36 mm的冷拉 HRB335 级及其以上的钢筋,其由螺丝端杆、螺母及垫板组成[图 4.73(a)]。螺丝端杆与预应力筋的焊接应在预应力筋冷拉前进行。

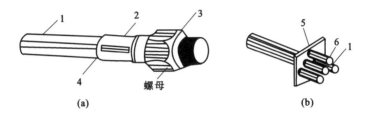

图 4.73 单根粗钢筋用锚具

(a) 螺丝端杆锚具;(b) 帮条锚具

1—钢筋;2—螺丝端杆;3—螺母;4—焊接接头;5—衬板;6—帮条

b. 帮条锚具

帮条锚具一般用在单根粗钢筋作预应力筋的固定端,由一块方形衬板与三根帮条组成。衬板采用普通低碳钢板,帮条采用与预应力筋同级别的钢筋。帮条的焊接可在预应力筋冷拉前或冷拉后进行。帮条安装时,三根帮条与衬板相接触的截面应在一个垂直平面上,以免受力时产生扭曲,如图 4.73(b)所示。

c. 镦头锚具

镦头锚具由镦头和垫板组成。当预应力钢筋直径在 22 mm 以内时,采用对焊机热镦成型;当预应力钢筋直径在 22 mm 以上时,可采用加热锻打成型。

② 钢筋束、钢绞线束用锚具

钢筋束、钢绞线束采用的锚具有 JM 型锚具、XM 型锚具、QM 型锚具和 KT-Z 型锚具。

a. JM 型锚具

JM 型锚具由锚环和夹片组成(图 4.74),它是利用楔块式夹片卡入相邻两根钢绞线之间,将钢绞线楔紧。根据锚固的钢绞线根数和直径不同,其型号分别有 JM12(4、5、6),JM15(4、5、6)等,分别锚固直径为 12 mm 或 15 mm 的预应力钢绞线 4~6 根。

JM 型锚具夹片锥角减小,锚具的自锚能力提高。但这种锚具如有一个夹片损坏,则会导致整束钢绞线锚固失效。JM 型锚具既可作为张拉端锚具,又可作为固定端锚具,也可作为工具锚。

b. XM 型锚具和 QM 型锚具

XM 型锚具和 QM 型锚具,利用楔形夹片将每根钢绞线独立地锚固在带有锥形的锚环上,形成一个独立的锚固单元。每根钢绞线分开锚固。

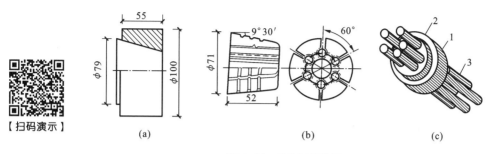

图 4.74　JM12 型锚具

(a) JM12 型锚环;(b) JM12-6 型夹片;(c) 锚具夹预应力筋外形

1—锚环;2—夹片;3—预应力筋

XM 型锚具适用于锚固 1~12 根直径 15 mm 的钢绞线,也可用于锚固钢丝束;QM 型锚具适用于锚固 4~31 根直径 12 mm 或 3~19 根直径 15 mm 的钢绞线。XM 型锚具由锚环和三块夹片组成,如图 4.75 所示。

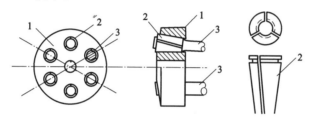

图 4.75　XM 型锚具

1—锚板;2—夹片;3—预应力筋

c.KT-Z 型锚具

KT-Z 型锚具(可锻铸铁锥形锚具),适用于锚固直径为 12 mm 的螺纹钢筋束和钢绞线束。

③ 钢丝束用锚具

a. 锥形螺杆锚具

锥形螺杆锚具适用于锚固 14、16、20、24、28 根直径为 5 mm 的钢丝束。其由锥形螺杆、套筒、螺母、垫板组成(图 4.76)。

b. 镦头锚具

镦头锚具适用于锚固任意根数直径为 5 mm 的钢丝束。其形式与规格可根据需要自行设计,见图 4.77。

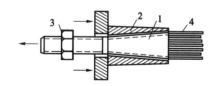

图 4.76　锥形螺杆锚具

1—锥形螺杆;2—套筒;3—螺帽;4—预应力钢丝束

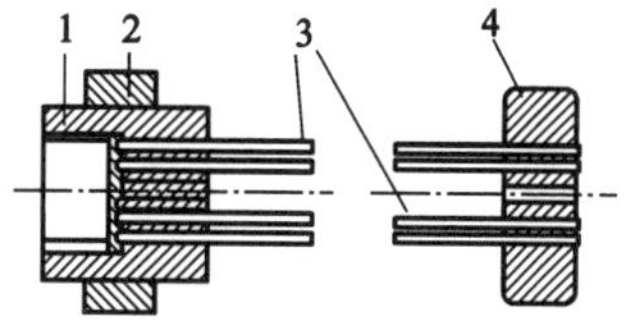

图 4.77　镦头锚具

1—A 形锚环;2—螺母;3—钢丝束;4—锚板

c. 钢质锥形锚具

钢质锥形锚具(又称弗氏锚具)适用于锚固 6、12、18、24 根直径为 5 mm 的钢丝束。其由锚环与锚塞组成,见图 4.78。

(2)张拉机械

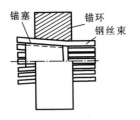

图 4.78　钢质锥形锚具

后张法的张拉设备主要有各种型号的拉杆式千斤顶、穿心式千斤顶和锥锚式千斤顶,以及高压油泵。

① 拉杆式千斤顶

拉杆式千斤顶主要用于张拉带有螺丝端杆锚具的单根粗钢筋。目前工地上常用 600 kN 拉杆式千斤顶。

② 穿心式千斤顶

YC-60 穿心式千斤顶是一种双作用千斤顶,常用的型号有 YC-60 千斤顶。其适用于张拉 JM12 型锚具的钢筋束或钢绞线束和 KT-Z 型锚具的钢绞线束,还可改装成拉杆式千斤顶使用。

③ 锥锚式千斤顶

锥锚式千斤顶主要用于张拉 KT-Z 型锚具锚固的预应力钢筋束(或钢绞线束)和使用锥形锚具的预应力钢丝束。

④ 高压油泵

高压油泵的作用是向液压千斤顶各个油缸供油,使其活塞按照一定速度伸出或回缩。油泵与千斤顶一起工作组成预应力张拉机组。

采用千斤顶张拉预应力筋,预应力的大小是通过油压表的读数控制的。油压表读数表示千斤顶活塞单位面积的油压力。如张拉力是 N,活塞面积是 F,则油压表的相应读数是 P,即

$$P = \frac{N}{F} \tag{4.15}$$

应定期校验千斤顶与油压表读数的关系。校验时千斤顶活塞方向应与实际张拉时的活塞运行方向一致。校验期不应超过半年。

4.4.2.2　预应力筋的制作

(1)单根粗钢筋

单根粗钢筋预应力筋一般为冷拉 HRB335 与 HRB400 钢筋,其制作包括配料、对焊、冷拉等工序。预应力筋的对焊接长在冷拉前进行,因此预应力筋下料长度应计算准确。预应力筋的下料长度应计算确定,计算时要考虑结构构件的孔道长度、锚具厚度、千斤顶长度、焊接接头或镦头的预留量、冷拉伸长值、弹性回缩值等。现以两端用螺丝端杆锚具预应力筋为例来说明其下料长度计算方法,具体见图 4.79。

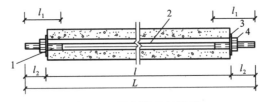

图 4.79　粗钢筋下料长度

1—螺丝端杆;2—预应力钢筋;3—垫板;4—螺母;l—构件孔道长度;l_1—螺丝端杆长度(一般为 320 mm);

l_2—螺丝端杆伸出的构件外伸长度:张拉端 $l_2 = 2H + h + 5$ (mm),锚固端 $l_2 = H_1 + h + 10$ (mm);

H_1—螺母高度;h—垫板厚度

预应力筋(不包括螺丝端杆)冷拉前的下料长度 L:

$$L = \frac{L_0}{1 + r - \delta} + n\Delta \tag{4.16}$$

式中　L_0——预应力筋的理论长度,mm;

　　　　r——预应力筋的冷拉率(由试验确定);

　　　　δ——预应力筋的冷拉弹性回缩率(一般为 0.4%～0.6%);

　　　　n——对焊接头数量;

　　　　$\triangle$——每个对焊接头的压缩量(一般为 20～30 mm),mm。

（2）钢筋束、钢绞线束

钢筋束或钢绞线束预应力筋的制作包括开盘冷拉、下料、编束等工序。预应力钢筋束下料应在冷拉后进行。当采用镦头锚具时,则应增加镦头工序。

① 计算下料长度

采用夹片锚具,以穿心式千斤顶在构件上张拉时,钢筋束、钢绞线束的下料长度 L 按图 4.80 计算。

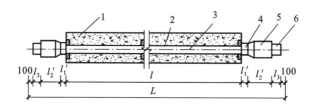

图 4.80　钢筋束、钢绞线束下料长度

1—混凝土构件;2—孔道;3—钢筋束、钢绞线束;4—夹片式工作锚;5—穿心式千斤顶;6—夹片式工具锚

a. 两端张拉

$$L = l + 2(l_1' + l_2' + l_3 + 100) \tag{4.17}$$

b. 一端张拉

$$L = l + 2(l_1' + 100) + l_2' + l_3 \tag{4.18}$$

式中　l——构件的孔道长度,mm;

　　　　l_1'——夹片式工作锚厚度,mm;

　　　　l_2'——穿心式千斤顶长度,mm;

　　　　l_3——夹片式工具锚厚度,mm。

② 下料

下料宜用砂轮切割机切割,不得采用电弧切割。砂轮切割机具有操作方便,效率高,切口规则、无毛头等优点,尤其适合现场使用。

③ 编束

钢筋束、钢绞线束的编束,主要是为了保证穿入构件孔道中的预应力钢筋束不发生扭结。编束宜用 20 号铁丝绑扎,间距 2～3 m。编束时应先将钢筋或钢绞线理顺,并尽量使各根预应力筋松紧一致。如钢筋或钢绞线单根穿入孔道,则不编束。

（3）钢丝束

钢丝束制作一般须经调直、下料、编束和安装锚具等工序。

① 计算下料长度

当用钢质锥形锚具、XM 型锚具时,钢丝束的制作和下料长度计算基本上与预应力钢筋束的相同。钢丝束镦头锚固体系应考虑钢丝束张拉锚固后螺母位于锚环中部,钢丝的下料长度

L 见图 4.81。用下式计算：

$$L = l + 2(h + \delta) - K(H - H_1) - \Delta L - C \tag{4.19}$$

式中　l——构件的孔道长度，按实际丈量，mm；

　　　　δ——钢丝镦头留量（$\phi^\text{P}5$ 取 10 mm），mm；

　　　　K——系数，一端张拉时取 0.5，两端张拉时取 1.0；

　　　　H——锚环高度，mm；

　　　　H_1——螺母高度，mm；

　　　　ΔL——钢丝束张拉伸长值，mm；

　　　　C——张拉时构件混凝土的弹性压缩值，mm。

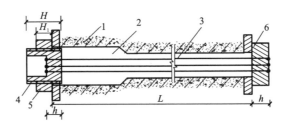

图 4.81　采用镦头锚具时钢丝下料长度

1—混凝土构件；2—孔道；3—钢丝束；4—锚环；5—螺母；6—锚板

用钢丝束镦头锚具锚固钢丝束时，其下料长度力求精确。为了保证张拉时钢丝束中每根钢丝应力值一致，应将同束钢丝中下料长度的相对差值控制在 $L/5000$（L 为钢丝下料长度）以内，且不大于 5 mm。因此，钢丝束、钢丝通常采用应力状态下料，即把钢丝拉至 300 MPa 应力状态下画定长度，放松后剪切下料。用锥形螺杆锚具锚固的钢丝束、经过调直的钢丝可以在非应力状态下料。

② 钢丝下料

消除应力后钢丝放开是直的，可直接下料。若下料钢丝表面有电接头或机械损伤，应随时剔除。采用镦头锚具时，钢丝的等长要求较严。钢丝下料可用钢管限位法或用牵引索在拉紧状态下进行。

钢管限位法下料见图 4.82。钢管固定在木板上，钢管内径比直径大 3～5 mm，钢丝穿过钢管至另一端角铁限位器时，用切断装置切断。限位器与切断器刀口间的距离，即为钢丝下料长度。

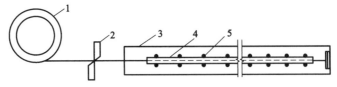

图 4.82　钢管限位法下料

1—钢丝；2—切断器刀口；3—木板；4—ϕ10 黑铁管；5—铁钉

③ 编束

为保证钢丝束两端钢丝的排列顺序一致，防止穿束时发生扭结，每束钢丝都必须进行编束。随着所用锚具形式不同，编束则有所不同。

采用镦头锚具时，根据钢丝分圈布置的特点，首先将内圈和外圈钢丝分别用铁丝顺序编扎,然后将内圈钢丝放在外圈钢丝内扎牢。为了简化钢丝编束,钢丝的一端可直接穿入锚环,另一端距端部约 20 cm 处编束,以便穿锚板时钢丝不紊乱。钢丝束的中间部分可根据长度适当编扎几道。

采用钢质锥形锚具时,钢丝编束可分为空心束和实心束两种,但都需要圆盘梳丝板理顺钢丝,并在距钢丝端部 5~10 cm 处编扎一道,使张拉分丝时不致紊乱。采用空心束时(图4.83),每隔 1.5 m 放一个弹簧衬圈。其优点是束内空心,灌浆时每根钢丝都被水泥浆包裹,钢丝束的握裹力好,但钢丝束外径大,穿束困难,钢丝受力也不均匀,采用实心束可简化工艺,减少孔道摩擦损失。

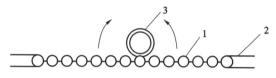

图 4.83　钢丝束的编束(空心束)

1—钢丝;2—铅丝;3—衬圈

4.4.2.3　后张法施工工艺

后张法施工工艺流程如图 4.84 所示。

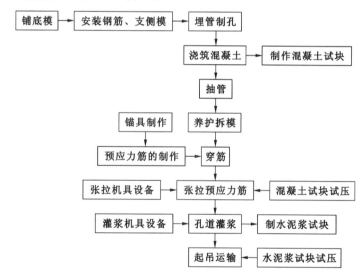

图 4.84　后张法施工工艺流程

后张法施工工艺与预应力施工有关的是孔道留设,预应力筋穿束,预应力筋张拉,端头封裹与孔道灌浆四部分。

(1) 孔道留设

预留孔道形状有直线、曲线和折线三种类型,构件中留设孔道主要为穿预应力钢筋(束)及张拉锚固后灌浆用。

① 孔道留设的基本要求

a. 预留孔道的直径应根据预应力筋根数、曲线孔道形状和长度、穿筋难易程度等因素确定。孔道内径应比预应力筋与连接器外径大 10~15 mm,孔道面积宜为预应力筋净面积的3~4倍。

b. 对预制构件,孔道的水平净间距不宜小于 50 mm,孔道至构件边缘的净间距不应小于

30 mm,且不应小于孔道直径的一半;在框架梁中,预留孔道垂直方向净间距不应小于孔道外径,水平方向净间距不宜小于1.5倍孔道外径;从孔壁算起的混凝土最小保护层厚度,梁底为50 mm,梁侧为40 mm,板底为30 mm。

　　c.采用一端张拉时,张拉端孔道交错布置,以便两束同时张拉,并可避免端部削弱过多,也可减少孔道间距;采用两端张拉时,主张拉端也应交错布置。

　　② 孔道留设方法

　　a.预埋波纹管法

　　预埋波纹管法又可分为预埋金属螺旋管留孔和预埋塑料波纹管留孔。

　　金属螺旋管(图4.85)又称波纹管,是用冷轧钢带或镀锌钢带压波后螺旋咬合而成的,其长度一般为4~6 m。按照波纹不同分为单波纹和双波纹;按照截面形状不同分为圆形和扁形。

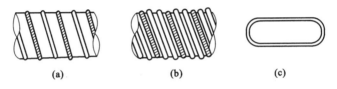

图 4.85　金属螺旋管
(a) 圆形单波纹;(b) 圆形双波纹;(c) 扁形

　　金属螺旋管经规定的集中荷载和均布荷载作用后或在弯曲情况下,不得渗出水泥浆,但允许渗水;外观应清洁,内外表面无油污、无锈蚀、无孔洞和不规则的折皱,咬口无开裂、无脱扣。

　　金属螺旋管的连接应采用大一号同型螺旋管。接头管的长度为200~300 mm,其两端用密封胶带或塑料热缩管封裹,见图4.86。

　　金属螺旋管的安装应事先按设计图中预应力筋的曲线坐标在箍筋上定出曲线位置。金属螺旋管的固定(图4.87),应采用钢筋支托,其间距为0.8~1.2 m。钢筋支托焊在箍筋上,箍筋底部应垫实。螺旋管固定后,必须用铁丝扎牢,以防浇筑混凝土时螺旋管上浮而引起严重的质量事故。螺旋管安装就位过程中,应尽量避免反复弯曲,以防管壁开裂。同时,还应防止电焊火花烧伤管壁。

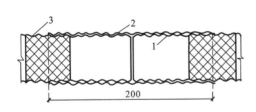

图 4.86　金属螺旋管的连接
1—螺旋管;2—接头管;3—密封胶带

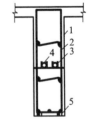

图 4.87　金属螺旋管的固定
1—梁侧模;2—箍筋;3—钢筋支托;4—螺旋管;5—垫块

　　塑料波纹管具有提高防腐保护,不导电,密封性好,强度高,刚度大,不怕踩压,孔道摩擦损失小等优点。塑料波纹管的钢筋支托间距不大于0.8~1.0 m。塑料波纹管采用熔焊法或高密度聚乙烯塑料套管接长。塑料波纹管与锚垫板采用高密度聚乙烯套管连接。塑料波纹管与排气管的连接,应先在波纹管上热熔排气孔,然后用塑料弧形压板连接。塑料波纹管的最小弯曲半径为0.9 m。

b. 抽拔芯管法

抽拔芯管法又分为钢管抽芯法和胶管抽芯法。

制作后张法预应力混凝土构件时,在预应力筋位置预先埋设平直、表面圆滑的钢管,待混凝土初凝后再将钢管旋转抽出的留孔方法即为钢管抽芯法。为防止在浇筑混凝土时钢管产生位移,每隔 1.0 m 用钢筋井字架固定牢靠。钢管接头处可用长度为 30～40 cm 的铁皮套管连接。在混凝土浇筑后,每隔一定时间缓慢匀速地转动钢管,使之不与混凝土黏结;抽管时间与水泥品种、浇筑气温和养护条件有关。常温下,一般在浇筑混凝土后 3～5 h 抽出钢管,即形成孔道。钢管抽芯法只用于留设直线孔道,钢管长度不宜超过 15 m,钢管两端各伸出构件500 mm左右,以便转动和抽管。构件较长时,可采用两根钢管,中间用套管连接(图 4.88)。

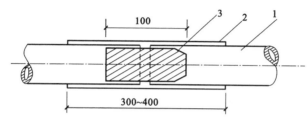

图 4.88 钢管连接方式
1—钢管;2—白铁皮套管;3—硬木塞

制作后张法预应力混凝土构件时,在预应力筋的位置处预先埋设胶管,待混凝土结硬后再将胶管抽出的留孔方法即为胶管抽芯法,一般采用5～7 层帆布胶管。为防止在浇筑混凝土时胶管产生位移,直线段每隔 60 cm 用钢筋井字架固定牢靠,曲线段应适当加密。胶管两端应有密封装置。在浇筑混凝土前,胶管内充入压力为 0.6～0.8 MPa 的压缩空气或压力水,管径增大约 3 mm。待浇筑的混凝土初凝后,放出压缩空气或压力水,管径缩小,混凝土脱开,随即拔出胶管。抽胶管时间比抽钢管时间略迟。一般按先上后下、先曲后直的顺序将胶管抽出。抽管后,应及时清理孔道内的堵塞物。胶管抽芯法适用于留设直线与曲线孔道。

(2)预应力筋穿束

预应力筋穿入孔道,简称穿束。穿束应掌握穿束时机与穿束方法。

① 穿束时机

根据穿束与浇筑混凝土之间的先后关系,可分为先穿束和后穿束两种。

a. 先穿束法

先穿束法即在浇筑混凝土之前穿束。用此方法穿束省力,但穿束占用工期,钢筋束的自重引起的波纹管摆动会增大摩擦损失,束端保护不当易生锈。按穿束与预埋波纹管之间的配合,又可分为以下三种情况。

先穿束后装管:先将预应力筋穿入钢筋骨架内,然后将螺旋管逐节从两端套入并连接。

先装管后穿束:先将螺旋管安装就位,然后将预应力筋穿入。

二者组装后放入:在梁外侧的脚手架上将预应力筋与套管组装后,从钢筋骨架顶部放入就位;箍筋应先做成开口箍,再封闭。

b. 后穿束法

后穿束法即在浇筑混凝土之后穿束。此方法可在混凝土养护期内进行,不占工期,穿束后即行张拉,易于防锈,但穿束较为费力。

② 穿束方法

根据一次穿入数量,可分为整束穿和单根穿。钢丝束应整束穿;钢绞线束宜采用整束穿,也可用单根穿。穿束工作可由人工、卷扬机和穿束机进行。

a. 人工穿束

人工穿束可利用起重设备将预应力筋吊起,工人站在脚手架上逐步穿入孔内。束的前端应扎紧并裹胶布,以便顺利通过孔道。对长度不大于 60 m 的曲线束,人工穿束较方便。当束长为 60~80 m,也可先采用人工穿束,但在梁的中部留设约 3 m 长的穿束助力段。助力段的波纹管应加大一号,在穿束前套接在原波纹管上留出穿束空间,待钢绞线束穿入后再将助力段波纹管旋出接通,该范围内的箍筋应暂缓绑扎。

b. 卷扬机穿束

对束长大于 80 m 的预应力筋,应采用卷扬机穿束。钢绞线与钢丝绳间用特制的牵引头连接。每次牵引 2~3 根钢绞线,穿束速度快。卷扬机宜采用慢速,每分钟约 10 m,电动机功率为 1.5~2.0 kW。

c. 穿束机穿束

用穿束机穿束适用于大型桥梁与构筑物单根穿钢绞线的情况。穿束机的类型有两种:一是由油泵驱动链板夹持钢绞线传送,速度可任意调节,穿束可进可退,使用方便。二是由电动机经减速箱减速后由两对滚轮夹持钢绞线传送,进、退由电动机正、反转控制。穿束时,钢绞线束前头应套上一个子弹头形壳帽。

(3) 预应力筋张拉

预应力筋张拉前,应计算张拉力和张拉伸长值,根据张拉设备标定结果确定油泵压力表读数,根据工程需要搭设安全可靠的张拉作业平台,清理锚垫板和张拉端预应力筋,检查锚垫板后混凝土的密实性。提供构件混凝土的强度试压报告,当混凝土的立方体强度满足设计要求后,方可施加预应力。施加预应力时,构件的混凝土强度应在设计图纸上标明;如设计无要求时,不应低于设计强度的 75%,立缝处混凝土或砂浆强度无设计要求时,不应低于块体混凝土设计强度的 40%,且不得低于 15 MPa。采用消除应力钢丝或钢绞线作为预应力筋的先张法构件,尚不应低于 30 MPa。后张法预应力梁和板,现浇结构混凝土的龄期分别不宜小于 7 d 和 5 d。

① 张拉顺序

应根据结构受力特点、施工方便及操作安全等因素确定张拉顺序;对配有多根预应力筋的构件,应采用分批、对称张拉。现浇预应力混凝土楼盖,宜先张拉楼板、次梁的预应力筋,后张拉主梁的预应力筋;分批张拉时,由于后批预应力筋张拉所产生的混凝土压缩会造成先批张拉的预应力筋的预应力损失,因此,先批张拉的预应力筋张拉力应加上压缩损失值,使所有预应力筋张拉后具有相同的预应力值。

对平卧叠浇的预应力构件,宜先上后下逐层进行。为了减少叠层之间的摩擦力、黏结引起的预应力损失,可采取自下而上逐层加大张拉力的方法,但底层超张拉值不得比顶层的大 5%(钢丝、钢绞线)或 9%(冷拉钢筋),且不得超过最大超张拉力的限值。

② 张拉方法

后张预应力筋应根据设计和专项施工方案的要求采用一端或两端张拉。采用两端张拉时,宜两端同时张拉,也可一端先张拉锚固,另一端补张拉。当同一截面中多根预应力筋需张拉时,张拉端宜分别设置在构件的两端。当设计无具体要求时,应符合下列规定:

有黏结预应力筋长度不大于 20 m 时，可一端张拉，大于 20 m 时，宜两端张拉；预应力筋为直线形时，一端张拉的长度可延长至 35 m。

无黏结预应力筋长度不大于 40 m 时，可一端张拉，大于 40 m 时，宜两端张拉。

后张有黏结预应力筋应整束张拉。对直线形或平行编排的有黏结预应力钢绞线束，当能确保各根钢绞线不受叠压影响时，也可逐根张拉。

③ 张拉伸长值校核

同先张法的伸长值校核。

（4）端头封裹与孔道灌浆

预应力筋张拉完并经检查合格后，应立即进行孔道灌浆，孔道内水泥浆应饱满、密实。孔道灌浆的主要作用：防止预应力筋锈蚀；使预应力筋与构件混凝土黏结成整体，以减少预应力损失，控制裂缝的开展并减轻两端锚具的负担。

① 端头封裹

灌浆前应对锚具夹片空隙和其他可能产生漏浆的地方采用高强度水泥浆或结构胶等封堵。封胶材料的抗压强度大于 10 MPa 时方可灌浆。后张法预应力筋锚固后的外露多余长度，宜采用机械方法切割，也可采用氧-乙炔焰切割，其外露长度不宜小于预应力筋直径的 1.5 倍，且不应小于 30 mm。锚具应用混凝土保护。

② 孔道灌浆

a. 准备工作

应确认孔道、排气兼泌水管及灌浆孔畅通；对预埋管成型孔道，可采用压缩空气清孔；应采用水泥浆、水泥砂浆等材料封闭端部锚具缝隙，也可采用封锚罩封闭外露锚具。采用真空灌浆工艺时，应确认孔道系统的密封性。

b. 灌浆材料

孔道灌浆应采用普通硅酸盐水泥或硅酸盐水泥；采用普通灌浆工艺时，稠度宜控制在 12～20 s，采用真空灌浆工艺时，稠度宜控制在 18～25 s；水胶比不应大于 0.45，3 h 自由泌水率宜为零，且不应大于 1%，泌水应在 24 h 内全部被水泥浆吸收。24 h 自由膨胀率，采用普通灌浆工艺时不应大于 6%；采用真空灌浆工艺时不应大于 3%。水泥浆中氯离子含量不应超过水泥质量的 0.06%。28 d 标准养护的边长为 70.7 mm 的立方体水泥浆试块抗压强度不应低于 30 MPa。为使孔道灌浆饱满密实，可在水泥浆中掺入对钢筋无腐蚀作用的外加剂，如掺入占水泥用量 0.25% 的木质素磺酸钙或 0.05% 的铝粉等。

c. 灌浆施工

水泥浆宜采用高速搅拌机进行搅拌，搅拌时间不应超过 5 min。水泥浆使用前应经筛孔尺寸不大于 1.2 mm×1.2 mm 的筛网过滤，搅拌后不能在短时间内灌入孔道的水泥浆，应保持缓慢搅动，水泥浆应在初凝前灌入孔道，搅拌后至灌浆完毕的时间不宜超过 30 min。

灌浆施工宜先灌注下层孔道，后灌注上层孔道。灌浆应连续进行，不得中断，并应排气通畅。直至排气管排出的浆体稠度与注浆孔处相同且无气泡后，再顺浆体流动方向依次封闭排气孔；全部出浆口封闭后，宜继续加压 0.5～0.7 MPa，并应稳压 1～2 min 后封闭灌浆口。当泌水较大时，宜进行二次灌浆和对泌水孔进行重力补浆。但二次灌浆的间隔时间宜为 30～45 min。因故中途停止灌浆时，应用压力水将未灌注完孔道内已注入的水泥浆冲洗干净。

4.4.3　无黏结预应力混凝土

无黏结预应力混凝土就是在浇筑混凝土前,将钢丝束的表面覆裹一层涂塑层,并绑扎好钢丝束,埋在混凝土内。待混凝土达到设计强度,用张拉机具张拉,当张拉力达到设计的应力后,两端再用特制的锚具锚固。无黏结预应力混凝土借用锚具传递预应力,不再预留孔道,也不在孔道内灌浆。

在高层或超高层建筑中,一般都采用后张无黏结预应力混凝土梁、板结构,可以提高结构的整体刚度,摩擦损失小,设计自由度大,可节约钢材和混凝土的用量。

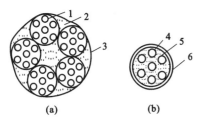

图 4.89　无黏结预应力筋横截面示意

（a）无黏结钢绞线束;

（b）无黏结钢丝束或单根钢绞线

1—钢绞线;2—沥青涂料;3—塑料布外包层;

4—钢丝;5—油脂涂料;6—塑料管外包层

4.4.3.1　涂料及外包层

无黏结预应力筋(图 4.89)一般有高强钢丝、钢丝束、钢绞线束三种,通过设备涂包防腐油脂,再套上塑料护套。

涂料层使预应力筋与混凝土隔离,减少张拉时的摩擦应力损失,防止预应力筋锈蚀。

防腐润滑油脂应具有良好的化学稳定性,对周围材料无侵蚀作用、不透水、不吸湿;抗腐蚀性能强;润滑性能好,摩擦阻力小;在规定温度范围内高温不流淌、低温不变脆,并有一定韧性;护套材料应采用高密度聚乙烯树脂,其质量应符合规定。

4.4.3.2　无黏结预应力筋的制作与铺设

制作无黏结预应力筋的钢丝束或钢绞线束不应有死弯,每根必须通长,中间无接头。其制作工艺为:编束放盘→涂上涂料层→覆裹塑料套→冷却→调直→成型。

无黏结预应力筋的铺设通常是在底部钢筋铺设后进行。水电管线一般宜在无黏结预应力筋铺设后进行,且不得将无黏结预应力筋的竖向位置抬高或压低。支座处负弯矩钢筋通常是在最后铺设。

无黏结预应力筋应严格按设计要求的曲线形状就位并固定牢靠,垂直位置宜用支撑钢筋或钢筋马凳控制,其间距为 1～2 m。无黏结预应力筋的水平位置应保持顺直。

4.4.3.3　张拉端处理

张拉端模板应按施工图中规定的无黏结预应力筋的位置钻孔。张拉端的承压板应用钉子固定在端模板上或用点焊固定在钢筋上。

无黏结预应力曲线筋或折线筋末端的切线应与承压板垂直,曲线段的起始点至张拉锚固点应有不小于 300 mm 的直线段。

当张拉端采用凹入式做法时,可采用塑料穴模或泡沫穴模、木块等形成凹口,见图 4.90。

4.4.3.4　无黏结预应力筋张拉

无黏结预应力筋张拉前,应清理锚垫板表面,并检查锚垫板后面的混凝土质量。无黏结预应力混凝土楼盖结构的张拉顺序为:先张拉楼板,后张拉楼面梁。板中的无黏结预应力筋,可依次张拉;梁中的无黏结预应力筋,宜对称张拉。

4.4.3.5　锚固区处理

无黏结预应力筋的锚固区,必须有严格的密封防护措施,严防水汽进入而锈蚀预应力筋。

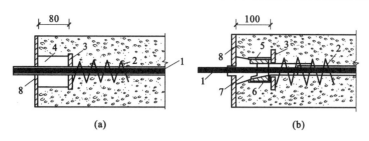

图 4.90　无黏结预应力筋张拉端凹口做法

（a）泡沫穴模；（b）塑料穴模

1—无黏结筋；2—螺旋筋；3—承压钢板；4—泡沫穴模；5—锚环；6—带杯口的塑料套管；7—塑料穴模；8—模板

锚固后的外露长度不小于 30 mm，多余部分宜用手提砂轮锯切割，不得采用电弧切割。

在锚具与锚垫板表面应涂以防水涂料。为了使无黏结预应力筋端头全封闭，在锚具端头涂防腐润滑油脂后，罩上封端塑料盖帽，见图 4.91。

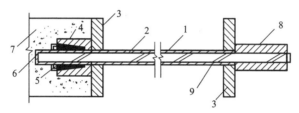

图 4.91　无黏结预应力筋全密封构造

1—护套；2—钢绞线；3—承压钢板；4—锚环；5—夹片；

6—塑料盖帽；7—封头混凝土；8—挤压锚具；9—塑料套管或粘胶带

对凹入式锚固区，锚具表面经上述处理后，再用微膨胀混凝土或低收缩防水砂浆密封。对凸出式锚固区，可采用外包钢筋混凝土圈梁封闭。对留有后浇带的锚固区，可采取二次浇筑混凝土的方法封锚。

实训项目

1. 钢筋下料、加工操作实训

● 实训目标

根据图纸能够进行钢筋的配料计算和绑扎；根据钢筋配料单能进行钢筋制作；用检测工具和检验规范能对钢筋工程质量进行检验和评定。

● 相关资料

施工图纸，现行有关规范、规程，标准图集，文件，任务指导书等。

● 实训内容

钢筋的配料计算

根据图纸和建筑施工手册进行钢筋配料计算，做出配料单。

（1）计算钢筋下料长度

直钢筋下料长度＝构件长度－保护层厚度＋弯钩增加值

钢筋弯钩增加值根据具体条件，采用经验数据。

弯起钢筋下料长度＝直段长度＋斜段长度－弯曲调整值＋弯钩增加值

$$箍筋下料长度＝箍筋周长＋箍筋调整值$$

（2）钢筋制作

① 施工准备

钢筋的品种、规格须符合设计要求，应具有产品合格证、出厂检验报告和进场后的抽样复试报告；应配备钢筋调直机、钢筋钳子、切割锯片、钢筋切断机、弯曲机、操作台等。

② 钢筋制作

钢筋制作工艺为：钢筋除锈→调直→切断→弯曲成型。

内容参照钢筋工程。

（3）钢筋绑扎

① 工作准备

成型钢筋、20～22 号镀锌铁丝、钢筋马凳、固定墙双排梯子筋、保护层垫块（水泥砂浆垫块或塑料卡）、钢筋钩子、撬棍、钢筋扳子、钢筋剪子、操作平台、钢丝刷子、粉笔、钢卷尺等。

② 作业条件

按施工平面图中指定的位置，对钢筋堆放和加工场地进行清理、平整；熟悉图纸，按设计要求检查已加工好的钢筋规格、形状、数量是否正确；做好抄平放线工作，弹好标高线及基础、柱、墙外皮尺寸线；根据设计图纸及工艺标准要求，确定钢筋穿插就位顺序，并与有关工种做好配合工作，确定施工方法，向小组进行技术和安全交底。

③ 操作工艺

a. 基础钢筋绑扎

工艺流程为：垫层上画钢筋位置线→按线布放钢筋→绑扎底板下部及地梁钢筋→设置垫块→放置马凳→绑扎底板上部钢筋→设置插筋定位框→插墙、柱预埋钢筋→基础底板钢筋验收。

画钢筋位置线：按图纸标明的钢筋间距，算出底板实际需要的钢筋根数，一般让靠近底板边的钢筋离模板边为 50 mm，在垫层上画出钢筋位置线。

基础底板及基础梁钢筋绑扎：按弹出的钢筋位置线，先铺底板下层钢筋。根据底板受力情况，决定哪个方向钢筋在下面。一般情况下应先铺短向钢筋，再铺长向钢筋。

摆放底板混凝土保护层用砂浆垫块，垫块厚度等于保护层厚度，按 1 m 左右一个即可。

基础底板采用双层钢筋时，绑完下层钢筋后，摆放钢筋马凳或钢筋支架（间距以 1 m 左右一个为宜），在马凳上摆放纵、横两个方向的定位钢筋，钢筋上下次序及绑扣方法同底板下层钢筋。

根据弹好的墙、柱位置线，将墙、柱伸入基础的插筋绑扎牢固，插入基础深度要符合设计要求，甩出长度不宜过长，其上端应采取措施保证甩筋垂直，不歪斜、倾倒、变位。

b. 墙钢筋绑扎

工艺流程为：立绑竖筋→画线→绑扎竖筋→绑扎横筋→设置支撑或拉筋→设置垫块。

先绑 2～4 根竖筋，并画好横筋分档标志，然后在下部及齐胸处绑孔两根横筋定位，并画好竖筋分档标志。一般横筋在外，竖筋在里，所以先绑竖筋后绑横筋。横、竖筋的间距及位置应符合设计要求。

双排钢筋之间应绑支撑或拉筋，以固定钢筋间距。支撑或拉筋可用 $\phi6$ 或 $\phi8$ 钢筋制作，间距 1 m 左右，以保证双排钢筋之间的距离。

在墙筋外侧应绑上带有铁丝的砂浆垫块或塑料卡,以保证保护层的厚度。

为保证门、窗洞口标高位置正确,在洞口竖筋上画出标高线。门、窗洞口要按设计要求绑扎过梁钢筋,锚入墙内长度要符合设计要求。

c. 柱钢筋绑扎

施工流程为:连接纵筋→画线→穿箍→绑扎→设置垫块。

画箍筋间距线:立柱子纵筋,在立好的柱子竖向钢筋上,按图纸要求用粉笔画箍筋间距线。在搭接长度内,绑扣不少于 3 个。如果柱子主筋采用光圆钢筋搭接时,角部弯钩应与模板成 45°,中间钢筋的弯钩应与模板成 90°角。

套箍筋:按图纸要求间距,先把箍筋套在下层伸出的纵向搭接筋上,按已画好的箍筋位置线,将已套好的箍筋往上移动,由上往下绑扎,宜采用缠扣绑扎。箍筋与主筋要垂直,箍筋转角处与主筋交点均要绑扎,主筋与箍筋非转角部分的相交点呈梅花形交错绑扎。箍筋的弯钩叠合处应沿柱子四角竖筋交错布置,并绑扎牢固。有抗震要求的地区,柱箍筋端头应弯成 135°,平直部分长度不小于 $10d$(d 为箍筋直径)。

d. 梁钢筋绑扎

施工流程为:摆受力筋→画线→穿箍筋→绑扎箍筋、受力筋→摆架立筋→绑扎。

将梁的受拉钢筋和弯起钢筋摆放到要求位置,钢筋的弯钩朝里;根据图纸上规定的箍筋间距在受拉钢筋上画线,画线时应从中间向两边分,以便使箍筋的间距均匀;将全部所需的箍筋从钢筋的一端套入,按线距将箍筋摆开,梁端第一个箍筋应设置在距离柱节点边缘 50 mm 处。梁端与柱交接处箍筋应加密,其间距与加密区长度均要符合设计要求。

e. 板和楼梯钢筋绑扎参照基础钢筋。

(4) 钢筋工程验收

钢筋工程验收参照现行有关规范和标准。

2. 现场参观

根据当地实际情况,按教学进度组织模板、钢筋、混凝土工程或预应力混凝土工程现场参观教学。

复习思考题

1. 如何验收和存放钢筋?

2. 如何计算钢筋的下料长度? 如何编制钢筋配料单?

3. 试述钢筋代换的原则及方法。

4. 钢筋冷拉后为什么能节约钢材? 试述钢筋冷拉的原理。

5. 试述钢筋冷拔原理及工艺。钢筋冷拔与冷拉有何区别?

6. 试述钢筋闪光对焊的常用工艺及适用范围。

7. 试述钢筋电弧焊的接头形式及适用范围。

8. 钢筋的加工有哪些内容? 钢筋绑扎接头的最小搭接长度和搭接位置是怎样规定的?

9. 试述模板的作用和要求。

10. 木胶合板模板如何分类? 如何判别 I 类板?

11. 木胶合板模板的构造要求有哪些?

12. 使用木胶合板模板应注意哪些问题?

13. 墙体、楼板竹胶合板模板安装有哪些要求?

14. 试述定型组合钢模板的组成及各自的作用。

15. 基础、柱、梁、楼板结构的模板构造及安装要求有哪些?

16. 拆模的顺序如何? 应注意哪些事项?

17. 如何根据砂、石的含水率换算施工配合比?

18. 混凝土搅拌的起止时间如何确定? 搅拌时间对混凝土质量有何影响?

19. 搅拌混凝土的投料顺序有哪几种? 其对混凝土的质量有何影响?

20. 搅拌机有哪几种? 各适用于何种情况?

21. 混凝土在运输过程中应注意哪些问题?

22. 泵送混凝土有什么优点? 施工时应注意哪些问题?

23. 混凝土浇筑时应注意哪些问题? 如何防止离析?

24. 什么是施工缝? 留设位置如何? 应如何处理?

25. 什么是混凝土后浇带? 产生的原因是什么? 有几种类型? 施工时应注意哪些问题?

26. 多层钢筋混凝土框架结构施工顺序、施工过程及柱、梁、板浇筑方法是什么?

27. 剪力墙混凝土浇筑时应注意哪些问题?

28. 试述振动器的种类及适用范围。

29. 试述插入式振动器、表面振动器的施工要点。

30. 为什么混凝土浇筑后要进行养护? 试述混凝土自然养护的方法与要求。

31. 混凝土质量检查的内容有哪些? 如何确定混凝土强度是否合格?

32. 常见混凝土的质量缺陷有哪些? 分析其产生的原因? 如何防治与处理?

33. 什么是预应力混凝土? 其有何特点?

34. 什么是先张法? 其适用于什么情况?

35. 试述台座的作用、分类。

36. 试述先张法夹具的作用与要求。

37. 先张法的张拉设备有哪些?

38. 试述先张法张拉程序。

39. 超张拉的作用是什么? 有何要求?

40. 预应力筋放张的条件是什么?

41. 预应力筋放张有哪些要求?

42. 什么是后张法? 其适用于什么情况? 与先张法相比有何区别?

43. 试述锚具的作用与要求。

44. 试述常用的几种锚具的特点与适用条件。

45. 后张法张拉设备有哪些?

46. 后张法如何预留孔道?

47. 后张法如何穿束?

48. 如何确定后张法的张拉顺序? 如何进行预应力筋伸长值校核?

49. 分批张拉、叠层生产的预应力损失是如何产生的? 又是如何弥补的?

50. 孔道灌浆的作用是什么? 对灌浆材料有何要求?

51. 外墙保温如何施工? 请收集与外墙保温有关的最新施工资料。

52. 大体积混凝土施工的特点有哪些？如何确定浇筑方案？

53. 冷轧扭钢筋有何优点？

54. 什么是无黏结预应力混凝土？有何特点？请收集与其有关的最新施工资料。

55. 钢筋工程实训时,和施工现场的技术工人相比,你还存在哪些差距？以后应在哪些方面改进？有哪些心得体会？

56. 现场参观工程时,和课堂上的讲授内容是否相同？是否按规范操作？现场有哪些地方值得我们学习？有哪些地方在管理和技术安全上存在不足？

单元 5　防水工程施工

1.了解防水施工的基本概念；

2.熟悉防水工程的分类、等级和设防要求；

3.掌握改性沥青防水卷材、厨房防水、外墙防水和卫生间防水的施工要点、质量验收和常见质量问题及防治措施。

1.能正确施工卷材防水屋面；

2.能正确施工厨房、卫生间防水；

3.能规范施工外墙防水；

4.能正确施工地下室防水。

思政目标

通过防水工程施工,培养学生严谨、认真的工作态度。

资　源

1.《建筑工程施工质量验收统一标准》(GB 50300—2013)；

2.《屋面工程质量验收规范》(GB 50207—2012)；

3.《地下防水工程质量验收规范》(GB 50208—2011)；

4.《屋面工程技术规范》(GB 50345—2012)；

5.《单层防水卷材屋面工程技术规程 》(JGJ/T 316—2013)等。

防水工程是建筑施工中一个非常重要的部分。防水的作用是保护建筑物的使用功能,增强建筑物的耐久性,延长其使用寿命。

5.1　防水工程基本概念

5.1.1　防水工程的概念

防水工程是一项系统工程,它涉及防水材料、防水工程设计、施工技术、建筑物的管理等方面。建筑防水工程的任务是综合上述诸方面的因素,进行全方位评价,选择符合要求的高性能防水材料,进行可靠、耐久、合理、经济的防水工程设计,认真组织,精心施工,完善维修、保养管理制度,以满足建筑物及构筑物的防水耐用年限,保证防水工程的高质量并实现良好的综合效益。

防水工程是指为防止地表水、地下水、滞水、毛细管水以及人为因素引起的水文地质改变而产生的水渗入建(构)筑物或防止蓄水工程向外渗漏所采取的一系列结构、构造和建筑措施。防水工程主要包括防止外部的水向防水建筑渗透、蓄水结构的水向外渗漏和建(构)筑物内部相互滞水三大部分。

5.1.2　防水工程分类

5.1.2.1　按建(构)筑物结构做法分类

防水工程按建(构)筑物结构做法不同,可分为结构自防水和防水层防水。

(1)结构自防水是依靠建(构)筑物结构(底板、墙体、楼顶板等)材料自身的密实性,以及采取坡度、伸缩缝等构造措施和辅以嵌缝膏,埋设止水带或止水环等,起到结构构件自身防水的作用。

(2)采用不同材料的防水层防水即在建(构)筑物结构的迎水面以及接缝处,使用不同防水材料做成防水层,以达到防水的目的。其中按所用的防水材料不同又可分为刚性材料防水(如涂抹防水砂浆、浇筑掺有外加剂的细石混凝土或预应力混凝土等)和柔性材料防水(如铺设不同档次的防水卷材,涂刷各种防水涂料等)。结构自防水和刚性材料防水均属于刚性防水;用各种卷材、涂料所做的防水层均属于柔性防水。

5.1.2.2　按建(构)筑物工程部位分类

防水工程按建(构)筑物工程部位不同可划分为地下防水、屋面防水、室内厕浴间防水、外墙板缝防水以及特殊建(构)筑物和部位(如水池、水塔、室内游泳池、喷水池、四季厅、室内花园等)防水。

5.1.2.3　按材料品种分类

按材料品种不同,防水工程又可分为卷材防水、涂膜防水、密封材料防水、混凝土防水和砂浆防水等。

(1)卷材防水:包括沥青防水卷材、高聚物改性沥青防水卷材、合成高分子防水卷材等。

(2)涂膜防水:包括沥青基防水涂料、高聚物改性沥青防水涂料、合成高分子防水涂料等。

(3)密封材料防水:包括改性沥青密封材料、合成高分子密封材料等。

(4)混凝土防水:包括普通防水混凝土、补偿收缩防水混凝土、预应力防水混凝土、掺外加剂防水混凝土,以及钢纤维或塑料纤维防水混凝土等。

(5)砂浆防水:包括水泥砂浆(刚性多层抹面)、掺外加剂水泥砂浆以及聚合物水泥砂浆等。

(6)其他:包括各类粉状憎水材料,如建筑拒水粉、复合建筑防水粉等,还有各类渗透剂的防水材料。

5.1.3　屋面防水等级和设防要求

根据《屋面工程技术规范》(GB 50345—2012)规定:屋面防水工程应根据建筑物的类别、重要程度、使用功能要求确定防水等级,并应按相应等级进行防水设防;对防水有特殊要求的建筑屋面,应进行专项防水设计。屋面防水等级和设防要求应符合表5.1的规定。

表 5.1　屋面防水等级和设防要求

防水等级	建筑类别	设防要求
Ⅰ级	重要建筑和高层建筑	两道防水设防
Ⅱ级	一般建筑	一道防水设防

屋面隔汽层与其防水层密切相关,隔汽层是防止室内潮湿气体进入保温层的构造措施,应设置在结构层与保温层之间,选用气密性、水密性好的材料;在屋面与墙的连接处,隔汽层应沿墙面向上连续铺设,高出保温层上表面不得小于 150 mm;隔汽层采用卷材时宜空铺,卷材搭接缝应满粘,其搭接宽度不应小于 80 mm;隔汽层采用涂料时,应涂刷均匀;穿过隔汽层的管线周围应封严,转角处应无折损;隔汽层凡有缺陷或破损的部位,均应进行返修。

5.2　改性沥青防水卷材屋面

5.2.1　卷材防水屋面构造

卷材屋面的防水层是用胶粘剂或热熔法逐层粘贴卷材而制成的。屋面构造层如图 5.1 所示,施工时以设计为施工依据。

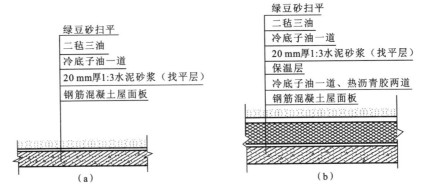

图 5.1　屋面构造层
(a)无保温层屋面;(b)含有保温层屋面

5.2.2　卷材防水材料及要求

5.2.2.1　沥青

沥青具有不透水、不导电、耐酸、耐碱、耐腐蚀等特点,是屋面防水的理想材料。施工时,应注意沥青的产地、品种、标号等。沥青有石油沥青和焦油沥青两类,性能不同的沥青不得混合使用。石油沥青与焦油沥青的区别见表 5.2。石油沥青分为道路石油沥青、建筑石油沥青和普通石油沥青。建筑石油沥青主要用于屋面、地下防水和油毡制造,常用牌号为 30 号甲、30号乙和 10 号。建筑石油沥青的主要指标见表 5.3。

沥青的主要技术指标是针入度、延伸度、软化点等。目前,我国确定沥青牌号的标准是按针入度划分的。

沥青在贮运过程中,应防止混入杂质、砂土以及水分;宜堆放在阴凉、干净、干燥的地方,应遮盖,避免雨水、阳光直接淋晒,并应按品种、牌号分别堆放。

表 5.2 石油沥青与焦油沥青的区别

项目	石油沥青	焦油沥青
相对密度	约等于 1.0	1.20～1.35
燃烧	烟少,无色,有松香味,无毒	烟多,黄色,臭味大,无毒
锤击	韧性好	韧性差,较脆
颜色	呈亮褐色	浓黑色
溶解	易溶于煤油或汽油中,溶液呈棕色	难溶于煤油、汽油中,溶液呈黄绿色

表 5.3 建筑石油沥青的主要指标

指标	牌号		
	30 号甲	30 号乙	10 号
针入度(25℃时,$\frac{1}{10}$mm)	21～40	21～40	5～20
延伸度(25℃时,不小于)/cm	3	3	1
软化点(不小于)/℃	70	60	95
溶解度(不小于)/%	99	99	99

5.2.2.2 卷材

《屋面工程质量验收规范》(GB 50207—2012)中的强制性条文规定:"屋面工程所采用的防水、保温材料应有产品合格证书和性能检测报告,材料的品种、规格、性能等必须符合国家现行产品标准和设计要求。"

(1)石油沥青油毡卷材

外观:每卷油毡不允许有孔洞、硌伤,不允许露胎、涂盖不均;折纹、皱折距卷芯 1000 mm以外,长度不大于 100 mm;裂纹距卷芯 1000 mm 以外,长度不大于 10 mm;边缘裂口小于20 mm,缺边长度小于 50 mm;每卷卷材的接头不超过 1 处,较短的一段不小于 2500 mm,接头处应加长 150 mm。

沥青防水卷材规格及技术性能要求见表 5.4。

表 5.4 沥青防水卷材规格及技术性能要求

标号	宽度/mm	每卷面积/m²	每卷质量/kg	性能要求			
				纵向拉力	耐热度	柔性	不透水
350 号	915	200±0.3	粉毡不小于 28.5	25 ℃±2 ℃时,≥340 N/50 mm	28 ℃±2 ℃时,2 h 不流淌,无集中性气泡	绕直径 20 mm 圆棒无裂纹	压力不小于0.10 N/mm²,保持时间不小于 30 min
	1000	200±0.3	片毡不小于 31.5				
500 号	915	200±0.3	粉毡不小于 39.5	25 ℃±2 ℃时,≥440 N/50 mm		绕直径 25 mm 圆棒无裂纹	压力不小于0.15 N/mm²,保持时间不小于 30 min
	1000	200±0.3	片毡不小于 42.5				

（2）高聚物改性沥青卷材

外观：不允许有孔洞、缺边、裂口；边缘不整齐处不超过 10 mm；不允许胎体露白、未浸透；撒布材料粒度、颜色均匀；每一卷卷材的接头不超过 1 处，较短的一段不应小于 1000 mm，接头处应加长 150 mm。

高聚物改性沥青防水卷材规格和技术性能要求分别见表 5.5、表 5.6。

表 5.5　高聚物改性沥青防水卷材规格

种类	厚度/mm	宽度/mm	每卷长度/m
高聚物改性沥青 防水卷材	2.0	≥1000	15.0～20.0
	3.0		10.0
	4.0		7.5
	5.0		5.0

表 5.6　高聚物改性沥青防水卷材技术性能要求

项目		性能要求		
		聚酯毡胎体	玻纤胎体	聚乙烯胎体
拉力/(N/50 mm)		≥500	≥350(纵向)	≥200
延伸率/%		≥30(最大拉力时)	—	≥120(断裂时)
耐热度/(℃,2h)		SBS 卷材 90,APP 卷材 110,无滑动、流淌、滴落		PEE 卷材 90,无流淌、起泡
低温柔度		SBS 卷材-20,APP 卷材-7,PEE 卷材-20		
不透水性	压力 /MPa	≥0.3	≥0.2	≥0.4
	保持时间 /min	≥30		

（3）合成高分子防水卷材

外观要求为：

折痕：每卷不超过 2 处，总长度不超过 20 mm。杂质：不允许有粒径大于 0.5 mm 的颗粒，每平方米内的杂质面积不超过 9 mm^2。胶块：每卷不超过 6 处，每处面积不大于 4 mm^2。凹痕：每卷不超过 6 处，深度不超过本身厚度的 30%，树脂类深度不超过 15%。每卷的接头：橡胶类每 20 m 不超过 1 处，较短的一段不应小于 3000 mm，接头处应加长 150 mm；树脂类 20 m内不允许有接头。

合成高分子防水卷材规格和性能要求分别见表 5.7、表 5.8。

表 5.7　合成高分子防水卷材规格

种类	厚度/mm	宽度/mm	每卷长度/m
合成高分子 防水卷材	1.0	≥1000	20.0
	1.2		20.0
	1.5		20.0
	2.0		10.0

表 5.8　合成高分子防水卷材性能要求

项目		性能要求			
		硫化橡胶类	非硫化橡胶类	树脂类	纤维增强类
断裂拉伸强度/MPa		≥6	≥3	≥10	≥9
扯断伸长率/%		≥400	≥200	≥200	≥10
低温弯折/℃		−30	−20	−20	−20
不透水性	压力/MPa	≥0.3	≥0.2	≥0.3	≥0.3
	保持时间/min	≥30			
加热收缩率/%		<1.2	<2.0	<2.0	<1.0
热老化保持率 (80 ℃,168 h)	断裂拉伸强度	≥80%			
	扯断伸长率	≥70%			

（4）卷材贮存

防水卷材应贮存在阴凉通风的室内,严禁接近火源;油毡必须直立堆放,高度不宜超过两层,不得横放、斜放;应按标号、品种分类堆放。

5.2.3　屋面施工要点

5.2.3.1　结构层要求

屋面结构层一般采用钢筋混凝土结构,分为装配式钢筋混凝土板和整体现浇细石混凝土板。基层采用装配式钢筋混凝土板时,要求板安置平稳,板端缝要密封处理,板端、板的侧缝应用细石混凝土灌缝密实,其强度等级不应低于 C20。板缝经调节后宽度仍大于 40 mm 时,应在板下设吊模补放构造钢筋后,再浇细石混凝土。

5.2.3.2　找平层施工

《屋面工程质量验收规范》(GB 50207—2012)中的强制性条文规定:"屋面(含天沟、檐沟)找平层的排水坡度必须符合设计要求。"

找平层的作用是保证卷材铺贴平整、牢固;找平层必须清洁、干燥。找平层是防水层的直接基层,施工的表面光滑度、平整度将直接影响卷材屋面防水层质量。常用的找平层分为水泥砂浆、细石混凝土、沥青砂浆的整体找平层。找平层宜设分格缝,并嵌填密封材料。分格缝应留在板端缝处,其纵横的最大间距:水泥砂浆或细石混凝土找平层不宜大于 6 m,沥青砂浆找平层不宜大于 4 m。

找平层的排水坡度应符合设计要求。平屋面采用结构找坡不应小于 3%,采用材料找坡宜为 2%,天沟、檐沟纵向找坡不小于 1%,沟底水落差不得超过 200 mm。基层与凸出屋面结构的交接处和基层的转角处,找平层均应做成弧形。圆弧的半径:沥青防水卷材为 100～150 mm,高聚物改性沥青防水卷材为 50 mm,合成高分子防水卷材为 20 mm。

（1）水泥砂浆找平层和细石混凝土找平层

厚度要求:与基层结构形式有关。水泥砂浆找平层的基层是整体混凝土时,找平层的厚度为 15～20 mm;基层是整体或板状材料保温层时,找平层的厚度为 20～25 mm;基层是装配式混凝土板、松散材料保温层时,找平层的厚度为 20～30 mm。细石混凝土找平层的基层是松散材料保温材料时,找平层的厚度为 30～35 mm。

技术要求:屋面板等基层应安装牢固,不得有松动现象。铺砂浆前,基层表面应清扫干净并洒水湿润。水泥砂浆找平层配合比为 1∶2.5～1∶3(体积比),水泥强度等级不低于 32.5 级;细石混凝土找平层,混凝土的强度等级不低于 C20。留在承重墙上的分格缝应与板缝对齐,缝高度同找平层厚度,缝宽 20 mm。在每个分格缝上做防水层时,先在其缝上干铺宽 300 mm 的卷材,再做防水层。每个分格缝内砂浆一次连续铺成,可用 2 m 长的木方条找平。表面平整度用 2 m 靠尺和模型尺检查,找平层表面平整度的允许偏差为 5 mm。

(2)沥青砂浆找平层

厚度要求:与基层结构形式有关。基层是整体混凝土时,找平层的厚度为 15～20 mm;基层是装配式混凝土板、整体或板状材料保温层时,找平层的厚度为 20～25 mm。

技术要求:屋面板等基层应安装牢固,不得有松动之处;屋面应平整,清扫干净;沥青和砂的质量比为 1∶8。施工前,基层必须干燥,然后满涂冷底子油 1～2 道,涂刷要薄而均匀。待冷底子油干燥后方可铺设沥青砂浆。沥青砂浆施工时要严格控制温度,沥青砂浆施工温度见表 5.9。

表 5.9　沥青砂浆施工温度

室外温度/℃	沥青砂浆施工温度/℃		
	拌制	铺设	滚压完毕
+5 以上	140～170	90～120	60
-10～+5	160～180	110～130	40

待砂浆刮平后,用火滚进行滚压,滚压至平整密实,表面无空洞、无压滚痕为止。滚筒表面应涂刷柴油。施工完毕后,应避免在找平层上行走。沥青砂浆铺设后,最好在当天铺第一层防水卷材。

5.2.3.3　保温层施工

保温层可分为纤维材料、板状材料、整体材料三种类型。一般的房屋均设保温层,可在冬季阻止室内温度下降过快,在夏季起隔热的作用。

(1)纤维材料保温层的施工要求:纤维保温材料应紧靠在基层表面上,平面接缝应挤紧拼严,上下层接缝应相互错开;屋面坡度较大时,宜采用金属或塑料专用固定件将纤维保温材料与基层固定;纤维材料填充后,不得上人踩踏。

(2)板状保温层的施工要求:基层应平整、干燥、干净;板状保温材料应紧靠在需保温的基层表面上,并应铺平垫稳,拼缝应严密,粘贴应牢固。分层铺设的板块上下层接缝应相互错开,板间缝隙应采用同类材料填密实。

(3)整体现浇保温层的施工要求:在浇筑泡沫混凝土前,应将基层上的杂物和油污清理干净;基层应浇水湿润,但不得有积水。泡沫混凝土的配合比应准确计量,制备好的泡沫加入水泥料浆中应搅拌均匀。现浇泡沫混凝土应分层施工,黏结应牢固,表面应平整,找坡应正确。现浇泡沫混凝土不得有贯通性裂缝,以及疏松、起砂、起皮现象。硬质聚氨酯泡沫塑料应按配合比准确计量,发泡厚度均匀一致,黏结应牢固,表面应平整,找坡应正确。

5.2.3.4 防水层的施工

《屋面工程质量验收规范》(GB 50207—2012)中规定:屋面工程必须做到无渗漏,才能保证功能要求。无论是屋面防水层本身还是细部构造,通过外观质量检验只能看到表面的特征是否符合设计和规范的要求,肉眼很难判断是否会渗漏。只有经过雨后或持续淋水 2 h,使屋面处于工作状态下经受实际考验,才能观察出屋面是否有渗漏。可以进行蓄水试验的屋面,还应规定其蓄水时间不得少于 24 h。

卷材防水层应采用高聚物改性沥青防水卷材或合成高分子防水卷材。

(1)卷材防水层基层施工

基层应坚实、干净、平整,应无孔隙、起砂和裂缝。基层的干燥程度应根据所选防水卷材的特性确定。基层的干燥程度可采用简易方法进行检验,即将 1 m² 卷材平坦地干铺在找平层上,静置 3~4 h 后掀开检查,找平层覆盖部位与卷材表面未见水印,方可铺设防水层。

(2)卷材防水层铺设

卷材防水层铺设的一般规定:应先进行细部构造处理,然后由屋面最低标高向上铺设;檐沟、天沟卷材施工时,宜顺檐沟、天沟方向铺贴,搭接缝应顺流水方向;卷材宜平行于屋脊铺设,上下层卷材不得相互垂直铺设。立面或大坡面铺贴卷材时,应采用满粘法,并宜减少卷材短边搭接。平行屋脊的搭接缝应顺流水方向,搭接缝宽度应符合表 5.10 的规定。

表 5.10 卷材搭接宽度

卷材类别		搭接宽度/mm
合成高分子防水卷材	胶粘剂	80
	胶粘带	50
	单缝焊	60,有效焊接宽度不小于 25
	双缝焊	80,有效焊接宽度10×2+空腔宽
高聚物改性沥青防水卷材	胶粘剂	100
	自粘	80

同一层相邻两幅卷材短边搭接缝错开不应小于 500 mm,上下层卷材长边搭接缝应错开,且不应小于幅宽的 1/3。叠层铺贴的各层卷材,在天沟与屋面的交接处,应采用叉接法搭接,搭接缝应错开;搭接缝宜留在屋面与天沟侧面,不宜留在沟底。

① 高聚物改性沥青防水卷材铺设

其铺设方法主要有:冷粘法、热熔法和自粘法。

a.冷粘法铺贴卷材

《屋面工程质量验收规范》(GB 50207—2012)中规定:胶粘剂涂刷应均匀,不露底、不堆积。应根据胶粘剂的性能,控制胶粘剂涂刷与卷材铺贴的间隔时间。铺贴卷材时下面的空气应排尽,并辊压黏结牢固。铺贴卷材应平整顺直,搭接尺寸准确,不得扭曲、皱褶。接缝口应用密封材料封严,宽度不应小于 10 mm。

施工要点:在构造节点部位及周边 200 mm 范围内,均匀涂刷一层不小于 1 mm 厚的弹性沥青胶粘剂,随即粘贴一层聚酯纤维无纺布,并在布上涂一层 1 mm 厚的胶粘剂。基层胶粘剂的涂刷可用胶皮刮板进行,要求涂刷均匀,不露底、不堆积,厚度约为 0.5 mm。胶粘剂涂刷后,掌握好时间,由 2 人操作,1 人推赶卷材,确保卷材下无空气,粘贴牢固。卷材铺贴应做到平整顺直,搭接尺寸准确,不得扭曲、皱褶。搭接部位的接缝应满涂胶粘剂,用溢出的胶粘剂刮平封口。接缝口应用密封材料封严,宽度不小于 10 mm。

b. 热熔法铺贴卷材

《屋面工程质量验收规范》(GB 50207—2012)中规定:火焰加热器加热卷材应均匀,不得过分加热或烧穿卷材;厚度小于 3 mm 的高聚物改性沥青防水卷材严禁采用热熔法施工;卷材表面热熔后应立即滚铺卷材,卷材下面的空气应排尽,并辊压黏结牢固,不得空鼓;卷材接缝部位必须溢出热熔的改性沥青胶;铺贴的卷材应平整顺直,搭接尺寸准确,不得扭曲、皱褶。

施工要点:清理基层上的杂质,涂刷基层处理剂,要求涂刷均匀、厚薄一致,待干燥后,按设计节点构造做好处理,干燥后再按规范要求排布卷材定位、画线,弹出基线;热熔时,应将卷材沥青膜底面向下,对正粉线,用火焰喷枪对准卷材与基层的结合面,同时加热卷材与基层,喷枪距加热面 50～100 mm,当烘烤到沥青熔化,卷材表面熔融至光亮黑色时,应立即滚铺卷材,并用胶皮压辊滚压密实,排除卷材下的空气,粘贴牢固。当铺至距端头 300 mm 时,将卷材翻放于隔板上加热,同时加热基层表面,粘贴卷材并压实;卷材搭接时,先熔烧下层卷材上表面搭接宽度内的防粘隔离层,待溢出热熔的改性沥青后,立即刮封接口;铺贴卷材时应平整顺直,搭接尺寸准确,不得扭曲;采用条贴法时,每幅卷材每边粘贴宽度不小于 150 mm。

c. 自粘法铺贴卷材

《屋面工程质量验收规范》(GB 50207—2012)中规定:铺贴卷材前,基层表面应均匀涂刷基层处理剂,干燥后应及时铺贴卷材;铺贴卷材时,应将粘胶底面的隔离纸全部撕净;卷材下面的空气应排尽,并辊压黏结牢固;铺贴的卷材应平整顺直,搭接尺寸准确,不得扭曲、皱褶,搭接部位宜采用热风加热,随即粘贴牢固;接缝口应用密封材料封严,宽度不小于 10 mm。

施工要点:清理基层,涂刷基层处理剂,节点附加增强处理、定位、弹线等工序均同冷粘法和热熔法铺贴卷材;铺贴卷材一般由 3 人共同操作,1 人撕纸,1 人滚铺卷材,1 人随后将卷材压实。铺贴卷材时,应按基线的位置缓缓剥开卷材背面的防粘隔离纸,将卷材直接粘贴于基层上,一边撕隔离纸,一边将卷材向前滚铺,卷材应保持自然松弛状态,不得拉得过紧或过松,不得皱褶,每铺好一段卷材应立即用胶皮压辊压实粘牢;卷材搭接部位宜用热风枪加热,加热后粘贴牢固,用溢出的自粘胶刮平封口;大面积卷材铺贴完毕,所有卷材接缝处应用密封膏封严,宽度不应小于 10 mm;铺贴立面、大坡度卷材时,应在加热后粘贴牢固;采用浅色涂料作保护层时,应待卷材铺贴完成,并经检验合格、清扫干净后涂刷。涂层应与卷材黏结牢固,厚薄均匀,避免漏涂。

② 合成高分子防水卷材铺设

合成高分子防水卷材的施工要点是:基层应牢固,无松动、起砂,表面应平整光滑,含水率宜小于 9%。表面凹坑用 1∶3 水泥砂浆抹平。基层涂聚氨酯底胶,节点附加增强处理、定位、弹线等工序均同冷粘法和热熔法铺贴卷材;再进行大范围涂刷一遍,干燥 4 h 后方可进行下一道工序;卷材搭接宽度为 100 mm,粘贴卷材时用刷子将胶粘剂均匀涂刷在翻开的卷材接头两面,干燥 30 min 后即可粘贴,并用胶皮压辊用力辊压;卷材收头处重叠三层,须用聚氨酯嵌缝膏密封,在收头处再涂刷一层聚氨酯涂膜防水材料,在尚未固化时再用含胶水砂浆压缝封闭;防水层经检查合格,即可涂保护层涂料。

(3)附加层施工

檐沟、天沟与屋面交接处,屋面平面与立面交接处,以及水落口、伸出屋面管道根部等部位,应设置附加层。屋面找平层分格缝等部位,宜设置卷材空铺附加层,其空铺宽度不宜小于100 mm。附加层最小厚度应符合表 5.11 的规定。

表 5.11　卷材防水附加层最小厚度(mm)

附加层材料	最小厚度/mm
合成高分子防水卷材	1.2
高聚物改性沥青防水卷材(聚酯胎)	3.0

5.2.3.5　保护层施工

卷材防水层施工完毕后,应进行雨后观察、淋水或蓄水试验,为防止卷材直接受到阳光、空气、水分等长期作用,在防水层合格后进行保护层和隔离层的施工。保护层施工前,防水层表面应平整、干净。保护层施工时,应避免损坏防水层或保温层。

(1) 板块保护隔热层施工

当采用混凝土板架空隔热层时,屋面坡度不宜大于 5%;架空隔热制品及其支座的质量应符合国家现行有关材料标准的规定,架空隔热层的高度宜为 180～300 mm,架空板与女儿墙的距离不应小于 250 mm。当屋面宽度大于 10 m 时,架空隔热层中部应设置通风屋脊。架空隔热制品支座底面的卷材、涂膜防水层,应采取加强措施,操作时不得损坏已经完工的防水层。

非上人屋面的架空隔热用砌块强度等级不应低于 MU7.5;上人屋面的砌块强度等级不应低于 MU10,混凝土板的强度等级不应低于 C20,板厚及配筋应符合设计要求。架空隔热制品的铺设应平整、稳固,缝隙勾填应密实。

(2) 块体材料保护层铺设

在砂结合层上铺设块体时,砂结合层应平整,块体间应预留 10 mm 的缝隙,缝内应填砂,并应用 1∶2 水泥砂浆勾缝;在水泥砂浆结合层上铺设块体时,应先在防水层上做隔离层,块体间应预留 10 mm 的缝隙,缝内应用 1∶2 水泥砂浆勾缝;块体表面应洁净、色泽一致,无裂纹、掉角和缺棱等缺陷。

(3) 水泥砂浆及细石混凝土保护层铺设

水泥砂浆及细石混凝土保护层铺设前,应在防水层上做隔离层;细石混凝土铺设时不宜留施工缝;当施工间隙超过规定时间时,应对接槎进行处理;水泥砂浆及细石混凝土表面应抹平压光,不得有裂纹、脱皮、麻面、起砂等缺陷。

(4) 浅色涂料保护层施工

浅色涂料应与卷材、涂膜相容。浅色涂料应涂刷多遍,当防水层为涂膜时,应在涂膜固化后进行。涂层应与防水层黏结牢固,厚薄应均匀,不得漏涂。涂层表面应平整,不得流淌和堆积。

5.2.4　质量检查及验收

(1) 对高分子卷材屋面防水工程竣工验收时,必须提供卷材和各种胶粘剂主要技术性能的测试报告。

(2) 屋面不应有积水或渗漏水现象。

(3) 卷材与卷材的搭接缝和水浇口周围以及凸出屋面结构的卷材末端收头部位必须黏结牢固、封闭严密,不允许有皱褶、翘边、胶层或滑移等缺陷。

(4) 其余必须符合《屋面工程质量验收规范》(GB 50207—2012)的要求。

5.2.5　常见质量问题处理及防治措施

卷材防水层屋面常见质量通病有开裂、鼓泡、流淌、渗漏、破损、积水、防水层剥离等。产生的综合原因如下：

① 原材料质量不符合设计要求和规范、标准的有关规定。卷材铺贴在含水率较大的基层上，又未采取相应的技术措施。

② 沥青胶粘材料熬制的温度低，没有做到充分脱水。

③ 卷材表面有浮性的滑石粉或有灰尘。

④ 因温度变化使屋面板产生胀缩，引起板端翘曲。

⑤ 卷材质量差、老化，或在低温条件下产生冷脆。

⑥ 搭接太小，卷材收缩后接头开裂、翘曲；或因卷材老化龟裂、起泡破裂，使卷材开裂，而导致屋面防水层渗漏。

⑦ 防水层未做保护层或保护层处理不当，以致卷材与胶粘材料产生龟裂、发脆甚至破坏。

5.2.5.1　屋面开裂

产生有规则横向裂纹主要是温差变形，使屋面结构板端角变形造成的。这种裂缝多数发生在延伸率较低的沥青防水卷材中。

在应力集中、基层变形较大的部位（如屋面板拼缝处等），先干铺一层卷材条作为缓冲层，使卷材能适应基层伸缩的变化；在重要工程上，应选用延伸率较大的高聚物改性沥青卷材或合成高分子防水卷材；选用合格的卷材，腐朽、变质者应剔除不用。

外露单层的合成高分子卷材屋面中，如基层比较潮湿，且采用满粘法铺贴工艺或胶粘剂剥离强度过高时，在卷材搭接缝处也易产生断续裂缝。

卷材铺贴时，基层应达到平整、清洁、干燥的质量要求。如基层干燥有困难时，宜采用屋面排汽技术措施。另外，与合成高分子防水卷材配套的胶粘剂的剥离强度不宜过高。

卷材搭接缝宽度应符合《屋面工程质量验收规范》（GB 50207—2012）的要求。卷材铺贴后，不得有黏结不牢或翘边等缺陷。

5.2.5.2　鼓泡

采用割破鼓泡或钻眼的方法，排出泡内气体，使卷材覆平。在鼓泡范围面层上部铺贴一层卷材或铺设带有胎体增强材料的涂膜防水层，其外露边缘应封严。直径在 300 mm 以上的鼓泡维修，可按斜十字形将鼓泡切割，翻开晾干，清除原有胶粘材料，将切割翻开部分的防水层卷材重新分片按屋面流水方向粘贴，并在面上增铺贴一层卷材，将切割翻开部分卷材的上片压贴，粘牢封严。

5.3　涂膜防水屋面

5.3.1　涂膜防水屋面构造

涂膜防水屋面是在钢筋混凝土装配式结构的屋盖体系中，板缝采用油膏嵌缝，板面压光，具有一定防水能力，通过涂布一定厚度的高聚物改性沥青、合成高分子材料，经常温交联固化形成具有一定弹性的胶状涂膜，达到防水的目的。涂膜防水屋面构造如图 5.2 所示。

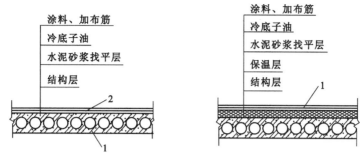

图 5.2　涂膜防水屋面构造图

(a) 无保温层涂料屋面；(b) 有保温层涂料屋面

1—细石混凝土；2—油膏嵌缝

5.3.2　材料及要求

涂料有厚质涂料和薄质涂料之分。厚质涂料有石灰乳化沥青防水涂料、膨润土乳化沥青涂料、石棉沥青防水涂料、黏土乳化沥青涂料等。薄质涂料分为三大类：沥青基橡胶防水涂料、化工副产品防水涂料、合成树脂防水涂料。

涂料按溶剂介质不同又分为溶剂型和乳液型两种类型。溶剂型涂料是高分子材料溶解于溶剂中形成的溶液。这种涂料干燥快、结膜薄而致密，生产工艺简单，贮存时稳定性好，但易燃、易爆，使用时必须注意安全。乳液型涂料是以水作为分散介质，高分子材料以极微小的颗粒稳定悬浮于水中形成的乳液，水分蒸发后成膜。乳液型涂料干燥较慢，不宜在＋5℃以下施工，生产成本较低，贮存时间不超过半年，无毒、不燃，使用安全。

建筑工程上应用的防水涂料其外观质量和品种、型号应符合国家现行有关材料标准的规定，标准名称见表 5.12。高聚物改性防水涂料质量要求见表 5.13。

表 5.12　现行建筑防水涂料材料标准

类别	标准名称	标准编号
防水涂料	聚氨酯防水涂料	GB/T 19250—2013
	非固化橡胶沥青防水涂料	JC/T 2428—2017
	喷涂橡胶沥青防水涂料	JC/T 2317—2015
	聚合物乳液建筑防水涂料	JC/T 864—2008
	聚合物水泥防水涂料	GB/T 23445—2009

表 5.13　高聚物改性防水涂料质量要求

序号	项目		质量要求
1	固体含量/%		≥43
2	耐热度(80℃,5 h)		无流淌、起泡和滑动
3	柔性(−10℃)		3 mm 厚，绕 ϕ20 mm 圆棒时无裂纹、无断裂
4	不透水性	压力/MPa	≥0.1
		保持时间/min	≥30
5	延伸(20℃±2℃)、拉伸/mm		≥4.5

涂膜防水屋面常用的胎体增强材料有玻璃纤维布、合成纤维无纺布、聚酯纤维无纺布等。胎体增强材料的质量应符合表 5.14 的要求。

表 5.14　胎体增强材料质量要求

项目		质量要求		
		聚酯纤维无纺布	合成纤维无纺布	玻璃纤维布
外　观		均匀、无团状,平整、无皱折		
拉力 (不小于,N/50mm)	纵向	150	45	90
	横向	100	35	50
延伸率(不小于,%)	纵向	10	20	3
	横向	20	25	3

5.3.3　施工准备

5.3.3.1　技术准备

(1)施工前,施工单位应组织相关技术人员对涂膜防水屋面施工图进行会审,详细了解、掌握施工图中的各种细部构造及有关设计要求。

(2)依据本施工工艺标准并结合工程实际情况,制订施工技术方案或施工技术措施,并进行安全技术交底。

(3)施工前,必须根据设计要求通过试验来确定每道涂料的涂布厚度和遍数。

(4)施工时,应建立各道工序的自检和专职人员检查制度,并有完整的检查记录。每道工序完成后,应经监理单位(或建设单位)检查验收,合格后方可进行下道工序的施工。

(5)涂膜防水屋面工程应由经资质审查合格的防水专业队伍进行施工,作业人员应持有上岗证。

5.3.3.2　主要机具

主要机具见表 5.15。

表 5.15　主要机具

高聚物改性沥青防水涂料		合成高分子防水涂料	
溶剂型	水乳型	聚氨酯防水涂料	聚合物水泥、丙烯酸、硅胶防水涂料
扫帚、圆滚刷、腻子刀、钢丝刷、油漆刷、拌料桶(塑料桶或铁桶)、手提式电动搅拌器、剪刀、消防器材	机具与溶剂型相同(无需消防器材)	扫帚、圆滚刷、刮板、腻子刀、钢丝刷、油漆刷、称料桶、拌料桶、磅秤、手提式电动搅拌器、消防器材等	扫帚、抹布、凿子、锤子、钢丝刷、腻子刀、台秤、水桶、称料桶、拌料桶、手提式电动搅拌器、剪刀、圆滚刷、油漆刷等

5.3.3.3　作业条件

(1)找平层应平整、坚实,无空鼓、无起砂、无裂缝、无松动掉灰。

(2)找平层与凸出屋面结构(女儿墙、山墙、天窗壁、变形缝、烟囱等)的交接处以及基层的转角处应做成圆弧形,圆弧半径大于或等于 50 mm。内部排水的水落口周围,基层应做成略低的凹坑。

（3）找平层表面应干净、干燥（水乳型防水涂料对基层含水率无严格要求）。

（4）施工前,应将伸出屋面的管道、设备及预埋件安装完毕。

（5）涂膜防水屋面严禁在雨天、雪天和五级风及以上恶劣天气状况时施工。施工环境气温应符合表 5.16 的要求。

表 5.16　涂膜防水屋面施工环境气温

项目	施工环境气温
高聚物改性沥青防水涂料	溶剂型不低于−5 ℃,水乳型不低于 5 ℃
合成高分子防水涂料	溶剂型不低于−5 ℃,水乳型不低于 5 ℃

5.3.4　屋面施工要点

5.3.4.1　基层施工

涂膜防水屋面结构层、找平层与卷材防水屋面基本相同。屋面的板缝施工应满足下列要求：

（1）清理板缝浮灰时,板缝必须干燥；

（2）非保温屋面的板缝上应预留凹槽,并嵌填密实材料；

（3）板缝应用细石混凝土浇捣密实；

（4）抹找平层时,分格缝与板端缝对齐、均匀顺直,并嵌填密封材料；

（5）涂层施工时,板端缝部位空铺的附加层,每边距板端缝边缘不得小于 80 mm。涂膜防水层施工前,基层应干燥。

5.3.4.2　涂膜防水层施工

《屋面工程质量验收规范》（GB 50207—2012）中的强制性条文规定:"涂膜防水层不得有渗漏或积水现象。"

（1）相关规定

涂膜防水应根据防水涂料的品种分层分遍涂布,不得一次涂成；应待先涂的涂层干燥成膜后方可涂后一遍涂料；胎体增强材料平行或垂直屋脊铺设应视方便施工而定；胎体长边搭接宽度不应小于 50 mm,短边搭接宽度不应小于 70 mm；采用二层胎体增强材料时,上下层不得相互垂直铺设,搭接缝应错开,其间距不应小于幅宽的 1/3。

（2）涂膜防水层的厚度

涂膜防水层的平均厚度应符合设计要求,且最小厚度不得小于设计厚度的 80%。每道涂膜防水层最小厚度应符合表 5.17 的规定。

表 5.17　每道涂膜防水层最小厚度（mm）

防水等级	合成高分子防水涂膜	聚合物水泥防水涂膜	高聚物改性沥青防水涂膜
Ⅰ级	1.5	1.5	2.0
Ⅱ级	2.0	2.0	3.0

（3）施工要点

① 防水层施工前,基层应坚实、平整、干净、干燥。

② 附加层施工

附加层涂布位置和厚度:同防水卷材。附加层最小厚度见表5.18。

表 5.18 涂膜防水附加层最小厚度

附加层材料	最小厚度/mm
合成高分子涂料、聚合物水泥防水涂料	1.5
高聚物改性沥青防水涂料	2.0

注:涂膜附加层应加铺胎体增强材料。

③ 边涂布边铺胎体。胎体应铺贴平整,应排除气泡,并应与涂料黏结牢固。在胎体上涂布涂料时,应使涂料浸透胎体,并应覆盖完全,不得有胎体外露现象。铺加衬布时,切勿拉得过紧,但也不能有皱褶和张嘴现象。布边不平时,每隔 1.0～1.5 m 用剪刀剪口。最上面的涂膜厚度不应小于 1.0 mm。

④ 涂膜施工时应先做好细部处理,再进行大面积涂布;屋面转角及立面的涂膜应薄涂多遍,不得流淌和堆积。防水涂料应分层分遍涂布,并应待前一遍涂布的涂料干燥成膜后,再涂布后一遍涂料,且前后两遍涂料的涂布方向应相互垂直。干燥时间视当地温度和湿度而定,一般为 4～24 h。整个防水层施工完毕,在一周内不允许上人或进行其他工序施工。

⑤ 涂料施工不允许在雨天、大风、负温、雾天或夏季中午烈日下进行。涂料应用量准确、搅拌均匀,配料应当天使用完毕。

⑥ 涂膜防水屋面应设涂层保护层。根据设计规定或涂料说明书的规定要求,选用适合的保护材料。保护层施工时,当防水层涂刷最后一道涂层时,应立即均布保护层材料,并用胶棍滚压,使之粘牢,隔日将多余部分扫去。涂刷浅色涂料时,须待防水层最后一道涂膜实干后,将配好的浅色涂料均匀地涂刷一道,不允许露底、起泡,未干前禁止上人踩踏。

5.3.5 质量检查及验收

建筑防水工程整体质量要求是:不渗不漏,保证排水畅通,使建筑物具有良好的防水和使用功能。建筑防水工程质量的优劣与防水材料、防水设计、防水施工以及维修管理等密切相关,因此,必须高度重视。

5.3.6 常见质量问题处理及防治措施

5.3.6.1 屋面渗漏

引起屋面渗漏的原因主要可分为以下几种:

(1)屋面积水,排水系统不畅。其防治方法为:主要是设计问题,屋面应有合理的排水措施,所有檐口、檐沟、天沟、水落口等应有一定排水坡度,并切实做到封口严密,排水通畅。

(2)设计涂层厚度不足,防水层结构不合理。防治方法:应按屋面防水规范中防水等级选择涂料品种、防水层厚度以及相适应的屋面构造与涂层结构。

(3)屋面基层结构变形较大,地基不均匀沉降引起防水层开裂。防治方法:除提高屋面结构整体刚度外,在保温层上必须设置细石混凝土刚性找平层,并宜与卷材防水层复合使用,形成多道防线。

(4)节点构造部位封固不严,有开缝、翘边现象。防治方法:主要是施工原因,坚持涂嵌结合,并在操作中务必使基面清洁、干燥,涂刷仔细,密封严实,防止脱落。

(5)施工涂膜厚度不足,有露胎体、皱皮等情况。防治方法:防水涂料应分层、分次涂布,胎体增强材料铺设时不宜拉伸过紧,但也不得过松,以能使上下涂层黏结牢固为度。

(6)防水涂料含固量不足,有关物理性能达不到质量要求。防治方法:在防水层施工前必须抽样检查,复验合格后才可施工。

5.3.6.2　黏结不牢

引起黏结不牢的原因主要有以下几种:

(1)基层表面不平整、未清洁,有起皮、起灰等现象。防治方法:① 基层不平整,如造成积水时,宜用涂料拌和水泥砂浆进行修补;② 凡有起皮、起灰等缺陷时,要及时用钢丝刷清除,并修补完好;③ 防水层施工前,应及时清扫基层表面,并洗刷干净。

(2)施工时基层过分潮湿。防治方法:① 应通过简易试验确定基层是否干燥,并选择晴朗天气时进行施工;② 可选择界面处理剂、基层处理剂等方法改善涂料与基层的黏结性能。

(3)涂料变质或超过保质期限;涂料主剂及含固量不足;涂料搅拌不均匀,有颗粒、杂质残留在涂层中。防治方法:① 不能使用变质涂料;② 避免底层涂料未实干时就进行后续涂层施工,使底层中水分或溶剂不能及时挥发。

(4)涂料成膜厚度不足。防治方法:应按设计厚度和规定的材料用量分层、分遍涂刷。

(5)防水涂料施工时突遇下雨。防治方法:掌握天气预报,并备置防雨设施。

(6)突击施工,工序之间无必要的技术间歇时间。防治方法:根据涂层厚度与当时气候条件,通过试验来确定合理的工序间歇时间。

5.3.6.3　涂膜出现裂缝、脱皮、流淌、鼓泡、露胎体、皱褶等缺陷

引起这些缺陷的原因主要有以下几种:

(1)基层刚度不足,抗变形能力差,找平层开裂。防治方法:① 在保温层上设置细石混凝土刚性找平层;② 提高屋面结构整体刚度,如在装配式板缝内确保灌缝密实,同时在找平层内按规定留设温度分格缝;③ 找平层裂缝大于 0.3 mm 时,可先用密封材料嵌填密实,再用 10~20 mm 宽的聚酯毡作隔离条,最后涂刮 2 mm 厚涂料附加层;④ 找平层裂缝小于 0.3 mm 时,也可按上述方法进行处理,但涂料附加层厚度为 1 mm。

(2)涂料施工时温度过高,或一次涂料过厚,或在前一遍涂料未实干前即涂刷后续涂料。防治方法:① 涂料应分层、分次进行施工,并按事先试验的材料用量与间隔时间进行涂布;② 若夏天气温在 30 ℃以上时,应尽量避开炎热的中午施工,最好安排在早晚温度较低时施工。

(3)基层表面有砂粒、杂物,涂料中有沉淀物质。防治方法:涂料施工前应将基层表面清除干净;沥青基涂料中如有沉淀物,可用 32 目钢丝网过滤。

(4)基层表面未充分干燥,或在湿度较大的气候下施工。防治方法:可选择在晴朗天气操作;或选择用潮湿界面处理剂、基层处理剂等材料,抑制涂膜中鼓泡的形成。

(5)基层表面不平,涂膜厚度不足,胎体增强材料铺贴不平整。防治方法:① 基层表面局部不平,可将涂料掺入水泥砂浆中先行修补平整,待干燥后即可施工。② 铺贴胎体增强材料时,要边倒涂料、边推铺、边压实平整。铺贴最后一层胎体增强材料后,面层至少应再涂刷两遍涂料。③ 铺贴胎体增强材料时,应铺贴平整,松紧有度。同时,在铺贴时,应先将布幅两边每隔 1.5~2.0 m 剪一个 15 mm 的小口。

(6)涂膜流淌主要发生在耐热性较差的厚质涂料中。防治方法:进场前应对原材料抽检

复查,不符合质量要求的坚决不用。沥青基厚质涂料及塑料油膏尤应注意此类问题。

5.3.6.4 保护层材料脱落

保护层材料脱落的原因是保护层材料(如蛭石粉、云母片或细砂等)未经滚压,与涂料黏结不牢。防治方法:① 保护层材料颗粒不宜过粗,使用前应筛去杂质、泥块,必要时还应冲洗和烘干;② 在涂刷面层涂料时,应随刷随撒保护材料,然后用表面包胶皮的铁辊轻轻碾压,使材料嵌入面层涂料中。

5.4　厨房、卫生间防水

厨房和卫生间防水是重要的隐蔽工程,若厨房和卫生间在今后使用的过程中出现漏水现象,则维修十分不便,因此,厨房、卫生间的防水工程显得尤为重要和突出。

5.4.1　厨房、卫生间细部构造

厕浴间和有防水要求的建筑地面的防水称为防水隔离层。《建筑地面工程施工质量验收规范》(GB 50209—2012)中的强制性条文规定:厕浴间和有防水要求的建筑地面必须设置防水隔离层。楼层结构必须采用现浇混凝土或整块预制混凝土板,混凝土强度等级不应小于

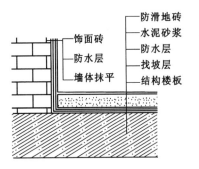

图 5.3　厨房和卫生间防水做法

C20;房间的楼板四周除门洞外应做混凝土翻边,高度不应小于 200 mm,宽度同墙厚,混凝土强度等级不应小于 C20。施工时结构层标高和预留孔洞位置应准确,严禁乱凿洞。

厨房、卫生间受其自身结构影响,适宜于采用涂料进行防水施工。

在进行厨卫防水施工时,须对阴阳角、管道口等极易引起渗漏的部位进行附加增强处理。对在管道与结构板结合部位引起的渗漏,可采取倒置式堵漏。其具体做法见图 5.3。

5.4.2　材料及其要求

厨卫专用防水涂料既具有 SBS 改性沥青卷材良好的耐候性、防水性、稳定性等优点,又易于成型为一整体防水膜,是理想的防水材料。该产品是以石油沥青为基料,由高分子聚合物改性与增塑剂和填充料制成的高性能、低价格的厚质涂料。

防水涂料进场时应有产品合格证,并按要求取样复验。复验项目有:固体含量、抗拉强度、延伸率、不透水性、低温柔性、耐高温性能以及涂膜干燥时间等。这些复验项目均应符合国家标准及有关技术性能指标要求。对有胎体增强材料的涂膜防水层,还应进行防水涂料与胎体增强材料之间的相容性试验。

防水涂料进入现场,必须按国家标准或行业标准复验四项指标(包括不挥发物含量、延伸率、柔度、不透水性)。

5.4.3　工序流程

管道周边填塞、地漏处理→基层清理→管根及地漏周边防水附加层处理→管根及地漏蓄

水(地漏须先封堵,第一次蓄水)→地面与墙交接处、门口等细部附加层施工→涂膜施工(分三遍,一般合计厚度为 1.2～2.0 mm)→蓄水试验(第二次蓄水)→保护层施工→地砖施工→墙砖补根→蓄水试验(第三次蓄水)→工程质量验收。

5.4.4　操作要点

(1) 基层清理

涂膜防水层施工前,先将基层表面上的灰皮用铲刀除掉,用扫帚将尘土、砂粒等杂物清扫干净,管根、地漏和排水口等部位仔细清理干净。基层表面必须平整,凹陷处要用水泥腻子补平。

(2) 细部附加层施工

铺设隔离层时,在管道穿过楼板面四周,防水、防油渗材料应向上铺涂,并超过套管的上口;在靠近柱、墙处,应高出面层 200～300 mm 或按设计要求的高度铺涂。阴阳角和管道穿过楼板面的根部应增加铺涂附加防水隔离层。常温 4 h 表干后,再刷第二道涂膜防水涂料,24 h 实干后,进行大面积涂膜防水层施工,每层附加层厚度为 0.6 mm 左右。

(3) 涂膜防水层施工

聚氨酯防水涂膜或聚合物水泥防水涂膜 JS 厚度为 1.5～1.8 mm,分三遍进行涂膜施工。

① 打开包装桶先搅拌均匀(取 JS 适量再加水搅拌)。

② 第一层涂膜:将已搅拌好的聚氨酯涂膜防水涂料(或 JS)用塑料或橡胶刮板均匀涂刮在已涂好底胶的基层表面上,厚度为 0.6 mm,刮涂量为 0.6～0.8 kg/m²。操作时先墙面后地面,从内向外退着操作。

③ 第二层涂膜:第一层涂膜固化到不粘手时,按第一遍涂膜方法进行第二层涂膜防水施工。刮涂方向与第一遍刮涂方向垂直,刮涂量比第一遍略少,厚度为 0.5 mm。

④ 第三层涂膜:第二层涂膜固化后,按前述两遍的施工方法进行第三遍刮涂。

(4) 防水层细部施工

① 管根与墙角做法见图 5.4。

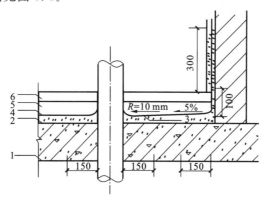

图 5.4　管根与墙角做法

1—楼板;2—找平层;3—防水附加层;4—防水层;5—防水保护层;6—地面层

② 地漏处细部做法见图 5.5。

③ 门口细部做法见图 5.6、图 5.7。

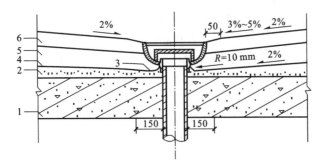

图 5.5　地漏处细部做法

1—楼板;2—找平层;3—防水附加层;4—防水层;5—防水保护层;6—地面层

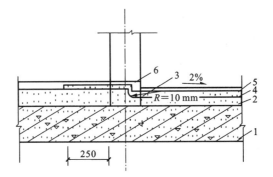

【扫码演示】

图 5.6　门口细部做法

1—楼板;2—找平层;3—防水附加层;4—防水层;5—防水保护层;6—地面层

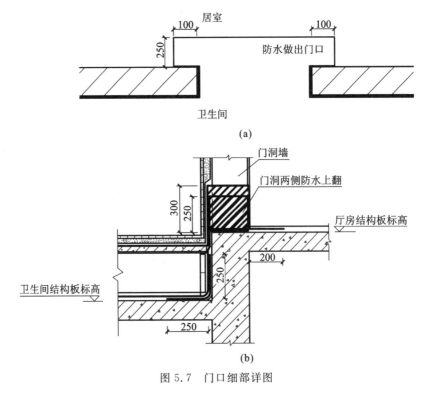

图 5.7　门口细部详图

5.4.5　质量检查及验收

(1) 主控项目

① 防水材料符合设计要求和现行有关标准的规定。

② 排水坡度、预埋管道、设备、固定螺栓的密封符合设计要求。

③ 地漏顶应为地面最低处,以便于排水,使系统畅通。

(2) 一般项目

① 排水坡、地漏排水设备周边节点应密封严密,无渗漏现象。

② 密封材料应使用柔性材料,嵌填密实,黏结牢固。

③ 防水涂层均匀,不龟裂、不鼓泡。

④ 防水层厚度符合设计要求。

(3) 涂膜防水层的验收

根据防水涂膜施工工艺流程,对每道工序进行认真检查验收,做好记录,合格后方可进行下道工序施工。防水层完成并实干后,对涂膜质量进行全面验收,要求满涂,封闭严密,厚度均匀一致,且达到设计要求(做切片检查)。防水层无起鼓、开裂、翘边等缺陷,经检查验收合格后可进行蓄水试验,24 h 无渗漏,做好记录,可进行保护层施工。防水层验收时不得触及防水层,要精工细作,不得损坏防水层。

5.5　外墙防水

外墙防水施工工艺为:基层处理→涂刷底层涂料→涂刷涂膜防水层→外墙涂料层→闭水试验。

5.5.1　涂刷防水涂膜的方法

(1) 涂刷涂膜防水层时,涂刷的顺序为先垂直面后水平面,先阴阳角、细部,后大面,而且每一道涂膜防水的涂刷顺序都应相互垂直。

(2) 在需要重点处理的阴阳角等细部,考虑增加一道增强涂布或玻璃丝布,做聚合物水泥砂浆小圆弧,再做附加防水层,宽度为 300 mm。

(3) 涂刷涂膜防水层时要待前一层涂膜固化干燥后进行,并应先检查其上有无残留的气孔或气泡。

(4) 在底胶干燥固化后,用塑料或橡皮刮板均匀涂刷一层厚约为 0.8 mm 的涂料,涂刮时用力要均匀一致。控制防水层的总厚度为 1.0 mm;对局部气泡或气孔和其他缺陷加以补强,或铲除该处涂料后重新涂刷防水层。

5.5.2　最不利位置处的防水处理

针对本工程的特点及设计要求,在特殊部位及细部做增强涂布和玻璃丝布加强带。不同结构材料的交接处应采用每边不少于 150 mm 的耐碱玻璃纤维网布或热镀锌电焊网作抗裂增强处理。其中增强涂布的做法为:在涂布增强涂膜过程中铺设玻璃纤维布,用板刷涂刮去除气泡,将玻璃纤维紧密地粘贴在基层上,不出现空鼓或皱折,一般做成条形。对于工程中的细部和特殊部位,首先要严格按照设计要求的做法进行施工,当设计中未明确表示时,可参照以下细部及特殊部位的防水做法进行施工。

(1)穿墙螺栓防水做法

外围的墙、栏板上的穿墙螺杆在抹灰前采取以下做法堵塞:

① 首先在内外面将螺杆洞凿成内凹喇叭口,喇叭口外宽约 5 cm、深约 2 cm,并将喇叭口外露 PVC 管剪切掉。

② 用干硬性水泥砂浆(内掺适量膨胀剂和防水剂)堵塞 PVC 套管洞。

③ 在两端往 PVC 套管内打塞相应直径的圆钢(外包止水胶带),长约 5 cm。

④ 在 PVC 套管剪切面用防水材料封口,再用水泥砂浆(内掺适量膨胀剂和防水剂)将喇叭口补平。

⑤ 用掺适量膨胀剂的防水混凝土或防水砂浆堵实外墙上预留的设备孔洞、外架的孔洞等所有孔洞。

对于墙上专为分体式空调预埋的 PVC 管,也是外墙渗水的薄弱环节,因此,需采取以下措施:先在 PVC 管外壁上套上直径略小的止水圈,然后在管外壁满涂一遍 PVC 专用胶水,再滚上一层中砂,待砖墙砌至管下口 5 cm 处时,先铺上 5 cm 厚的防水砂浆,再把 PVC 管安装上去,要保证 PVC 管四周均有 5 cm 厚的防水砂浆包裹。外墙打底用砂浆的强度要足够,并应掺加适量防水剂,对于抹灰超厚的地方,还应加挂钢丝网分层抹灰。

(2)外墙窗框周边防渗漏做法

外墙窗框周边渗漏现象较为普遍,是外墙防渗漏的重点和难点,应采取以下做法和措施:

① 构造设计时,建议设计单位考虑内窗边、内窗台主体施工时凸出外窗边、外窗台10 cm左右。做法详见图 5.8 至图 5.11。

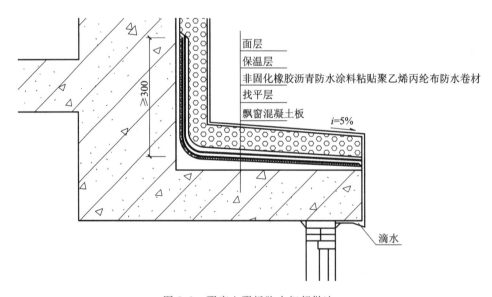

图 5.8　飘窗上飘板防水细部做法

② 管理上予以足够重视:项目成立专门的堵缝班组,派专人负责,实行严厉的奖罚制度。

③ 严格按施工工艺和施工规范施工。

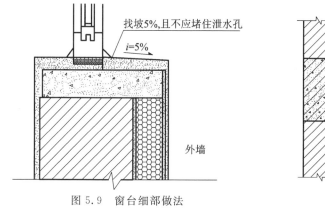

图 5.9　窗台细部做法

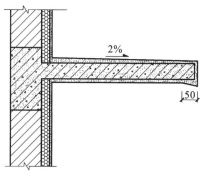

图 5.10　空调板细部做法

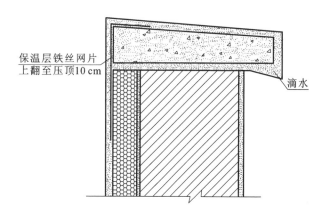

图 5.11　女儿墙细部做法

a. 考虑到窗下框很难塞缝密实,因此,窗框在安装前必须先用掺有膨胀剂的防水砂浆填塞下框凹槽,但不能填满,应预留约 10 mm 的空隙,待砂浆有一定强度后方可安装窗框。门窗框与墙空隙要保证在 2.0~2.5 cm 之间,待框洞口四周冲洗干净后方可用掺有适量膨胀剂的干硬性防水砂浆分两层挤实、压光,不得用落地灰堵缝,然后在外侧涂刷防水胶两道。若采取外墙外保温,外墙门窗与墙四周间隙保持 5~8 mm,采用聚氨酯发泡处理,后窗内外侧打耐候密封胶。门窗框与墙应严格填堵密实,这是防治渗水的关键。

b. 外窗台内高外低,保证有 20% 的坡度。外墙窗楣、雨篷、阳台、压顶和凸出腰线等处,均在上面做流水坡度,下面做滴水槽或鹰嘴,滴水槽的宽度和深度均不小于 10 cm。

c. 加强对外墙门窗自身质量的检查,所有接缝、螺丝腿均要涂玻璃胶,认真封闭,消除一切可能导致渗水的缝隙。

④ 窗台板、空调板等飘出部分均应做高 1 cm、呈 30°的鹰嘴,防止反坡进水。

⑤ 建立和严格执行检查验收制度

a. 加强对窗框四周堵缝工作的交接检验,每个窗堵缝完后均应由专职质检员验收。合格后,质检员签字方可进入下一道程序。

b. 每个窗边用高压喷枪做压力冲水试验检查抗渗能力。如果出现渗漏必须返工,直到不渗漏为止。

5.5.3 外墙面渗漏水的原因及解决办法

（1）渗漏原因

① 外墙抹面不到位会造成空鼓、开裂，瓷砖粘贴勾缝不到位等，真石漆、涂料面层与基层间未使用封底漆处理会造成空鼓；

② 外墙面窗户与墙体未密封灌实或密封胶老化；

③ 结构沉降缝等造成墙体拉裂。

（2）渗漏危害：造成墙体发霉、渗水，影响装饰，甚至危及安全。

（3）解决办法

① 施工前

a. 对整个项目内墙进行全面勘察，观察立墙表面是否潮湿、平整。

b. 利用堵漏材料补平立墙表面的气孔、蜂窝、缝隙、起砂等孔洞。

c. 立墙阴阳角应做成圆弧形。

d. 施工前应先对阴阳角、预埋件穿墙管等部位进行密封或加强处理。

② 施工过程中

a. 将外墙清扫干净，然后再用水清洗、湿润。

b. 选用透明防水胶或纳米防水剂对外墙进行封闭。

5.6 坡屋顶和地下室防水工程施工

5.6.1 坡屋顶防水屋面

坡屋顶在建筑中应用较广，主要有单坡式、双坡式、四坡式和折腰式等类型，以双坡式和四坡式采用得较多。屋面坡度用斜面在垂直面上的投影高度（矢高 H）和在水平面上的投影长度（半个跨度 $L/2$）之比来表示，也可用高跨比（矢高 H 和跨度 L 之比）来表示，或以斜面和水平面的夹角来表示。屋面坡度选取是否合理，将影响屋顶的防水效果。坡度大小主要根据所选用的屋面防水层材料的性能和构造确定。如果选用防水性能好、单块面积大、接缝少的材料（如卷材、自防水构件、金属薄板等），坡度可以小些；如果选用瓦块铺设屋面，因瓦块小、接缝多，坡度应大些。在寒冷地区，为防止屋面大量积雪，坡度宜较陡；带有阁楼的屋顶，常采用陡坡屋面或采用两个不同坡度结合的折腰式屋面（孟夏式屋面）。这种屋面用黏土烧制或用水泥砂浆模压成凹凸纹型的平瓦。瓦的外形尺寸一般为 400 mm×230 mm×15 mm，瓦背有挂钩，可以挂在挂瓦条上，铺放时上下左右均须搭接。这种屋面建造方便，在民用建筑中应用广泛，缺点是瓦的尺寸小、接缝多，容易渗水漏水。

5.6.2 地下室防水

5.6.2.1 地下室防水等级和设防

《地下防水工程质量验收规范》（GB 50208—2011）规定：地下工程的防水等级标准应符合表 5.19 的规定。

表 5.19　地下工程防水等级标准

防水等级	防水标准
一级	不允许渗水,结构表面无湿渍
二级	不允许漏水,结构表面可有少量湿渍; 房屋建筑地下工程,总湿渍面积不应大于总防水面积(包括顶板、墙面、地面)的 1/1000;任意 100 m^2 防水面积上的湿渍不超过 2 处,单个湿渍的最大面积不大于 0.1 m^2; 其他地下工程:总湿渍面积不应大于总防水面积的 2/1000;任意 100 m^2 防水面积上的湿渍不超过 3 处,单个湿渍的最大面积不大于 0.2 m^2;其中,隧道工程平均渗水量不大于 0.05 $L/(m^2 \cdot d)$,任意 100 m^2 防水面积上的渗水量不大于 0.15 $L/(m^2 \cdot d)$
三级	有少量漏水点,不得有线流和漏泥砂; 任意 100 m^2 防水面积上的漏水或湿渍点数不超过 7 处,单个漏水点的最大漏水量不大于 2.5 L/d,单个湿渍的最大面积不大于 0.3 m^2
四级	有漏水点,不得有线流和漏泥砂; 整个工程平均漏水量不大于 2 $L/(m^2 \cdot d)$;任意 100 m^2 防水面积上的平均漏水量不大于 4 $L/(m^2 \cdot d)$

5.6.2.2　地下防水施工

地下防水工程适用于工业与民用建筑的地下室、大型设备基础、沉箱等防水结构,以及人防、地下商场、仓库等。地下水的渗漏会严重影响结构的使用功能,甚至会影响建筑物的使用年限。因此,应做好地下防水工程。

地下防水的主要形式有:防水混凝土防水、水泥砂浆防水、卷材防水、涂料防水、塑料防水板防水、金属板防水、细部构造防水等。

《地下防水工程质量验收规范》(GB 50208—2011)中的强制性条文规定:地下防水工程所使用的防水材料,应有产品的合格证书和性能检测报告,材料的品种、规格、性能等应符合现行的国家产品标准和设计要求。不合格材料不得在工程中使用。

（1）防水混凝土防水

《地下防水工程质量验收规范》(GB 50208—2011)中的强制性条文规定:防水混凝土的抗压强度和抗渗性能必须符合设计要求。防水混凝土结构的施工缝、变形缝、后浇带、穿墙管、埋设件等设置和构造必须符合设计要求,严禁有渗漏。

防水混凝土结构是依靠混凝土材料本身的密实性而具有防水能力的整体式混凝土结构或钢筋混凝土结构。它既是承重结构、围护结构,又满足抗渗、耐腐和耐侵蚀的要求。地下防水结构埋设在地下,情况复杂,长期受地下水的作用,不易维修。因此,防水混凝土结构必须合理选材,精心配料,严格按规范要求施工,确保施工质量,严格把握施工中的每一个环节。

防水混凝土结构常采用普通防水混凝土和外加剂防水混凝土。普通防水混凝土是在普通混凝土骨料级配的基础上,调整配合比,控制水胶比、水泥用量、灰砂比和坍落度来提高混凝土的密实性,从而抑制混凝土中的孔隙,达到防水的目的。外加剂防水混凝土是加入适量外加剂(减水剂、防水剂),改善混凝土内部组织结构,增加混凝土的密实性,提高混凝土的抗渗能力。具体要求如下:

① 垫层:防水混凝土抗渗等级不得小于 P6,防水混凝土结构底板的混凝土垫层,强度等级不应小于 C15,厚度不应小于 100 mm,在软弱土层中不应小于 150 mm。

② 防水混凝土结构:结构厚度不应小于 250 mm,裂缝宽度不得大于 0.2 mm,且不得贯通。

③ 钢筋:迎水面钢筋保护层厚度不应小于 50 mm。防水混凝土结构内部的钢筋或绑扎铁丝,不得接触模板。

④ 模板:应拼缝严密、支撑牢固。固定模板的螺栓必须穿过混凝土结构时,可采用工具式螺栓或螺栓加堵头,螺栓上应加焊方形止水环。拆模后应将留下的凹槽用密封材料封堵密实,并应用聚合物水泥砂浆抹平(图 5.12)。

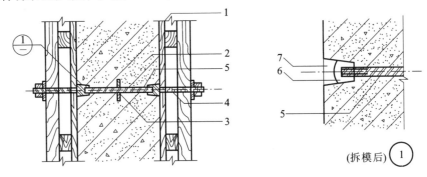

图 5.12　固定模板用螺栓的防水构造
1—模板;2—结构混凝土;3—止水环;4—工具式螺栓;
5—固定模板用螺栓;6—密封材料;7—聚合物水泥砂浆

⑤ 混凝土

a.搅拌:拌合物应采用机械搅拌,搅拌时间不宜小于 2 min。掺外加剂时,搅拌时间应根据外加剂的技术要求确定。

b.运输:防水混凝土拌合物在运输后如出现离析,则必须进行二次搅拌。当坍落度损失后不能满足施工要求时,应加入原水胶比的水泥浆或掺加同品种的减水剂进行搅拌,严禁直接加水。

c.浇筑:防水混凝土应分层连续浇筑,分层厚度不得大于 500 mm。应采用机械振捣,避免漏振、欠振和超振。防水混凝土应连续浇筑,宜少留施工缝。

d.留设施工缝的要求:墙体水平施工缝不应留在剪力最大处或底板与侧墙的交接处,应留在高出底板表面不小于 300 mm 的墙体上。拱(板)墙结合的水平施工缝,宜留在拱(板)墙接缝线以下 150～300 mm 处。墙体有预留孔洞时,施工缝距孔洞边缘不应小于 300 mm。垂直施工缝应避开地下水和裂隙水较多的地段,并宜与变形缝相结合。施工缝防水构造形式宜按图 5.13 选用,当采用两种以上构造措施时可进行有效组合。

e.施工缝的处理:

水平施工缝浇筑混凝土前,应将其表面浮浆和杂物清除,然后铺设净浆或涂刷混凝土界面处理剂、水泥基渗透结晶型防水涂料等材料,再铺 30～50 mm 厚的 1∶1 水泥砂浆,并应及时浇筑混凝土。

垂直施工缝浇筑混凝土前,应将其表面清理干净,再涂刷混凝土界面处理剂或水泥基渗透结晶型防水涂料,并应及时浇筑混凝土。

选用的遇水膨胀止水条(胶)应具有缓胀性能,7 d 的净膨胀率不宜大于最终膨胀率的 60%,最终膨胀率宜大于 220%。遇水膨胀止水条(胶)应与接缝表面密贴。

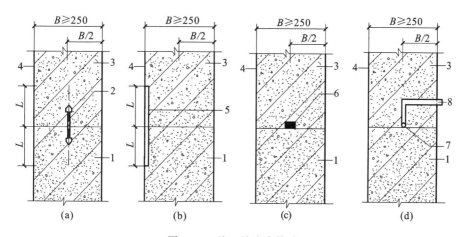

图 5.13　施工缝防水构造

(a)中:钢板止水带 $L\geqslant150$;橡胶止水带 $L\geqslant200$;钢边橡胶止水带 $L\geqslant120$;

(b)中:外贴止水带 $L\geqslant150$;外涂防水涂料 $L=200$;外抹防水砂浆 $L\geqslant200$

1—先浇混凝土;2—中埋止水带;3—后浇混凝土;4—结构迎水面;

5—外贴止水带;6—遇水膨胀止水条(胶);7—预埋注浆管;8—注浆导管

采用中埋式止水带或预埋式注浆管时,应定位准确、固定牢靠。

f.养护:防水混凝土终凝后应立即进行养护,养护时间不得少于 14 d。

(2)水泥砂浆防水

《地下防水工程质量验收规范》(GB 50208—2011)中的强制性条文规定:"水泥砂浆防水层各层之间必须结合牢固,无空鼓现象。"

水泥砂浆防水层是在混凝土或砌块的基层上用多层抹面的水泥砂浆等构成的防水层。它是利用抹压均匀、密实并交替施工构成坚硬封闭的整体,具有较高的抗渗能力(2.5～3.0 MPa,30 d 无渗漏),达到阻止压力水渗透的目的。水泥砂浆防水适用于承受一定静水压力的地下和地上钢筋混凝土、混凝土和砖石砌体等防水工程。防水砂浆应包括聚合物水泥防水砂浆、掺外加剂或掺合料的防水砂浆,可用于地下工程主体结构的迎水面或背水面,不应用于受持续振动或温度高于 80 ℃的地下工程防水。

① 基层要求

表面应平整、坚实、清洁,并应充分湿润、无明水。基层表面的孔洞、缝隙应采用与防水层相同的防水砂浆堵塞并抹平。施工前应将预埋件、穿墙管预留凹槽内嵌填密封材料后,再施工水泥砂浆防水层。

② 施工

a.水泥砂浆防水层:应分层铺抹或喷射,铺抹时应压实、抹平。各层应紧密粘合,每层宜连续施工,最后一层表面应提浆压光。必须留设施工缝时,应采用阶梯坡形槎,但离阴阳角处的距离不得小于 200 mm。水泥砂浆防水层终凝后,应及时进行养护,养护温度不宜低于 5 ℃,并应保持砂浆表面湿润,养护时间不得少于 14 d。

水泥砂浆防水层不得在雨天、五级及以上大风中施工。冬期施工时,气温不应低于 5 ℃。夏季不宜在 30 ℃以上或烈日照射下施工。

b.聚合物水泥防水砂浆:拌合后应在规定时间内用完,施工中不得任意加水,未达到硬化状态时,不得浇水养护或直接受雨水冲刷,硬化后应采用干湿交替的养护方法养护。潮湿环境中,可在自然条件下养护。

(3)卷材防水施工

卷材防水层应采用高聚物改性沥青防水卷材和合成高分子防水卷材,所选用的基层处理剂、胶粘剂、密封材料等应配套,均应与铺贴卷材的材性相容。卷材防水层应在地下工程主体迎水面铺贴(即外防水)。卷材防水层铺贴在地下工程主体背水面为内防水(不常用)。外防水又分为外防外贴法和外防内贴法。卷材防水层适用于受侵蚀性介质作用或受振动作用的地下工程。卷材防水层铺设在结构底板垫层至墙体防水设防高度的结构基面上。

① 基层处理

防水卷材施工前,基面应坚实、平整、干净、干燥,基层阴阳角处应做圆弧或 45°坡角,并应涂刷基层处理剂;基面潮湿时,应涂刷湿固化型胶粘剂或潮湿界面隔离剂。

基层处理剂应与卷材及其黏结材料的材性相容。喷涂或刷涂应均匀一致,不应露底,表面干燥后方可铺贴卷材。

【扫码演示】

② 卷材铺贴一般规定

在转角处、变形缝、施工缝、穿墙管等部位应铺贴卷材加强层,加强层宽度不应小于 500 mm。

结构底板垫层混凝土部位的卷材可采用空铺法或点粘法施工,其粘贴位置、点粘面积应按设计要求确定;侧墙采用外防外贴法的卷材及顶板部位的卷材应采用满粘法施工。

卷材与基面、卷材与卷材间的黏结应紧密、牢固;铺贴完成的卷材应平整顺直,搭接尺寸应准确,不得产生扭曲和皱褶。

防水卷材的搭接宽度应符合表 5.20 的要求。铺贴双层卷材时,上下两层和相邻两幅卷材的接缝应错开 1/3~1/2 幅宽,且两层卷材不得相互垂直铺贴。卷材搭接处和接头部位应粘贴牢固,接缝口应封严或采用材性相容的密封材料封缝。铺贴立面卷材防水层时,应采取防止卷材下滑的措施。

表 5.20　防水卷材的搭接宽度

卷材品种	搭接宽度/mm
弹性体改性沥青防水卷材	100
改性沥青聚乙烯胎防水卷材	100
自粘聚合物改性沥青防水卷材	80
三元乙丙橡胶防水卷材	100/60(胶粘剂/胶粘带)
聚氯乙烯防水卷材	60/80(单焊缝/双焊缝)
	100(胶粘剂)
聚乙烯丙纶复合防水卷材	100(黏结料)
高分子自粘胶膜防水卷材	70/80(自粘剂/胶粘带)

③ 外防外贴法(图 5.14)

外防外贴法是先铺贴底层卷材,四周留出卷材接头,然后浇筑底板和墙身混凝土,待侧模拆除后再铺贴四周防水层,最后砌筑保护墙。

外防外贴法施工顺序:首先,在混凝土底板垫层上抹水泥砂浆找平层,待干燥后,铺贴底板卷材防水层并伸出墙身,留出与墙身卷材搭接的接头。为避免伸出卷材接头受损,在铺贴底板卷材前,先在垫层周围砌筑保护墙。保护墙由两部分组成,下部为永久性保护墙,其高度不小于底板厚度加 200～500 mm;上部为临时性保护墙,用石灰砂浆砌筑,高度一般为保护层厚度(100～150)×(卷材层数＋1) mm。在保护墙上抹石灰砂浆找平层,并将卷材防水层牢固粘贴在永久性保护墙和垫层上。在临时保护墙上应将卷材防水层临时贴附,并将接头分层临时固定在保护墙最上端。为了防止绑扎钢筋、浇筑混凝土时撞坏或穿破防水层,当底板的卷材铺贴后,应铺设不小于 50 mm 厚的细石混凝土保护层,对贴在保护墙上的卷材防水层应抹低强度砂浆保护层,然后才进行底板和墙身的混凝土施工。利用临时保护墙作为混凝土的外模板,待墙身施工完毕做防水层前,将临时保护墙拆除,清除砂浆,并将卷材剥出用喷灯微热烘烤,逐层揭开,清除卷材表面浮灰及污物,注意切勿将卷材损坏。然后,在防水结构外墙外表面上补抹水泥砂浆找平层,刷冷底子油,将卷材分层错槎搭接向上铺贴。上层卷材盖过下层卷材不应小于 150 mm,如图 5.15 所示。最后,继续向上砌筑永久性保护墙。

为使卷材防水层与基层表面紧密贴合,在保护墙与垫层的找平层间用一层卷材隔开,同时保护墙本身在长度方向也应分段断开,每段长度 5 m 左右。保护墙与防水层之间的空隙用水泥砂浆填实,避免卷材变形。

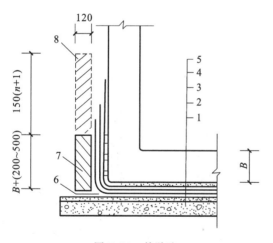

图 5.14 外贴法

1—卷材防水层;2—找平层;3—墙体结构 4—保护层;

5—构筑物;6—卷材;7—永久性保护墙;8—临时性保护墙;

B—底板厚度;n—卷材层数

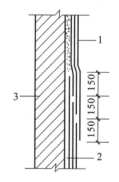

图 5.15 阶梯形接缝

1—垫层;2—找平层;

3—卷材防水层

卷材铺设时应先铺平面,后铺立面,交接处应交叉搭接。从底面折向立面的卷材与永久性保护墙的接触部位,应采用空铺法施工;卷材与临时性保护墙或围护结构模板的接触部位,应将卷材临时贴附在墙上或模板上,并应将顶端临时固定。不设保护墙时,从底面折向立面的卷材接槎部位应采取可靠的保护措施。

混凝土结构完成,铺贴立面卷材时,应先将接槎部位的各层卷材揭开,并应将其表面清理干净。如卷材有局部损伤,应及时进行修补。

卷材接槎的搭接长度:高聚物改性沥青类卷材应为 150 mm,合成高分子类卷材应为

100 mm。当使用两层卷材时,卷材应错槎接缝,上层卷材应盖过下层卷材。

卷材防水层甩槎、接槎构造如图 5.16 所示。

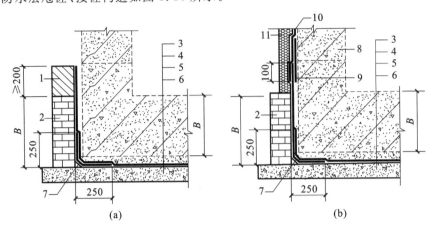

图 5.16 卷材防水层甩槎、接槎构造
(a)甩槎;(b)接槎
1—临时保护墙;2—永久保护墙;3—细石混凝土保护层;4,10—卷材防水层;5—水泥砂浆找平层;
6—混凝土垫层;7,9—卷材加强层;8—结构墙体;11—卷材保护层

④外防内贴法

外防内贴法(图 5.17)是在地下构筑物未做以前,先在地下构筑物四周砌筑保护墙,然后沿保护墙墙面和底层铺贴卷材防水层,再进行地下构筑物施工。

a.内贴法的施工顺序:在混凝土底板垫层做好后,先在四周砌筑铺贴卷材防水层用的永久性保护墙;在垫层和保护墙上抹水泥砂浆找平层;待找平层干燥后,涂刷基层处理剂一道;然后铺贴卷材防水层。为了便于施工操作,且避免在铺贴墙面卷材时,使底板底面的卷材防水层遭受损伤,应先贴垂直面,后贴水平面。贴墙面卷材时,应先贴转角,后贴大面。铺贴完毕,再做卷材防水层的保护层。垂直面的保护层做法是:在墙面上铺抹一层 20 mm 厚的 1:3 水泥砂浆保护层。水平面上卷材防水层的保护层做法与采用外贴法时的做法相同。保护层做完后,再进行构筑物的底板与墙身施工。

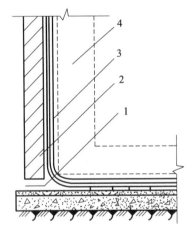

图 5.17 外防内贴法示意图
1—平铺卷材层;2—砖保护墙;
3—卷材防水层;4—待施工的地下构筑物

⑤ 保护层

卷材防水层经检查合格后,应及时做保护层,保护层应符合下列规定:

a.顶板卷材防水层上的细石混凝土保护层,应符合下列规定:采用机械碾压回填土时,保护层厚度不宜小于 70 mm;采用人工回填土时,保护层厚度不宜小于 50 mm;防水层与保护层之间宜设置隔离层。

b.底板卷材防水层上的细石混凝土保护层厚度不应小于 50 mm。

c.侧墙卷材防水层宜采用软质保护材料或铺抹 20 mm 厚 1:2.5 水泥砂浆层。

⑥ 注意问题

严禁在雨天、雪天、五级及以上大风中铺贴卷材;冷粘法、自粘法施工的环境气温不宜低于5 ℃,热熔法、焊接法施工的环境气温不宜低于−10 ℃。施工过程中下雨或下雪时,应做好已铺卷材的防护工作。

实训项目

1. 现场参观

根据当地实际情况,按教学进度组织一两次防水工程的现场参观教学。

2. 识别常用的防水材料

(1)卷材

① 闻:优质的卷材不会挥发出刺鼻的气味,相反,劣质卷材通常有刺鼻的气味,这就代表材料本身结构稳定性不高,容易分解挥发。

② 拉:卷材具有一定弹性或塑性,可用手拉伸卷材,使其伸长 1 cm 左右,观察其弹塑性,能基本恢复原状、不断裂的为合格品。

③ 揉:裁下一小块卷材,用手指搓揉 2 min 左右,再观察手指上有无油分析出。油分析出过多同样代表卷材不稳定,易分解。

④ 低温柔性:在 0 ℃ 以下的室温条件下按规范绕棒,不发生断裂者即为合格的卷材。

(2)涂料

① 观察涂料的固体含量:固体含量较少会影响成膜厚度、强度,防水效果差,易失去弹性作用。

② 成膜时间的观察:一般涂料的表干时间为 4 h,成膜时间为 8 h。

③ 成膜后用手摩擦防水层:如有粉状物掉落,则表示涂料有效成分不足,致密性低,防水效果差。

复习思考题

1.试述卷材屋面的构造及其施工要点。

2.试述屋面防水卷材铺贴顺序和搭接的要求。

3.卷材屋面质量要求有哪些?

4.涂膜防水屋面的构造层次有哪些?

5.涂膜防水屋面的施工要点有哪些?

6.厨房、卫生间防水有哪些要求?

7.什么叫外防水? 试述外防外贴法及外防内贴法。

8.外贴法及内贴法的施工顺序有何不同? 施工要求各有哪些?

单元 6　建筑装饰装修工程施工

 知识目标

1.掌握一般抹灰工程的施工工艺及质量要求；

2.掌握地面工程的施工工艺及质量要求；

3.掌握外墙面砖工程施工工艺及质量要求；

4.掌握门窗工程的安装施工工艺及质量要求；

5.了解装饰装修工程常见问题防治及处理。

 能力目标

1.能正确施工一般抹灰并检查质量；

2.能正确施工地面工程并检查质量；

3.能正确施工面砖工程并检查质量；

4.能正确安装门窗工程并检查质量；

5.能正确防治并处理装饰装修工程常见质量问题。

思政目标

1.培养学生欣赏美、创造美的意识；

2.培养学生严谨、规范的意识。

资　源

1.《抹灰砂浆技术规程》(JGJ/T 220—2010)；

2.《蒸压加气混凝土制品应用技术标准》(JGJ/T 17—2020)；

3.《建筑工程施工质量验收统一标准》(GB 50300—2013)；

4.《建筑装饰装修工程质量验收标准》(GB 50210—2018)；

5.《建筑地面工程施工质量验收规范》(GB 50209—2010)等。

装饰装修工程是在建筑物的主体结构完工以后，对建筑物的外表进行美化、修饰处理的施工过程。它具有保护主体结构、美化空间和环境、愉悦心情的作用。装饰装修的内容很多，本单元只讲述了土建施工应完成的部分，未讲述建筑物内部的装饰装修和玻璃幕墙等需要专业公司完成的内容，若在实际工程中遇到，请参阅相关施工手册、国家标准和规范。

6.1　抹　灰　工　程

6.1.1　抹灰工程的种类及组成

6.1.1.1　种类

抹灰是指将水泥、砂子、石灰膏、水等一系列材料拌和起来，直接涂抹在建筑物的表面，形成连续均匀抹灰层的做法。根据使用要求和装饰效果的不同，抹灰工程可分为一般抹灰、装饰抹灰和特种砂浆抹灰。

（1）一般抹灰是指用石灰砂浆、水泥混合砂浆、水泥砂浆、聚合物水泥砂浆、麻刀灰、纸筋灰以及石膏灰等材料进行的抹灰施工。一般抹灰分为手工操作和机械操作两种，它是建筑抹灰中最基本的抹灰工艺。根据质量要求和主要工序的不同，一般抹灰又可分为高级抹灰和普通抹灰。不同级别抹灰的适用范围、主要工序和外观质量要求如表6.1所示。

表 6.1　不同级别抹灰的适用范围、主要工序和外观质量要求

序号	级别	适用范围	主要工序	外观质量要求
1	普通抹灰	适用于一般居住、公共和工业建筑（如住宅、宿舍、办公楼、教学楼等）以及高级建筑物中的附属用房等	一层底层、一层中层和一层面层（或一层底层和一层面层）。阴阳角找方，设置标筋，分层赶平、修整，表面压光	表面光滑、洁净，接槎平整，灰线清晰顺直
2	高级抹灰	适用于大型公共建筑、纪念性建筑物（如礼堂、展览馆和高级住宅等）以及有特殊要求的高级建筑等	一层底层、数层中层和一层面层。阴阳角找方，设置标筋，分层赶平，表面压光	表面光滑、洁净，颜色均匀，无抹纹，灰线平直方正，清洁美观

（2）装饰抹灰的底层和中层与一般抹灰相同，但面层材料有区别，装饰抹灰的面层材料主要有水泥石子浆、水泥色浆、聚合物水泥砂浆等。

（3）特种砂浆抹灰是指为了满足某些特殊的要求（如保温、耐酸、防水等）而采用保温砂浆、耐酸砂浆、防水砂浆等进行的抹灰。

6.1.1.2　组成

图 6.1 为抹灰分层示意图，抹灰工程的分层见表6.2。

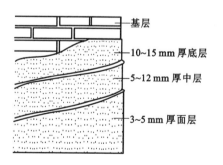

图 6.1　抹灰分层

表 6.2　抹灰工程的分层

序号	分层名称	一般厚度/mm	作用
1	底层	10～15	与基体黏结牢固并初步找平
2	中层	5～12	进一步找平，减少龟裂，是保证质量的关键层，又称二度糙
3	面层	3～5	满足防水和装饰面要求，起装饰作用，又称光面

注：当抹灰总厚度大于或等于 35 mm 时，应采取加强措施，如增加钢丝网片等。

6.1.2　一般抹灰施工准备

一般抹灰施工准备一览表见表 6.3。一般抹灰的材料及质量要求见表 6.4,其常用施工机具见表 6.5。

表 6.3　一般抹灰施工准备一览表

序号	作业条件内容	完成要求
1	主体工程	已验收并达到相应的质量要求
2	防水工程或上层楼面面层	已完工,确保无渗漏问题
3	门窗框安装	安装完毕,位置正确,与墙连接牢固并检查合格。门口高低符合室内水平线标高
4	各层管道	安装完毕并验收合格
5	冬季施工	注意防冻,抹灰环境温度不宜低于 +5 ℃

表 6.4　一般抹灰的材料及质量要求

序号	材料名称	质量要求
1	砂浆	按照砂浆配合比配制
2	水泥	有出厂性能检测报告和合格证,不能使用过期水泥
3	石灰	必须熟化成石灰膏,常温熟化时间不少于 15 d,不得含有生颗粒
4	砂子	抹灰多用中砂,使用前过 5 mm 孔径的筛子。以河砂为主,砂要坚硬、干净,不含草根等
5	麻刀	柔韧干燥,不含杂质,长度 10～30 mm,使用前 4～5 d 敲打松散,用石灰膏调好
6	纸筋	使用前三周用水浸泡、捣碎。不含杂质,稻草纤维不得超过 30 mm
7	膨胀珍珠岩粉	密度 40～300 kg/m³
8	各种附加剂	按需要比例适量添加

表 6.5　一般抹灰施工常用施工机具

序号	机具名称		用途
1		方头铁抹子	用于抹灰
2		圆头铁抹子	用于压光罩面灰
3		木抹子	用于搓平底灰和搓毛砂浆表面
4		阴角抹子	用于压光阴角
5		圆弧阴角抹子	用于有圆弧阴角部位的抹灰面压光
6		阳角抹子	用于压光阳角
7		托灰板	用于操作时承托砂浆
8	常	木杠	刮平墙面的抹灰层
9	用	八字靠尺	用于做棱角的标尺,其长度按需要截取
10	手	钢筋卡子	用于卡紧八字靠尺或靠尺板
11	工	靠尺板	一般用于抹灰线
12	工	分格条	用于分格缝和滴水槽,断面呈梯形
13	具	托线板和线锤	主要用于测量立面和阴阳角的垂直度
14		长毛刷	用于室内外抹灰洒水
15		猪鬃刷	用于刷洗水刷石、拉毛灰
16		钢丝刷	用于清刷基层
17		茅草帚	木抹子搓平时洒水用
18		喷壶	洒水用
19		粉线包	用于弹水平线和分格线等
20		墨斗	用于弹线

序号	机具名称		用途
21	常用机械	砂浆搅拌机	搅拌砂浆用,常用规格有 200 L 和 325 L 两种
22		纸筋灰搅拌机	用于搅拌纸筋石灰膏、玻璃丝石灰膏或其他纤维石灰膏
23		粉碎淋灰机	用于淋制抹灰砂浆用的石灰膏
24		喷浆机	用于喷水或喷浆,有手压和电动两种

6.1.3　一般抹灰施工操作程序和要点

6.1.3.1　外墙一般抹灰

（1）工艺流程

其工艺流程为：基层处理→浇水湿润基层→找规矩、做灰饼、抹冲筋→抹底灰和中灰→弹分格线、嵌分格条→抹面灰→做滴水线→起分格条→养护。

（2）施工要点

① 抹灰顺序。外墙抹灰应先上部、后下部,先檐口、再墙面。高层建筑应按一定层数划分一个施工段,垂直方向控制用经纬仪来代替垂线,水平方向拉通线。大面积的外墙可分片同时施工,如果一次抹不完,可在阴阳角交接处或分格线处间断施工。

② 基层处理。基层表面的灰尘、污垢、油渍、碱膜、沥青渍、黏结砂浆等均应清除干净;混凝土墙、混凝土梁头的光滑表面及加气混凝土等做喷浆处理,再做抹灰处理;抹灰前还应对墙体浇水润湿。

③ 找规矩。外墙面抹灰找规矩要在墙面四角先挂好自上而下的竖直通线(多层及高层房屋应采用钢丝线垂下),然后根据大致确定的抹灰厚度(大角两侧最好弹上控制线),拉水平通线,并弹水平线做灰饼(图 6.2)。

④ 做灰饼。灰饼为 50 mm 见方的砂浆块,厚度为底层抹灰厚度、中层抹灰厚度的总和。灰饼粘贴应以墙面所拉通线为依据,按抹灰顺序自上而下进行,粘贴时横向间距为 1.2～1.5 m,竖向间距为一步架高(图 6.3)。

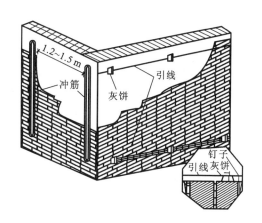

图 6.2　挂垂线找规矩操作　　　　　　　　　　图 6.3　灰饼粘贴操作

⑤ 抹冲筋。灰饼初凝后,在同一垂直线上下两个灰饼之间,用水泥砂浆抹出一条梯形灰埂,厚度与灰饼相平,用来作为墙面抹灰的标准。抹冲筋的具体做法是:待灰饼的砂浆基本初

凝后,用底层砂浆在上下两个灰饼之间的垂直线上先抹一层,然后抹第二层,要求其比灰饼高出 10 mm 左右,最后用木杆将冲筋刮成与灰饼一样平,将冲筋两侧修成斜坡,使其与抹灰层接槎平顺。

⑥ 抹底层灰、中层灰。外墙抹灰层要求有一定的防水性能。水泥砂浆的配合比为水泥：砂＝1∶3。具体做法是:在提前润湿的墙面上,用力将底层灰压入两冲筋之间墙面基层表面内的各缝隙内,底层灰要低于冲筋,厚度一般为冲筋厚度的 2/3,并用木抹子压实搓毛。待底层灰收水并具有一定强度后,再抹中层灰,中层灰厚度略高于冲筋,然后用木杆自下而上刮平,最后用木抹子压实、搓毛,浇水养护。

⑦ 弹分格线、嵌分格条。待中层灰六至七成干后,按设计要求弹出分格线,用水泥砂浆将浸泡过的水平分格条粘贴在水平标志线下边;竖向分格条粘贴在竖直线的左侧。水泥砂浆与墙面分别有 45°或 60°斜角(图 6.4),45°斜角适合当天抹灰,60°斜角适合隔夜抹灰。分格条要求横平竖直、接头平顺、四角交接严密,不得有错缝或翘曲现象,分格缝要宽窄一致。

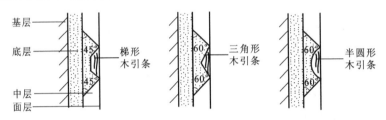

图 6.4　外墙抹灰设缝

⑧ 面层抹灰。面层抹灰操作一般使用钢皮抹子,两遍完成。第一遍用 1∶2.5 水泥砂浆薄刮一遍,抹第二遍时,厚度略高于分格条,用木杆按分格条厚度刮平搓实,然后用钢抹子压光,再用刷子蘸水按统一方向轻刷一遍,以达到颜色一致,并清刷分格条上的砂浆,以防止起分格条时余灰与墙面黏结而损坏墙面。

阴、阳角分别用阴、阳角抹子捋光,要求压实收光,表面不显接槎,光滑、色泽均匀。

⑨ 做滴水线。窗台、雨篷、压顶、檐口等部位,应先抹立面,后抹顶面,再抹底面。顶面应抹出流水坡度,底面外沿边应做出滴水线槽,滴水线槽的深度和宽度一般大于 10 mm。窗台上边的抹灰层应伸入窗框下坎的裁口内堵塞密实(图 6.5),窗与墙周边需要留置一定的间隙填塞聚氨酯硬发泡材料。

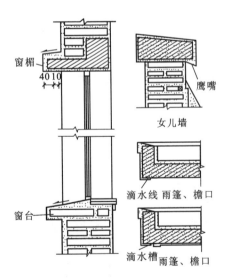

图 6.5　滴水线做法

⑩ 起分格条。将小铁皮嵌入分格条内,适度用力摇动,使分格条与面灰分离。起隔夜分格条时,应待面层达到一定强度后起出,并随即用水泥浆把缝填齐。

⑪ 养护。抹灰完成 24 h 后,宜淋水养护 7 d 以上。

6.1.3.2　内墙一般抹灰

(1) 工艺流程

其工艺流程为:交验→基层处理→找规矩→做灰饼→做标筋→做门窗护角

【扫码演示】

→底、中层抹灰→面层抹灰→楼梯抹灰。

（2）施工要点

① 交验。对上一道工序进行检查、验收、交接,检验主体结构墙面垂直度、平整度、弦度、厚度、尺寸等。

② 找规矩。将房间找方或找正。找方后将线弹在地面上,根据墙面的垂直度、平整度和抹灰总厚度规定,与找方线进行比较,决定抹灰的厚度。

③ 做灰饼。用托线板全面检查墙体的垂直平整程度,并结合抹灰的种类确定墙面抹灰的厚度。距顶棚、墙阴角约 20 cm 处,用底层抹灰砂浆(1:3 水泥砂浆)各做一个灰饼。以此灰饼为依据,再用托线板靠、吊垂直确定墙下部对应的两个灰饼的厚度,其位置在踢脚板上口,使上下两个灰饼在一条垂直线上。标准灰饼做好后,再在灰饼附近墙面钉钉子,拉水平通线,按间距 1.2~1.5 m 加做若干灰饼(图 6.6)。值得注意的是:应常检查其顺直度,否则易引起标筋不平。

④ 做标筋,即在两个灰饼之间抹出一条长梯形灰埂,宽度 10 cm,厚度与灰饼相平(图 6.6),其目的是作为抹底层灰填平的标准。具体做法为:在上下两个灰饼中间先抹一层,再抹第二层(凸出 1 cm 左右),然后用铝合金方管刮杠紧贴灰饼左上右下来回搓,直至把标筋搓得与灰饼一样平为止。同时,要将标筋的两边用刮尺修成斜面,使其与抹灰层接槎顺平。标筋用砂浆与抹灰层砂浆相同。

⑤ 做门窗护角。其目的是保护阳角线条的清晰、挺直,防止门窗被碰坏。具体做法为:根据灰饼厚度抹灰,然后粘好八字靠尺,并找吊垂直,用 1:2 水泥砂浆分层抹平,护角高度不低于 2 m,每侧宽度不小于 50 mm。待砂浆稍干后,再用水泥浆捋出小圆角(图 6.7)(注:内墙采用水泥砂浆或混合砂浆抹灰时,一般均不再另外做护角)。

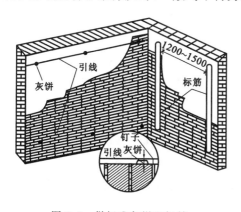

图 6.6　做标准灰饼和标筋

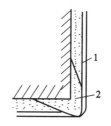

图 6.7　阳角护角
1—墙面抹灰;2—水泥护角

⑥ 抹底层灰和中层灰的方法为:将砂浆抹于墙面两标筋之间,底层低于标筋,待收水后再进行中层抹灰,其厚度以垫平标筋为准,并略高于标筋。

中层砂浆抹完后,用中、短木杠按标筋刮平(图 6.8)。局部凹陷处补平,直到普遍平直为止;再用木抹子搓磨一遍,使表面平整密实。

墙的阴角应先用方尺上下核对方正,然后用阴角器上下抽动扯平,使室内四角方正(图6.9)。

⑦ 内墙抹灰常采用水泥砂浆(潮湿房间)或混合砂浆。待中层灰六七成干时,先抹一层薄

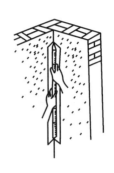

图 6.8　刮杠　　　　　　　　　　　　　　　　图 6.9　阴角找直

灰,并压实、压光、找平。

⑧ 楼梯抹灰。抹灰前,先浇水湿润,并抹水泥浆,随即抹 1∶3 的水泥砂浆,底层灰厚约 15 mm。抹灰时,应先抹踢脚板,再抹踏板,逐步由上而下进行。如果踏步板有防滑条,则用素水泥浆粘分格条。若防滑条采用铸铁或铜条等材料时,应在抹罩面灰前把铸铁或铜条按要求粘好,再抹罩面灰(图 6.10、图 6.11、图 6.12)。

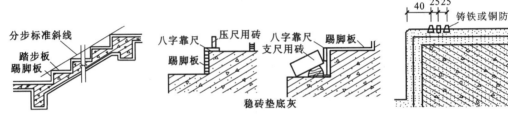

图 6.10　楼梯踏步线　　　　　图 6.11　踏步板的抹灰　　　　图 6.12　金属防滑条镶嵌

随着对建筑抗震要求的提高,现在无论是高层还是多层的各类建筑楼面结构层均采用整体现浇,采用的模板也以胶合板为主,使得楼层底面即顶棚平整度能够得到较好的保证,一般情况下不再抹灰。在室内要求涂料饰面的情况下,可仅对结构基层的模板拼缝处进行简单打磨、缺陷处理后,即可随同已完成的且通过验收的内墙面同时进行面层涂饰。

6.1.3.3　蒸压加气混凝土砌块一般抹灰

(1)墙体抹灰宜在砌筑完成 60 d 后进行,且应在砌体工程质量检验合格后方可施工。

(2)墙体抹灰前,应先将基层表面清扫干净。

(3)不同材质的基体交接处,应在抹灰前铺设加强网,加强网与各基体的搭接宽度不应小于 100 mm;门窗洞口、阳角处应做加强护角。

(4)墙体抹灰宜采用机械喷涂方式

(5)当抹灰砂浆的抹灰厚度大于 10 mm 时,应分层抹灰,并应在第一层初凝时将抹灰面上每隔 2000 mm 左右画出分隔缝,缝深应至基层墙体。

(6)每层砂浆应分别压实、抹平,抹平应在砂浆初凝前完成;每层抹灰砂浆在常温条件下应间隔 10～16 h,表面应搓光处理,严禁用铁抹子压光。

(7)抹灰砂浆层凝结后应及时保湿养护,养护时间不得少于 7 d。

(8)雨期应对刚抹好的外墙面采取避免雨淋的防护措施;干燥天气进行墙体抹灰时,应采取必要的养护措施。

6.1.4　一般抹灰工程质量验收

6.1.4.1　检查数量

室外以 4 m 左右的高度为一检查层,每 20 m 抽查一处(每处按 3 延长米),但不少于 3 处。

6.1.4.2　质量标准及检验方法

一般抹灰工程的检验项目、质量要求和检验方法如表 6.6 所示。

一般抹灰工程的允许偏差和检验方法应符合表 6.7 的规定。

表 6.6　一般抹灰工程的检验项目、质量要求和检验方法

序号	项目内容	质量要求	检验方法
1	基层表面	抹灰前基层表面的尘土、污垢、油渍等应清除干净,并应洒水润湿	检查施工记录
2	材料品种和性能	一般抹灰所用材料的品种和性能应符合设计要求,水泥的凝结时间和安定性复验应合格,砂浆的配合比应符合要求	检查产品合格证书、进场验收记录、复验报告和施工记录
3	操作要求	抹灰工程应分层进行,当抹灰总厚度大于或等于 35 mm 时,应采取加强措施;不同材料基体交接处表面的抹灰,应采取防止开裂的加强措施,当采用加强网时,加强网与各基体的搭接宽度应不小于 100 mm	检查隐蔽工程验收记录和施工记录
4	各层黏结及面层质量	抹灰层与基层之间及各抹灰层之间必须黏结牢固,抹灰层应无脱层、空鼓,面层应无爆灰和裂缝	观察;用小锤轻击检查;检查施工记录
5	表面质量	一般抹灰工程的表面质量应符合以下要求:普通抹灰表面应光滑、洁净,接槎平整,分格应清晰;高级抹灰表面应光滑、洁净、颜色均匀、无抹纹,分格缝应清晰美观	观察;手摸检查
6	细部质量	护角、孔洞、槽、盒周围的抹灰表面应整齐、光滑,管道后面的抹灰表面应平整	观察
7	分层处理要求	抹灰层的总厚度、分层做法均应符合设计要求	检查施工记录
8	分格缝	抹灰分格缝的设置应符合设计要求:宽度和深度应均匀,表面应光滑,棱角应整齐	观察;尺量检查
9	滴水线(槽)	有排水要求的部位应做滴水线(槽),滴水线(槽)应整齐顺直,滴水线应内高外低,滴水槽的宽度和深度均不应小于 10 mm	观察;尺量检查

表 6.7　一般抹灰工程的允许偏差和检验方法

序号	项　目	允许偏差/mm		检验方法
		普通抹灰	高级抹灰	
1	立面垂直度	4	3	用 2 m 垂直检测尺检查
2	表面平整度	4	3	用 2 m 靠尺和塞尺检查
3	阴阳角方正	4	3	用直角检测尺检查
4	分格条(缝)直线度	4	3	拉 5 m 线,不足 5 m 拉通线,用钢直尺检查
5	墙裙、勒脚上口直线	4	3	拉 5 m 线,不足 5 m 拉通线,用钢直尺检查

6.1.5　一般抹灰工程常见质量问题及防治

一般抹灰工程常见质量问题及防治方法见表 6.8。

表 6.8　一般抹灰工程常见质量问题及防治方法

序号	质量问题描述	形成原因	防治方法
1	空鼓、裂缝	(1) 基层清理不彻底,墙面浇水不透、不均匀; (2) 一次抹灰太厚,各抹灰层跟得太紧; (3) 砂浆失水过快或养护不良	(1) 将基层清理干净,抹灰前一天浇水润透; (2) 混凝土和加气混凝土光滑墙面要先刷一道 108 胶素水泥浆; (3) 避免在夏季日光暴晒下抹灰,坚持养护
2	接槎有明显抹纹、色泽不均匀	(1) 墙面无分格或分格太大,抹灰留槎位置不正确; (2) 压光方法不当,砂浆原材料不一致,基层浇水不均匀	(1) 抹面层时,注意接槎部位操作; (2) 墙面宜做成毛面
3	雨水污染墙面	窗台、雨篷、阳台、压顶等部位未做流水坡度和滴水线(槽)	在相关部位按设计做好流水坡度和滴水线(槽),窗框下缝隙嵌填密实
4	分格缝不直、不平,缺棱、错缝	(1) 没有拉通线和统一在底灰上弹线; (2) 木分格条浸水不透,使用时变形; (3) 粘贴分格条和起条时操作不当,造成缝两边缺棱、错缝	(1) 拉通线统一分格; (2) 木分格条用前浸透,分格条粘贴正确,当天起条,两侧可抹成 45°
5	阳台、窗台、雨篷等在水平和垂直方向不一致	现浇混凝土结构和构件安装偏差过大,抹灰前未拉通线	在结构施工中应拉通线找平、找直,减少结构安装偏差;抹灰前应拉通线、贴灰饼、做冲筋、控制抹灰厚度

6.1.6　装饰抹灰

6.1.6.1　水刷石施工

水刷石是用水泥石子浆涂抹在建筑物的外墙表面,待表面初凝后,以硬毛刷或以喷浆泵、喷枪等喷清水冲洗掉面层的水泥浆皮,从而使石子露出的装饰工艺方法。

(1) 施工准备(表 6.9)

表 6.9　水刷石施工准备工作表

序号	施工准备类别	内容
1	材料准备	通用水泥、石灰、石膏,与一般抹灰的用途一样
		彩色水泥,主要用于配制各种彩色水泥石子浆
		彩色石碴,俗称石粒、石米,是由天然大理石、白云石、方解石、花岗石破碎加工而成。以天然的石材为原料制成的石碴耐热性好,颜色经火不退。一般来说,颜色比较鲜艳的石碴比较容易褪色
		在装饰抹灰中,通常采用碱性和耐光性好的矿物颜料
2	机具准备	喷浆机、喷枪等

（2）工艺流程

其工艺流程为：水泥砂浆中层验收→分格弹线、贴分格条→抹面层水泥石子浆→喷刷面层→起分格条→浇水养护。水刷石分层做法见图 6.13。

（3）操作要点

① 分格弹线、粘贴分格条。按设计要求和施工分段位置弹出分格线。粘贴分格条方法同外墙一般抹灰。

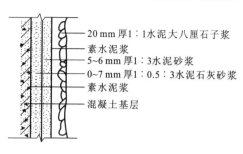

　20 mm 厚 1：1 水泥大八厘石子浆
　素水泥浆
　5～6 mm 厚 1：3 水泥砂浆
　0～7 mm 厚 1：0.5：3 水泥石灰砂浆
　素水泥浆
　混凝土基层

图 6.13　水刷石分层做法

② 抹石子浆时，每个分格自下而上用铁抹子一次抹完揉平，然后用直尺检查，要求表面平整、密实。

石子浆面层稍收水后，用铁抹子把石子浆满压一遍，把露出的石子尖拍平，其目的是通过拍打使石子大面朝外，达到表面排列紧密、均匀的效果。

③ 喷刷面层。水泥石子浆开始初凝时，即表面略发黑，手指按上去无指痕，用刷子刷石米不掉时，开始喷刷。

面层分两次喷刷。第一次用软毛刷蘸水刷掉水泥表皮，露出石米；第二次用喷浆机将四周相邻部位喷湿，然后由上向下喷水。喷水要均匀，喷头离墙 100～200 mm。不仅要把表面的水泥浆冲掉，而且要使石米外露表面 1/2 粒径，使石粒清晰可见、分布均匀，然后用清水从上往下全部冲净。

如果面层过了喷刷时间，表面水泥已经结硬，可用 3%～5% 稀盐酸溶液洗刷，再用水彻底冲洗干净。喷刷后，即可用抹子柄敲击分格条，并用小鸭嘴抹子扎入分格条上下活动，轻轻起出。再用小线抹子抹平，用鸡腿刷子刷光，理直缝角，并用素水泥浆补缝，做凹缝及上色。

④ 养护。勾缝后 24 h 洒水养护，养护时间不少于 7 d。

6.1.6.2　干粘石施工

干粘石是将彩色石粒直接粘在砂浆面层上的一种饰面做法。它与水刷石相比，可节约水泥用量 30%～40%，节约石粒 50%，提高工作效率 30% 左右。

（1）材料准备（表 6.10）

表 6.10　干粘石装饰抹灰材料准备

序号	准备材料名称	要求
1	石粒	手甩通常选用小八厘，机喷选用中八厘
2	面层砂浆（黏结砂浆）	水泥：砂：108 胶为 1：（1～1.5）：（0.05～0.15）
		水泥：石灰膏：砂：108 胶为 1：0.5：2：（0.05～0.15）

（2）工艺流程

其工艺流程为：抹灰中层验收→弹线、粘分格条→抹黏结层砂浆→甩石米、拍平→起分格条、修整→养护。

（3）操作要点

① 抹黏结砂浆。按中层砂浆的干湿程度洒水湿润，再用 1：0.45 的水泥净浆满刮一道，随即抹黏结砂浆。砂浆稠度不大于 80 mm，当石粒为小八厘时，砂浆层厚为 4 mm；当石粒为中八厘时，砂浆层厚为 6 mm。分格内黏结层不宜上下同一厚度，更不宜高于嵌条（分格条），

一般应为下薄上厚,成倒梯形,整个分格块表面又比嵌条低 1 mm 左右。黏结层用刮刀刮平,使表面平整,不显抹纹。

② 甩石粒。黏结层抹好后,可立即开始甩石粒,当采用人工撒(甩)石粒时,可三人同时连续操作:一人抹黏结层,一人撒石粒,一人用铁抹子将石粒均匀拍入黏结层。甩石粒的操作是:一手持木拍,一手抱托盘,用木拍铲起石粒,反手甩向黏结层,方向与墙面大致垂直。甩石粒的顺序是先边角后中间,先上面后下面。阳角处撒石粒时应两侧同时操作,避免当一侧石粒粘上去时,使石粒嵌入砂浆深度大于 1/2 粒径。拍压时用力要适中,用力过大容易翻浆糊面;用力过小则石粒黏结不牢,易掉粒。

干粘石也可用机械喷石代替手工甩石,施工时利用压缩空气和喷枪将石粒均匀地喷射到黏结砂浆层上;喷头对准喷面,喷距 300～400 mm,气压以 0.6～0.8 MPa 为宜。

③ 分格条、修整凹缝与水刷石操作相同。起条时如果发现缺棱掉角,应及时用 1∶1 水泥细砂砂浆补上,并用手压上石粒。

④ 养护。勾缝后 24 h 洒水养护,养护时间不少于 7 d。

6.1.6.3　假石饰面施工

斩假石是在水泥砂浆基层上涂抹水泥石粒浆,待其硬化后,用剁斧、齿斧及各种凿子等斩剁出有规律的石纹,使其类似于天然石材形态的人工假石饰面。假石饰面有两种:斩假石和拉假石。

(1) 材料、机具准备(表 6.11)

表 6.11　假石装饰抹灰施工准备

序号	材料、机具名称		内容
1	材料	石粒	70%粒径 2 mm 和 30%粒径 0.15～1.5 mm 的白云石屑
2		面层砂浆	水泥石子浆配比为 1∶(1.25～1.50)
3	专用工具	斩假石用工具	剁斧、萃刃或多刃、花锤、扁凿、齿凿、弧口凿等
4		拉假石用工具	自制抓耙,抓耙齿片用废锯条制作

(2) 施工工艺流程

其施工工艺流程为:中层砂浆验收→弹线、粘分格条→抹面层水泥石碴浆→斩剁面层(或抓耙面层)→养护。

(3) 操作要点

① 弹线、粘分格条与水刷石操作相同。

② 抹面层水泥石子浆。按中层灰的干燥程度浇水湿润,再刷一道 1∶0.45 的水泥净浆,随后抹 13 mm 厚水泥石子浆,用木抹子打磨拍实,上下顺势溜直,不得有砂眼、空隙,每分格内一次抹完。抹完石子浆后,立层口用软刷蘸水刷去表面的水泥浆,24 h 后浇水养护。

③ 斩剁或拉假石面层处理。

a. 斩剁面层。2～3 d 后,即可试剁,以不掉石粒、容易有剁痕、声响清脆为准。斩剁前应先弹顺线,相距约 100 mm,按线操作,以免剁纹跑斜。斩剁顺序为:先上后下,先左后右,先剁转角和四周边缘,后剁中间墙面。转角和四周边的深度一般按 1/3 石粒的粒径为宜。在剁墙角、柱边时,宜用锐利的小斧轻剁,以防掉边缺角。

斩假石墙面效果常见的有棱点剁斧、花锤剁斧、立纹剁斧等(图 6.14)。斩剁后用水冲墙面。

b. 拉假石面层。待水泥石子浆面收水后,用靠尺检查其平整度,再用铁抹子压实、抹光。水泥终凝后,用抓耙依靠尺按同一方向抓刮(图 6.15),露出石米。完成后表面呈条纹状,纹理清晰。

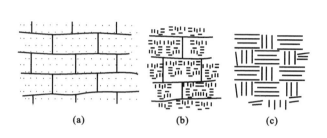

(a)　　　　(b)　　　　(c)

图 6.14　斩假石不同墙面效果

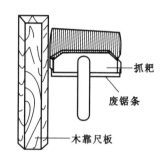

抓耙

废锯条

木靠尺板

图 6.15　拉假石施工示意

④ 起分格条、养护与水刷石操作相同。

6.1.7　装饰抹灰工程的质量要求和检验方法

装饰抹灰工程的检查项目、质量要求和检验方法(表 6.12)与一般抹灰基本相同,但装饰抹灰面层材料不同,因此,其面层质量要求、检验方法和允许偏差(表 6.13)也有差异。

表 6.12　装饰抹灰工程的检查项目、质量要求和检验方法

序号	检验项目	质量等级	质量要求	检验方法
1	水刷石	合格	石粒紧密平整,色泽均匀,无掉粒和接槎痕迹	观察,检查
		优良	石粒清晰,分布均匀,紧密平整,色泽一致,无掉粒和接槎痕迹	
2	干粘石	合格	石粒黏结牢固,分布均匀,表面平整,颜色基本一致	观察,检查
		优良	石粒黏结牢固,分布均匀,表面平整,颜色一致,不显接槎,无露浆、无漏粘,阳角处无明显黑边	
3	斩假石	合格	剁纹均匀顺直,留边宽窄基本一致,棱角无损坏	观察,检查
		优良	剁纹均匀顺直,深浅一致,颜色一致,无漏剁处,阳角处横剁和留出不剁的边宽窄一致,棱角无损坏	

表 6.13　装饰抹灰工程的质量验收允许偏差

序号	项目	允许偏差/mm			检验方法
		水刷石	干粘石	斩假石	
1	立面垂直度	5	5	4	用 2 m 垂直检测尺检查
2	表面平整度	3	5	3	用 2 m 靠尺和塞尺检查
3	阳角方正	3	4	3	用直角检测尺检查
4	分格条(缝)直线度	3	3	3	拉 5 m 线,不足 5 m 拉通线,用钢直尺检查
5	墙裙、勒脚上口直线度	3	—	3	

6.1.8　装饰抹灰常见质量问题及防治

装饰抹灰常见质量问题及防治措施详见表 6.14 至表 6.16。

表 6.14　水刷石常见质量问题及防治措施

序号	质量问题描述	防治措施
1	石子不均匀或脱落,表面混浊不清晰	石碴使用前应冲洗干净
2		分格条应在分格线同一侧贴牢
3		掌握好水刷石冲洗时间,不宜过早或过迟,喷洗要均匀,冲洗不宜过快或过慢
4		掌握喷刷石子深度,一般以石粒露出表面 1/3 为宜
5	水刷石面层出现空鼓、裂缝	待底层灰至六七成干时再开始抹面层石碴灰,抹面前如底层灰干燥,应浇水均匀润湿
6		抹面层石碴灰前应满刮一道胶粘剂素水泥浆,注意不要有漏刮处
7		抹好石碴灰后应轻轻拍压使其密实
8	阴阳角不垂直,出现黑边	抹阳角时,要使石碴灰浆接槎正交在阳角的尖角处
9		阳角卡靠尺时,要比上段已抹完的阳角高出 1～2 mm
10		喷洗阳角时要骑角喷洗,并注意喷水角度,同时喷水速度要均匀
11		抹阳角时先弹好垂直线,然后根据弹线确定的厚度抹阳角石碴灰。同时,掌握喷洗时间和喷水角度,特别应注意喷刷
12	水刷石与散水、腰线等接触部位出现烂根	应将接触的平面基层表面浮灰及杂物清理干净
13		抹根部石碴灰浆时应认真抹压密实
14	水刷石墙面留槎混乱,影响整体效果	水刷石槎子应留在分格条缝或水落管后边或独立装饰部分的边缘
15		不得将槎子留在分格块中间部位

表 6.15　干粘石常见质量问题及防治措施

序号	质量问题描述	防治措施
1	干粘石面层不平,表面出现坑洼,颜色不一致	施工前石碴必须过筛,去掉杂质,保证石粒均匀,并用清水冲洗干净
2		底灰不要抹得太厚,避免出现坑洼现象
3		甩石碴时要掌握好力度,不可硬砸、硬甩,应用力均匀
4		面层石碴灰的厚度控制在 8～10 mm 内为宜,并保证石碴灰浆的稠度合适
5		甩完石碴后,待灰浆内的水分洇到石碴表面,用抹子轻轻将石碴压入灰层,不可用力过猛,造成局部泛浆,形成面层颜色不一致

续表 6.15

序号	质量问题描述	防治措施
6	面层出现石碴不均匀和部分露灰层,造成表面花感	操作时将石碴均匀用力甩在灰层上,然后用抹子轻拍使石碴进入灰层 1/2,外留 1/2,使其牢固,表面美观
7		合理采用石碴浆配合比,最好掺入既能增加强度又能延缓初凝时间的外加剂,以便于操作
8		注意天气变化,遇有大风或雨天应采取保护措施或停止施工
9	干粘石出现开裂、空鼓	根据不同的基体采取不同的处理方法,基层处理必须到位
10		抹灰前基层表面应刷一道胶凝性素水泥浆,每层厚度宜控制在 5～7 mm 内
11		每层抹灰前应将基层均匀浇水润湿
12		冬季施工时应采取防冻保温措施
13	干粘石面层接槎明显、有滑坠	面层灰抹后应立即甩粘石碴
14		遇有大块分格时应事先计划好,最好一次做完一块分格块,中间避免留槎
15		施工脚手架搭设要考虑分格块操作因素,应满足分格块粘石操作合适而分步搭设架子
16		施工前熟悉图纸,确定施工方案,避免分格不合理,造成操作困难
17	干粘石面出现棱角不通顺和黑边现象	抹灰前应严格按工艺标准,根据建筑物情况整体吊垂直、套方、找规矩、做灰饼、充筋,不得采用一楼层或一步架分段施工的方法
18		分格条要充分浸水泡透,抹面层灰时应先抹中间,再抹分格条四周,并及时甩粘石碴,确保分格条侧面灰层未干时甩粘石碴,使其饱满、均匀、黏结牢固,分格清晰美观
19		阳角粘石起尺时动作要轻缓,抹大面边角黏结层时要特别细心,防止操作不当而碰损棱角。当拍好小面石碴后应当立即起卡,在灰缝处撒些小石碴,用钢抹子轻轻拍压平直。如果灰缝处稍干,可淋少许水,随后粘小石碴,即可防止出现黑边
20	干粘石面出现抹痕	根据不同基体掌握好浇水量
21		面层灰浆稠度配合比要合理,使其干稀合适
22		甩粘面层石碴时要掌握好时间,随粘随拍平
23	分格条、滴水线(槽)不清晰,起条后不勾缝	施工操作前要认真做好技术交底,签发作业指导书
24		坚持施工过程管理制度,加强过程检查、验收

表 6.16　斩假石常见质量问题及防治措施

序号	质量问题描述	防治措施
1	斩假石出现空鼓、裂缝	要认真清理干净基层,表面光滑的基层应做毛化处理。抹灰前应浇水均匀润湿
2		抹灰前应先抹一道水泥胶灰浆,以加强与底层灰的黏结强度
3		底层灰与基层及每层与每层之间抹灰不宜跟得太紧,各层抹完灰后要洒水养护,待达到一定强度(七八成干)时再抹上面一层灰
4		当面层抹灰厚度超过 4 cm 时应增加钢筋网片,钢筋网片宜用 φ6 钢筋,间距 20 cm
5		首层地面、台阶回填土应按现行施工规范夯填密实,台阶混凝土垫层厚度应不小于 8 cm
6		两种不同材料的基层,抹灰前应加钢丝网,以增加基体的整体性
7		夏季施工面层防止暴晒,冬季 0 ℃以下不宜施工
8	斩假石面层剁纹凌乱不均和表面不平整	施工时按图纸要求留边放线
9		大面积施工前,应先斩剁样板,然后按样板进行大面积施工
10		加强过程控制,设专人勤检查斩剁质量,发现不合格的要返工重剁
11		准确掌握斩剁时间,不应剁得过早
12		斩剁时应勤磨斧刃,使其锋利,以保证剁纹质量。斩剁时用力应均匀,不要用力过大或过小,造成剁纹深浅不一致、凌乱,剁石表面不平整
13	斩剁石面层颜色不一致,出现花感	所使用材料要统一,掺颜料用的水泥应使用同一批号、同一品种、同一配合比,并一次干拌、备足,保存时注意防湿
14		斩剁石面层剁好后,应用硬毛刷顺剁纹刷净,清刷时不应蘸水或用水冲,雨天不宜施工

6.2　地　面　工　程

6.2.1　建筑地面工程构成

建筑地面工程构成的各层次简图见图 6.16。

建筑地面工程构成的各层构造示意图见图 6.17 及图 6.18。

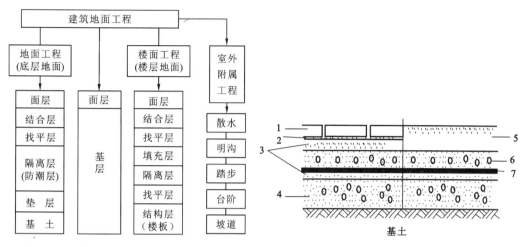

图 6.16 建筑地面工程构成的各层次简图

图 6.17 地面工程构造示意图

1—块料面层;2—结合层;3—找平层;4—垫层;

5—整体面层;6—填充层;7—隔离层

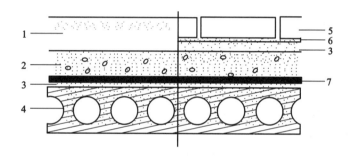

图 6.18 楼面工程构造示意图

1—整体面层;2—填充层;3—找平层;4—楼板;5—块料面层;6—结合层;7—隔离层

6.2.2 混凝土地面

6.2.2.1 施工准备

混凝土地面施工准备见表 6.17。

表 6.17 混凝土地面施工准备

序号	施工准备项目		内容
1	材料要求	水泥	宜采用硅酸盐水泥、普通硅酸盐水泥或矿渣硅酸盐水泥,其强度等级应在 32.5 级以上
2		砂	应选用水洗粗砂,含泥量不大于 3%
3		粗骨料	水泥混凝土采用的粗骨料最大粒径不大于面层厚度的 2/3,细石混凝土面层采用的石子粒径不应大于 15 mm
4	主要机具设备		混凝土搅拌机、平板振捣器、手推车、计量器、筛子、木耙、铁锹、小线、钢尺、胶皮管、木拍板、刮杠、木抹子、铁抹子等

续表 6.17

序号	施工准备项目	内容
5		配合比已经试验确定
6		基层清理干净,浇捣混凝土前一天应将基层洒水润湿
7		门框及预埋件已安装并验收完毕
8		已对所覆盖的隐蔽工程进行验收且合格,并进行隐检会签
9	作业条件	施工前,应做好水平标志,以控制铺设的高度和厚度,可采用竖尺、拉线、弹线等方法
10		对所有作业人员已进行了技术交底,特殊工种必须持证上岗
11		作业时的环境(如天气、温度、湿度等状况)应满足施工质量可达到标准的要求
12		地面立管安装完毕并已装套管,门框及地面预埋安装完毕,验收合格
13		屋面防水施工完毕
14		基层清理干净,缺陷处理完毕

6.2.2.2 施工程序及操作要点

混凝土地面的施工流程为:检验水泥、砂子、石子质量→配合比试验→技术交底→准备机具设备→基底处理→找标高→贴饼、冲筋→搅拌→铺设混凝土面层→振捣→撒面找平→压光、养护→检查验收。

水泥混凝土地面施工的操作要点如下:

(1)基层处理:把沾在基层上的浮浆、落地灰等用錾子或钢丝刷清理掉,再用扫帚将浮土清扫干净;如有油污,应用5%~10%浓度火碱水溶液清洗。湿润后,刷素水泥浆或界面处理剂,随刷随铺设混凝土,避免间隔时间过长,风干形成空鼓。

(2)找标高:根据水平标准线和设计厚度,在四周墙、柱上弹出面层的水平标高控制线。

(3)贴饼:按线拉水平线、抹找平墩(60 mm 见方,与面层完成面同高,用同种混凝土),间距双向不大于 2 m。有坡度要求的房间应按设计坡度要求拉线,抹出坡度墩。

(4)面积较大的房间为保证地面平整度,还要做冲筋,以做好的灰饼为标准抹条形冲筋,与灰饼同高,形成控制标高的"田"字格,用刮尺刮平,作为混凝土面层厚度控制的标准。

(5)搅拌:混凝土的配合比应根据设计要求通过试验确定。投料必须严格过磅,精确控制配合比。每盘投料顺序为石子→水泥→砂→水。应严格控制用水量,搅拌要均匀,搅拌时间不少于 90 s,坍落度一般不应大于 30 mm。

(6)铺设:铺设前应将基底湿润,并在基底上刷一道素水泥浆或界面结合剂,将搅拌均匀的混凝土从房间内退着往外铺设。在振捣或滚压时,低洼处应用混凝土补平。

(7)振捣:用铁锹铺混凝土,厚度略高于找平墩,随即用平板振捣器振捣。厚度超过200 mm时,应采用插入式振捣器,其移动距离不大于作用半径的 1.5 倍,并做到不漏振,确保混凝土密实。振捣以混凝土表面出现泌水现象为宜,或者用 30 kg 重滚纵横滚压密实,表面出浆即可。

(8)撒面找平:混凝土振捣密实后,以墙、柱上的水平控制线和找平墩为标志,检查平整度,高的铲掉,凹处补平。撒一层干拌水泥砂(水泥:砂=1:1),用水平刮杠刮平。有坡度要求的,应按设计要求的坡度施工。

（9）压光

① 当面层灰面吸水后，用木抹子用力搓打、抹平，将干拌水泥砂拌合料与混凝土浆混合，使面层达到紧密接合。

② 第一遍抹压：用铁抹子轻轻抹压一遍直到出浆为止。

③ 第二遍抹压：当面层砂浆初凝后（上人有脚印但不下陷），用铁抹子把凹坑、砂眼填实抹平，注意不得漏压。

④ 第三遍抹压：当面层砂浆终凝前（上人有轻微脚印），用铁抹子用力抹压。把所有抹纹压平、压光，使面层表面密实光洁。

（10）养护：应在施工完成后 24 h 左右覆盖和洒水养护，每天不少于 2 次。严禁上人，养护期不得少于 7 d。

（11）冬季施工时，环境温度不应低于 5 ℃。如果在负温下施工时，所掺抗冻剂必须经过实验室试验合格后方可使用。不宜采用氯盐、氨等作为抗冻剂，不得不使用时，其掺量必须严格按照规范规定的控制量和配合比通知单的要求加入。

6.2.2.3　质量标准

混凝土地面工程的检验项目、质量要求和检验方法见表 6.18。整体面层的允许偏差和检验方法见表 6.19。

表 6.18　混凝土地面工程的检验项目、质量要求和检验方法

序号		检验项目及质量要求	检验方法
1	主控项目	混凝土采用的粗骨料，其最大粒径不应大于面层厚度的 2/3，细石混凝土面层采用的石子粒径不应大于 15 mm	观察检查、检查材质合格证明文件及检测报告
2		面层的强度等级应符合设计要求，且水泥混凝土面层强度等级不应小于 C20；水泥混凝土垫层兼面层强度等级不应小于 C15	检查配合比通知单及检测报告
3		面层与下一层应结合牢固，无空鼓、裂纹	用小锤轻击检查（空鼓面积不应大于 400 cm²，且每自然间不多于 2 处可不计）
4	一般项目	浇捣密实、平整、光滑、洁净，面层表面不应有裂纹、脱皮、麻面、起砂等缺陷	观察检查
5		面层表面的坡度应符合设计要求，不得有倒泛水和积水现象	观察，采用泼水或用坡度尺检查
6		水泥砂浆踢脚线与墙面应紧密结合，高度一致，出墙厚度均匀	用小锤轻击检查、用钢尺检查和观察检查（局部空鼓长度不应大于 300 mm，且每自然间不多于 2 处可不计）
7		楼梯踏步的宽度、高度应符合设计要求。楼层梯段相邻踏步高度差不应大于 10 mm，每踏步两端宽度差不应大于 10 mm；旋转楼梯梯段的每踏步两端宽度的允许偏差为 5 mm。楼梯踏步的齿角应整齐，防滑条应顺直	观察和用钢尺检查

表 6.19 整体面层的允许偏差和检验方法

序号	项目	允许偏差/mm				检验方法
		水泥混凝土面层	水泥砂浆面层	普通水磨石面层	高级水磨石面层	
1	表面平整度	5	4	3	2	用 2 m 靠尺和楔形塞尺检查
2	脚线上口平直	4	4	3	3	拉 5 m 线和用钢尺检查
3	缝格平直	3	3	3	2	

6.2.2.4 常见质量问题及原因

混凝土地面工程常见质量问题及原因见表 6.20。

表 6.20 混凝土地面工程常见质量问题及原因

序号	常见质量问题描述	原因
1	混凝土不密实	振捣时漏振或振捣不够;配合比不准确
2	混凝土表面起砂、起皮	水泥强度等级不够或水胶比过大、抹压遍数不够、过早进行其他工序、使用过早等原因造成起砂;混凝土铺设后,在抹压过程中撒干水泥面(而不是标准要求的水泥砂拌合料),未与混凝土很好地结合,造成起皮现象
3	面层有空鼓、裂缝	垫层未清理干净,未能洒水润透,从而影响面层与垫层的黏结力,造成空鼓;混凝土坍落度过大,振捣后面层水分过多,撒干拌合料前尚未完成抹压工序,造成面层结构不紧密而开裂

6.2.2.5 成品保护

(1) 施工时应注意对水准线定位定高的标准杆、尺、线的保护,不得触动、移位。

(2) 对所覆盖的隐蔽工程要有可靠保护措施,不得因浇筑混凝土造成漏水、堵塞、破坏或降低等级。

(3) 混凝土面层完工后的养护过程中,应对面层进行遮盖和拦挡,避免其受侵害。

6.2.2.6 安全环保措施

(1) 在运输、堆放、施工过程中应注意避免扬尘、遗撒、沾带等现象,应采取遮盖、封闭、洒水、冲洗等必要措施。

(2) 运输、施工所用车辆、机械的废气、噪声等应符合环保要求。

(3) 电气装置应符合施工用电安全管理规定。

6.2.3 水泥砂浆地面

6.2.3.1 施工准备

水泥砂浆地面用水泥的要求同混凝土地面。

需准备的主要机具设备有砂浆搅拌机、手推车、计量器、筛子、木耙、铁锹、小线、钢尺、胶皮管、木拍板、刮杠、木抹子、铁抹子等。

水泥砂浆地面的作业条件同混凝土地面。

6.2.3.2 施工程序及操作要点

水泥砂浆地面的施工程序同水泥混凝土地面。水泥砂浆地面的操作要点如下:

（1）找标高：根据水平标准线和设计厚度，在四周墙、柱上弹出面层的上平标高控制线（图 6.19）。

（2）砂浆的配合比应根据设计要求通过试验确定。投料必须严格过磅，精确控制配合比或体积比。应严格控制用水量，搅拌要均匀。砂浆的稠度不应大于 35 mm，水泥石屑砂浆的水胶比宜控制为 0.4。

（3）搓平：用大杠依冲筋将砂浆刮平，立即用木抹子搓平，踏步高度差不应大于 10 mm，每踏步两端宽度差不应大于 10 mm；旋转楼梯梯段的每踏步两端宽度的允许偏差为 5 mm。楼梯踏步的齿角应整齐，防滑条应顺直。

其他操作要点同混凝土地面。

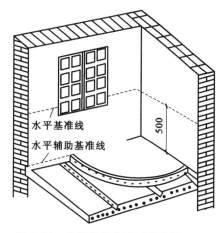

图 6.19   水泥砂浆楼地面弹准线
示意图（单位：mm）

6.2.3.3   质量标准

水泥砂浆地面工程质量验收标准见表 6.21。

表 6.21   水泥砂浆地面工程质量验收标准

序号	检验项目及质量要求		检验方法
1	水泥砂浆面层的厚度应符合设计要求，且不应小于 20 mm		—
2	主控项目	水泥采用硅酸盐水泥、普通硅酸盐水泥，其强度等级不应小于 32.5，不同品种、不同强度等级的水泥严禁混用；砂应为中粗砂，当采用石屑时，其粒径应为 1～5 mm，含泥量不应大于 3%	观察检查、检查材质合格证明文件及检测报告
3		水泥砂浆面层的体积比（强度等级）必须符合设计要求；且体积比应为 1：2，强度等级不应小于 M15	检查配合比通知单和检测报告
4		面层与下一层应结合牢固，无空鼓、裂纹	用小锤轻击检查（空鼓面积不应大于 400 cm²，且每自然间不多于 2 处可不计）
5	一般项目	面层表面的坡度应符合设计要求，不得有倒泛水和积水现象	观察，采用泼水或坡度尺检查
6		面层表面应洁净，无裂纹、脱皮、麻面、起砂等缺陷	观察检查
7		踢脚线与墙面应紧密结合，高度一致，出墙厚度均匀	用小锤轻击检查、用钢尺检查和观察检查（局部空鼓长度不应大于 300 mm，且每自然间不多于 2 处可不计）
8		楼梯踏步的宽度、高度应符合设计要求。楼层梯段相邻踏步高度差不应大于 10 mm，每踏步两端宽度差不应大于 10 mm；旋转楼梯梯段的每踏步两端宽度的允许偏差为 5 mm。楼梯踏步的齿角应整齐，防滑条应顺直	观察和用钢尺检查
9		水泥砂浆面层的允许偏差应符合《建筑地面工程施工质量验收规范》（GB 50209—2010）中表 5.1.7 的规定	按规范 GB 50209—2010 中表 5.1.7 的检验方法检验

6.2.3.4 常见质量问题及原因

水泥砂浆地面工程常见质量问题及原因见表 6.22。

表 6.22 水泥砂浆地面工程常见质量问题及原因

序号	常见质量问题描述	原 因
1	倒泛水、积水	放线冲筋未按设计要求找坡度
2		在做垫层时未做出规定坡度,在做面层时才找坡,无法满足要求
3	砂浆表面起砂、起皮	水泥强度等级不够或水胶比过大,抹压遍数不够,养护期间过早进行其他工序,使用过早等原因造成起砂
4		砂浆铺设后,在抹压过程中撒干水泥面(而不是标准要求的水泥砂拌合料),未与砂浆很好地结合,造成起皮
5	面层有空鼓、裂缝	底层未清理干净,未能洒水湿润透,从而影响面层与下一层的黏结力,造成空鼓
6		刷素水泥浆不到位或未能随刷随抹灰,造成砂浆与素水泥浆结合层之间的黏结力不够,形成空鼓

水泥砂浆地面的成品保护、安全环保措施同混凝土地面。

6.2.4 水磨石地面

水磨石地面是用天然石碴、水泥、颜料加水拌和后摊铺抹面,经抹光、打蜡而成。水磨石地面有现浇和预制两种,现浇水磨石根据使用材料不同,又分为普通水磨石和美术水磨石(彩色水磨石)。水磨石地面饰面美观大方、平整光滑、整体性好、坚固耐久、易于清洁,但施工时湿作业工序多、工期长。现浇水磨石楼地面适用于有防尘、保洁要求的工业与公共建筑的地面,如教学楼、医疗用房、门厅、营业厅、卫生间、车间、实验室等。

6.2.4.1 施工准备

(1)材料准备

① 水泥:同混凝土地面。

② 石粒:应选用坚硬可磨白云石、大理石等岩石加工而成,石粒应清洁无杂物,其粒径除特殊要求外应为 6~15 mm,使用前应过筛洗净。

③ 分格条:玻璃条、塑料条或铜条,长度根据面层分格尺寸确定。

④ 应准备砂、草酸、白蜡等。

⑤ 颜料:应选用耐碱、耐光性强,着色力好的矿物颜料,不得使用酸性颜料。色泽必须按设计要求。水泥与颜料以一次进场为宜。

(2)主要机具设备

水磨石机、滚筒、油石(粗、中、细)、手推车、计量器、筛子、木耙、铁锹、小线、钢尺、胶皮管、木拍板、刮杠、木抹子、铁抹子等。

(3)作业条件同"混凝土地面"。

6.2.4.2 施工程序及操作要点

水磨石地面的施工程序为:检验水泥、石粒质量→配合比试验→技术交底→准备机具设备→基底处理→找标高→铺抹找平层砂浆→养护→弹分格线→镶分格条→搅拌→铺设水磨石拌合料→滚压抹平→养护→试磨→粗磨→细磨→磨光→清洗→打蜡上光→检查验收。

水磨石地面施工操作要求如下：

（1）基层处理：把沾在基层上的浮浆、落地灰等用机械清理干净并糙化基层表面，再用扫帚将浮土清扫干净。

（2）找标高：根据水平标准线和设计厚度，在四周墙、柱上弹出面层的上平标高控制线。

（3）贴饼：按线拉水平线、抹找平墩（60 mm 见方，与找平层完成面同高，用同种砂浆），间距双向不大于 2 m。有坡度要求的房间应按设计坡度要求拉线，抹出坡度墩。

（4）面积较大的房间为保证地面平整度，还要做冲筋，以做好的灰饼为标准抹条形冲筋，冲筋与灰饼同高，形成控制标高的"田"字格，用刮尺刮平，作为砂浆面层厚度控制的标准。

（5）铺设找平层砂浆：铺设前应将基底湿润，并在基底上刷素水泥浆或界面结合剂，随刷随铺设砂浆，将搅拌均匀的砂浆从房间内退着往外铺设。用大杠依冲筋将砂浆刮平，立即用木抹子搓平，并随时用 2 m 靠尺检查平整度。

（6）将找平层砂浆养护 24 h 后，强度达到 1.2 MPa 时，方可进行下道工序。

（7）弹分格线：根据设计要求的分隔尺寸，一般采用 1 m 见方或依照房屋模数分格。在房间中部弹十字线，计算好周围的镶边尺寸后，以十字线为准弹分格线；如设计有图案要求时，应按照设计图案弹出准确分格线，并做好标记，防止差错。

（8）镶分格条：将分格条用稠水泥膏两边抹八字的方式固定在分格线上，水泥膏八字呈 30°角，比分格条低 4～6 mm。分格条应平直通顺，上平与标高控制线必须一致，接头严密不得有缝隙。在分格条十字交接处，距交点 40～50 mm 内不做水泥膏八字。铜条还应穿 22 号铅丝锚固于水泥膏八字内。镶分格条 12 h 后开始浇水养护，最少 2 d。

（9）搅拌。水磨石地面拌合料的体积比应根据设计要求通过试验确定，且为 1：(1.5～2.5)（水泥：石粒）。投料必须严格过磅或过体积比的斗，精确控制配合比。应严格控制用水量，搅拌要均匀。

彩色水磨石拌合料，除彩色石粒外，还加入耐光、耐碱的矿物颜料；各种原料的掺入量均要以试验确定。同一颜色的面层应使用同一批水泥；同一彩色面层应使用同厂、同批的颜料。

（10）铺设：将找平层洒水湿润，涂刷界面结合剂，用拌和均匀的拌合料先铺抹分格条边，后铺抹分格条方框中间，用铁抹子由中间向边角推进，在分格条两边及交角处应特别注意压实、抹平，随抹随检查平整度，不得用大杠刮平。

集中颜色的水磨石拌合料不可同时铺抹，要先铺深色的，后铺浅色的，待前一种凝固后，再铺下一种。

（11）滚压抹平：滚压前应先将分格条两侧 10 cm 内用铁抹子轻轻拍实。滚压时用力均匀，应从横竖两个方向轮换进行，达到表面平整密实、石粒均匀为止。待石粒浆稍收水后，再用铁抹子将浆抹平、压实。24 h 后，浇水养护。

（12）试磨：当气温在 20～30 ℃内时，养护 2～3 d 即可开始机磨。开磨过早则石粒容易松动，过晚会导致磨光困难。

（13）粗磨：用 60～90 号金刚石磨，使磨石机在地上走"∞"字形，边磨边加水，随时清扫水泥浆，并用靠尺检查平整度，直至表面磨平、磨匀，分格条和石粒全部露出（边角用手工磨至同样效果），用水清洗晾干，然后用较浓的水泥浆（掺有颜色的应用同样配合比的彩色水泥浆）擦一遍，特别是面层的洞眼小，孔隙要填实抹平。浇水养护 2～3 d。

（14）细磨：用 90～120 号金刚石磨，直至表面光滑（边角用手工磨至同样效果）。用水清洗,满擦第二遍水泥浆(掺有颜色的应用同样配合比的彩色水泥浆),特别是面层的洞眼小,孔隙要填实抹平。浇水养护2~3 d。

(15)磨光:用200号细金刚石磨,磨至表面石子显露均匀,无缺石粒现象,平整、光滑、无空隙。

(16)草酸擦洗:用10%的草酸溶液,用扫帚蘸后洒在地面上,再用油石轻轻磨一遍。磨出水泥及石粒本色后,用水清洗、用软布擦干,再细磨出光。

(17)打蜡上光:采用机械打蜡的操作工艺,用打蜡机将蜡均匀渗透到水磨石的晶体缝隙中,打蜡机的转速和温度应满足要求。

(18)冬季施工时,环境温度不应低于5 ℃。

6.2.4.3 质量标准

水磨石地面工程质量验收标准见表6.23。

表 6.23 水磨石地面工程质量验收标准

序号	检验项目	质量要求	检验方法
1	主控项目	水磨石面层的石粒,应采用坚硬可磨白云石、大理石等岩石加工而成,石粒应洁净、无杂物,其粒径除特殊要求外应为6~15 mm;水泥强度等级不应小于32.5;颜料应采用耐光、耐碱的矿物颜料,不得使用酸性颜料	观察检查、检查材质合格证明文件
2		水磨石面层拌合料的体积比应符合设计要求,且为1:1.5~1:2.5(水泥:石粒)	检查配合比通知单和检测报告
3		面层与下一层结合应牢固,无空鼓、裂纹	用小锤轻击检查(空鼓面积不应大于400 cm²,且每自然间不多于2处可不计)
4	一般项目	面层表面应光滑;无明显裂纹、砂眼和磨纹;石粒密实,显露均匀;颜色图案一致,不混色;分格条牢固、顺直和清晰	观察检查
5		踢脚线与墙面应紧密结合,高度一致,出墙厚度均匀	用小锤轻击检查、用钢尺检查和观察检查(局部空鼓长度不大于300 mm,且每自然间不多于2处可不计)
6		楼梯踏步的宽度、高度应符合设计要求。楼层梯段相邻踏步高度差不应大于10 mm,每踏步两端宽度差不应大于10 mm,旋转楼梯梯段的每踏步两端宽度的允许偏差为5 mm。楼梯踏步的齿角应整齐,防滑条应顺直	观察和用钢尺检查
7		水磨石面层的允许偏差应符合《建筑地面工程施工质量验收规范》(GB 50209—2010)中表5.1.7的规定	按规范 GB 50209—2010 中表5.1.7中的检验方法检验

6.2.4.4 常见质量问题及产生的原因

水磨石地面工程质量问题及产生的原因见表6.24。

表 6.24　水磨石地面工程常见质量问题及产生的原因

序号	常见质量问题描述	原因
1	水磨石表面起粒	水泥强度等级不够或水胶比过大,滚压遍数不够,养护时间不足,过早进行其他工序,使用过早等原因造成起砂、起粒
2		石粒未清洗干净,影响与水泥的结合强度
3	面层有空鼓、裂缝	底层未清理干净,未能洒水湿润透,从而影响面层与下一层的黏结力,造成空鼓
4		刷素水泥浆不到位或未能随刷随抹灰,造成砂浆与素水泥浆结合层之间的黏结力不够,形成空鼓

6.2.4.5　成品保护

（1）施工时应注意对定位定高的标准杆、尺、线的保护,不得触动、移位。

（2）对所覆盖的隐蔽工程要有可靠保护措施,不得因浇筑砂浆造成漏水、堵塞、破坏或降低等级。

（3）水磨石地面完工后,在养护过程中应进行遮盖和拦挡,避免其受到侵害。

（4）磨石废浆应及时清理,不得流入下水管边。

（5）磨石施工时,墙面、门框应加以保护。

其安全环保措施同混凝土地面的安全环保措施。

6.3　墙面砖工程

6.3.1　排砖形式和构造

6.3.1.1　基本构造

贴面砖饰面的基本构造见图 6.20。它由底层砂浆、黏结层砂浆和块状贴面材料面层组成。底层砂浆又叫找平层,对基层起找平的作用。黏结层对贴面材料起黏附作用。面层为装饰层。

6.3.1.2　排砖形式

贴面砖饰面装饰效果的好坏,除与贴面砖本身的装饰效果有关外,还与贴面砖的排列方式有关。通过贴面砖的不同排列,可获得完全不同的装饰效果。

【扫码演示】

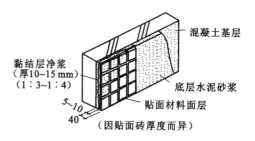

图 6.20　贴面砖饰面的基本构造(单位:mm)

外墙贴面砖排列形式(图 6.21)有:长边水平密缝,长边竖直密缝,密缝错缝,水平竖直疏缝,疏缝错缝,水平密缝、竖直疏缝,水平疏缝、竖直密缝 7 种。

密缝排砖时,缝宽控制在 1～3 mm 内;疏缝排砖时,缝宽一般要求为 4～20 mm。

外墙面的窗台、腰线、阳角及滴水线等部位的排砖应是顶面砖压立面砖。顶面砖应做成 3% 的坡度,底面砖贴成鹰嘴,立面砖向下突起 3 mm(图 6.22)。

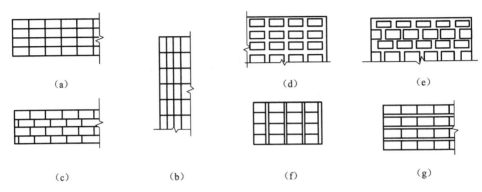

图 6.21 外墙贴面砖排列形式

(a)长边水平密缝;(b)长边竖直密缝;(c)密缝错缝;(d)水平竖直疏缝;
(e)疏缝错缝;(f)水平密缝、竖直疏缝;(g)水平疏缝、竖直密缝

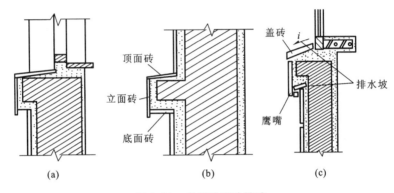

图 6.22 外墙贴面砖排砖

6.3.2 施工准备

外墙贴面砖施工准备见表 6.25。

表 6.25 外墙贴面砖施工准备

序号	施工准备项目		内容
1	材料准备	水泥	32.5 级或 42.5 级矿渣水泥或普通硅酸盐水泥。应有出厂证明或复验合格单,若出厂日期超过三个月或水泥已结有小块,则不得使用;应采用符合《白色硅酸盐水泥》(GB/T 2015—2017)中 42.5 级以上的白水泥
2		砂子	中粗砂,用前过筛,其他应符合规范要求的质量标准
3		面砖	面砖应表面光洁、方正、平整,质地坚固,其品种、规格、尺寸、色泽、图案应均匀一致,必须符合设计规定。不得有缺楞、掉角、暗痕和裂纹等缺陷。其性能指标均应符合现行国家标准的规定,釉面砖的吸水率不得大于 10%
4		石灰膏	用块状生石灰淋制,必须用孔径 3 mm×3 mm 的筛网过滤,并储存在沉淀池中。熟化时间:常温下不少于 15 d;用于罩面灰,不少于 30 d。石灰膏内不得有未熟化的颗粒和其他物质
5		机具准备	瓷砖切割机、手电钻、瓦工工具等

续表 6.25

序号	施工准备项目	内容
6		主体结构施工完,并通过验收
7		外架子(高层多用吊篮或吊架)应提前支搭和安装好,多层房屋最好选用双排架子或桥架,其横竖杆及拉杆等应离开墙面和门窗角 150～200 mm。架子的步高和支搭要符合施工要求和安全操作规程
8	作业条件	阳台栏杆、预留孔洞及排水管等应处理完毕,门窗框要固定好,隐蔽部位的防腐、填嵌应处理好,并用 1∶3 水泥砂浆将缝隙塞严实;铝合金、塑料门窗及不锈钢门等框边缝所用嵌塞材料及密封材料应符合设计要求,且应塞堵密实,并事先粘贴好保护膜。墙面基层清理干净,脚手眼、窗台、窗套等事先应使用与基层相同的材料砌堵好
9		按面砖的尺寸、颜色进行选砖,并分类存放备用
10		大面积施工前应先放大样,并做出样板墙,确定施工工艺及操作要点,并向施工人员做好交底工作。样板墙完成后必须经质检部门鉴定合格,经设计单位、甲方和施工单位共同认定验收后,方可组织班组按照样板墙要求施工

6.3.3　施工工艺及操作要点

外墙贴面砖施工流程为:基层处理→吊垂直、套方、找规矩→贴灰饼、冲筋→抹底层砂浆→弹线分格→排砖→选砖、浸泡→镶贴面砖→面砖勾缝及擦缝。

（1）基体为混凝土墙面时的操作方法

① 基层处理:将凸出墙面的混凝土剔平,对大钢模施工混凝土墙面应凿毛,并用钢丝刷满刷一遍,清除干净,然后浇水湿润;对于基体混凝土表面很光滑的,可采取"毛化处理"至较高的强度(用手掰不动)为止。

② 吊垂直、套方、找规矩、贴灰饼、冲筋:高层建筑物应在四大角和门窗口边用经纬仪打垂直线找直;多层建筑物,可从顶层开始用特制的大线坠绷低碳钢丝吊垂直,然后根据面砖的规格尺寸分层设点、做灰饼,间距为 1.6 m。横向水平线以楼层为水平基准线交圈控制,竖向垂直线以四周大角和通天柱或墙垛子为基准线控制,应全部是整砖。阳角处要双面排直。每层打底时,应以此灰饼作为基准点进行冲筋,使其底层灰做到横平竖直。同时,要注意找好凸出檐口、腰线、窗台、雨篷等饰面的流水坡度和滴水线(槽)。

③ 抹底层砂浆:先刷一道掺水 10% 的界面剂胶水泥素浆,打底应分层分遍抹底层砂浆(常温时采用配合比为 1∶3 的水泥砂浆),第一遍厚度宜为 5 mm,抹后用木抹子搓平;待第一遍六至七成干时,即可抹第二遍,厚度为 8～12 mm,随即用木杠刮平、木抹子搓毛,终凝后洒水养护。砂浆总厚度不得超过 20 mm,否则应做加强处理。

④ 弹线分格:待基层灰六至七成干时,即可按图纸要求进行分段分格弹线,同时亦可进行面层贴标准点的工作,以控制面层出墙尺寸及垂直度、平整度(图 6.23)。

⑤ 排砖:根据大样图及墙面尺寸进行横竖向排砖,以保证面砖缝隙均匀,符合设计图纸要求,注意大墙面、通天柱子和垛

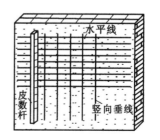

图 6.23　墙面弹线方法

子要排整砖,以及在同一墙面上的横竖排列均不得有一行以上的非整砖。非整砖行应排在次要部位,如窗间墙或阴角处等,但亦要注意一致和对称。如遇有凸出的卡件,应用整砖套割吻合,不得用非整砖随意拼凑镶贴。面砖接缝的宽度不应小于 5 mm,不得采用密缝。

⑥ 选砖、浸泡:釉面砖和外墙面砖镶贴前,应挑选颜色、规格一致的砖;浸泡砖时,将面砖清扫干净,放入净水中浸泡 2 h 以上,取出待表面晾干或擦干净后方可使用。

⑦ 镶贴面砖:镶贴应自上而下进行。高层建筑采取措施后,可分段进行。在每一分段或分块内的面砖均为自下而上镶贴。从最下一层砖下皮的位置线先稳好靠尺,以此托住第一皮面砖。在面砖背面宜采用水泥:白灰膏:砂＝1:0.2:2 的混合砂浆镶贴,砂浆厚度为 6～10 mm,贴上后用灰铲柄轻轻敲打,使之附线,再用钢片开刀调整竖缝,并用小杠通过标准点调整平整度和垂直度。

另外一种做法是用 1:1 水泥砂浆加水重 20% 的界面剂胶,在砖背面抹 3～4 mm 厚粘贴即可。但此种做法其基层灰必须抹得平整,而且砂子必须用窗纱筛后才能使用。不得采用有机物作主要黏结材料。

⑧ 面砖勾缝与擦缝:面砖铺贴拉缝时,用 1:1 水泥砂浆勾缝,或采用勾缝胶先勾水平缝再勾竖缝,勾好后要求凹进面砖外表面 2～3 mm。若横竖缝为干挤缝,或小于 3 mm 者,应用白水泥配颜料进行擦缝处理。面砖缝勾完毕后,用布或棉丝蘸稀盐酸擦洗干净。

(2) 基体为砖墙面时的操作方法

① 基层处理:抹灰前,墙面必须清扫干净,浇水湿润。

② 吊垂直、套方、找规矩:大墙面和四角、门窗口边弹线找规矩,必须自上而下依次进行,弹出垂直线,并决定面砖出墙尺寸,分层设点、做灰饼(间距为 1.6 m)。横线则以楼层为水平基准线交圈控制,竖向线则以四周大角和通天垛、柱子为基准线控制。每层打底时则以此灰饼作为基准点进行冲筋,使其底层灰做到横平竖直。同时,要注意找好凸出檐口、腰线、窗台、雨篷等饰面的流水坡度。

③ 抹底层砂浆:先把墙面浇水湿润,然后刮一道 5～6 mm 厚 1:3 水泥砂浆,紧跟着用同强度等级的灰与所冲的筋抹平,随即用木杠刮平、木抹子搓毛,隔天浇水养护。

第④～⑧项同基层为混凝土墙面时的做法。

(3) 基层为加气混凝土砌块墙或混凝土墙表面时应进行喷浆处理。

(4) 夏季镶贴室外饰面板、饰面砖,应有防止暴晒的可靠措施。

(5) 冬期施工:一般只在冬季初期施工,严寒阶段不得施工。

① 砂浆的使用温度不得低于 5℃,砂浆硬化前,应采取防冻措施。

② 镶贴砂浆硬化初期不得受冻,室外气温低于 5℃ 时,室外镶贴砂浆内可掺入能降低冻结温度的外加剂,其掺入量应由试验确定。

③ 严防黏结层砂浆早期受冻,并保证操作质量;禁止使用白灰膏和界面剂胶。

6.3.4 质量标准

外墙饰面砖质量要求及检验方法见表 6.26。外墙贴面砖允许偏差见表 6.27,外墙贴面砖常见质量问题、形成原因及防控见表 6.28。

表 6.26　外墙饰面砖质量要求及检验方法

序号	检验项目	质量要求	检验方法
1	主控项目	饰面砖的品种、规格、图案、颜色和性能等均应符合设计要求	观察检查产品合格证书、进场验收记录、性能检测报告和复验报告
2		饰面砖粘贴工程的找平、防水、黏结和勾缝材料及施工方法应符合设计要求及国家现行产品标准和工程技术标准的规定	检查产品合格证书、复验报告和隐蔽工程验收记录
3		饰面砖粘贴必须牢固	检查样板件黏结强度检测报告和施工记录
4		满粘法施工的饰面砖工程应无空鼓、裂缝	观察和用小锤轻击检查
5	一般项目	饰面砖表面应平整洁净、色泽一致,无裂痕和缺损	观察
6		阴阳角处搭接方式、非整砖使用部位应符合设计要求	观察
7		墙面凸出物周围的饰面砖应整砖套割,吻合边缘应整齐,墙裙贴脸凸出墙面的厚度应一致	观察、用尺量检查
8		饰面砖接缝应平直光滑,嵌填应连续、密实,宽度和深度应符合设计要求	观察、用尺量检查
9		有排水要求的部位应做滴水线(槽),滴水线(槽)应顺直,流水坡向应正确,坡度应符合设计要求	观察、用水平尺检查

表 6.27　外墙贴面砖允许偏差

序号	项目	允许偏差/mm	检验方法
1	立面垂直度	3	用 2 m 垂直检测尺检查
2	表面平整度	4	用 2 m 靠尺和塞尺检查
3	阴阳角方正	3	用直角检测尺检查
4	接缝直线度	3	拉 5 m 线,不足 5 m 拉通线,用钢直尺检查
5	接缝高低差	1	用钢直尺和塞尺检查
6	接缝宽度	1	用钢直尺检查

表 6.28　外墙贴面砖常见质量问题、形成原因及防控

序号	质量问题	形成原因	防控和处理方法
1	空鼓、脱落	基层处理或施工操作不当,各层之间的黏结强度差	基层表面清理干净,平整度和垂直度应符合要求
2		砂子中含泥量过大,砂浆配合比随意,温度应力等引起不同的干缩率而开裂、空鼓	砂浆配合比准确,粘贴砂浆饱满,应一次成功;切勿待砂浆收水后再纠正
3		面砖浸泡和晾干时间不够	面砖按要求浸透晾干后(外干内湿)才能使用
4		面砖粘贴砂浆不饱满、勾缝不严实,雨水渗入后受冻膨胀,引起空鼓、脱落	勾缝用 1∶1 水泥砂浆,砂应过筛,勾缝应严密

续表 6.28

序号	质量问题	形成原因	防控和处理方法
5	分格缝不匀、墙面不平整	未进行排砖分格、弹线和挂线	预先进行排砖分格、弹线和挂线
6		墙面做灰饼太少,控制点少;找平层表面不平整	按规定设置灰饼、冲筋,做找平层时必须用靠尺检查其平整度
7		面砖几何尺寸不一致,施工中未进行选砖,操作不当	面砖使用前应进行挑选,剔除不合格产品
8	墙面污染	对面砖保管和墙面完活后成品保护不好	面砖运输和保管中防止雨淋、受潮,严格做到活完顺手清
9		施工中没有及时清除砂浆	面砖勾缝应自上而下进行,活完应及时清除余浆,拆除脚手架时要避免损坏墙面
10		未按规定做流水坡和滴水线	按规定做流水坡和滴水线

6.4 涂 料 工 程

6.4.1 混凝土及抹灰表面涂料施工

6.4.1.1 施工准备
混凝土及抹灰表面涂料施工准备见表 6.29。

表 6.29 混凝土及抹灰表面涂料施工准备

序号	施工准备项目		内　　容
1	材料准备	涂料	各色油性调和漆(酯胶调和漆、酚醛调和漆、醇酸调和漆等),或各色无光调和漆等
2		填充料	大白粉、滑石粉、石膏粉、光油、清油、地板黄、红土子、黑烟子、立德粉、羧甲基纤维素、聚醋酸乙烯乳液等
3		稀释剂	汽油、煤油、松香水、酒精、醇酸等稀料与油漆性能相应配套的稀料
4	机具准备	刷涂或滚涂用具	刮刀、钢丝刷、扫帚、腻子刮板、油刷、排笔、毛辊及辅助工具等
5		喷涂用具	空气压缩机、手提式搅拌机、喷枪、刮刀、钢丝刷、扫帚及其他辅助工具等
6		刮涂、抹涂用具	刮板、油刷、不锈钢灰匙、不锈钢压子、阴阳角抹子、剖刀、扫帚等
7	作业条件		墙面必须干燥,基层含水率不得大于 6%～8%
8			墙面的设备管洞应提前处理完毕,为确保墙面干燥,各种穿墙孔洞都应提前抹灰补齐
9			门窗要提前安装好玻璃
10			先做好样板间,经检查鉴定合格后,再组织班组进行大面积施工
11			作业环境应通风良好,湿作业已完成并具备一定的强度,周围环境比较干燥
12			冬期施工油漆涂料工程应在采暖条件下进行,室温保持均衡,一般室内温度不宜低于 10 ℃,相对湿度为 60%,并不得突然变化。同时,应设专人负责测试温度和开关门窗,以利于通风和排除湿气

6.4.1.2　施工程序及操作要点

混凝土及抹灰表面涂料施工流程为:基层处理→修补腻子→磨砂纸→第一遍满刮腻子→磨砂纸→第二遍满刮腻子→磨砂纸→弹分色线→刷第一道涂料→补腻子→磨砂纸→刷第二道涂料→磨砂纸→刷第三道涂料→磨砂纸→刷第四道涂料。

混凝土及抹灰表面涂料施工的操作要点如下:

(1)基层处理:将墙面上的灰渣等杂物清理干净,用扫帚将墙面上的浮土等扫净。

(2)修补腻子:用石膏腻子将墙面、门窗口角等的磕碰破损处、麻面处、风裂处、接槎缝隙等分别找平补好,干燥后用砂纸将凸出处磨平。

(3)第一遍满刮腻子。满刮腻子干燥后,用砂纸将腻子残渣、斑迹等打磨平、磨光,然后将墙面清扫干净。

(4)第二遍满刮腻子。涂刷高级涂料要满刮第二遍腻子。腻子使用的类型和操作方法同第一遍腻子。待腻子干透后,个别大的孔洞可复补腻子,彻底干透后,用 1 号砂纸打磨平整,清扫干净。

(5)弹分色线。如果墙面设有分色线,应在涂刷前弹线,先涂刷浅色涂料,后涂刷深色涂料。

(6)刷第一道油漆涂料。油性漆,第一遍可涂刷铅油。铅油是遮盖力较强的涂料,是罩面涂料基层的底漆。水性漆的基层应涂刷封底漆,其作用主要为渗透基层、封闭(隔离基层与面层)及加强与面层涂料的附着力。油性底漆的稠度以盖底、不流淌、不显刷痕为宜。涂饰每面墙面的顺序应从上而下、从左到右,不得乱涂刷,防漏涂或涂刷过厚,涂刷不均匀等。第一道涂料干燥后,个别缺陷或漏刮腻子处要复补,待腻子干透后用砂纸打磨,把刮痕、腻子粉、斑迹等磨平、磨光,并清扫干净。

(7)刷第二道涂料。涂刷操作方法同第一道涂料(如墙面为中级油性涂料,此遍可涂铅油;如墙面为高级油性涂料,此遍可涂调和漆),待涂料干燥后,可用较细的砂纸把墙面打磨光滑,清扫干净,同时用潮湿的布将墙面擦抹一遍。

(8)刷第三道涂料:油性漆墙面用调和漆涂刷,如墙面为中级涂料,此道工序可作罩面,即最后一遍涂料,其涂刷顺序同上。由于油性涂料调和漆黏度较大,涂刷时应多刷,达到涂膜饱满、厚薄均匀一致、不流不坠的效果。

(9)刷第四道涂料:用醇酸磁漆涂刷,如墙面为高级油性涂料,此道涂料为罩面涂料,即最后一遍涂料。如最后一遍涂料改为无光调和漆时,可将第二遍铅油改为有光调和漆,其余做法相同。对于水性涂料一般满涂三遍以上,最后还应细部找补处理。

6.4.1.3　质量标准

混凝土及抹灰表面涂料施工检验项目、质量要求及检验方法见表 6.30。色漆的涂饰质量和检验方法见表 6.31。

表 6.30　混凝土及抹灰表面涂料施工检验项目、质量要求及检验方法

序号	检验项目及质量要求	检验方法
1	溶剂型涂料涂饰工程所选用涂料的品种型号和性能应符合设计要求	检查产品合格证书、性能检测报告和进场验收记录
2	溶剂型涂料涂饰工程的颜色、光泽、图案应符合设计要求	观察
3	溶剂型涂料涂饰工程应涂饰均匀、黏结牢固,不得漏涂、透底、起皮和反锈	观察、手摸检查

续表 6.30

序号	检验项目及质量要求	检验方法
4	涂饰工程的基层处理应符合下列要求： （1）新建筑物的混凝土或抹灰基层在涂饰涂料前应涂刷抗碱封闭底漆； （2）旧墙面在涂饰涂料前应清除疏松的旧装修层并涂刷界面剂； （3）混凝土或抹灰基层涂刷溶剂型涂料时含水率不得大于 8%，涂刷乳液型涂料时含水率不得大于 10%，木材基层的含水率不得大于 12%； （4）基层腻子应平整、牢固、无粉化起皮，其和裂缝内墙腻子的黏结强度应符合《建筑室内用腻子》（JG/T 298—2010)的规定； （5）厨房、卫生间墙面必须使用耐水腻子	观察，手摸检查，检查施工记录
5	涂层与其他装修材料和设备衔接处的吻合界面应清晰	观察

表 6.31　色漆的涂饰质量和检验方法

序号	项目	普通涂饰	高级涂饰	检验方法
1	颜色	均匀一致	均匀一致	观察
2	光泽、光滑	光泽基本均匀,光滑、无挡手感	光泽均匀一致、光滑	观察、手摸检查
3	刷纹	刷纹通顺	无刷纹	观察
4	裹棱、流坠、皱皮	明显处不允许	不允许	观察
5	装饰线、分色线直线度允许偏差	2 mm	1 mm	拉 5 m 线,不足 5 m 拉通线,用钢直尺检查

6.4.1.4　成品保护

（1）操作前将无须涂饰的门窗及其他相关的部位遮挡好。

（2）涂饰完的墙面,随时用木板或小方木将口、角等处保护好,防止碰撞造成损坏。

（3）拆脚手架时,要轻拿轻放,严防碰撞已涂饰完的墙面。

（4）涂料未干前,不应打扫室内地面,严防灰尘等玷污墙面涂料。

（5）严禁明火靠近已涂饰完的墙面。

（6）工人刷涂料时,严禁蹬踩已涂好的涂层部位（窗台）,防止小油桶被碰翻,从而污染墙面。

6.4.1.5　安全环保措施

（1）油漆施工前,应检查脚手架、马凳等是否牢固。

（2）涂料施工前应集中工人进行安全教育,并进行书面交底。

（3）施工现场严禁设油漆材料仓库,场外的涂料仓库应有足够的消防设施。

（4）施工现场应有严禁烟火的安全标语,应设专职安全员监督,保证施工现场无明火。

（5）每天收工后应尽量不剩油漆材料,不允许乱倒,应收集后集中处理。废弃物（如废油桶、油刷、棉纱等）按环保要求分类消纳。

（6）现场清扫设专人洒水，不得有扬尘污染。打磨粉尘用湿布擦净。

（7）施工现场周边应根据噪声敏感区域的不同，选择低噪声设备或其他措施，同时应按国家有关规定控制施工作业时间。

（8）涂刷作业时，操作工人应佩戴相应的劳动保护用品，如防毒面具、口罩、手套等，以利于工人身体健康。

（9）严禁在民用建筑工程室内用有机溶剂清洗施工用具。

（10）涂料使用后，应及时封闭存放；废料应及时清出室内，施工时室内应保持良好通风，但不宜有过堂风。

6.4.2　一般刷(喷)浆工程施工

6.4.2.1　施工准备

一般刷(喷)浆工程施工准备见表6.32。

表 6.32　一般刷(喷)浆工程施工准备

序号	施工准备项目		内　　　容
1	材料		生石灰块或灰膏、大白粉、可赛银、建筑石膏粉、滑石粉、胶粘剂、颜料等
2	主要机具	机械设备	手压泵或电动喷浆机、油漆搅拌机、空气压缩机、单斗喷枪、砂纸打磨机等
3		工具	油刷、排笔、开刀、小油桶等
4	作业条件		室内有关抹灰工种的工作已全部完成，墙面应基本干透，基层抹灰面的含水率不大于8％
5			室内木工、水暖工、电工的施工项目均已完成，预埋件均已安装，管洞修补好，门窗玻璃已安完，已刷完一道油漆
6			冬期施工室内温度不宜低于5 ℃，相对湿度为60％，并在采暖条件下进行；室温保持均衡，不得突然变化。同时，应设专人负责测试和开关门窗，以利于通风和排除湿气
7			做好样板间，并经检查鉴定合格后，方可组织大面积喷(刷)

6.4.2.2　施工程序及操作要点

一般刷(喷)浆工程施工流程为：基层处理→喷(刷)胶水→填补缝隙，局部刮腻子→接缝处理→满刮腻子→刷(喷)第一遍浆→复找腻子→砂纸打磨→刷(喷)第二遍浆→复找腻子→砂纸打磨→刷(喷)交活浆。

一般刷(喷)浆工程施工操作要点如下：

（1）基层处理：混凝土墙及抹灰表面的浮砂、灰尘、疙瘩等要清除干净，黏附着的隔离剂应用碱水(火碱：水=1∶10)清刷墙面，然后用清水冲刷干净。如有油污，应彻底清除。

（2）喷(刷)胶水：混凝土墙面在刮腻子前应先喷(刷)一道胶水(质量比为水∶乳液=5∶1)，以增强腻子与基层表面的黏结性，应喷(刷)得均匀一致，不得有遗漏处。

（3）填补缝隙，局部刮腻子：用石膏腻子将墙面缝隙及坑洼不平处分遍找平。操作时要横平竖直、填实抹平，并将多余腻子收净，待腻子干燥后用砂纸磨平，并把浮尘扫净。如还有坑洼不平处，可再补找一遍石膏腻子，其配合比为石膏粉∶乳液∶纤维素水溶液=100∶45∶60，其中纤维素水溶液浓度为 3.5%。

（4）接缝处理：接缝处应用嵌缝腻子填塞满，上糊一层玻璃网格布、麻布或绸布条，用乳液或胶粘剂将布条粘在拼缝上。粘条时应把布拉直、糊平，糊完后刮石膏腻子，石膏腻子要盖过布的宽度。

（5）满刮腻子：根据墙体基层的不同和浆活等级要求的不同，刮腻子的遍数和材料也不同。一般情况为三遍，腻子的配合比（质量比）有两种：一种是适用于室内的腻子，其配合比为：聚醋酸乙烯乳液（即白乳胶）：滑石粉（或大白粉）：20%羧甲基纤维素溶液＝1:5:3.5。另一种是适用于外墙、厨房、厕所、浴室的腻子，其配合比为：聚醋酸乙烯乳液：水泥：水＝1:5:1。刮腻子时应横竖刮，并注意接槎和收头时腻子要刮净，每遍腻子干后应用磨砂纸将腻子磨平，磨完后将浮尘清理干净。如果面层要涂刷带颜色的浆料，则腻子亦要掺入适量与面层颜色相协调的颜料。

（6）刷（喷）第一遍浆。刷（喷）浆前应先将门窗口周围 20 cm 用排笔刷好，如果墙面和顶棚为两种颜色，则应在分色线处用排笔齐线并刷 20 cm 宽以利于接槎，然后再大面积刷（喷）浆。刷（喷）顺序为先顶棚后墙面、先上后下。喷浆时喷头距墙面宜为 20～30 cm，移动速度要平稳，使涂层厚度均匀。如果顶板为槽型板，则应先喷凹面四周的内角，再喷中间平面。

（7）复找腻子。第一遍浆干透后，对墙面上的麻点、坑洼、刮痕等用腻子重新刮平，干透后用细砂纸轻磨，并把粉尘扫净，使表面光滑平整。如为普通喷浆，可不做此道工序；如为中级或高级喷浆，必须有此道工序。

（8）刷（喷）第二遍浆。所用浆料与操作方法同第一遍浆。喷（刷）浆遍数由刷浆等级决定，机械喷浆可不受遍数限制，以达到质量要求为准。

（9）刷（喷）交活浆。待第二遍浆干后，用细砂纸将粉尘、溅沫、喷点等轻轻磨掉，并打扫干净，即可刷（喷）交活浆。交活浆应比第二遍浆的胶量适当增大一点，防止刷（喷）浆的涂层掉粉。这是必须做到和满足的保证项目。

（10）刷（喷）内墙涂料和耐擦洗涂料等。其基层处理与喷（刷）浆相同，面层涂料使用建筑产品时，要注意外观检查，并参照产品说明书去处理和涂刷。

（11）室外刷（喷）浆。砖混结构的外窗台、窗套、腰线等部位在抹罩面灰时，应趁湿刮一层白水泥膏，使之与面层压实并结合在一起，将滴水线（槽）预先埋设好，紧跟着涂刷第二遍白水泥浆，涂刷时可用油刷或排笔自上而下涂刷，要注意少蘸勤刷，严防污染。第二天要涂刷第二遍，达到涂层表面无色感且盖底为止。

（12）预制混凝土阳台底板、阳台分户板、阳台栏板涂刷。一般习惯做法：清理基层，刮水泥腻子 1～2 遍找平，磨砂纸，再复刮水泥腻子，刷外墙涂料，直至涂刷均匀且盖底为止。

根据室外气候变化影响大的特点，应选用防潮及防水涂料施涂：清理基层，刮聚合物水泥腻子 1～2 遍（配合比为用水重 20%的胶水溶液拌和水泥，成为膏状物），干后磨平，对塌陷之处重新补平，干后用磨砂纸打磨平。涂刷聚合物水泥浆（配合比为用水重 20%的胶水溶液拌和水泥，辅以颜料后成为浆液），或用防潮、防水涂料进行涂刷。应先刷边角，再刷大面，均匀地涂刷一遍，待干后再涂刷第二遍，直至交活为止。

6.4.2.3 质量标准

一般刷（喷）浆工程施工质量验收标准及方法见表 6.33。

表 6.33　一般刷(喷)浆工程施工质量验收标准及方法

序号	项目	普通涂饰	高级涂饰	检验方法
1	颜色	均匀一致	均匀一致	观察
2	泛碱、咬色	允许少量、轻微	不允许	
3	流坠、疙瘩	允许少量、轻微	不允许	
4	砂眼、刷纹	允许少量、轻微砂眼，刷纹通顺	无砂眼、无刷纹	
5	装饰线、分色线直线度允许偏差	2 mm	1 mm	拉 5 m 线,不足 5 m 拉通线,用钢直尺检查

6.4.2.4　成品保护

(1)刷(喷)浆工序与其他工序要合理安排,避免刷(喷)后其他工序又进行修补工作。

(2)刷(喷)浆时室内外门窗、玻璃、水暖管线、电气开关盒、插座和灯座及其他设备不刷(喷)浆的部位,及时用废报纸或塑料薄膜遮盖好。

(3)浆活完工后应加强管理,认真保护好墙面。

(4)为减少污染,应事先将门窗口四周用排笔刷好后,再进行大面积浆活的施涂工作。

(5)刷(喷)浆前应对已完成的地面面层进行保护,严禁落浆造成污染。

(6)刷(喷)前,应对墙、地进行遮挡和保护。

(7)移动浆桶、喷浆机等施工工具时,严禁在地面上拖拉,防止损坏地面。

(8)浆膜干燥前,应防止尘土玷污和热气侵袭。

(9)拆架子或移动高凳时应注意保护好已刷浆的墙面。

6.4.2.5　安全环保措施

(1)作业高度超过 2 m 则应按规定搭设脚手架。施工前要进行检查,看脚手架是否牢固。使用的人字梯应四角落地、摆放平稳,梯脚应设防滑橡皮垫和保险链。人字梯上铺设脚手板,脚手板两端搭设长度不得少于 20 cm,脚手板中间不得同时有两人操作。挪动梯子时,作业人员必须下来,严禁站在梯子上以踩高跷的方式挪动。人字梯顶部铰轴不允许站人,不允许铺设脚手板。人字梯应当经常检查,若发现开裂、腐朽、楔头松动、缺挡等,不得使用。

(2)禁止穿硬底鞋、拖鞋、高跟鞋在架子上工作,架子上人、物不得集中在一起;工具要搁置稳定,以防止坠落伤人。

(3)在两层脚手架上操作时,应尽量避免在同一垂直线上工作;必须同时作业时,下层操作人员必须戴安全帽。

(4)抹灰时应防止砂浆掉入眼中;采用竹片或钢筋固定八字靠尺板时,应防止竹片或钢筋回弹伤人。

(5)夜间临时用的移动照明灯必须用安全电压。机械操作人员须培训后持证上岗;现场一切机械设备,非操作人员禁止乱动。

(6)石材表面充分干燥(含水率应小于 8%)后,用石材护理剂进行石材六面体防护处理,此工序必须在无污染的环境下进行。将石材平放于木枋上,用羊毛刷蘸上防护剂,均匀涂刷于石材表面,涂刷必须到位,第一遍涂刷完间隔 24 h,然后用同样的方法涂刷第二遍石材防护剂,间隔 48 h 后方可使用。

（7）冬期施工

① 喷（刷）聚合物水泥浆应根据室外温度掺入外加剂（早强剂），外加剂的材质应与涂料材质配套，外加剂的掺量应由试验确定。

② 冬期施工所用的外墙涂料应根据材质使用说明和要求去组织施工及使用，严防受冻。

③ 早晚温度低时不宜进行外檐涂刷施工。

6.5 门窗安装

6.5.1 塑料门窗安装

塑料门窗中使用最为广泛的为塑钢门窗（又称硬质 PVC 门窗、钙塑门窗）。塑钢门窗表面光洁细腻，无须油漆、自重轻、抗老化、保温隔热、绝缘、抗冻、成型简单、耐腐蚀、防水和隔声效果好，在 $-30\sim50$ ℃的环境下不变形、不降低原有性能，防虫蛀，不助燃，线条挺拔清晰、造型美观，有良好的装饰性。塑钢型材均为工厂生产制作。

6.5.1.1 施工准备

（1）材料与工具

① 对进场的成品取样后，在国家指定的检测单位做抗风压性能、空气渗透性能、雨水渗透性能试验，检验合格后方可进场安装。

② 门窗表面应色泽均匀，无裂纹、麻点、气孔和明显擦伤，保护膜完好；门窗框与扇应装配成套，各种配件齐全；门窗制作尺寸允许偏差应符合表 6.34 的规定。此外，还应该核查成品与设计要求是否一致，在设计中应准确使用代号与标记。

表 6.34 门窗制作尺寸允许偏差

项次	项目	名称	单位	允许偏差	附注
1	翘曲	框	mm	2	—
		扇	mm	2	
2	对角线	框、扇	mm	2	—
3	高度、宽度	框	mm	$+0,-2$	框外包尺寸

③ 安装材料：尼龙胀管螺栓、自攻螺钉、密封膏、填充料、木螺丝、对拔木楔、钢钉、抹布等。

④ 工具、机具：吊线锤、灰线包、水平尺、挂线板、手锤、扁铲、钢卷尺、螺丝刀、冲击电钻和射钉枪等。另外，需要脚手架安装时，保留或提前搭设脚手架。

（2）复查洞口尺寸

塑钢门窗采用先预留洞口后安装的方法。门的安装缝宽度方向一般为 20～25 mm，高度方向为 20 mm；窗的安装缝各方向均为 40 mm。洞口尺寸允许偏差：表面平整度、侧面垂直度和对角线长度均为 ±3 mm，不合格的要及时修整。

6.5.1.2 塑钢门窗安装工艺

（1）工艺流程

预留洞口后进行门窗安装，且安装在抹灰完成后进行。工艺流程：内外抹灰（或内外墙砖粘贴)全部完成→门窗框安装→窗框与洞口间发泡聚氨酯填塞→门窗扇安装→门窗内外侧耐候密封胶→验收。

（2）施工工艺

① 检查洞口尺寸和位置：安装前根据图纸要求的安装位置,结合外墙抹灰,用经纬仪或吊钢丝保证上、下窗在一条线上,同时根据室内的＋50 cm 线,保证每层窗在同一水平面上。

② 安装门窗框：要保证窗的水平度及垂直度,窗侧间隙应符合要求,不得偏大或过小,否则应进行修整;用塑钢门窗专用的膨胀螺栓将门窗框安装在门窗口上;固定点距门窗角及中、竖为 $150\sim200$ mm,间距不大于 600 mm,且每边不少于两个(图 6.24)。

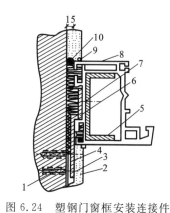

图 6.24　塑钢门窗框安装连接件
1—膨胀螺栓;2—抹灰层;3—螺丝钉;
4—密封胶;5—加强筋;6—连接件;
7—自攻螺钉;8—硬 PVC 窗框;
9—密封膏;10—保温气密材料

③ 门窗框与洞口间填嵌：门窗框安装固定后,用弹性材料或聚氨酯泡沫把门窗框的后部填塞密实。完成后连同固定点一起办理隐蔽验收记录。

④ 门窗扇安装：门窗扇(包括玻璃)的安装可在框安装完成后立即进行,也可以在室内涂料等工作完成后进行。门窗扇(包括玻璃)后安装,可以在内饰施工时减少窗子的遮盖防护工作量。

⑤ 外门窗外侧耐候胶密封：在内外墙饰面完成后,将门窗外侧周边留置的缝用耐候胶密封。耐候密封胶必须同时与窗框及四周墙体粘贴牢靠,且打胶的宽度四周应均匀一致。

（3）安装施工注意事项

① 塑钢门窗在运输过程中应注意保护,门窗之间用软线毯或软质泡沫塑料隔开,下面用方木垫平、竖直靠立,装卸时要轻拿轻放,存放时要远离热源,避免阳光直射,基地平整、坚实,防止因地面不平或沉降造成门窗扭曲变形。

② 窗的尺寸较宽时,不得用小窗组合,分段用扁铁与相邻窗框连接,扁铁与梁或地面、墙体的预埋件焊接;拼框扁钢安装前应先按 400 mm 间距钻连接孔,除锈并涂刷两道防锈漆,外露部分刷两道白漆,然后用螺栓连接。

③ 门窗框与墙体为弹性连接,间隙填入泡沫塑料或矿棉等软质材料;含沥青的材料禁止使用;填充材料不宜填塞得过紧,不得在门窗上铺搭脚手架、脚手杆或悬挂物体;需要使用螺栓、自攻螺丝等时,必须用电钻钻孔,严禁用锤直接击打。门窗上的保护膜须在装饰工程全部结束后方可撕去。

6.5.1.3　质量验收

（1）划分检验批

同一品种、类型和规格的塑钢门窗每 100 樘应划为一个验收批。施工前根据实际工程量,和监理单位一起确定验收批数量。

（2）技术资料检查

① 塑钢门窗的设计图纸和变更洽商。

② 门窗的出厂合格证、检验报告。

③ 外窗抗风压、空气渗透、雨水渗透性能检测报告。

④ 固定点、填塞情况的隐蔽验收记录。

⑤ 检验批验收记录。

（3）观感质量检查

① 门窗扇应开关灵活、关闭严密，无倒翘。

② 表面洁净、平整、光滑，无大面积划痕、碰伤。

③ 门窗扇密封条不得脱落。

④ 耐候胶黏结牢固，表面光洁、顺直，无裂纹。

⑤ 玻璃密封条与玻璃及玻璃槽口的接缝平整，无卷边、脱槽等。

⑥ 五金配件安装牢固、位置正确，开启灵活。

（4）塑钢门窗安装允许偏差及项目检查（表 6.35）。

表 6.35　塑钢门窗安装允许偏差及项目检查

检查项目		允许偏差/mm	检查方法
门窗槽口宽度、高度	≤1500 mm	2	钢尺检查
	>1500mm	3	
门窗槽口对角线长度差	≤2000 mm	3	用钢尺检查
	>2000 mm	5	
门窗框的正侧面垂直度		3	用 1 m 靠尺检查
门窗横框的水平度		3	用 1 m 水平尺、塞尺检查
门窗横框的标高		5	用钢尺、塞尺检查
门窗竖向偏离中心		5	用钢尺检查
同樘平开窗相邻窗扇高度差		2	用钢尺检查
平开窗铰链部位配合间隔		+2,-1	用塞尺检查
推拉门窗扇与框搭接量		+1.5,-2.5	用钢尺检查
推拉门窗扇与竖框平行度		2	用 1 m 水平尺、塞尺检查

6.5.1.4　质量通病防治

（1）开关不灵活的原因及防治措施

① 开关不灵活的原因

当启闭门窗时出现阻滞、开关需要很大力气、框扇搭接宽度小、周边缝隙不均等现象时，一般是以下几个因素造成的：门窗框或扇变形，密封条松动脱落；五金配件损坏；安装质量差，超出允许偏差甚多，又未及时调整。

② 开关不灵活的防治措施

门窗安装要符合安装工序，随时检查和调整每个工序的安装质量；窗框及窗洞均要画出中线，窗框装入洞口时要中线对齐，框角做临时固定，仔细调整窗框的垂直度、水平度及直角度，误差应在允许偏差范围内；门窗扇入框前应检查对角线及平整度偏差，入框后要用钢板尺、塞尺检查框扇的搭接宽度、周边缝隙，直至符合要求；正确安装五金配件，发现损坏时应及时更换；做好成品保护及平时的使用保养，防止外力冲击，不得悬挂重物，以免门窗变形。使用时要轻开轻关，延长其使用寿命。

（2）五金配件损坏的原因与防治措施

① 门窗五金配件损坏一般表现为：五金配件固定不牢固、松动脱落，滑轮、滑撑铰链等损坏，启闭不灵活。造成五金配件损坏的原因主要有：五金配件选择不当，质量低劣；紧固时未设金属衬板，没有足够的安装强度。

② 防治五金配件损坏的措施：选用的五金配件的型号、规格和性能应符合国家现行标准和有关规定，并与选用的塑料门窗相匹配；对宽度超过 1 m 的推拉窗，或安装双层玻璃的门窗，宜设置双滑轮，或选用滚动滑轮；滑撑铰链不得采用铝合金材料，应采用不锈钢材料；用紧固螺丝安装五金配件，必须内设金属衬板，衬板厚度至少应大于紧固件牙距的 2 倍。不得紧固在塑料型材上，也不得采用非金属内衬；五金配件应最后安装，门窗锁、拉手等应在窗门扇入框后再组装，保证位置正确、开关灵活；五金配件安装后要注意保养，防止腐蚀生锈。在日常使用中要轻开轻关，防止硬开硬关，造成损坏。

（3）门窗中推拉窗下滑槽槽口积水、渗水的原因及防治措施

① 为了使建筑物的外立面整齐划一，时下推拉窗的使用已愈来愈普遍，但是在推拉窗的滑槽内常会有积水，而且积水在风压作用下会渗入室内，造成窗盘内积水，给用户带来烦恼。出现这个情况的原因是没有开设排水孔道，或排水孔道被杂物堵塞，使滑槽内的积水不能顺畅排出。

② 要改变推拉窗下滑槽槽口积水、渗水的办法是：外墙面的推拉窗必须设置排水孔道，排水孔间距宜为 600 mm，每扇门窗不宜少于 2 个。孔的大小应保证槽内积水迅速排出；塑料窗的排水孔道大小宜为 4 mm×35 mm，距离拐角 20～140 mm。孔位应错开，排水孔道要避开设有增强型钢的型腔。安装玻璃或注密封胶时，注意不得堵塞排水孔。推拉窗安装后应清除槽内砂浆颗粒及垃圾，并做灌水检查，槽内积水能顺畅排出的为合格，否则应予以整改，直至合格为止。

6.5.2　铝合金门窗安装

6.5.2.1　施工准备

铝合金门窗安装工程施工准备见表 6.36。

表 6.36　铝合金门窗安装工程施工准备

序号	施工准备项目	内　容
1	材料准备	铝合金门窗的规格、型号应符合设计要求，五金配件配套齐全，具有出厂合格证、材质检验报告书并加盖厂家印章
2		防腐材料、填缝材料、密封材料、防锈漆、水泥、砂、连接板等应符合设计要求和有关标准的规定
3		进场前应对铝合金门窗进行验收检查，不合格者不允许进场。运到现场的铝合金门窗应分型号、规格堆放整齐，并存放于仓库内。搬运时轻拿轻放，严禁扔摔
4	机具准备	电钻、电焊机、水准仪、电锤、活扳手、钢卷尺、水平尺、线坠、螺丝刀
5	作业条件	主体结构经有关质量部门验收合格。工种之间已办好交接手续
6		检查门、窗洞口尺寸及标高是否符合设计要求。有预埋件的门窗口还应检查预埋件的数量、位置及埋设方法是否符合设计要求
7		按图纸要求尺寸弹好门窗中线，并弹好室内+50 cm 水平线
8		检查铝合金门窗，如有劈棱、窜角、翘曲不平、偏差超标、表面损伤、变形及松动、外观色差较大者，应与有关人员协商解决，经处理验收合格后方能安装

6.5.2.2　施工程序及操作要点

铝合金门窗安装工程施工程序为:画线定位→铝合金门窗披水安装→防腐处理→铝合金门窗安装就位→铝合金门窗固定→门窗框与墙体间缝隙的处理→门窗扇及门窗玻璃的安装→安装五金配件。

铝合金门窗安装工程操作要点为:

(1)画线定位

根据设计图纸中门窗的安装位置、尺寸和标高,依据门窗中线向两边量出门窗边线。若为多层或高层建筑时,以顶层门窗边线为准,用线坠或经纬仪将门窗边线下引,并在各层门窗口处画线标记,对个别不直的口边应剔凿处理。

门窗的水平位置应以楼层室内+50 cm的水平线为准向上反量出窗下皮标高,弹线找直。每一层必须保持窗下皮标高一致。

(2)铝合金门窗披水安装

按施工图纸要求将披水固定在铝合金门窗上,且要保证位置正确、安装牢固。

(3)防腐处理

若设计对门窗框四周外表面的防腐处理有要求时,按设计要求处理。如果设计没有要求,可涂刷防腐涂料或粘贴塑料薄膜进行保护,以免水泥砂浆直接与铝合金门窗表面接触,产生电化学反应,腐蚀铝合金门窗。

安装铝合金门窗时,如果采用连接铁件固定,则连接铁件、固定件等安装用金属零件最好用不锈钢件,否则必须进行防腐处理,以免产生电化学反应,腐蚀铝合金门窗。

(4)铝合金门窗安装就位

根据画好的门窗定位线安装铝合金门窗框,并及时调整好门窗框的水平、垂直及对角线长度等,符合质量标准,然后用木楔临时固定。

(5)铝合金门窗固定

① 当墙体上预埋有铁件时,可直接把铝合金门窗的铁脚与墙体上的预埋铁件焊牢,焊接处须做防锈处理。

② 当墙体上没有预埋铁件时,可用金属膨胀螺栓或塑料膨胀螺栓将铝合金门窗的铁脚固定到墙上。

③ 当墙体上没有预埋铁件时,也可用电钻在墙上打80 mm深、直径为6 mm的孔,将L形80 mm×50 mm的 $\phi6$ 钢筋的长端粘涂108胶水泥浆,然后打入孔中。待108胶水泥浆终凝后,再将铝合金门窗的铁脚与埋置的 $\phi6$ 钢筋焊牢。

(6)门窗框与墙体间缝隙的处理

铝合金门窗安装固定后,应先进行隐蔽工程验收,合格后及时按设计要求处理门窗框与墙体之间的缝隙。如果设计未要求时,可采用弹性保温材料或玻璃棉毡条分层填塞缝隙,外表面留5～8 mm深槽口嵌填嵌缝油膏或密封胶。

(7)门窗扇及门窗玻璃的安装

① 门窗扇和门窗玻璃应在洞口墙体表面装饰完工验收后安装。

② 推拉门窗在门窗框安装固定后,将配好玻璃的门窗扇整体安入框内滑槽,调整好与扇的缝隙即可。

③ 平开门窗在框与扇格架组装上墙、安装固定好后再安装玻璃,即先调整好框与扇的缝

隙,再将玻璃安入扇并调整好位置,最后镶嵌密封条及密封胶。

④ 地弹簧门应在门框及地弹簧主机入地、安装固定后再安门扇。先将玻璃嵌入门扇格架并一起入框就位,调整好框扇缝隙,最后嵌填门扇玻璃的密封条及密封胶。

(8) 安装五金配件

五金配件与门窗用镀锌螺钉连接。安装的五金配件应结实牢固,使用灵活。

6.5.2.3 质量标准

铝合金门窗检验项目、质量要求及检验方法见表 6.37。铝合金门窗安装的允许偏差和检验方法见表 6.38。

表 6.37 铝合金门窗检验项目、质量要求及检验方法

序号	检验项目及质量要求	检验方法
1	铝合金门窗的品种、类型、规格、尺寸、性能、开启方向、安装位置、连接方式及门窗的型材、壁厚等应符合设计要求,铝合金门窗的防腐处理及嵌填密封处理应符合设计要求	观察、用尺检查。检查产品合格证、性能检测报告、进场验收记录和复验报告,检查隐蔽工程验收记录
2	门窗框和副框的安装必须牢固,预埋件的数量、位置、埋设方式、与框的连接方式必须符合设计要求	手扳检查,检查隐蔽工程验收记录
3	门窗扇必须安装牢固并应开关灵活、关闭严密,无倒翘,推拉门窗扇必须有防脱落措施	观察,开启和关闭检查,手扳检查
4	门窗配件的型号、规格、数量应符合设计要求,安装应牢固,位置应正确,功能应满足使用要求	观察,开启和关闭检查,手扳检查
5	门窗表面应洁净、平整、光滑、色泽一致、无锈蚀,大面应无划痕、碰伤,漆膜或保护层应连续	观察
6	铝合金门窗、推拉门窗扇开关力应不大于 100 N	用弹簧秤检查
7	金属门窗框与墙体之间的缝隙应嵌填饱满并采用密封胶密封,密封胶表面应光滑、顺直、无裂纹	观察,轻敲门窗框检查,检查隐蔽工程验收记录
8	金属门窗扇的橡胶密封条或毛毡密封条应安装完好,不得脱槽	观察,开启和关闭检查
9	有排水孔的金属门窗其排水孔应畅通,位置和数量应符合设计要求	观察

表 6.38 铝合金门窗安装的允许偏差和检验方法

序号	项目		允许偏差 /mm	检验方法
1	门窗槽口宽度、高度	≤1500 mm	1.5	用钢尺检查
		>1500 mm	2	
2	门窗槽口对角线长度差	≤2000 mm	3	用钢尺检查
		>2000 mm	4	
3	门窗框的正、侧面垂直度		2.5	用垂直检测尺检查
4	门窗横框的水平度		2	用 1 m 水平尺和塞尺检查
5	门窗横框标高		5	用钢尺检查
6	门窗竖向偏离中心		5	用钢尺检查
7	双层门窗内外框间距		4	用钢尺检查
8	推拉门窗扇与框搭接量		1.5	用钢直尺检查

6.5.2.4　成品保护

（1）铝合金门窗装入洞口临时固定后，应检查四周边框和中间框架是否用规定的保护胶纸和塑料薄膜封贴包扎好，再进行门窗框与墙体之间缝隙的嵌填和洞口墙体表面装饰施工，以防止水泥砂浆、灰水、喷涂材料等污染、损坏铝合金门窗表面。在室内外湿作业未完成前，不能破坏门窗表面的保护材料。

（2）应采取措施，防止焊接作业时电焊火花损坏周围的铝合金门窗型材、玻璃等材料。

（3）严禁在安装好的铝合金门窗框上安放脚手架，悬挂重物。经常出入的门洞口，应及时保护好门框，严禁施工人员踩踏、碰撞铝合金门窗。

（4）交工前撕去保护胶纸时，要轻轻剥离，不得划破、剥花铝合金表面氧化膜。

6.5.2.5　安全措施

（1）进入现场必须戴安全帽。严禁穿拖鞋、高跟鞋、带钉易滑的鞋或光脚进入现场。

（2）安装用的梯子应牢固可靠，不应缺档。梯子放置不应过陡，其与地面夹角以 60° 为宜。

（3）材料要堆放平稳，工具要随手放入工具袋内。上下传递物件工具时，不得抛掷。

（4）机电器具应安装触电保护器，以确保施工人员安全。

（5）经常检查锤把是否松动，电焊机、电钻是否漏电。

6.5.3　普通木门安装

6.5.3.1　木门制作要求

（1）木门制作前会同业主选择有一定生产规模和实力的、具有木门窗生产许可证的专业厂家进行考察，根据厂家的质量管理体系、生产规模、产品质量确定生产厂家。

（2）生产厂家选定后，及时对厂家进行技术交底，由厂家根据设计图的要求绘制相关的加工图。

6.5.3.2　施工程序及操作要点

木门安装施工流程为：检查洞口尺寸和位置→安装木门框→门框与洞口间填塞→门洞口抹灰→门扇安装→验收。

（1）检查洞口尺寸和位置：安装前根据设计要求的安装位置和室内的＋50 cm 线，确定木门的安装位置。

（2）安装木门框：在抹灰施工前安装木门框，安装时先用木楔子将木门框临时固定，再用水平尺、靠尺将门位置调整准确；然后将门的连接件与墙体预埋的木砖连接牢固。连接点距门角 150～200 mm，间距不大于 600 mm，且每边不少于 2 个，连接后办理隐蔽验收记录。木门框与墙体接触处，刷一道防腐漆。

（3）门框与洞口间填塞：门框安装固定后，用水泥砂把门框的后部填塞密实。完成后连同固定点一起办理隐蔽验收。

（4）门洞口抹灰：详见内外墙抹灰。

（5）门扇安装：室内外抹灰全部完成后，方可安装门窗扇，以防被污染和损坏。

6.5.3.3　质量验收

木门安装检验项目及质量要求见表 6.39。木门安装允许偏差及检查方法见表 6.40。

表 6.39　木门安装检验项目及质量要求

序号	检验项目	内　容
1	技术资料检查	门的出厂合格证,人造板门甲醛含量检测报告
2		连接点、填塞情况的隐蔽验收记录
3		检验批验收记录
4	观感质量检查	门扇开关灵活、关闭严密,无倒翘
5		表面洁净、平整、光滑,不得有刨痕、锤印
6		五金配件安装牢固,位置正确,开启灵活

表 6.40　木门安装允许偏差及检查方法

序号	检查项目		留缝限值/mm	允许偏差/mm	检查方法
1	门槽口对角线长度差		—	3(2)	用钢尺检查
2	门框的正侧面垂直度		—	2(1)	用1m垂直检测尺检查
3	框与扇、扇与扇接缝高低差		—	2(1)	用塞尺检查
4	门扇对口缝		1～2.5	—	
5			(1.5～2)	—	
6	门扇与上框间留缝		1～2	—	
7			(1～1.5)	—	
8	门扇与侧框间留缝		1～2.5	—	
9			(1～1.5)	—	
10	无下框门扇与地面间留缝	内门	5～8(6～7)	—	
11		卫生间	8～12(8～10)	—	

注:括号内为高级木门安装标准。

6.5.4　防火门、防盗门安装

6.5.4.1　施工准备

防火门、防盗门安装工程施工准备见表 6.41。

表 6.41　防火门、防盗门安装工程施工准备

序号	施工准备项目	内　容
1	材料准备	防火门、防盗门的规格、型号应符合设计要求,应经消防部门鉴定和批准,五金配件配套齐全,并具有生产许可证、产品合格证和性能检测报告
2		防腐材料、填缝材料、密封材料、水泥、砂、连接板等应符合设计要求和有关标准的规定
3		防火门、防盗门码放前,要将存放处清理平整,垫好支撑物。如果门有编号,要根据编号放好;码放时,面板叠放高度不得超过 1.2 m;门框重叠平放高度不得超过 1.5 m;要有防晒、防风及防雨措施
4	机具准备	电钻、电焊机、水准仪、电锤、活扳手、钳子、水平尺、线坠等
5	作业条件	主体结构经有关质量部门验收合格,工种之间已办好交接手续
6		检查门窗洞口尺寸、标高及开启方向是否符合设计要求。有预埋件的门窗口还应检查预埋件的数量、位置及埋设方法是否符合设计要求

6.5.4.2　施工程序及操作要点

防火门、防盗门安装施工流程为:画线→立门框→安装门扇附件。

防火门、防盗门安装施工的操作要点如下:

(1)画线

按设计要求尺寸、标高及方向,画出门框位置线。

(2)立门框

先拆掉门框下部的固定板,凡框内高度比门扇的高度大 30 mm 以上者,洞口两侧地面须设留凹槽。门框一般埋入±0.000 标高以下 20 mm,须保证框口上下尺寸相同,误差应小于 1.5 mm,对角线误差应小于 2 mm。将门框用木楔临时固定在洞口,经校正合格后固定木楔,焊牢门框铁脚与预埋铁板,然后在框两上角墙上开洞,向框内灌注 M10 水泥素浆,待其凝固后方可装配门扇。冬季施工应注意防寒,水泥素浆浇筑后的养护期为 21 d。

(3)安装门扇附件

门框周边缝隙用 1:2 的水泥砂浆或强度不低于 10 MPa 的细石混凝土嵌缝牢固,应保证与墙体结成整体;经养护凝固后,再粉刷洞口及墙体。粉刷完毕后,安装门扇、五金配件及有关防火、防盗装置。门扇关闭后,门缝应均匀平整,开启自由轻便,不得有过紧、过松和反弹现象。

6.5.4.3　质量标准

防火门、防盗门安装工程质量验收见表 6.42。

表 6.42　防火门、防盗门安装工程质量验收

序号	检验项目及质量要求	检验方法
1	质量和各项性能应符合设计要求	检查生产许可证、产品合格证书和性能检测报告
2	品种、类型、规格、尺寸、开启方向、安装位置及防腐处理应符合设计要求	观察、用尺检查,检查进场验收记录和隐蔽工程验收记录
3	安装必须牢固,预埋件的数量、位置、埋设方式及与框的连接方式必须符合设计要求	观察、手扳检查,检查隐蔽工程验收记录
4	门的配件应齐全,位置应正确,安装应牢固,功能应满足使用要求和特种门的各项性能要求	观察、手扳检查,检查产品合格证书、性能检测报告和进场验收记录
5	门的表面装饰应符合设计要求	观察
6	门的表面应洁净,无划痕、碰伤	观察

6.5.4.4　成品保护

(1)防火门、防盗门装入洞口临时固定后,应检查四周边框和中间框架是否用规定的保护胶纸和塑料薄膜封贴包扎好,再进行门窗框与墙体之间缝隙的嵌填和洞口墙体表面装饰施工,以防止水泥砂浆、灰水、喷涂材料等污染、损坏门表面。在室内外湿作业未完成前,不能破坏门表面的保护材料。

(2)应采取措施,防止焊接作业时电焊火花损坏周围材料。

实训项目

1. 组织施工现场参观教学

根据当地实际情况,按教学进度组织一两次装饰装修工程的现场参观教学。

2. 识别常用的装饰材料

常用装饰材料见表 6.43。

表 6.43　常用装饰材料

序号	装修部位	内装修材料及设备名称	外装修材料名称
1	墙面	混合砂浆、内墙涂料、塑料墙纸(布)、各种面砖、织物墙面、大理石、装饰板、木墙裙、板材隔墙、骨架隔墙、活动隔墙、玻璃隔墙	面砖、无机涂料、水泥砂浆、陶瓷锦砖、剁假石、水刷石、大理石、花岗石、金属墙板、玻璃幕墙
2	楼面地面	石材(包括人造石材)、地面砖、实木地板、竹地板、实木复合地板、强化复合地板、地毯、水泥砂浆地面、各种塑料地板、彩色水磨石	—
3	顶棚	轻钢龙骨、铝合金龙骨、木龙骨、石膏板、矿棉板、木板、格栅、金属装饰板、塑料装饰板、金属墙纸、塑料墙纸、装饰吸声板、玻璃顶棚、灯具顶棚、混合砂浆、石灰膏罩面	—
4	门窗	木门、夹板门、推拉门带木镶边板或大理石镶边	塑料门窗、铝合金门窗、特制木门窗、钢窗、光电感应门、遮阳板、卷帘门窗、防火门、防盗门、自动门、全玻门、旋转门
5	其他材料设施	各种金属、竹木花格、自动扶梯、有机玻璃栏板、各种花饰、灯具、空调、防火设备、暖气罩、高档卫生设备	局部屋檐、屋顶用各种瓦、金属装饰物

3. 一般抹灰操作实训

(1) 抹灰工程实训的目的

通过对抹灰工程的现场实训,学生应对抹灰工程的施工全过程有全面的了解和掌握,掌握抹灰工程的施工方法和要点,掌握内墙各部位各层抹灰的标准,掌握墙面抹灰的操作要点,使学生上岗后能熟练地组织抹灰工程的施工。

(2) 基本要求

① 认真阅读实习指导书,依据实习指导书的内容,明确实习任务。

② 实习期间要严格遵守施工工地规章制度和安全操作规程,进入施工工地必须戴安全帽,随时注意安全,防止安全事故发生。

③ 学生实习中要积极主动,遵守纪律,服从实习指导老师的工作安排,要虚心向工程技术人员及工人师傅学习,脚踏实地,扎扎实实,深入工程实际,参加具体工作以培养实际工作能力。

④ 严格遵守国家法令,遵守学校及实习所在单位的各项规章制度和纪律。

⑤ 每天写好实训日记,记录施工情况、心得体会、革新建议等。

⑥ 实训结束前写好实训报告,对业务收获进行小结。

（3）抹灰工程实训顶岗的内容

① 按各类抹灰工程的施工方法、施工工艺和要点,合理组织抹灰工程的施工。

② 处理好抹灰工程对材料的要求。

③ 做好抹灰工程的技术交底工作。

④ 安排好抹灰工程的施工顺序。

⑤ 严格把好抹灰工程的质量关,做好检查验收和质量评定工作。

（4）实训安排

实训时间为 1 周。实习单位应为有一定施工水平和技术能力的施工企业,实习对象应为中型的工业与民用建筑工程,每人或每组以一个工程项目为主要实习对象(每组人数不宜超过5 人)。

（5）实训相关知识

① 一般抹灰分类

一般抹灰按质量要求不同分为普通抹灰、高级抹灰两个级别。

a. 普通抹灰由一底一面组成,无中层,也可不分层,适用于简易住房,或地下室、储藏室等。

b. 高级抹灰由一底层、数层中层、一面层组成。

② 抹灰工程的材料

a. 水泥。常用硅酸盐水泥或白水泥,其标号可用 32.5 级,也可用 42.5 级,但水泥体积的安定性必须合格,否则抹灰层会起壳、起灰。

b. 石灰。块状生石灰需熟化成石灰膏才能使用。在常温下,熟化时间不应少于15 d;用于罩面的石灰膏,在常温下熟化时间不得少于 30 d。

c. 砂。抹灰工程用的砂一般是中砂或中、粗混合砂,但必须颗粒坚硬、洁净,含泥土等杂质不超过 3%。

③ 一般抹灰的施工要点

a. 墙面抹灰

待标筋砂浆达七八成干后,就可以进行底层砂浆抹灰。抹底层灰可用托灰板(大板)盛砂浆,用力将砂浆推抹到墙面上,一般应从上而下进行,在两标筋之间的墙面抹满砂浆后,即用长刮尺两头靠着标筋,从下而上进行刮灰,使抹上的底层灰与标筋面相平。再用木抹来回抹压,去高补低,最后再用铁抹压平一遍。

中层砂浆抹灰应待水泥砂浆(或水泥混合砂浆)底层凝结后或石灰砂浆底层灰七八成干后,方可进行。中层砂浆抹灰时,应先在底层灰上洒水,待其收水后,即可将中层砂浆抹上去,一般应从上而下、自左向右涂抹整个墙面,抹满后,即用铁抹分遍压抹,使面层灰平整、光滑,厚度一致。铁抹运行方向应注意:最后一遍抹压宜是垂直方向,各分遍之间应互相垂直抹压。墙面上半部与墙面下半部面层灰接头处应压抹理顺,不留抹印。

两墙面相交的阴角、阳角抹灰方法,一般按下述步骤进行:

用阴角方尺检查阴角的直角度;用阳角方尺检查阳角的直角度;用线锤检查阴角或阳角的垂直度。

将底层灰抹于阴角处,用木阴角器压住抹灰层并上下搓动,使阴角处的抹灰基本上达到直角。

将底层灰抹于阳角处,用木阳角器压住抹灰层并上下搓动,使阳角处抹灰基本上达到直角。再用阳角子上下抹压,使阳角线垂直。

在阴角、阳角处底层灰凝结后,洒水湿润,将面层灰抹于阴角、阳角处,分别用阴角抹、阳角抹上下抹压,使中层灰达到平整光滑。

阴阳角找方应与墙面抹灰同时进行,即墙面抹底层灰时,阴、阳角抹底层找方。

b. 顶棚抹灰

钢筋混凝土楼板下的顶棚抹灰应待上层楼板地面面层完成后才能进行。板条、金属网顶棚抹灰应待板条、金属网装钉完成,并经检查合格后方可进行。

顶棚抹灰不用做标志、标筋,只要在顶棚周围的墙面弹出顶棚抹灰层的面层高线,此标高必须从地面量起,不可从顶棚底向下量。顶棚抹灰宜从房间里面开始,向门口进行,最后从门口退出。顶棚抹灰应搭设满堂里脚手架。脚手板面至顶棚的距离以操作方便为准。

抹底层灰前,应扫尽钢筋混凝土楼板底的浮灰、砂浆残渣,去除油污及隔离剂剩料,并喷水湿润楼板底。在钢筋混凝土楼板底抹底层灰,铁抹抹压方向应与模板纹路或预制板拼缝相垂直;在板条、金属网顶棚上抹底层灰,铁抹抹压方向应与板条长度方向相垂直,在板条缝处要用力压抹,使底层灰压入板条缝或网眼内,使其结合牢固。底层灰要抹得平整。

抹中层灰时,铁抹抹压方向宜与底层灰抹压方向相垂直。高级顶棚抹灰应加钉长 350～450 mm 的麻束,间距为 400 mm,并交错布置,分遍按放射状梳理抹进中层灰内,所以,中层灰应抹得平整、光洁。

抹面层灰时,铁抹抹压方向宜平行于房间进光方向。面层灰应抹得平整、光滑,不见抹印。

顶棚抹灰应待前一层灰凝结后才能抹上后一层灰,不可紧接进行。顶棚面积较小时,整个顶棚抹上灰后再进行压平、压光;顶棚面积较大时,可分段分块进行抹压、压平、压光,但接合处必须理顺;底层灰全部抹压后,才能抹中层灰,中层灰全部抹压后,才能抹面层灰。

④ 一般抹灰质量的允许偏差,应符合规范规定。

(6) 成绩评定

学生按任务书要求在实训基地完成任务后,在规定的时间内将实训报告书提交至试点辅导教师处。考核成绩由试点辅导教师综合评定,并及时反馈至学生。

实施原则:每次实训的成绩按思考题及综述占 40%,实训单位评定占 30%,实践答辩占 30%考虑,最终成绩的评定分为优秀、良好、中等、及格和不及格五个等级。

复习思考题

1. 某钢筋混凝土大板结构的建筑,内隔墙采用加气混凝土砌块。在设计无要求的情况下,其抹灰工程均采用了水泥砂浆抹灰,内墙的普通抹灰厚度控制在 20 mm,外墙抹灰厚度控制在 40 mm,并加入含氯盐防冻剂。窗台下的滴水槽的宽度和深度均不小于 6 mm。

问题:

(1) 在上述的描述中有哪些错误?请予以纠正。

(2) 设计无要求时,护角做法有何要求?

2. 水泥砂浆上能抹石灰砂浆吗?罩面石灰膏能抹水泥砂浆层吗?

3. 抹灰工程中当抹灰总厚度大于或等于多少时,应采取加强措施?

4. 室内墙面、门洞口的阳角在设计无要求时,应如何操作?

单元 7 钢结构安装工程施工

知识目标

1. 掌握钢结构构件材质的基本要求和进场检验制度;
2. 了解钢结构工程的特点;
3. 掌握钢结构工程的构件连接方法;
4. 了解钢结构工程的构件制作过程;
5. 掌握钢结构工程的安装、防火、涂装施工及质量检验和安全要求等。

能力目标

1. 根据规范会验收钢结构材质;
2. 能正确安装钢结构构件;
3. 能规范连接钢结构构件;
4. 能正确涂装钢结构构件;
5. 能正确检查钢结构质量和安全。

思政目标

1. 通过钢结构构件安装,培养学生的安全意识;
2. 通过检查钢结构质量,培养学生的质量意识。

资 源

1.《钢结构工程施工规范》(GB 50755—2012);
2.《钢结构工程施工质量验收标准》(GB 50205—2020);
3.《钢结构防火涂料》(GB 14907—2018);
4.《建筑钢结构防火技术规范》(GB 51249—2017)等。

钢结构工程是以钢材制作为主的结构,是现代建筑工程中普遍采用的结构形式之一,也是主要的建筑结构类型之一。钢结构建筑具有自重轻、安装容易、施工周期短、抗震性能好、投资回收快、环境污染少、建筑造型美观等优势,因此得到广泛应用。在当今,更是被称为 21 世纪的绿色建筑。

目前在我国,钢结构工程一般由专业厂家、公司或承包单位总负责,承担详图设计、构件加工制作、构件拼接安装、涂饰保护等任务。其工作程序为:工程承包→详细设计→材料订货→材料运输→钢结构构件加工、制作→成品运输→现场安装。钢结构工程的施工除应满足建筑结构的使用功能外,还应符合现行国家标准《钢结构工程施工质量验收标准》(GB 50205—

2020)及其他相关规范、规程的规定。下面重点介绍钢结构安装的基本知识。

7.1　钢结构构件材质

7.1.1　材料要求

（1）在多层与高层钢结构现场施工中，安装用的材料，如焊接材料、高强度螺栓、压型钢板、栓钉等应符合现行国家产品标准和设计要求，并按要求做必要的检测复验。

（2）多层与高层建筑钢结构的钢材，主要采用 Q235 的碳素结构钢和 Q345 的低合金高强度结构钢。其质量标准应分别符合我国现行国家标准《碳素结构钢》（GB/T 700—2006）和《低合金高强度结构钢》（GB/T 1591—2018）的规定。当有可靠根据时，可采用其他牌号的钢材。当设计文件采用其他牌号的结构钢时，应符合相对应的现行国家标准。

（3）采用焊接连接的节点，当板厚大于或等于 50 mm，并承受沿板厚方向的拉力作用时，应符合现行国家标准《厚度方向性能钢板》（GB/T 5313—2010）中规定的允许值。

（4）钢结构的焊接材料及连接材料必须符合相关现行国家标准（规范）的规定，并复验合格。

（5）钢板和型钢表面允许有不妨碍检查表面缺陷的薄层氧化铁皮、铁锈、由于氧化铁皮脱落引起的不显著的粗糙和划痕、轧辊造成的网纹和其他局部缺陷，但凹凸度不得超过厚度负偏差的一半。对低合金钢板和型钢的厚度还应保证不低于允许最小厚度。

（6）钢板和型钢表面缺陷不允许采用焊补和堵塞处理，应用凿子或砂轮清理。清理处应平缓、无棱角，清理深度不得超过钢板厚度负偏差的范围，对低合金钢还应保证不薄于其允许的最小厚度。

7.1.2　进场检验

（1）施工单位、监理单位应对进场的钢材、钢铸件的合格证明文件、中文标志及检验报告进行检查，其品种、规格、性能等应符合现行国家产品标准和设计要求。进口钢材产品的质量应符合设计和合同规定标准的要求。同时，要对钢板厚度、型钢的规格尺寸，以及钢材表面锈蚀、麻点或划痕、端边或断口缺陷进行量测检验。

（2）对属于现行国家标准《钢结构工程施工质量验收标准》（GB 50205—2020）规定要求复试检验的钢材，除进行力学性能检验外，还须进行化学成分检验。

（3）对钢材、钢筋的复试检验，应严格执行见证抽样制度，检测检验机构在接收试件来样时，必须核对和见证抽样人员的身份，并留存和见证抽样人员的相应证件的复印件。

（4）钢材质量合格证明、复试检验报告应作为工程质量控制资料存入工程档案；凡是钢筋复试批次不足、检验项目不全的工程一律不得验收。

（5）凡发现施工单位、监理单位不按规范、标准要求对钢材、钢筋进行验收检验，不认真执行见证抽样制度，验收资料不真实，以及检测检验机构弄虚作假、出具虚假报告等行为，依据《建设工程质量管理条例》实施经济处罚，并追究相关人责任。

（6）对将不合格钢材、钢筋使用到工程上，造成重大质量隐患和事故的，依据国家有关法律、法规进行追究和处理。

7.2　钢结构的连接施工

7.2.1　焊接施工

7.2.1.1　焊接方法选择

焊接是钢结构中最主要的连接方法之一。在钢结构制作和安装领域中广泛使用的焊接方式为电弧焊。在电弧焊中又以药皮焊条、手工焊条、自动埋弧焊、半自动与自动 CO_2 气体保护焊为主。在某些特殊场合下,则必须使用电渣压力焊。

7.2.1.2　焊接工艺要点

(1) 焊接工艺设计:确定焊接方式、焊接参数及焊条、焊丝、焊剂的规格型号等。

(2) 焊接方式:主要有搭接、对接、T 形连接、角形连接,如图 7.1 所示。

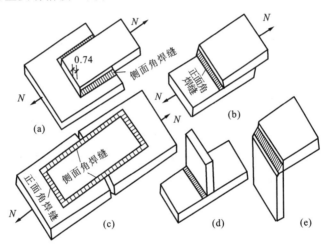

图 7.1　焊接方式

(a)、(b) 搭接;(c) 对接;(d) T 形连接;(e) 角形连接

(3) 焊条烘焙:焊条和粉芯焊丝使用前必须按质量要求进行烘焙,低氢型焊条经过烘焙后,应放在保温箱内随用随取。

(4) 定位点焊:焊接结构在拼接、组装时要确定零件的准确位置,要先进行定位点焊。定位点焊的长度、厚度应由计算确定。定位点焊时电流要比正式焊接提高 10%～15%,定位点焊的位置应尽量避开构件的端部、边角等应力集中的地方。

定位焊焊缝的厚度不应小于 3 mm,不宜超过设计焊缝厚度的 2/3;长度不宜小于 40 mm和接头中较薄部件厚度的 4 倍;间距宜为 300～600 mm。

定位焊缝与正式焊缝应具有相同的焊接工艺和焊接质量要求。多道定位焊焊缝的端部应为阶梯状。采用钢衬垫板的焊接接头,定位焊宜在接头坡口内进行。定位焊焊接时预热温度宜高于正式施焊预热温度 20～50 ℃。

(5) 焊前预热:预热可降低热影响区冷却速度,防止焊接延迟裂纹的产生。预热区焊缝两侧,每侧宽度均应大于焊件厚度的 1.5 倍,且不应小于 100 mm。

(6) 焊接顺序:一般从焊件的中心开始向四周扩展;先焊收缩量大的焊缝,后焊收缩量小的焊缝；尽量对称施焊；焊缝相交时，先焊纵向焊缝，待冷却至常温后，再焊横向焊缝；钢板较厚时分层施焊。

（7）焊后热处理：主要是对焊缝进行脱氢处理，以防止冷裂纹的产生。焊后热处理应在焊后立即进行，保温时间应根据板厚按每 25 mm 板厚 1 h 确定。预热及焊后热处理均可采用散发式火焰枪进行。

7.2.2 高强度螺栓连接施工

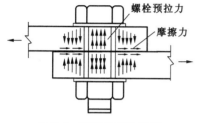

图 7.2 高强度螺栓连接

钢结构制作和安装紧固件连接包括普通螺栓、扭剪型高强度螺栓、高强度大六角头螺栓、钢网架螺栓球节点用高强度螺栓及拉铆钉、自攻钉、射钉等紧固件连接工程的施工。

高强度螺栓连接（图 7.2）是钢结构中主要采用的连接方法之一。其特点是施工方便，可拆可换，传力均匀，接头刚性好，承载能力大，疲劳强度高，螺母不易松动，结构安全可靠。高强度螺栓从外形可分为大六角头高强度螺栓（即扭矩型高强度螺栓）和扭剪型高强度螺栓两种。高强度螺栓和与之配套的螺母、垫圈总称为高强度螺栓连接副。

7.2.2.1 一般要求

（1）高强度螺栓使用前，应按有关规定对高强度螺栓的各项性能进行检验，螺栓、螺母、垫圈均应附有质量证明书，并应符合设计要求和国家标准的规定。

（2）高强度螺栓运输时应轻装轻卸，防止损坏。当发现包装破损、螺栓有污染等异常现象时，应用煤油清洗，按高强度螺栓验收规程进行复验，经复验扭矩系数合格后方能使用。

（3）高强度螺栓验收入库后应按规格分类存放。应防雨、防潮，遇有螺纹损伤或螺栓、螺母不配套等情况时不得使用。

（4）高强度螺栓存放时间过长，或有锈蚀时，应抽样检查紧固轴力，待满足要求后方可使用。螺栓上若沾染泥土、油污，则必须清理干净。

（5）安装时，应按当天需用量领取，当天没有用完的螺栓必须装回容器内妥善保管，不得乱扔、乱放。

（6）安装高强度螺栓时，接头摩擦面上不允许有毛刺、铁屑、油污、焊接飞溅物。摩擦面应干燥，没有结露、积霜、积雪，并不得在雨天进行安装。

（7）使用定扭矩扳子紧固高强度螺栓时，每天上班前应对定扭矩扳子进行校核，合格后方能使用。

（8）安装工艺

① 钢构件组装时应先安装临时螺栓。临时安装螺栓不能用高强度螺栓代替，临时安装螺栓的数量一般应占连接板组孔群中的 1/3，不能少于 2 个。少量孔位不正、位移量又较少时，可以用冲钉打入定位，然后再上安装螺栓。板上孔位不正、位移较大时，应用绞刀扩孔。个别孔位位移较大时，应补焊后重新打孔。不得用冲子边校正孔位边穿入高强度螺栓。安装螺栓达到 30% 时，可以将安装螺栓拧紧定位。

② 安装高强度螺栓应自由穿入孔内，严禁用锤子将高强度螺栓强行打入孔内。高强度螺栓的穿入方向应该一致，局部受结构阻碍时除外。高强度螺栓垫圈位置应该一致，安装时应注

意垫圈正、反面方向。高强度螺栓在检孔内不得受剪,应及时拧紧。

③ 一个接头上的高强度螺栓连接,应从螺栓群中部开始向四周扩散,逐个拧紧。扭矩形高强度螺栓的初拧、复拧、终拧,每完成一次应涂上相应的颜色或标记,以防漏拧。

④ 接头如果既有高强度螺栓连接又有焊接连接时,宜按先拴后焊的方式施工,先终拧完高强度螺栓再焊接焊缝。

⑤ 高强度螺栓连接副在终拧以后,螺栓丝扣外露应为 2～3 扣,其中允许有 10％的螺栓丝扣外露 1 扣或 4 扣。

7.2.2.2　紧固方法

（1）大六角头高强度螺栓连接副紧固

大六角头高强度螺栓全部安装就位后,可以开始紧固。紧固方法一般分两步进行,即初拧和终拧。应将全部高强度螺栓进行初拧,初拧扭矩应为标准轴力的 60％～80％,具体还要根据钢板厚度、螺栓间距等情况适当掌握。若钢板厚度较大、螺栓布置间距较大时,初拧轴力应大一些。

初拧紧固顺序,根据大六角头高强度螺栓紧固顺序规定,一般应从接头刚度大的地方向不受拘束的自由端进行,或者从栓群中心向四周扩散方向进行。这是因为连接钢板翘曲、不牢时,如从两端向中间紧固,有可能使拼接板中间鼓起而不能密贴,从而失去了部分摩擦传力作用。

为了防止高强度螺栓受外部环境的影响,使扭矩系数发生变化,故一般初拧、终拧应该在同一天内完成。凡是因结构原因使个别大六角头高强度螺栓穿入方向不能一致,当拧紧螺栓时,只允许在螺母上施加扭矩,不允许在螺杆上施加扭矩,防止扭矩系数发生变化。

（2）扭剪型高强螺栓紧固

扭剪型高强螺栓有一特制尾部,采用带有两个套筒的专用电动扳手紧固。紧固时用专用扳手的两个套筒分别套住螺母和螺栓尾部的梅花头,接通电源后,两个套筒反向旋转,拧断尾部后即达相应的扭矩值。一般用定扭扳手初拧,用电动专用扳手终拧。

7.3　钢结构施工

7.3.1　加工制作

7.3.1.1　准备工作

（1）图纸审查

图纸审查的主要内容包括:

① 设计文件是否齐全;

② 构件的几何尺寸是否标注齐全,相关构件的尺寸是否正确;

③ 构件连接是否合理,是否符合国家标准;

④ 加工符号、焊接符号是否齐全;

⑤ 构件分段是否符合制作、运输、安装的要求;

⑥ 标题栏内构件的数量是否符合工程的总数量;

⑦ 结合本单位的设备和技术条件考虑能否满足图纸上的技术要求。

（2）备料

根据设计图纸算出的各种材质、规格的材料净用量，并根据构件的不同类型和供货条件，增加一定的损耗率（一般为实际所需量的 10%）后提出材料预算计划：

① 工艺装备和机具的准备；

② 根据设计图纸及国家标准定出成品的技术要求；

③ 编制工艺流程，确定各工序的公差要求和技术标准；

④ 根据用料要求和来料尺寸统筹安排、合理配料，确定拼装位置；

⑤ 根据工艺和图纸要求，准备必要的工艺装备。

7.3.1.2　零件加工

（1）放样

放样是指把零（构）件的加工边线、坡口尺寸、孔径和弯折角度、滚圆半径等以 1 : 1 的比例从图纸上准确地放样到样板和样杆上，并注明图号、零件号、数量等。

（2）画线

画线是根据放样提供的零件的尺寸、数量，在钢材上画出切割、铣、刨边、弯曲、钻孔等加工位置，并标出零件的工艺编号。

（3）切割下料

钢材切割下料的方法有气割、机械剪切和锯切等。

（4）边缘加工

边缘加工分为刨边、铣边和铲边三种。刨边是用刨边机切削钢材的边缘，加工质量高，但工效低、成本高；铣边是用铣边机滚铣切削钢材的边缘，工效高、能耗少，操作维修方便，加工质量高，应尽可能用铣边代替刨边；铲边分为手工铲边和风镐铲边，对加工质量不高、工作量不大的边缘加工时可以采用。

（5）矫正平直

钢材由于运输和对接焊接等原因产生翘曲时，在画线切割前需矫正平直。矫正平直可以用冷矫和热矫的方法。

（6）滚圆与揻弯

滚圆是用滚圆机把钢板或型钢变成设计要求的曲线形状或卷成螺旋管。揻弯是钢材热加工的方式之一，即把钢材加热到 900～1000 ℃（黄赤色），立即进行揻弯，在温度降至 700～800 ℃（樱红色）前结束揻弯。采用揻弯时一定要掌握好钢材的加热温度。

（7）零件的制孔

零件制孔又分为冲孔和钻孔两种。冲孔在冲床上进行，只能冲较薄的钢板，孔径的大小一般大于钢材的厚度，冲孔的周围会产生冷作硬化。钻孔是在钻床上进行，可以钻任何厚度的钢材，孔的质量较好。

7.3.1.3　构件组装

组装亦称为装配、组拼，是把加工好的零件按照施工图的要求拼装成单个构件。钢构件的大小应根据运输道路、现场条件、运输和安装单位的机械设备能力与结构受力的允许条件来确定。

（1）一般要求

① 钢构件组装应在平台上进行，平台应测平，用于装配的组装架及胎模要牢固地固定在

平台上；

② 组装工作开始前要编制组装顺序表，组拼时严格按照顺序表所规定的顺序进行组拼；

③ 组装时，要根据零件加工编号严格检验、核对其材质、外形尺寸，毛刺、飞边要清除干净，对称零件要注意方向，避免错装；

④ 对于尺寸较大、形状较复杂的构件，应先分成几个部分组装成简单组件，再逐渐拼成整个构件，并应先组装内部组件，再组装外部组件；

⑤ 组装好的构件或结构单元，应按图纸的规定对构件进行编号，并标注构件的质量、重心位置、定位中心线、标高基准线等。

（2）焊接连接的构件组装

① 根据图纸尺寸，在平台上画出构件的位置线，焊上组装架及胎模夹具。组装架离平台面不小于 50 mm，并用卡兰、左右螺旋丝杠或梯形螺栓作为夹紧调整零件的工具。

② 每个构件的主要零件位置调整好并检查合格后，把全部零件组装上并进行点焊，使之定型。在零件定位前，要留出焊缝收缩量及变形量。高层建筑钢结构的柱子两端除增加焊接收缩量的长度之外，还必须增加构件安装后荷载压缩变形量，并留好构件端头和支承点锐平的加工余量。

③ 为了减少焊接变形，应该选择合理的焊接顺序，如对称法、分段逆向焊接法、跳焊法等。在保证焊缝质量的前提下，采用适量的电流快速施焊，以减小热影响区和温度差，减小焊接变形和焊接应力。

7.3.1.4　构件成品的表面处理

（1）高强度螺栓摩擦面的处理

采用高强度螺栓连接时，应对构件摩擦面进行加工处理。摩擦面的处理方法一般有喷砂、酸洗、砂轮打磨等几种，其中喷砂处理过的摩擦面的抗滑移系数值较高、离散率较小。

构件出厂前应按批做试件，以检验抗滑移系数，试件的处理方法与构件相同，检验的最小数值应符合设计要求，并附三组试件供安装时复验抗滑移系数。

（2）构件成品的防腐涂装

钢结构构件的加工验收合格后，应进行防腐涂装。但构件焊缝连接处、高强度螺栓摩擦面处不能进行防腐涂装，应在现场安装完毕后，再补刷防腐涂料。

7.3.1.5　构件成品验收

钢结构构件制作完成后，应根据现行国家标准《钢结构工程施工质量验收标准》（GB 50205—2020）及其他相关规范、规程的规定进行成品验收。钢结构构件加工制作质量验收，可按相应的钢结构制作工程或钢结构安装工程检验批的划分原则划分为一个或若干个检验批进行。

构件出厂时，应提交产品质量证明（构件合格证）和下列技术文件：

（1）钢结构施工详图、设计更改文件、制作过程中的技术协商文件；

（2）钢材、焊接材料及高强度螺栓的质量证明书及技术协商文件；

（3）钢零件及钢部件加工质量检验记录；

（4）高强度螺栓连接质量检验记录（包括构件摩擦面抗滑移系数试验报告）；

（5）焊接质量检验记录；

（6）构件组装质量检验记录。

7.3.2　多层及高层钢结构安装

7.3.2.1　技术质量要求

(1) 在多层与高层钢结构工程现场施工中,必须首先确定吊装机具、吊装方案、测量监控方案、焊接方案。

(2) 对焊接节点处必须严格按无损检测方案进行检测,必须做好高强度螺栓连接副和高强度螺栓连接件抗滑移系数的试验报告。对钢结构安装的每一步都应做好测量监控。

7.3.2.2　钢结构吊装

多层与高层钢结构吊装一般需划分吊装作业区域,钢结构吊装按划分的区域,平行顺序同时进行。当一个片区吊装完毕后,即进行测量、校正、高强度螺栓初拧等工序,待几个片区安装完毕后,再对整体进行测量、校正、高强度螺栓终拧、焊接。焊后复测完,接着进行下一节钢柱的吊装,并根据现场实际情况进行本层压型钢板吊放和部分铺设工作等。

(1) 螺栓预埋

螺栓预埋很关键,柱位置的准确性取决于预埋螺栓位置的准确性。预埋螺栓标高偏差控制在 5 mm 以内,定位轴线的偏差控制在±2 mm。

(2) 钢柱拼装

为便于保证钢柱拼装质量,减少高空作业,可在地面将多节柱拼装在一起,一次吊装就位。

① 根据钢柱断面不同,采取相应的钢平台及胎具。

② 每节钢柱都弹好中线,在断面处互相垂直。多节柱拼装时,三面都要拉通线。

③ 每个节点最容易出现的问题是翼缘板错口。如果发现翼缘板制作时发生变形,应采用机械矫正或火焰矫正,达到允许误差后继续拼装。拼装一般采用倒链,在两接口处焊耳板,进行校正对接。

④ 节点必须采用连接板做约束,当焊接冷却后再拆除。

⑤ 焊接冷却后将柱翻身,焊另一面前应进行找平,继续量测通线→找标高→点焊→焊好约束板→焊接→冷却→割掉约束板及耳板→复核尺寸。

(3) 钢柱安装工艺

① 吊点设置

吊点位置及吊点数应根据钢柱形状、端面、长度、起重机性能等具体情况确定。一般钢柱弹性和刚性都很好,吊点采用一点正吊,吊耳放在柱顶处,柱身垂直,易于对线校正。受起重机臂杆长度限制,吊点也可放在柱长 1/3 处,吊点斜吊时由于钢柱倾斜,对线校正较难。对细长钢柱,为防止钢柱变形,采用二点或三点吊装(图 7.3)。

如果不采用焊接吊耳,直接在钢柱上用钢丝绳绑扎时,要注意两点:其一,在钢柱四角做包角(用半圆钢管内夹角钢)以防钢丝绳被磨断;其二,在绑扎点处,为防止工字型钢柱局部受挤压破坏,可加一加强肋板,吊装格构柱时,绑扎点处加支撑杆。

② 起吊方法

多层与高层钢结构工程中,钢柱一般采用单机起吊;对于特殊或超重的构件,也可采取双机抬吊。双机抬吊应注意的事项如下:

a. 尽量选用同类型起重机;

b. 根据起重机能力,对起吊点进行荷载分配;

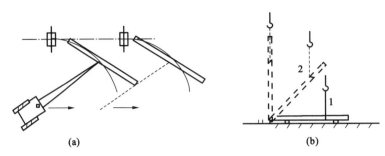

图 7.3　柱的吊装

(a) 平面布置;(b) 旋转过程

1—柱平放时;2—起吊

c. 各起重机的荷载不宜超过其相应起重能力的 80%;

d. 在操作过程中,要互相配合,动作协调,如采用铁扁担起吊,尽量使铁扁担保持平衡,倾斜角度小,以防一台起重机失重而使另一台起重机超载,造成安全事故;

e. 信号指挥时,分指挥必须听从总指挥。

起吊时钢柱必须垂直,尽量做到回转扶直,根部不拖。起吊回转过程中应注意避免同其他已吊好的构件相碰撞,吊索应有一定的有效高度。

第一节钢柱是安装在柱基上的。钢柱安装前应将登高爬梯和挂篮等挂设在钢柱预定位置并绑扎牢固,起吊就位后临时固定地脚螺栓,校正垂直度。钢柱两侧装有临时固定用的连接板,上节钢柱对准下节钢柱柱顶中心线后,即用螺栓固定连接板做临时固定。

钢柱安装到位,对准轴线,必须等地脚螺栓固定后才能松开吊索。

③ 钢柱校正

钢柱校正包括三个方面:柱基标高调整,柱基轴线调整,柱身垂直度校正。

a. 首层钢柱柱基标高调整。首层钢柱放上后,利用柱底板下的螺母或标高调整块控制钢柱的标高(因为有些钢柱过重,螺栓和螺母无法承受其重量,故柱底板下须加设标高调整块——钢板调整标高),精度可达到 ±1 mm 以内。柱底板下预留的空隙可以用高强度、微膨胀、无收缩砂浆以捻浆法填实。当使用螺母调整柱底板标高时,应对地脚螺栓的强度和刚度进行计算。

b. 首层钢柱柱底轴线调整。对线方法:在起重机不松钩的情况下,将柱底板上的四个点与钢柱的控制轴线对齐,缓慢降落至设计标高位置。

c. 首层钢柱柱身垂直度采用缆风绳校正方法进行校正。钢柱垂直校正测量示意见图

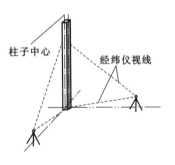

图 7.4　钢柱垂直校正测量示意图

7.4。在校正过程中,不断微调柱底板上螺母,直至校正完毕,将柱底板上的两个螺母拧上,缆风绳松开不受力,柱身呈自由状态,再用经纬仪复核,如有微小偏差,再重复上述过程,直至无误,将螺母拧紧。地脚螺栓的螺母一般用双螺母,可在螺母拧紧后,将螺母与螺杆焊实。

④ 柱顶标高调整和其他节框架钢柱高控制

柱顶标高调整和其他节框架钢柱高控制可以用两种方法:一种按相对标高安装,另一种按设计标高安装,通常按相对标高安装。钢柱吊装就位后,用大六角高强度螺栓

固定连接(经摩擦面处理)上下耳板,通过起重机起吊,用撬棍微调柱间间隙。量取上下柱顶长度,预先标定标高值,符合要求后打入钢楔、点焊,以限制钢柱下落,考虑到焊缝收缩及压缩变形,标高偏差调整至 5 mm 以内。柱子安装后在柱顶安置水平仪,测相对标高,取最合理值为零点,以零点为标准进行各柱顶线换算,安装中以线控制,将标高测量结果与下节柱顶预检长度对比进行综合处理。标高偏差超过 5 mm 时对柱顶标高做调整,调整方法是填塞一定厚度的低碳钢钢板,但须注意不宜一次调整过大,因为过大的调整会带来其他构件节点连接的复杂化并使安装难度加大。

⑤ 第二节柱纵横十字线校正

为使上下柱不出现错口,应尽量做到上下柱十字线重合,如有偏差,在柱与柱的连接耳板的不同侧面夹入垫板(垫板厚度 0.5~1.0 mm),拧紧大六角螺栓,钢柱的十字线偏差每次调整 3 mm 以内,若偏差过大应分 2~3 次调整。注意:每一节柱子的定位轴线绝不允许使用下一节柱子的定位轴线,应从地面控制轴线引到高空,以保证每节柱子安装正确无误,避免产生过大的积累偏差。

⑥ 第二节钢柱垂直度校正

钢柱垂直度校正的重点是对钢柱有关尺寸进行预检,即对影响钢柱垂直度因素的预先控制。经验值测定:梁与柱一般焊缝收缩值小于 2 mm;柱与柱焊缝收缩值一般在 3.5 mm。

为确保钢结构整体安装质量精度,在每层都要选择一个标准框架结构体(或剪力筒),依次向外发展安装。钢柱垂直度校正可分两步:

第一步,采用无缆风绳校正。在钢柱偏斜方向的一侧打入钢楔或顶升千斤顶。注意:临时连接耳板的螺栓孔应比螺栓直径大 4 mm,利用螺栓孔扩大足够余量调节钢柱制作误差。

第二步,安装标准框架结构体的梁。先安装上层梁,再安装中、下层梁,安装过程会对柱垂直度有影响,可采用钢丝绳缆索(只适宜跨内柱)、千斤顶、钢楔和手拉葫芦进行,其他框架柱依标准框架体向四周发展,其做法与上同。

7.3.2.3　框架梁安装工艺

(1)钢梁安装采用两点吊。

(2)钢梁吊装宜采用专用卡具,而且必须保证钢梁在起吊后为水平状态。

(3)一节柱一般有 2 层、3 层或 4 层梁,原则上横向构件由上向下逐件安装。一般在钢结构安装实际操作中,同一列柱的钢梁从中间跨开始对称地向两端扩展安装,同一跨钢梁,先安装上层梁,再安装中、下层梁。

(4)在安装柱与柱之间的主梁时,会把柱与柱之间的开档撑开或缩小。测量必须跟踪校正,预留偏差值,留出节点焊接收缩量,这时柱子产生的内力在焊接完毕焊缝收缩后就会消失。

(5)柱与柱节点、梁与柱节点的焊接,以互相协调为宜。一般可以先焊一节柱的顶层梁,再从下向上焊接各层梁与柱的节点。柱与柱的节点可以先焊,也可以后焊。

(6)次梁根据实际施工情况一层一层安装完成。

(7)同一根梁两端的水平度,允许偏差不大于 $L/1000$(L 为钢梁长度),最大不超过 10 mm,如果钢梁水平度超标,主要原因是连接板位置或螺孔位置有误差,可采取换连接板或塞焊孔重新制孔处理。

(8)在第一节钢框架安装完成后即可开始紧固地脚螺栓并进行灌浆。灌浆前必须对柱基进行清理,立模板,用水冲洗并除去水渍,螺孔处必须擦干,然后用自流砂浆连续浇灌,一次完成。流出的砂浆应清洗干净,加盖草包养护。砂浆必须做试块,将结果作为验收资料。

7.3.2.4　钢屋架安装工艺

（1）钢屋架的吊装

钢屋架侧向刚度较差,安装前需要进行强度验算,强度不足时应进行加固。钢屋架吊装时的注意事项如下:

① 绑扎时必须绑扎在屋架节点上,以防止钢屋架在吊点处发生变形。绑扎节点的选择应符合钢屋架标准图要求或经设计计算确定。

② 钢屋架吊装就位时应以屋架下弦两端的定位标记和柱顶的轴线标记严格定位,并点焊加以临时固定。

③ 第一榀屋架吊装就位后,应在屋架上弦两侧对称设缆风固定;第二榀屋架就位后,每坡用一个屋架间调整器进行屋架垂直度校正,再固定两端支座处并安装屋架间水平及垂直支撑。

（2）钢屋架垂直度的校正

钢屋架垂直度的校正方法如下:在屋架下弦一侧拉一根通长钢丝(与屋架下弦轴线平行),同时在屋架上弦中心线放一个同等距离的标尺,用线锤校正。也可用一台经纬仪,放在柱顶一侧,与轴线平移距离 a,在对面柱子上同样有一距离为 a 的点,从屋架中线处挑出距离 a,三点在一个垂面上即可使屋架垂直。

7.3.2.5　金属压型钢板安装施工工艺

金属压型钢板安装工程种类较多,安装工序各有特点,但其基本点是相同的,以屋面工程为例,其工艺流程如下:

（1）安装放线

① 安装放线前应对安装面上的已有建筑成品进行测量,对达不到安装要求的部分提出修改意见。对施工偏差做出记录,并针对偏差提出相应的安装措施。

② 根据排板设计确定排板起始线的位置。屋面施工中,先在梁上标定出起点,即沿跨度方向在每个梁上标出排板起始点,各个点的连线应与建筑物的纵轴线相垂直,而后在板的宽度方向每隔几块板继续标注一次,以限制和检查板的宽度安装偏差积累。

③ 屋面板安装完毕后应对配件的安装做二次放线,以保证檐口线、屋脊线、转角线等的水平度和垂直度。忽视这个步骤,仅用目测和经验的方法是达不到安装质量要求的。实测安装板材的实际需要长度,按实测长度核对对应板号的板材长度,需要时对该板材进行剪裁。

（2）板材吊装

压型板和夹芯板的吊装方法较多,常用的有汽车吊吊升、塔吊吊升、卷扬机吊升和人工提升。

① 塔吊、汽车吊吊升时,使用吊装钢梁多点提升,可以一次提升多块板材,但不易送到安装点,人工二次搬运时易损坏已安装好的板材。

② 卷扬机吊升。设备可灵活移动到安装地点,二次搬运距离短,但每次提升数量少。

③ 人工提升可采用钢丝绳滑移法,钢丝绳上须加设套管,以免损坏板材。

（3）板材安装

① 实测安装板材的实际长度,按实测长度核对对应板号的板材长度,需要时对该板材进行剪裁。

② 提升到屋面的板材按排板起始线放置,使板材的宽度覆盖标志线、对准起始线,并在板

长方向两端排出设计的构造长度。

③ 紧固件紧固两端后,再安装第二块板,其安装顺序为先自左(右)至右(左),后自下而上。

④ 装到下一放线标志点处,复查板材安装的偏差,当满足设计要求后进行板材的全面紧固。不能满足要求时,应在下一标志段内调整,当在本标段内可调整时,可调整本标志段后再全面紧固,依次全面展开安装。

⑤ 装夹芯板时,应挤密板间缝隙,当就位准确后仍有缝隙时,应用保温材料填充。

⑥ 装现场复合的板材时,上下两层钢板均按前述方法安装。保温棉铺设应保持其连续性。

⑦ 装完后的屋面应及时检查有无遗漏紧固点;对保温屋面,应将屋脊的空隙处用保温材料填满。

⑧ 紧固自攻螺丝时应掌握紧固的程度,不可过度,过度会使密封垫圈上翻,甚至将板面压得下凹而积水。紧固不够会使密封不到位而出现漏洞,我国已生产出新一代自攻螺丝,在接近紧固完毕时可发出一响声,可以控制紧固的程度。

⑨ 板的纵向搭接应按设计铺设密封条和密封胶,并在搭接处用自攻螺丝或带密封垫的拉铆钉连接,紧固件应拉在密封条处。

(4) 泛水件安装

① 泛水件安装前应在泛水件的安装处放出准线,如屋脊线、檐口线、窗上下口线。

② 安装前检查泛水件的端头尺寸,挑选合适搭接头。

③ 安装泛水件的搭接口时应在被搭接处涂上密封胶或设置双面胶条,搭接后立即紧固。

④ 安装泛水件至拐角处时,应按交接处的泛水件断面形状加工拐折处接头,以保证拐折处有良好的防水和外观效果。

7.3.2.6　补漆

(1) 高层建筑钢结构在一个流水段一节柱的所有构件安装完毕,并对结构验收合格后,结构的现场焊缝、高强度螺栓及其连接节点,以及在运输安装过程中构件涂层被磨损的部位,应补刷涂层。涂层应采用与构件制作时相同的涂料和相同的涂刷工艺。

(2) 涂层外观应均匀、平整、丰满,不得有咬底、剥落、裂纹、针孔、漏涂和明显的皱皮流坠,且应保证涂层厚度。当涂层厚度不够时,应增加涂刷的遍数。

(3) 经检查确认不合格的涂层,应铲除干净,重新涂刷。

(4) 当涂层固化干燥后方可进行下一道工序。

7.4　质量控制及安全管理

7.4.1　质量管理制度

(1) 图纸会审制度

在接到正式施工图纸后,应尽快熟悉图纸,弄清设计意图、工程特点和施工中可能出现的关键问题,认真做好图纸的自审工作。

图纸会审过程中提出的问题及其解决办法和决定,由专人负责做好详细记录。

（2）施工组织设计管理制度

单位工程施工组织设计由项目总工程师组织有关人员编制并审核，然后报公司相关部门进行会签，会签完成后报公司总工程师审批。

（3）施工技术资料的管理

项目经理部应配备一名专职资料员，严格按照有关规定来进行技术资料的收集和整理。

（4）技术交底制度

单位工程开工之前项目技术负责人要就施工图纸、施工组织设计向参加施工的全体管理人员进行交底，每个分项工程施工前工长要以书面形式向施工班组做详细的技术交底。重要分项工程、特殊部位或新材料、新工艺施工前技术负责人应写出书面技术交底。

（5）进场物资质量管理

进入施工现场的物资除必须具有合格证明外，还应进行外观质量检验和抽样送检，物资部按规定办理入库验收手续，建立台账。

（6）隐蔽工程验收制度

凡属隐检项目均要在班组自检合格的基础上，由工长组织，单位工程技术负责人、质检员等参加检查验收，合格后由工长填写"隐蔽检查记录"并通知业主、监理、设计单位进行检查验收。

（7）工程预检复核制度

预检复核必须在下道工序施工前进行，由工长负责组织班组长，并请技术负责人和质量检查人员参加，共同进行，检查中如提出返修意见，则返修合格后进行复查。

（8）各级质量检验制度

在施工过程中，要按有关规定进行工序检验、分项工程质量检验、分部工程质量检验和竣工验收。

（9）不合格品的控制

在施工过程中，一旦出现了不合格品，一定要认真对待、认真处理，以使其对工程质量的影响降到最低。

（10）纠正和预防措施

施工过程中，对已发现的质量问题要制定纠正措施，对潜在的质量问题要制定预防措施。

根据不合格品报告，项目总工程师应组织有关人员调查、分析产生不合格的原因，制定纠正措施并组织实施。公司技术部每季度将针对收集的已发生的和潜在的不合格品产生的原因，制定纠正措施，下发各项目经理部实施。

7.4.2　钢结构的质量要求

7.4.2.1　钢结构焊接工程施工过程质量控制

（1）焊工考试：焊工应经考试合格并取得合格证书后方可上岗担任相应项目的施焊，焊工停焊时间超过 6 个月，应重新考试。

（2）组装质量和焊缝区复查：施焊前焊工应复查钢结构的组装质量和焊缝区的处理情况，如不符合要求，应修整合格后方能施焊。

（3）焊前预热和焊后热处理：对于需要进行焊前预热或焊后热处理的焊缝，其预热温度或焊后热温度应符合国家现行有关标准的规定或通过工艺试验确定，预热区在焊道两侧，每侧宽度均大于焊件厚度的 1.5 倍,且不小于 100 mm;焊后热处理应在焊后立即进行,保温时间根据板厚,按每 25 mm 板厚 1 h 确定。

(4) 多层焊接:应连续施焊,其中每一道焊道焊完后应及时清理,如果发现有影响质量的缺陷,必须清除后再焊。

(5) 焊缝裂纹:焊缝出现裂纹时,焊工不得擅自处理,应申报焊接技术负责人查清原因,定出修补措施后方可施焊。

(6) 焊接引弧:严禁在焊缝区以外的母材上打火引弧,在坡口内引弧的局部面积应熔焊一次,不得留下弧坑。

(7) 无损检测间隔时间:碳素结构钢应在焊缝冷却到环境温度后进行焊接无损检测检验,低合金钢应在完成焊接 24 h 后进行焊接无损检测检验。

(8) 焊工钢印:焊缝施焊后应在工艺规定的焊缝及部位上打上焊工钢印。

7.4.2.2　钢结构紧固件连接工程施工过程质量控制

(1) 高强度螺栓连接必须对构件摩擦面进行加工处理。处理后的摩擦系数应符合设计要求,其方法有喷砂、喷(抛)丸;酸洗;砂轮打磨,打磨方向应与构件受力方向垂直。如果设计无要求,可不经生锈即进行组装或加涂无机富锌漆;若已生锈,则安装时应先用钢丝刷清除浮锈。

(2) 处理好摩擦面的构件,应有保护摩擦面措施,并不得涂油漆或污损。出厂时必须附有三组与所有代表钢构件同一材质、同批制作、同一处理方法和相同的表面状态、同一环境下存放的试件,并应用同一性能等级的高强度螺栓连接,以供复验摩擦面抗滑移系数。

(3) 摩擦面抗滑移系数复验应由制作单位和安装单位分别按制造批为单位进行见证送样试验。

(4) 高强度螺栓板面接触应平整。

(5) 当接触面有间隙时应按国家现行有关规范的规定进行处理。

(6) 施拧及检验用的扭力扳手在班前应进行校正标定,班后校验,施工扳手扭矩精度误差应不大于 5%;检验用的扭矩扳手其扭矩精度误差应不大于 3%。

(7) 安装高强度螺栓必须有初拧(复拧)和终拧两个过程。

(8) 高强度螺栓的紧固顺序应使螺栓群中所有螺栓都均匀受力,从节点中间向边缘施拧,初拧和终拧都应按一定顺序进行。当天安装的螺栓应在当天终拧完毕,其外露丝扣应为 2 扣至 3 扣。

(9) 初拧和终拧的高强度螺栓必须用不同颜色的涂料做出标记,以防漏拧、误拧(扭剪型高强度螺栓不用做出标记)。

(10) 采用转角法施工检验,初拧结束后,应在螺母与螺杆端面同一处刻画出终拧角的起始线和终止线以待检查,终拧转角偏差在 10° 以内为合格。

(11) 扭矩法施工检验:在螺尾端头和螺母对应位置画线;检查时,应将螺母回退 60° 左右再拧至原位,测定终拧扭矩值,其偏差在 ±10% 范围内为合格。

(12) 扭剪型高强度螺栓尾部梅花头未被拧掉的应按扭矩法或转角法施工及检验。

(13) 高强度螺栓接头整个施工过程中,摩擦面和连接副应保持干燥整洁,不应有飞边、毛刺、焊接飞溅物、焊疤、污垢等,除设计要求外摩擦面不应涂漆,紧固作业完成后及时用防锈(腐)涂料封闭。

(14) 高强度螺栓应自由穿入螺栓孔,不应气割扩孔;其最大扩孔量承压型为 $d+(1\sim$

1.5）mm，摩擦型为 $d+(1\sim2)$ mm。其中，d 为螺栓直径。

（15）永久型普通螺栓紧固应牢固、可靠，外露丝扣不应少于 2 扣；对直接承受动力荷载的普通螺栓连接应采用能防止螺母松动的有效措施。

（16）连接薄钢板采用的自攻螺钉、钢拉铆钉、射钉等规格尺寸应与连接板相匹配，其间距、边距等应符合设计要求，连接处应紧固密贴，外观排列整齐。

7.4.2.3　钢零件及钢部件加工工程施工过程质量控制

（1）切割前，钢材表面切割区应清除铁锈、油污等杂质。

（2）钢材切割面或剪切面应无裂纹、夹渣、分层和大于 1 mm 的缺棱，并应清除边缘上的熔瘤、飞溅物、毛刺等。

（3）切割或剪切后的零件宽度、长度偏差应不大于 3.0 mm。

（4）切割面平面度不大于钢材厚度的 5%，并不大于 2.0 mm。

（5）切割零件的表面割纹深度不得大于 0.3 mm，局部缺口深度应不大于 1.0 mm。

（6）剪切型钢端部垂直度应不大于 2.0 mm，并应清除毛刺。

（7）碳素结构钢工作地点温度低于 -16 ℃、低合金钢结构工作地点温度低于 -12 ℃时，不应进行矫正和冷弯曲。

（8）碳素结构钢和低合金高强度结构钢允许加热矫正，其加热温度不应超过 900 ℃。加热矫正后的低合金结构钢应自然冷却。

（9）当零件采用热加工成型时，加热温度应控制在 $900\sim1000$ ℃，碳素结构钢在温度下降到 700 ℃、低合金高强度结构钢在温度下降到 800 ℃之前应结束加工；低合金结构钢应自然冷却。

（10）矫正后的钢材表面不应有明显的凹面或损伤，边面刻痕深度不得大于 0.5 mm，且不应大于该钢材厚度允许偏差的 1/2。

（11）冷矫正和冷弯曲的最小曲率半径和最小弯曲矢高应符合有关规范规定。

（12）钢材矫正后偏差应符合有关规范的规定。

（13）边缘加工：边缘加工的零件，其宽度、长度允许偏差为 ±1.0 mm；加工边直线度为 1/3000，且不应大于 2.0 mm；相邻两边夹角不应大于 $\pm6'$；加工面垂直度不大于钢板厚度的 2.5%，且不应大于 0.5 mm；加工面表面粗糙度不应大于 50 μm。

（14）A、B 级螺栓孔（Ⅰ类孔）加工后应具有 H12 的精度，孔壁表面粗糙度不应大于 12.5 μm。当孔直径在 $10\sim18$ mm 时，允许偏差为 $0\sim0.18$ mm；当孔直径在 $18\sim30$ mm 时，允许偏差为 $0\sim0.21$ mm；当孔直径在 $30\sim50$ mm 时，允许偏差为 $0\sim0.25$ mm。

（15）C 级螺栓孔（Ⅱ类孔）加工后孔壁表面粗糙度不应大于 25 μm。其孔径的偏差应在 $0\sim1.0$ mm 之间，圆度应不大于 2.0 mm，垂直度控制在 $0.03t$（t 为钢板厚度）且不大于 2.0 mm。

（16）经制孔后螺栓孔孔距的偏差应符合规范规定。

（17）当制孔孔距超差补孔时应采用与母材材质相匹配的焊条补焊。

（18）制孔后应清除孔边毛刺。

（19）高强螺栓孔：承压型应比螺栓直径大 $1\sim1.5$ mm，摩擦型应比螺栓直径大 $1\sim2$ mm。

7.4.2.4　钢结构组装工程施工过程质量控制

（1）翼缘板只允许长度拼接。

（2）翼缘板拼接缝和腹板拼接缝的间距不应小于 200 mm。

（3）翼缘板拼接长度不应小于 2 倍板宽；腹板拼接宽度不应小于 300 mm，长度不应小于 600 mm。

（4）组装前，连接表面及沿焊缝每边 30～50 mm 范围内铁锈、毛刺、油污必须清除干净。

（5）铆接或高强度螺栓连接组装前的叠板应夹紧。用 0.3 mm 的塞尺检查，塞入深度不得大于 20 mm。接头接缝两边各 100 mm 范围内，其间隙不得大于 0.3 mm。

（6）顶紧接触的部位应有 75% 的面积紧贴在一起。用 0.3 mm 塞尺检查，其塞入面积之和应小于总面积的 25%，边缘最大间隙不应大于 0.8 mm。

（7）桁架结构杆件的轴线交点错位应控制在 3.0 mm 以下。

（8）组装时，应有适当的工具和设备，以保证组装尺寸有足够精度。

（9）组装时，如有隐蔽部位，应经质量控制人员检查认可，并签发隐蔽部位验收记录后，方可封闭。

（10）焊接 H 型钢的外形尺寸的偏差应符合有关规范的规定。

（11）焊接连接制作组装尺寸的偏差应符合有关规范的规定。

（12）钢构件外形尺寸应符合国家现行标准《钢结构工程施工质量验收标准》（GB 50205—2020）的有关规定。

（13）吊车梁和吊车桁架不应下挠。

（14）两端部铣平的构件允许偏差不应大于 2.0 mm，两端部铣平零件长度不应大于 0.5 mm，铣平的平面度不大于 0.3 mm，铣平面对轴线的垂直度不大于 l/1500。

（15）外露铣平面应除锈保护。

（16）安装焊缝坡口可采用气割、刨边、手工打磨和铣加工等方法进行加工。

（17）安装焊缝坡口加工的精度除应达到相应加工方法的精度要求外，其坡口角度偏差不应大于 5°，其钝边偏差不应大于 1.0 mm。

7.4.2.5　钢构件预拼装工程施工过程质量控制

（1）预拼装应有适当的工具和胎具（如定位器、夹具胎架等），以保证预拼装尺寸有足够的精度。

（2）拼装时不应使用大锤锤击，检查预拼装质量时应拆除全部临时固定和拉紧装置。

（3）试孔器：预装时所有连接板都应装上，螺栓连接的多层叠板应夹紧并采用试孔器进行检查。通过率应符合现行国家标准《钢结构工程施工质量验收标准》（GB 50205—2020）的规定。

（4）标识：预拼装检查合格后，应根据预拼装结构标注中心线、控制基准线标记，必要时应安置定位器。

7.4.2.6　钢结构安装工程安装过程质量控制

（1）吊装时应控制施工等活荷载，严禁其超过构件的承载能力。

（2）确定几何位置上的柱、钢架等构件应先吊装在设计图纸规定的位置上，在松开吊钩前应做初步校正并保证其牢固。

（3）自然变形：已安装的结构单元，在调整时，应考虑外界环境（如风力、误差和日照的影响）造成的自然变形。吊车梁和轨道的调整应在主要构件固定后进行。

（4）节点的顶紧：设计要求顶紧的节点，相接触的两个平面必须保证有 70% 紧贴，用 0.3 mm 的塞尺检查，插入深度的面积之和不得大于总面积的 30%。边缘最大间隙不得大于

0.8 mm。

（5）每组垫块数量不应大于 5 块。

（6）承受主要荷载的垫块组，在每个螺栓附近最少布置一组垫块。

（7）垫块的布置不应使柱子或底座承受附加荷载。

（8）安装测量：安装偏差的测量，应在结构中形成空间单元并连接固定后进行。

（9）二次灌浆：在形成空间刚度单元后，应及时对柱底板和基础顶部的空隙进行细石混凝土、灌浆料等二次浇灌。（注意：±0.000 以下用低强度等级的混凝土浇筑，保护层厚度不小于 50 mm，并高出地面 150 mm，柱基混凝土柱脚高出地面不小于 100 mm。）

（10）支撑系统如用圆钢支撑，必须设置拉紧装置。

7.4.2.7　钢结构防腐涂料施工过程质量控制

（1）在涂涂料前必须对钢结构表面进行除锈，除锈和涂底层涂料工作应在质量检查部门对制作质量检验合格后方可进行。

（2）钢结构表面进行处理达到清洁后一般在 4～6 h 内涂第一道涂料。

（3）当涂刷厚度设计无要求时，一般宜涂刷四至五道，两组分涂料混合搅拌均匀后应经过一定熟化时间才能使用，配制好的涂料不宜存放过久，使用时不得添加稀释剂。干漆膜总厚度，室外为 150 μm，室内为 125 μm，其允许偏差为 −25 μm。每道涂层干漆膜厚度的允许偏差为 −5 μm。

（4）涂层时工作地点温度应为 5～38 ℃，相对湿度不应大于 85%。雨天或构件表面有结露时，不宜作业。涂装后 4 h 内应保护其免受雨淋。每道涂刷后应按规定间隔时间干燥固化后再涂后道涂料。

（5）摩擦型高强度螺栓连接点接触面、施工图中注明的不涂层部位，均不得涂刷。安装焊缝处应留出 30～50 mm 宽的范围暂时不涂。

（6）标记检验：涂层完毕后，应在构件上按原编号标注。重大构件应标明质量、重心位置和定位标记。

7.4.2.8　钢结构防火涂料施工过程质量控制

（1）钢结构表面应根据表面使用要求进行除锈、防锈处理，无防锈涂料的钢结构表面除锈等级应不低于 St2 级。

（2）打底料应对无防锈涂料的钢结构表面无腐蚀作用；与防锈涂料应相容，不会产生皂化等不良反应，且有良好的结合力。

（3）严格按配合比加料和稀释剂（包括水），搅拌均匀，稠度合适。

（4）薄型防火涂料每次喷涂厚度不应超过 2.5 mm，超薄型防火涂料每次涂层不应超过 0.5 mm，厚涂型防火涂料每次涂层宜在 5～10 mm。涂层总厚度应达到由防火时限选用的产品规定的厚度。

（5）对易受震动和撞击的部位，室外钢结构幅面较大或涂层厚度较大（大于 35 mm）时应采取加固措施。

（6）施工环境温度宜保持在 5～38 ℃，相对湿度不大于 90%。当构件表面有结露时不宜作业。前一道涂层干燥固化后方可进行后一道涂层施工。

（7）水泥系防火涂料，在天气极度干燥和阳光照射环境下应采取必要的养护（或遮阳）措施。

（8）涂层部位检验:防火涂料施工宜在安装结束后进行,防火涂料必须涂满全部钢结构外露表面。

（9）强度抽验:在一个工程中每使用 100 t 薄型防火涂料,应抽验一次黏结度;每使用 500 t 厚型防火涂料,应抽验一次黏结强度和抗压强度,其结果应符合有关标准规定。

7.4.3　钢结构验收

（1）分项工程检验批合格质量应符合下列规定:

① 主控项目必须符合规范合格质量标准的要求。

② 一般项目其检验结果应有 80% 及以上的抽查点(值)符合规范合格质量标准的要求,且最大值不应超过允许偏差值的 1.2 倍。

③ 质量检查记录、质量证明文件等资料应完整。

（2）分项工程质量合格标准应符合下列规定:

① 工程所含的各检验批均应符合规范合格质量标准的要求;

② 工程所含的各检验批质量验收记录应完整。

（3）钢结构分部工程有关安全及功能的检验应在其分项工程验收合格后进行。其项目包括以下几部分:

① 取样送样实验项目:钢材及焊接材料复验,高强度螺栓预拉力、扭矩系数复验,摩擦面抗滑移系数复验。

② 焊缝质量:内部缺陷,外观缺陷,焊缝尺寸。

③ 高强度螺栓施工质量:终拧扭矩,梅花头检查。

④ 主要构件变形:钢屋(托)架、桁架、钢梁、吊车梁等垂直度和侧向弯曲,钢柱垂直度。

⑤ 主体结构尺寸:整体垂直度,整体平面弯曲。

（4）钢结构分部工程有关观感质量检验项目内容如下:

① 普通涂层表面。

② 防火涂层表面。

③ 压型金属板表面。

④ 钢平台、钢梯、钢栏杆。

（5）钢结构分部工程合格质量标准应符合下列规定:

① 各分项工程质量均应符合合格质量标准。

② 质量控制资料和文件应完整。

③ 有关安全及功能的检验应符合规范相应合格质量标准的要求。

④ 有关观感质量应符合规范相应合格质量标准的要求。

7.4.4　钢结构施工安全管理

（1）进入施工现场的操作者和生产管理人员均应穿戴好防护用品,按规程要求操作。

（2）对操作人员进行安全学习和安全教育,特殊工种必须持证上岗。

（3）为了便于钢结构的制作和操作者的操作活动,构件宜在一定高度上搁置。装配组装胎架、焊接胎架、各种搁置架等,均应离开地面 0.4~1.2 m。

（4）构件的堆放、搁置应十分稳固,必要时应设置支撑或定位。构件堆垛不得超过两层。

（5）索具、吊具要定时检查，不得超过额定荷载。正常磨损的钢丝绳应按规定更换。

（6）所有钢结构制作中各种胎具的制造和安装，均应进行强度计算，不能仅凭经验估算。

（7）对施工现场的危险源应做出相应的标志、警戒等，操作人员必须严格遵守各岗位的安全操作规程，以避免意外伤害。

（8）所有制作场地的安全通道必须畅通。

（9）根据工程特点，在施工以前要对吊装用的机械设备、索具和工具进行检查，如果不符合安全规定，则不得使用。

（10）现场用电必须严格执行《建设工程施工现场供用电安全规范》（GB 50194—2014）、《施工现场临时用电安全技术规范》（JGJ 46—2005）等的规定，电工须持证上岗。

（11）起重机的行驶路线必须坚实可靠，起重机不得停置在斜坡上工作，也不允许两个履带板一高一低。

（12）严禁超载吊装、歪拉斜吊；要尽量避免满负荷行驶，构件摆动越大，超负荷就越多，就越可能发生事故。双机抬吊时各起重机荷载不允许大于额定起重能力的80％。

（13）进入施工现场必须戴安全帽，高空作业必须系安全带，穿防滑鞋。

（14）构件起吊应听从一个人的指挥。构件移动区域内不得有人滞留和通过。

（15）吊装作业时必须统一号令，明确指挥，密切配合。

（16）高空操作人员使用的工具及安装用的零部件，应放入随身佩带的工具袋内，不可随便向下丢掷。

（17）钢构件应堆放整齐牢固，防止构件失稳伤人。

（18）生产过程中所使用的氧气、乙炔、丙烷、电源等必须有安全防护措施，并定期检测泄漏和接地情况。

（19）要搞好防火工作，氧气、乙炔要按规定存放使用。电焊、气割时要注意周围环境有无易燃物品后再开始工作，严防火灾发生。氧气瓶、乙炔瓶应分开存放，使用时要保持安全距离，安全距离应大于10 m。

（20）在施工以前应对高空作业人员进行身体检查，对患有不宜进行高空作业疾病（如心脏病、高血压等）的人员不得安排高空作业。

（21）做好防暑降温、防寒保暖和职工劳动保护工作，合理调整工作时间，合理发放劳动用品。

（22）雨雪天气尽量不要进行高空作业，如需高空作业的则必须采取必要的防滑、防寒和防冻措施。遇6级以上强风、浓雾等恶劣天气，不得进行露天攀登和悬空高处作业。

（23）施工前应与当地气象部门联系，了解施工期的气象资料，提前做好防台风、防雨、防冻、防寒、防高温等措施。

（24）基坑周边、无外脚手架的屋面、梁、吊车梁、拼装平台、柱顶工作平台等处应设临边防护栏杆。

（25）对各种使人和物有坠落危险或危及人身安全的洞口，必须设置防护栏杆，必要时铺设安全网。

（26）施工时尽量避免交叉作业，如不得不交叉作业时，不得在同一垂直方向上操作，下层作业的位置必须处于依上层高度确定的可能坠落范围之外，不符合上述条件的应设置安全防护层。

复习思考题

1. 简述钢结构的特点。

2. 钢结构材料进场时的检验内容有哪些？

3. 钢结构的连接施工方式主要有哪几种？简述各自施工要点。

4. 钢结构施工准备工作中图纸审查的内容包括哪些？

5. 钢结构施工零件加工步骤有哪些？

6. 分别描述钢柱、框架梁、钢屋架、金属压型钢板安装施工工艺。

7. 钢结构工程一般包括钢结构焊接工程、钢结构紧固件连接工程、钢零件及钢部件加工工程、钢结构组装工程、钢构件预拼装工程、钢结构安装工程、压型金属板工程和钢结构涂装工程等，根据钢结构工程特点，应从哪几个方面对钢结构工程进行质量控制？如何控制？

8. 钢结构施工在安全方面应注意哪些问题？

单元 8　季节性施工

 **知识目标**

1. 了解冬雨期施工的特点,熟悉冬雨期施工的基本要求;
2. 掌握冬雨期施工的概念,理解冬雨期施工的原理;
3. 掌握冬雨期的施工过程和施工要点。

能力目标

根据冬雨期施工的特点能正确进行建筑工程施工。

思政目标

培养学生的安全意识和规范意识。

资　源

1.《建筑工程冬期施工规程》(JGJ/T 104—2011);
2.《砌体结构工程施工规范》(GB 50924—2014);
3.《砌体结构工程施工质量验收规范》(GB 50203—2011);
4.《混凝土结构工程施工规范》(GB 50666—2011);
5.《混凝土小型空心砌块建筑技术规程》(JGJ/T 14—2011)等。

季节性施工是指雨季、冬季的施工。常规的施工方法已经不能适应其要求,必须根据具体情况选择合理的方法,制定相应的措施来确保施工质量。

8.1　概　　述

我国疆域辽阔,很多地区受内陆和海上高低压及季节风交替的影响,气候变化较大,特别是冬期和雨期给工程施工带来很大的困难。为了保证建筑工程在全年不间断地施工,在冬期和雨期时,必须从具体条件及施工特点出发,选择合理的施工方法,制定具体的技术措施,确保冬期和雨期施工的顺利进行,提高工程质量,降低工程费用。

8.1.1　冬期施工的特点和原则

冬期施工所采取的技术措施,以气温为依据。国家及各地区对分项工程冬期施工的起止日期均做了明确的规定。

8.1.1.1　冬期施工的特点

(1) 冬期施工期是质量事故的多发期。在冬期施工中,长时间的持续低温、较大的温差、强风、降雪和反复的冻融,经常会造成质量事故。

(2) 冬期施工发现质量事故呈滞后性。冬期发生的质量事故往往不易觉察,到春天解冻时,一系列的质量问题才暴露出来。事故的滞后性给质量事故的处理带来了很大的困难。

(3) 冬期施工技术要求高,能源消耗多,施工费用增加。

8.1.1.2　冬期施工的原则

冬期施工的原则是:保证质量,节约能源,降低费用,确保工期。冬期施工必须做好组织、技术、材料等方面的准备工作。

(1) 做好施工组织设计的编制,将不适宜冬期施工的分项工程安排在冬期之前或在冬期过后施工;决定在冬期施工的分项工程要依据施工质量要求,安排开、完工日期,降低施工费用。

(2) 依据当地气温情况、工程特点编制冬期施工技术措施和施工方法的文件,确保工程质量。

(3) 因地制宜做好冬期施工的工具、材料及劳保用品等的准备工作。

8.1.2　雨期施工的特点和要求

8.1.2.1　雨期施工的特点

(1) 具有突然性。这就要求提前做好雨期施工的准备工作和防范措施。

(2) 带有突击性。因为雨水对建筑结构和地基基础的冲刷或浸泡,有严重的破坏性,必须迅速及时地防护,以免发生质量事故。

(3) 雨期往往持续时间较长,从而影响工期。对这一点要有充分的估计并做好合理安排。

8.1.2.2　雨期施工的要求

(1) 在编制施工组织设计时,要根据雨期施工的特点,将不宜在雨期施工的分项工程避开雨期施工,对于必须在雨期施工的分项工程,做好充分的准备工作和防范措施。

(2) 合理进行施工安排。做到晴天抓室外工作,雨天做室内工作。尽量减少雨天室外作业的时间和工作量。

(3) 做好材料的防雨、防潮和施工现场的排水等准备工作。

8.2　混凝土结构工程的冬期施工

8.2.1　冬期施工期限的划分原则

根据《建筑工程冬期施工规程》(JGJ/T 104—2011)规定,冬期施工期限的划分原则是:根据当地多年气象资料统计,当室外日平均气温连续 5 天稳定低于 5 ℃即进入冬期施工;当室外日平均气温连续 5 天高于 5 ℃时解除冬期施工。

8.2.2　混凝土早期冻害及受冻临界强度

新浇混凝土在养护初期遭受冻结,当气温恢复到正温后,即使正温养护至一定龄期,也不能达到其设计强度,这就是混凝土的早期冻害。混凝土能凝结硬化并获得强度,是水泥水化反应的结果。水和温度是水泥水化反应能够进行的必要条件。当温度降到 5 ℃时,水化反应速度缓慢,当温度降到 0 ℃时,水化反应基本停止;当温度降到 -4～-2 ℃时,混凝土内部的游离水开始结冰,游离水结冰后体积增大约 9%,在混凝土内部产生冰胀应力,使强度尚低的混凝土内部产生微裂缝和孔隙,同时损害混凝土和钢筋的黏结力,导致结构强度降低。混凝土的早期冻害是混凝土内部的水结冰所致。试验表明,若混凝土浇筑后立即受冻,抗压强度损失 50%,抗拉强度损失 40%。受冻前混凝土养护时间越长,所达到的强度越高,水化物生成得越多,能结冰的游离水就越少,强度损失就越低。试验还表明,混凝土遭受冻结带来的危害与遭受冻结时间的早晚、水胶比、水泥强度等级、养护温度等有关。混凝土允许受冻而不致使其各项性能遭到损害的最低强度称为混凝土受冻临界强度。

冬期浇筑的混凝土,其受冻临界强度应符合下列规定:①采用蓄热法、暖棚法、加热法等施工的普通混凝土,采用硅酸盐水泥、普通硅酸盐水泥配制时,其受冻临界强度不应小于设计混凝土强度等级值的 30%;采用矿渣硅酸盐水泥、粉煤灰硅酸盐水泥、火山灰质硅酸盐水泥、复合硅酸盐水泥时,其受冻临界强度不应小于设计混凝土强度等级值的 40%。②当室外最低气温不低于 -15℃时,采用综合蓄热法、负温养护法施工的混凝土受冻临界强度不应小于 4.0 MPa;当室外最低气温不低于 -30℃时,采用负温养护法施工的混凝土受冻临界强度不应小于 5.0 MPa。③对强度等级大于或等于 C50 的混凝土,其受冻临界强度不应小于设计混凝土强度等级值的 30%。④对有抗渗要求的混凝土,其受冻临界强度不宜小于设计混凝土强度等级值的 50%。⑤对有抗冻耐久性要求的混凝土,其受冻临界强度不宜小于设计混凝土强度等级值的 70%。⑥当采用暖棚法施工的混凝土中掺入早强剂时,可按综合蓄热法受冻临界强度取值。⑦当施工需要提高混凝土强度等级时,应按提高后的强度等级确定受冻临界强度。

8.2.3　混凝土冬期施工的工艺要求

在一般情况下,混凝土冬期施工要求正温浇筑、正温养护,对原材料的加热及混凝土的搅拌、运输、浇筑和养护应进行热工计算,并据此进行施工。

(1) 对材料和材料加热的要求

冬期施工混凝土的配制宜选用硅酸盐水泥或普通硅酸盐水泥,并应符合下列规定:①当采用蒸汽养护时,宜选用矿渣硅酸盐水泥;②混凝土最小水泥用量不宜低于 280 kg/m³,水胶比不应大于 0.55;③大体积混凝土的最小水泥用量,可根据实际情况决定;④强度等级不大于 C15 的混凝土,其水胶比和最小水泥用量可不受以上限制。

混凝土原材料加热宜采用加热水的方法。当加热水仍不能满足要求时,可对骨料进行加热。水、骨料加热的最高温度应符合表 8.1 的要求。

表 8.1　拌和水及骨料加热最高温度

水泥强度等级	拌和水/℃	骨料/℃
小于 42.5	80	60
42.5 及以上	60	40

当水和骨料的温度仍不能满足热工计算要求时,可将水温提高到 100 ℃,但水泥不得与 80 ℃以上的水直接接触。

水加热时可采用蒸汽加热、电加热、汽水热交换罐或其他加热方法。水箱或水池容积及水温应能满足连续施工的要求。

砂加热应在开盘前进行,加热应均匀。当采用保温加热料斗时,宜配备两个交替加热使用。每个料斗容积可根据机械可装高度和侧壁厚度等要求进行设计,每个料斗的容量不宜小于 3.5 m^3。

预拌混凝土用砂,应提前备足料,运至有加热设施的保温封闭储料棚(室)或仓内备用。

水泥不得直接加热,袋装水泥使用前宜运入暖棚内存放。

钢筋调直冷拉温度不宜低于－20 ℃。预应力钢筋张拉温度不宜低于－15 ℃。钢筋负温焊接时,可采用闪光对焊、电弧焊、电渣压力焊等方法焊接。当采用细晶粒热轧钢筋时,其焊接工艺应经试验确定。当环境温度低于－20 ℃时,不宜施焊。

负温条件下使用的钢筋,施工过程中应加强管理和检验,钢筋在运转和加工过程中应防止撞击和刻痕。

钢筋张拉与冷拉设备,仪表和液压工作系统油液应根据环境温度选用,并应在使用温度条件下进行配套校验。

当环境温度低于－20 ℃时,不得对 HRB335、HRB400 钢筋进行冷弯加工。

(2) 混凝土的搅拌、运输、浇筑

冬期施工混凝土搅拌应符合下列规定:① 液体防冻剂使用前应搅拌均匀,由防冻剂溶液带入的水分应从混凝土拌和水中扣除。② 蒸汽法加热骨料时,应加大对骨料含水率测试频率,并应将由骨料带入的水分从混凝土拌和水中扣除。③ 混凝土搅拌前应对搅拌机械进行保温或采用蒸汽进行加温,搅拌时间应比常温搅拌时间延长 30～60 s。④ 混凝土搅拌时应先投入骨料与拌和水,预拌后再投入胶凝材料与外加剂。胶凝材料、引气剂或含引气组分外加剂不得与 60 ℃以上热水直接接触。⑤ 混凝土拌合物的出机温度不宜低于 10 ℃,入模温度不应低于 5 ℃;预拌混凝土或需远距离运输的混凝土,混凝土拌合物的出机温度可根据距离经热工计算确定,但不宜低于 15 ℃。大体积混凝土的入模温度可根据实际情况适当降低。

混凝土在运输、浇筑过程中的温度应进行热工计算后确定,且入模温度不应低于 5 ℃。当不符合要求时,应采取措施进行调整。

混凝土运输与输送机具应进行保温或具有加热装置。泵送混凝土在浇筑前应对泵管进行保温,并应采用与施工混凝土同配合比砂浆进行预热。

混凝土浇筑前,应清除模板和钢筋上的冰雪和污垢。

冬期不得在强冻胀性地基土上浇筑混凝土;在弱冻胀性地基土上浇筑混凝土时,基土不得受冻。

混凝土分层浇筑时,已浇筑层的混凝土在未被上一层混凝土覆盖前,温度不低于 2 ℃。采用加热法养护混凝土时,养护前的混凝土温度也不得低于 2 ℃。

8.2.4　混凝土冬期施工方法

混凝土冬期施工方法是指保证混凝土在硬化过程中不受早期冻害,在正温度养护条件下达到临界强度的各种措施。混凝土冬期施工方法的选择,应根据当地历年气象资料和近期的气象预报、结构物特点、原材料及能源情况,以及进度要求、现场施工条件等情况,综合分析、研究比较后决定。混凝土冬期施工常用的方法有:蓄热保温法、掺外加剂法、早强水泥法、外部加热法、综合蓄热法等。

8.2.4.1 蓄热保温法

蓄热保温法是将混凝土的原材料(水、砂、石)预先加热,经过搅拌、运输、浇筑成型后的混凝土仍能保持一定的正温度,以适当材料覆盖保温,防止热量散失过快,充分利用水泥的水化热,使混凝土在正温度条件下增加强度。混凝土在冷却到 0 ℃以前达到允许受冻临界强度。常采用的保温材料是保温效果好、价格低廉、来源广的地方材料,如草帘、草袋、锯末、炉渣等。保温材料施工贮存中应防雨防潮、保持干燥,以免降低保温性能。蓄热保温法养护具有施工工艺简单、节约设备、冬期施工费用低及适应性强的优点,为冬期施工普遍采用,但需要的养护期较长。当室外温度不低于−15 ℃时,地面以下工程或结构表面系数小于 5 的地上结构,以及冻结期不太长的地区,都可以优先采用蓄热保温法施工。

冬期施工的热工计算如下:

(1) 混凝土拌合物的温度

$$T_0 = [0.9(m_{ce}T_{ce} + m_{sa}T_{sa} + m_g T_g) + 4.2T_w(m_w - w_{sa}m_{sa} - w_g m_g) +$$
$$c_1(w_{sa}T_{sa} + w_g m_g T_g) - c_2(w_{sa}m_{sa} + w_g m_g)]/[4.2m_w + 0.9(m_{ce} + m_{sa} + m_g)]$$
(8.1)

式中　T_0——混凝土拌合物的温度,℃;

m_w, m_{ce}, m_{sa}, m_g——水、水泥、砂、石的用量,kg;

T_w, T_{ce}, T_{sa}, T_g——水、水泥、砂、石的温度,℃;

w_{sa}, w_g——砂、石的含水率,%;

c_1——水的比热容,kJ/(kg·K);

c_2——水的溶解热,kJ/kg。

当骨料温度大于 0 ℃时,$c_1 = 4.2$ kJ/(kg·K),$c_2 = 0$ kJ/kg;

当骨料温度小于或等于 0 ℃时,$c_1 = 2.1$ kJ/(kg·K),$c_2 = 335$ kJ/kg。

(2) 混凝土拌合物的出机温度

$$T_1 = T_0 - 0.16(T_0 - T_i)$$
(8.2)

式中　T_0——混凝土拌合物的温度,℃;

T_1——混凝土拌合物的出机温度,℃;

T_i——搅拌机棚内温度,℃。

(3) 混凝土拌合物经运输至成型完成时的温度

$$T_2 = T_1 - (\alpha t_t + 0.032n)(T_1 - T_a)$$
(8.3)

式中　T_2——混凝土拌合物经运输至成型完成时的温度,℃;

t_t——混凝土自运输至浇筑成型完成的时间,h;

n——混凝土转运次数;

T_a——运输时的环境温度,℃;

α——温度损失系数,当用混凝土搅拌输送车时,$\alpha = 0.25$;当用开敞式大型自卸汽车时,$\alpha = 0.20$;当用开敞式小型自卸汽车时,$\alpha = 0.30$;当用封闭式自卸汽车时,$\alpha = 1.0$;当用手推车时,$\alpha = 0.50$。

(4) 考虑模板和钢筋吸热影响,混凝土成型完成时的温度

$$T_3 = \frac{c_c m_c T_2 + c_f m_f T_f + c_s m_s T_s}{c_c m_c + c_f m_f + c_s m_s}$$
(8.4)

式中 T_3——考虑模板和钢筋吸热影响,混凝土成型完成时的温度,℃;

  c_c,c_f,c_s——混凝土、模板材料、钢筋的比热容,kJ/(kg·K);

  m_c——每立方米混凝土的质量,kg;

  m_f,m_s——与每立方米混凝土相接触的模板、钢筋的质量,kg;

  T_f,T_s——模板、钢筋的温度(未预热者可采用当时环境温度),℃。

8.2.4.2 综合蓄热法

综合蓄热法是在蓄热保温法基础上,在配制混凝土时采用快硬早强水泥,或掺用早强外加剂;在养护混凝土时采用早期短时加热,或采用棚罩加强围护保温,以延长正温养护期,加快混凝土强度的增加。综合蓄热法可分为低蓄热养护和高蓄热养护两种方式。低蓄热养护主要以使用早强水泥或掺低温早强剂、防冻剂为主,使混凝土缓慢冷却至冰点前达到允许受冻临界强度。当日平均气温不低于−15 ℃、表面系数为6～12、选用高效保温材料时,宜采用低蓄热养护。高蓄热养护除掺用外加剂外,还以采用短时加热为主,使混凝土在养护期内达到要求的受荷强度。当日平均气温低于−15 ℃、表面系数大于13时,宜采用短时加热的高蓄热养护,也常用于抢险工程。采用综合蓄热法时应进行热工计算,原材料应进行加热,提高混凝土入模温度,一般控制温度为20 ℃左右;外加剂要慎重选择,经试验确定其掺入量;合理地选择干燥高效的保温材料。

8.2.4.3 掺外加剂的混凝土冬季施工方法

在混凝土制备过程中,掺入适量的单一或复合型的外加剂(如防冻剂、早强剂、减水剂、阻锈剂),使混凝土短期内处于正温或负温下,养护硬化达到满足混凝土受冻临界强度或设计要求的强度。外加剂的作用是使混凝土产生早强、减水防冻的效果;在负温下,加速凝结硬化。掺外加剂法可使混凝土冬期施工工艺简化,节约能源,降低冬期施工费用,是冬期施工有发展前途的施工方法。

(1) 掺氯盐混凝土

用氯盐(氯化钠、氯化钾)溶液配制混凝土,可加速混凝土凝结硬化、提高早期强度、增加混凝土抗冻能力,有利于混凝土在负温下硬化,但氯盐对混凝土有腐蚀作用、对钢筋有锈蚀作用,为确保钢筋混凝土结构中钢筋不会产生由氯盐引起的锈蚀,钢筋混凝土中氯盐掺量不得超过水泥用量的1%(按无水状态计算);在无筋混凝土中,用热拌材料拌制时,氯盐掺量不得大于拌和水质量的15%。为了防止钢筋锈蚀,可加入水泥质量2%的亚硝酸钠阻锈剂。

① 不得掺用氯盐的情况

在下列情况下,不得在钢筋混凝土中掺用氯盐:

a. 在高湿度空气环境中使用的结构,如排出大量蒸汽的车间、澡堂、洗衣房和经常处于空气相对湿度大于80%的房间以及有顶盖的钢筋混凝土蓄水池;

b. 处于水位升降部位的结构;

c. 露天结构或经常受水淋的结构;

d. 有与镀锌钢材或铝铁相接触部位的结构,以及有外露钢筋、预埋件但无防护措施的结构;

e. 与含有酸、碱和硫酸盐等侵蚀性介质相接触的结构;

f. 使用过程中经常处于环境温度为60 ℃以上的结构;

g. 使用冷拉钢筋或冷拔低碳钢丝的结构;

h. 薄壁结构,中级或重级工作制吊车梁、屋架、落锤及锻锤基础等结构;

i. 电解车间和直接靠近直流电源的结构;

j. 直接靠近高压(发电站、变电所)的结构,预应力混凝土结构。

② 施工注意事项

a. 氯盐应配制成一定浓度的水溶液,严格计量加入,搅拌要均匀,搅拌时间应比普通混凝土搅拌时间增加 50%;

b. 混凝土必须在搅拌出机后 40 min 内浇筑完毕,以防凝结,混凝土振捣要密实;

c. 掺氯盐混凝土不宜采用蒸汽养护;

d. 由于氯盐对钢筋有锈蚀作用,应用时应加入水泥质量 2% 的亚硝酸钠阻锈剂,钢筋保护层厚度不小于 30 mm。

(2)负温混凝土

负温混凝土是指采用复合型外加剂配制的混凝土。在施工过程中,按实际情况选择对原材料加热、保温或蓄热养护等措施,可以起到减水、增强,及阻止钢筋锈蚀等作用,使混凝土在负温条件下短期养护达到允许受冻临界强度。

① 负温防冻复合外加剂一般由防冻剂、早强剂、减水剂、引气剂和阻锈剂等复合而成,其成分组合有三种情况:防冻组分+早强组分+减水组分;防冻组分+早强组分+引气组分+减水组分;防冻组分+早强组分+减水组分+引气组分+阻锈组分。

早强剂能加速水泥硬化速度,提高早期强度,且对后期强度无显著影响,如氯化钙、氯化钠、硫酸钠、硫酸钾、三乙醇胺、甲醇、乙醇等。

防冻剂在一定负温条件下,能显著降低混凝土中液相的冰点,使其游离态的水不冻结,保证混凝土不遭受冻害。效果较好的防冻剂有氯化钠、亚硝酸钠。

减水剂在不影响混凝土和易性条件下,具有减水增强特性,可以降低用水量,减小水胶比。常用的减水剂有木质素磺酸盐类、多环芳香族磺酸盐类。

引气剂经搅拌能引入大量分布均匀的微小气泡,改善混凝土的和易性;在混凝土硬化后,仍能保持微小气泡,改善混凝土的和易性、抗冻性和耐久性,常用的有松香树脂类。

阻锈剂为可以减缓或阻止混凝土中钢筋及金属预埋件锈蚀作用的外加剂。常用的有亚硝酸钠、亚硝酸钙、铬酸钾等。

亚硝酸钠与氯盐同时使用,阻锈效果最佳。

② 负温混凝土施工

a. 宜优选水泥强度等级不低于 42.5 MPa 的硅酸盐水泥或普通硅酸盐水泥,不宜采用火山灰水泥,禁止使用高铝水泥。

b. 防冻复合剂的掺量应根据混凝土的使用温度而定(指掺防冻剂混凝土施工现场 5~7 d 内的最低温度),其掺量参见表 8.2。

表 8.2　防冻剂的常用掺量

规定温度/℃	常用掺量/%	备　　注
−5	4	(1) 复合防冻剂掺量包括各组分量之和;
−10	7	(2) 氯化钙、氯化钠单独使用时,可用在 −5 ℃以上;
−15	10	(3) 亚硝酸钠可用在 −10 ℃以上;
−20	15	(4) 硝酸盐可用在 −10 ℃以上; (5) 早强剂、减水剂、引气剂均计算在防冻剂中

注:规定温度是指掺防冻剂混凝土内部的最低温度。

　　c. 防冻剂应配制成规定浓度溶液使用,配制时应注意:氯化钙、硝酸钙、亚硝酸钙等溶液不可与硫酸溶液混合;减水剂和引气剂不可与氯化钙混合。钙盐与硫酸钠复合使用时,先加入钙盐溶液搅拌一定时间,再投入硫酸钠溶液,并延长搅拌时间拌和均匀;对于氯化钙与引气剂、减水剂复合配方,投料时应先加入氯化钙溶液搅拌,出料前加入引气剂和减水剂。

　　d. 在钢筋混凝土和预应力混凝土工程中,应掺用无氯盐的防冻复合外加剂。

　　e. 必须设专人配制、保管防冻复合剂,严格执行规定掺量,搅拌时间比正常时间延长50%,混凝土出机的温度不应低于 7 ℃。

　　f. 混凝土入模温度应控制在 5 ℃以上,浇筑与振捣要衔接紧密,连续作业。初期养护要严防受冻,温度不得低于防冻剂的规定温度。在负温条件养护时,必须覆盖严密,不允许浇水。

　　8.2.4.4　混凝土人工加热养护

　　若在一定龄期内采用蓄热保温法达不到要求时,可采用蒸汽、暖棚、电热等人工加热养护,为混凝土硬化创造条件。人工加热需要设备且费用也较高,采用人工加热与保温蓄热或掺外加剂结合,常能获得较好效果。

　　(1) 蒸汽加热养护法

　　蒸汽加热养护是利用低压(小于 0.07 MPa)饱和蒸汽对混凝土结构构件均匀加热,在适当温度和湿度条件下,以促进水化作用,使混凝土加快凝结硬化,可以在较短养护时间内,获得较高强度或达到设计要求的强度。蒸汽加热养护法适用于平均气温低、构件表面系数较大、养护时间要求短的混凝土工程,多用于预制构件厂的养护,对于现浇框架及其构件也可用蒸汽加热养护。

　　① 蒸汽加热养护法分类

　　a. 内热法。在构件内部预留孔道,让蒸汽通入孔道加热养护混凝土;加热时,混凝土温度宜控制在 30～60 ℃范围内;待混凝土强度达到要求强度后,将砂浆或细石混凝土用压力灌入气孔中加以封闭;常用于厚度较大的构件和框架结构。

　　b. 蒸汽室法。利用坑槽或砌筑的蒸汽室通入蒸汽加热混凝土。蒸汽室法温度易于控制,施工简便,养护时间短,但耗汽量大,要注意冷却水的排除,适用于基础、设备基础混凝土的养护。

　　c. 蒸汽套法。构件模板外再加一层密封套模,在模板与套模之间留有 150 mm 的孔隙,从下部通入蒸汽养护混凝土,套内温度可达 30～40 ℃。采用分段送汽时温度易控制,加热均匀、养护时间短,但设备复杂、费用大,只有在特殊要求条件下才使用。

　　② 采用蒸汽加热养护法时应注意的问题

　　a. 采用蒸汽养护时,普通硅酸盐水泥混凝土养护的最高温度不宜超过 80 ℃,矿渣硅酸盐水泥混凝土可达 90～95 ℃。

　　b. 应制定合理的蒸汽制度,包括预养、升温、恒温、降温等几个阶段。预养是指混凝土从浇筑完毕到升温前的一段养护时间,使混凝土达到一定的强度,能承受因升温热膨胀而对混凝土结构产生的破坏作用。升温是指混凝土由养护初始温度升到恒温养护温度的一段时间;降温是指停止蒸汽养护到降至常温的一段时间。在降温阶段,混凝土失水干缩,内外温差会使混凝土表面产生裂缝。加热养护混凝土的升降温速度不得超过表 8.3 的规定。

表 8.3　加热养护混凝土的升降温速度

项次	表面系数	升温速度/(℃/h)	降温速度/(℃/h)
1	≥6	15	10
2	<6	10	5

c. 蒸汽应采用低压(不大于 0.07 MPa)饱和蒸汽,加热时应使混凝土构件受热均匀,并注意排除冷却水和防止结冰。

d. 拆模必须待混凝土冷却到 +5 ℃ 以后进行。如果混凝土与外界温度相差大于 20 ℃ 时,拆模后的混凝土表面应用保温材料覆盖,使混凝土表面冷却缓慢进行。

③ 蒸汽加热法的热工计算

蒸汽加热法的热工计算包括确定升温、恒温、降温养护时间和计算蒸汽用量。

a. 升温时间

$$X_1 = \frac{t - t_q}{t_v} \tag{8.5}$$

式中　X_1——升温时间,h;

　　　t——恒温养护温度,℃;

　　　t_q——混凝土养护时的初始温度,℃;

　　　t_v——升温速度,℃/h,根据表 8.3 确定。

恒温养护温度根据设计规定要求达到的强度和养护时间确定。

b. 恒温时间

$$X_2 = \frac{X_0 - P_1 X_1 - P_3 X_3}{P_2} \tag{8.6}$$

式中　X_2——恒温时间,h;

　　　X_0——在 15 ℃ 条件下,混凝土达到要求强度时所需的时间,h;

　　　P_1, P_2, P_3——升温、恒温、降温阶段的当量系数;

　　　X_3——降温时间,h。

c. 降温时间

$$X_3 = \frac{t - t_c}{t_p} \tag{8.7}$$

式中　X_3——降温时间,h;

　　　t——混凝土恒温养护时的温度,℃;

　　　t_c——混凝土降温终了时的温度,℃;

　　　t_p——规定降温速度,℃/h。

d. 蒸汽需要量计算

$$W = \frac{Q}{i(1 + \alpha)} \tag{8.8}$$

式中　Q——总热量,kJ;

　　　W——混凝土养护蒸汽总需要量,kg;

　　　i——蒸汽发热量,取 2500 kJ/kg;

　　　α——损失系数,取 0.2~0.3。

（2）电热法

电热法是在混凝土结构的内部或外表面设置电极，通以低电压电流，由于混凝土的电阻作用，使电能变为热能加热养护混凝土。电热法设备简单，施工方便，热量损失小，易于控制，但耗电量大，目前多用于局部混凝土养护。

① 电热法分类

电热法可分为内部加热和表面加热两种形式。

a. 内部电极加热是在混凝土构件中，按 $200\sim400$ mm 间距埋设 $\phi(6\sim12)$mm 钢筋作为电极，通以 $50\sim110$ V 的低压电流，利用新浇筑混凝土的良好导电性，使电能转换成热能，对混凝土加热养护。埋设电极时，应注意防止与构件内钢筋接触而引起短路。

b. 表面电极加热是用薄钢板间隔一定距离，固定在模板内侧作为电极，对新浇混凝土通电加热养护，适用于梁、柱等较薄构件的混凝土养护。电极板固定在模板上，可以重复使用，安装时要避免与构件的钢筋接触。表面电极加热法一般宜采用的工作电压为 $50\sim110$ V；无筋结构和含钢量小于 50 kg/m^3 的结构中，工作电压可采用 $120\sim220$ V。

c. 表面电热器加热法是利用板形电热器贴在模板内侧，通电后加热混凝土表面达到养护的目的。由于直接加热，施工过程中要防止表面过热而发生脱水现象。

d. 电磁感应加热法是以交流电通过缠绕在结构模板表面上的连续感应线圈，在钢模板和钢筋中产生涡流电流，由于钢模板及钢筋的电阻使之发热，并传至混凝土中，这对配筋较密的整体式钢筋混凝土结构的加热养护十分有利。电磁感应加热温度均匀、热效率高，但要使用专用模板。

② 电热法施工的注意事项

a. 电热法施工宜选用强度等级不大于 42.5 MPa 的普通硅酸盐水泥、矿渣硅酸盐水泥及火山灰硅酸盐水泥。

b. 电极加热法应采用交流电，不允许采用直流电，因为直流电会引起电解和锈蚀。

c. 电极加热到混凝土强度达设计强度的 50% 时，电阻增加许多倍，耗电量增加，但养护效果并不显著。为节省电能，混凝土加热至设计强度的 50% 时，应停止加热养护。

d. 电热养护应在混凝土浇筑完毕，覆盖好外露混凝土表面后立即进行。混凝土升温与降温速度应符合表 8.3 的规定，电热养护混凝土的温度应符合表 8.4 的规定。

表 8.4　电热养护混凝土的温度

水泥强度等级	结构表面系数/m^{-1}		
	<10	10～15	>15
42.5 MPa	40 ℃	40 ℃	35 ℃

e. 电热养护属于干热养护，要防止出现养护温度过高而使混凝土发生脱水现象。养护过程中，要观测混凝土外表面温度，当表面干燥发白时，应立即断电，浇温水湿润养护。

8.2.4.5　混凝土冬期施工质量检查和温度测定

（1）温度测定

为了使混凝土满足热工计算所规定的成型温度，保证混凝土在规定的时间内达到受冻临界强度，必须对骨料、水装入搅拌机时的温度和混凝土搅拌、运输、浇筑成型时的温度进行临时测定和控制，每工作班至少要测定 4 次；室外及施工周围环境温度，在每天 2、8、14、20（时）定时定点测定 4 次,并与热工计算温度相对照,如果不符合要求,应采取相应措施。

蓄热保温法养护混凝土每昼夜测定温度 4 次,测温点应在易冷却的部位;蒸汽加热养护混凝土,升温期间每 1 h 测量 1 次,恒温期间每 2 h 测量 1 次,测温点设置在距离热源不同的部位;掺外加剂的混凝土,在强度未达到 3.5 N/ mm² 以前,每 2 h 测定一次,以后每 6 h 测定 1 次。

测温人员同时巡视检查覆盖保温情况,测温结果应填在"冬期施工混凝土日报"上。测温时,应将仪表插入测温孔(管)中,留置时间不少于 3 min,并应覆盖保温,读测应准确。

(2) 混凝土质量检查

冬期混凝土工程施工除按《混凝土结构工程施工质量验收规范》(GB 50204—2015)的规定进行质量检查外,还应符合冬期施工规定。

① 外加剂应经检查试验合格后选用,应有产品合格证或试验报告单;

② 外加剂应溶解成一定浓度的水溶液,按要求准确计量并加入;

③ 检查水、砂骨料及混凝土出机的温度和搅拌时间;

④混凝土浇筑时,应留置两组以上与结构同条件养护的试块,一组用于检验混凝土受冻前的强度,另一组用于检验转入常温养护 28 d 的强度。

8.3 土方工程的冬期施工

土遭受冻结后,机械强度增加,开挖困难,工效低,同时体积增大,会对浅基础建筑造成危害,所以要采用冬期施工防护措施。土方工程一般尽量安排在入冬前施工完毕,若必须在冬期施工,应根据本地区气温、土壤性质、冻结情况和施工条件,因地制宜,采用经济和技术合理的施工方案。

8.3.1 地基土的保温防冻

对于季节性冻土,土层未达到冻结前,采取在土层表面覆盖保温材料或将表层土翻松等措施,使地基土免遭冻结或少遭冻结,这是土方冬期施工中最经济的保温防冻方法之一。

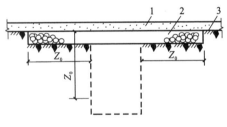

图 8.1 翻松耙平土
1—雪层厚度;2—耕深厚度;3—地表面;
Z_0—最大冻结深度

(1) 翻松耙平土防冻法

入冬前,在土的地表层先翻松 25～40 cm 厚表层土并耙平,其宽度应不小于土冻后深度的 2 倍与基底宽之和(图 8.1)。

在翻松的土壤颗粒间存在许多封闭的孔隙,且充满了空气,因而降低了土层的导热性,有效防止或减缓了下部土层的冻结。翻松耙平土防冻法适用于 -10 ℃以内、冻结期短、地下水位较低、地势平坦的地区。

(2) 覆盖防冻法

在降雨量较大的地区,可利用较厚的雪层覆盖作保温层,防止地基土冻结,适用于大面积的土方工程。其具体做法是:在地面上与主导方向垂直的方向设置篱笆、栅栏或雪堤(高度为0.5～1.0 m,其间距 10～15 m),人工积雪防冻(图 8.2)。面积较小的沟槽和坑土方工程,可以在地面上挖积雪沟(深 300～500 mm),并随即用雪将沟填满,以防止未挖土层冻结(图 8.3)。

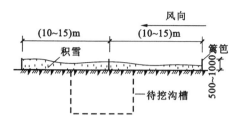

图 8.2　人工积雪防冻

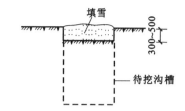

图 8.3　挖沟填雪防冻

（3）保温覆盖法

面积较小的基槽（坑）的地基土防冻,可在土层表面直接覆盖炉渣、锯末、草垫等保温材料,其宽度为土层冻结深度的 2 倍与基槽宽度之和（图 8.4）。

8.3.2　冻土的融化方法

冻结土的开挖比较困难,可采用外加热能融化后再挖掘。这种方式只有在面积不大的工程上采用,费用较高。冻土的融化方法有烘烤法和循环针法。

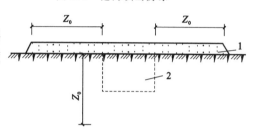

图 8.4　保温覆盖法
1—保温材料;2—未开挖的基坑
Z_0—最大冻结深度

（1）烘烤法常用锯末、谷壳等作燃料,在冻土层表面引燃木柴后,铺撒 250 mm 厚的锯末,上面铺压 30～40 mm 厚土层,作用是使锯末不起火苗地燃烧,其热量经一昼夜可融化土层 300 mm。如此分段分层施工,直至挖到未冻土为止。

（2）循环针法分为蒸汽循环针法和热水循环针法两种（图 8.5）。

a. 蒸汽循环针法是在管壁上钻有孔眼的蒸汽管,用机械钻孔,孔径 50～100 mm,孔深视土冻结深度而定,间距不大于 1 m,将蒸汽管循环针埋入孔中,通入低压蒸汽,一般 2 h 能融化直径 500 mm 范围的冻土。其优点是融化速度快,缺点是热能消耗大,土融化后过湿。

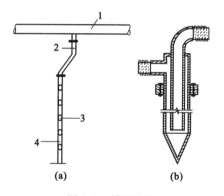

图 8.5　循环针法
(a)蒸汽循环针法;(b)热水循环针法
1—主管;2—连接胶管;3—蒸汽孔;4—支管

b. 热水循环针法是用 60～150 mm 双层循环水管制作,呈梅花形布置埋入冻土中,通过 40～50 ℃的热水循环来融化冻土,适用于大面积融化冻土。

融化冻土应按开挖顺序分段进行,每段大小应与每天挖土的工程量相适应,挖土应昼夜连续进行,以免产生间歇而使地基重新遭受冻结。开挖基槽（坑）施工中,应防止基槽（坑）基础下的基土遭受冻结,可在基土标高以上预留适当厚度松土层或覆盖一定厚度的保温材料。冬期开挖土方时,邻近建筑物地基或地下设施应采取防冻措施,以免冻结破坏。

8.3.3　冻土的开挖方法

冻土的开挖方法有人工法、机械法、爆破法三种。

（1）人工法

人工开挖是用铁锤将铁楔块打入,将冻土劈开。人工开挖时,工人劳动强度大、工效低,仅适用于小面积基槽、坑的开挖。

（2）机械开挖

机械开挖冻土时应依据冻土层的厚度和工程量大小,选择适宜的破土机械施工。选择施工机械原则如下:

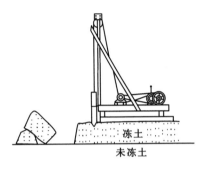

图 8.6　松冻土的打桩机

① 冻土层厚度小于 0.25 m 时,可直接用铲运机、推土机、挖土机挖掘。

② 冻土层厚度为 0.6～1.0 m 且开挖面积较大时,应用打桩机将楔形劈块按一定顺序打入冻土层,劈裂破碎冻土;或用起重设备将重 3～4 t 的尖底锤吊至 5～6 m 高时,脱钩自由落下,可击碎 1～2 m 厚的冻土层,然后用斗容量大的挖土机进行挖掘(图 8.6)。

③ 小面积冻土施工,用风镐将冻土打碎后,人工或机械挖除。

（3）爆破冻土法

冻土深度达 2 m 左右时,采用打炮眼、填药的爆破方法将冻土破碎后,用机械挖掘施工。爆破冻土法适用于面积较大、冻土层较厚的坚土层施工。冻土爆破必须在专业技术人员指导下进行,要认真执行爆破安全的有关规定,加强对爆破器材的运输、贮存、领取及使用的管理。施工前应做好准备工作,计算安全距离,设置警戒哨等,做到安全施工。

8.3.4　冬期回填土施工注意事项

由于冻结土块坚硬且不易破碎,回填过程中又不易被压实,待温度回升、土层解冻后会造成较大的沉降。为保证工程质量,冬期回填土施工应注意以下事项:

（1）冬期填方前,要清除基底的冰雪和保温材料,排除积水,挖除冻块和淤泥。

（2）对于基础和地面工程范围内的回填土,冻土块的含量不得超过回填总体积的 15%,且冻土块的粒径应小于 15 cm。

（3）填方应连续进行,且应采取有效的保温防冻措施,以免地基土或已填土受冻。

（4）填方时,每层的虚铺厚度应比常温施工时减少 20%～25%。

（5）填方的上层应用未冻的、不冻胀或透水性好的土料填筑。

8.4　砌体工程冬期施工规范的相关规定

《砌体结构工程施工质量验收规范》(GB 50203—2011)规定:当室外日平均气温连续 5 天稳定低于 5 ℃时,砌体工程应采取冬期施工措施。冬期施工期限以外,当日最低气温低于 0 ℃时,也应采取冬期施工措施。

8.4.1　砌体工程冬期施工的一般规定和要求

（1）砖石砌体冬期施工所用材料要求

冬期施工所用材料应符合下列规定:

① 砖、砌块在砌筑前,应清除表面污物、冰雪等,不得使用遭水浸泡和受冻后表面结冰、污染的砖或砌块;

② 砌筑砂浆宜采用普通硅酸盐水泥配制,不得使用无水泥拌制的砂浆;

③ 现场拌制砂浆所用砂中不得含有直径大于 10 mm 的冻结块或冰块;

④ 石灰膏、电石渣膏等材料应有保温措施,遭冻结时应经融化后方可使用;

⑤ 砂浆拌和水温不宜超过 80 ℃,砂加热温度不宜超过 40 ℃,且水泥不得与 80 ℃以上热水直接接触;砂浆稠度宜较常温适当增大,且不得二次加水调整砂浆和易性。

(2) 冬期施工的一般要求

① 冬期施工砂浆试块的留置,除应按常温规定要求外,尚应增加 1 组与砌体同条件养护的试块,用于检验转入常温 28 d 的强度。如有特殊需要,可另外增加相应龄期同条件养护的试块。

② 地基土有冻胀性时,应在未冻的地基上砌筑,并应防止在施工期间和回填土前地基受冻。

③ 冬期施工中砖、小砌块浇(喷)水湿润应符合下列规定:

a. 烧结普通砖、烧结多孔砖、蒸压灰砂砖、蒸压粉煤灰砖、烧结空心砖、吸水率较大的轻骨料混凝土小型空心砌块在气温高于 0 ℃条件下砌筑时,应浇水湿润;在气温低于或等于 0 ℃条件下砌筑时,可不浇水,但必须增大砂浆稠度。

b. 普通混凝土小型空心砌块、混凝土多孔砖、混凝土实心砖及采用薄灰砌筑法的蒸压加气混凝土砌块施工时,不应对其浇(喷)水湿润。

c. 抗震设防烈度为 9 度的建筑物,当烧结普通砖、烧结多孔砖、蒸压粉煤灰砖、烧结空心砖无法浇水湿润时,如无特殊措施,不得砌筑。

d. 拌和砂浆时水的温度不得超过 80 ℃,砂的温度不得超过 40 ℃。

e. 采用砂浆掺外加剂法、暖棚法施工时,砂浆使用温度不应低于 5 ℃。

f. 采用暖棚法施工时,块体在砌筑时的温度不应低于 5 ℃,距离所砌的结构底面 0.5 m 处的棚内温度也不应低于 5 ℃。

g. 在暖棚内的砌体养护时间,应根据暖棚内温度按表 8.5 确定。

表 8.5　暖棚法砌体的养护时间

暖棚的温度/℃	5	10	15	20
养护时间/d	≥6	≥5	≥4	≥3

h. 采用外加剂法配制的砌筑砂浆,当设计无要求,且最低气温低于或等于 −15 ℃时,砂浆强度等级应较常温施工提高一级。

i. 配筋砌体不得采用掺氯盐的砂浆施工。

8.4.2　砖石工程冬期施工方法

(1) 外加剂法

① 采用外加剂法配制砂浆时,可采用氯盐或亚硝酸盐等外加剂。氯盐应以氯化钠为主,当气温低于 −15 ℃时,可与氯化钙复合使用。氯盐掺量可按表 8.6 选用。

表 8.6　氯盐外加剂掺量

氯盐及砌体材料种类		日最低气温/℃			
		≥-10	-11~-15	-16~-20	-21~-25
单掺氯化钠/%	砖、砌块	3	5	7	—
	石材	4	7	10	—
复掺/%	氯化钠	砖、砌块	—	—	5	7
	氯化钙		—	—	2	3

注:掺盐以无水盐计,掺量为占拌和水质量百分比。

②　砌筑施工时,砂浆温度不应低于 5 ℃。

③　当设计无要求,且最低气温低于或等于-15 ℃时,砌体砂浆强度等级应较常温施工提高一级。

④　氯盐砂浆中复掺引气型外加剂时,应在氯盐砂浆搅拌的后期掺入。

⑤　采用氯盐砂浆时,应对砌体中配置的钢筋及钢预埋件进行防腐处理。

⑥　砌体采用氯盐砂浆施工时,每日砌筑高度不宜超过 1.2 m,墙体留置的洞口,距交接墙处不应小于 500 mm。

⑦　下列情况不得采用掺氯盐的砂浆砌筑砌体:a. 对装饰工程有特殊要求的建筑物;b. 使用环境湿度大于80%的建筑物;c. 配筋、钢预埋件无可靠防腐处理措施的砌体;d. 接近高压电线的建筑物(如交电所、发电站等);e. 经常处于地下水位变化范围内,以及在地下未设防水层的结构。

《砌体结构工程施工质量验收规范》(GB 50203—2011)规定:配筋砌体不得采用掺氯盐的砂浆施工。

(2)暖棚法

暖棚法适用于地下工程、基础工程以及工期紧迫的砌体结构。暖棚法施工时,暖棚内的最低温度不应低于 5 ℃。砌体在暖棚内的养护时间应根据暖棚内的温度而定,并应符合表 8.7的规定。

表 8.7　暖棚法施工时的砌体养护时间

暖棚的温度/℃	5	10	15	20
养护时间/d	≥6	≥5	≥4	≥3

注:该表养护时间是砂浆达到设计强度等级值30%时的时间,此时砂浆强度可以达到受冻临界强度。之后再拆除暖棚或停止加热时,砂浆也不会产生冻结损伤。

8.5　雨　期　施　工

连绵不断的小雨会给建筑工程施工带来许多困难和不便,影响工程质量和进度。如果施工中的土方、基础、钢筋混凝土、砌体、装饰工程遭到暴风雨的袭击,则会造成土壁护坡滑移塌方,导致地基土受浸泡而使承载能力降低,已施工的地下室、池罐可能上浮移位,模板支撑系统沉降及砌体倒塌等事故,带来重大的经济损失。因此,建筑工程的雨期施工以预防为主,应根据施工地区雨期的特点及降雨量、现场的地形条件、建筑工程的规模和在雨期施工的分项工程的具体情况,研究分析并制定切实有效的雨期预防措施和施工技术措施。

雨期前,充分做好思想准备和物资准备,把雨期造成的损失减少到最低程度,同时保证要求的施工进度。

8.5.1　雨期施工准备

(1) 降水量大的地区,在雨期到来之际,施工现场、道路及设施必须做好有组织的排水;临时排水设施尽量与永久性排水设施结合;修筑的临时排水沟网要依据自然地势确定排水方向,排水坡度一般不应小于 3‰,横截面尺寸依据当地气象资料、历年最大降水量、施工期内的最大流量确定,做到排水通畅、雨停水干,要防止地面水流入基础和地下室内。

(2) 施工现场临时设施、库房要做好防雨排水的准备;水泥、保温材料、铝合金构件、玻璃及装饰材料的保管堆放要注意防潮、防雨和防止水的浸泡。

(3) 现场的临时道路必要时要加固、加高路基,路面在雨期加铺炉渣、砂砾或其他防滑材料。

(4) 准备足够的防水、防汛材料(如草袋、油毡、雨布等)及器材和工具等,组织防雨、防汛抢险队伍,统一指挥,以防应急事件。

8.5.2　土方基础工程的雨期施工

土方基础工程施工时应遵循以下相关规定:

(1) 雨期不得在滑坡地段进行施工;要遵循先整治、后开挖的施工程序。重要的和特殊的土方工程尽可能安排在雨期前施工。

(2) 地槽、地坑开挖的雨期施工面不宜过大,应逐段逐片分期完成,基底挖到标高后,应及时验收并浇筑混凝土垫层;若可能遇雨天时,应预留基底标高以上 150~300 mm 厚的土层不挖,待雨后排除积水施工。

(3) 开挖土方应从上至下分层分段依次施工,底部随时做成一定的坡度,以利于泄水。填方工程每层及时压实平整,并做成一定的坡势,以利于场地雨水排除。

(4) 雨期施工中应经常检查边坡的稳定情况,遇有可能塌方情况须进行加固处理后方可施工,必要时适当放缓边坡或设置支撑加固。

(5) 防止大型基坑开挖土方工程的边坡被雨水冲刷造成塌方,要依据基础工程的工期、雨期降雨量和土质情况,在边坡上覆盖草袋、塑料雨布等材料进行保护。施工期长、降雨量大时,可在边坡钉挂钢丝网,捣制 50 mm 厚的细石混凝土保护层。

(6) 地下的池、罐构筑物或地下室结构,完工后应抓紧基坑四周回填土施工和上部结构继续施工,荷载达到满足抗浮稳定系数,以防基坑积满水造成池、罐及地下室上浮倾斜事故。施工过程中遇上大雨时,要用水泵及时有效地降低坑内积水高差,如仍不能满足要求时,应迅速将积水灌回箱形结构内,以增加抗浮能力。

8.5.3　混凝土工程雨期施工

混凝土工程雨期施工应注意以下几个方面:

(1) 加强对水泥材料防雨、防潮工作的检查,对砂、石、骨料进行含水量的测定,及时调整施工配合比。

（2）加强对模板有无松动变形及隔离剂情况的检查,特别是对其支撑系统的检查,如支撑下陷、松动,应及时进行加固处理。

（3）重要结构和大面积的混凝土浇筑应尽量避开雨天施工,施工前应了解 2～3 天的天气情况。

（4）小雨时,混凝土运输和浇筑均要采取防雨措施,随浇筑随振捣,随覆盖防水材料。遇大雨时,应提前停止浇筑,按要求留设施工缝,并把已浇筑部位加以覆盖,以防雨水进入。

8.5.4　砌体工程雨期施工

砌体工程雨期施工应注意以下几个方面:

（1）雨期施工中,砌筑工程不允许使用过湿的砖,以免砂浆流淌和砖块滑移造成墙体倒塌,每日砌筑的高度应控制在 1 m 以内。

（2）砌筑施工过程中,若遇下雨应立即停止施工,并在砖墙顶面铺设一层干砖,以防雨水冲走灰缝的砂浆;雨停后,受冲刷的新砌墙体应翻砌上面的两皮砖。

（3）稳定性较差的窗间墙、山尖墙,砌筑到一定高度后应在砌体顶部加水平支撑,以防阵风袭击,维护墙体整体性。

（4）雨水浸泡会引起脚手架底座下陷而倾斜,因此,雨后施工要经常检查,发现问题及时处理。

8.5.5　施工现场防雷措施

施工现场防雷:为防止雷电袭击,雨季施工现场内的起重机、井字架、龙门架等机械设备,若在相邻建（构）筑物的防雷装置的保护范围以外,应安装防雷装置。施工现场的防雷装置由避雷针、接地线和接地体组成。避雷针安装在高出建筑物的起重机（塔吊）、人货电梯、钢脚手架的顶端上。接地线可用截面面积不小于 16 mm² 的铝导线,或截面面积不小于 12 mm² 的铜线,也可用直径不小于 8 mm 的圆钢。接地体有棒形和带形两种。棒形接地体一般采用长度1.5 m、管壁厚不小于 2.5 mm 的钢管或∟5×50 角钢等。将其一端打光并垂直打入地下,其顶端离地面不小于 50 cm。带形接地体可采用截面面积不小于 50 mm²、长度不小于 3 m 的扁钢,平卧于地下 500 mm 处。防雷装置的避雷针、接地线和接地体必须双面焊接,焊接长度应为圆钢直径的 6 倍以上或扁钢厚度的 2 倍以上。施工现场内所有防雷装置的冲击接地电阻值不得大于 30 Ω。

8.6　建筑工程冬期施工应注意的问题

8.6.1　做好冬期施工前的准备工作

8.6.1.1　注意提前收集施工地冬期气温变化的资料

由于《建筑工程冬期施工规程》（JGJ/T 104—2011）规定,当室外日平均气温连续 5 天稳定低于 5 ℃即进入冬期施工,因此,在工程即将进入冬期施工前,要提前准备和防范,把不利的因素消除在萌芽状态,要提前收集当地冬期的气象资料,了解当地的气温变化、持续时间、最低温度以及最大风、雪等资料,还要了解施工过程中及未来一周的天气变化,只有这样才能做到防患于未然。

8.6.1.2   做好冬期施工技术文件的编制工作

在工程进入冬期施工前,要提前编制好冬期施工技术文件,作为冬期施工的技术指导性文件。冬期施工技术文件必须包括施工方案和施工组织设计或技术措施。施工方案和施工组织设计或技术措施包括以下主要内容:

① 冬期施工的生产任务安排和部署;

② 施工材料进场计划;

③ 劳动力计划;

④ 热源、设备计划和部署;

⑤ 冬期施工人员培训计划;

⑥ 工程质量的控制要点;

⑦ 冬期安全生产的要点;

⑧ 施工工序及进度安排;

⑨ 各分项工程的施工方法和施工技术措施。

8.6.1.3   做好人员培训和技术交底工作

(1) 做好施工人员的培训工作。冬期施工由于在负温下进行作业,不了解或不熟悉冬期施工规律,极容易造成工程质量事故。为保证工程质量,冬期施工前必须进行人员培训,培训内容为:

① 学习国家和地方有关冬期施工的规范、标准和规定,如《建筑工程冬期施工规程》(JGJ/T 104—2011)等文件;

② 学习有关冬期施工的基本理论知识及施工方法。

(2) 进行冬期施工前的技术交底工作。进行技术交底的目的是防止施工操作人员违反冬期施工规律,造成操作不当,人为地造成质量事故。施工前技术交底的重点是:

① 原材料的使用方法;

② 原材料的加热或保护;

③ 原材料的测温或成品的测温;

④ 成品的保护或养护工作。

8.6.1.4   做好原材料的复试检验

在冬期施工中各种原材料需要进行复试的必须进行复试,以防不合格的材料使用在工程中。

8.6.2   加强施工过程中的质量控制

8.6.2.1   钢筋工程施工过程中的控制重点

(1) 冬期钢筋施工最主要的是钢筋的焊接,焊接质量的好坏直接关系到工程结构的安全。冬期进行钢筋焊接,影响因素较多,焊接前必须根据当地的施工条件、气温状况进行试焊,试焊时先根据气温状况调整焊接参数及焊接工艺,焊接参数及焊接工艺确定后,再进行试焊,试焊的焊件送实验室做试验,合格后再进行批量焊接。

(2) 焊条和焊剂的质量控制。焊条和焊剂在冬期运输、保存过程中极易受潮,使用受潮的焊条和焊剂会使得焊接熔池中混入气体停留在焊肉中形成气孔,影响焊接接头质量。在使用焊条和焊剂时,要按说明书的要求对焊条和焊剂进行烘焙,干燥后再使用。

8.6.2.2　混凝土工程施工过程中质量控制重点

(1)控制好原材料的加热温度。冬期施工对混凝土原材料的加热是保证混凝土早期强度增加的重要因素,在施工过程中要确定原材料的加热温度,确定加热方法,定时进行温度测量,保证加热温度达到要求。

(2)控制好混凝土的入模温度。冬期施工入模温度不应低于 5 ℃。当不符合要求时,应采取措施进行调整。温度过低,则容易造成新浇混凝土冷却过快,使混凝土在很短时间内降至冰点温度而影响混凝土早期强度增长。

(3)做好试块的留置工作。冬期施工应留置不少于 2 组同条件养护试件。

(4)加强成品的养护。冬期混凝土的养护管理是保证混凝土质量的重要措施,新浇筑的混凝土,一是做好覆盖保温工作,并经常检查;二是做好混凝土的测温工作,随时掌握混凝土的内部温度,保证混凝土在初凝期不受冻。

8.6.2.3　钢结构工程施工过程中的控制重点

(1)钢结构工程施工中高强螺栓连接

高强螺栓连接的好坏是影响钢结构质量的一个重要因素,高强螺栓产品说明书中扭矩系数是常温下的标定值,影响扭矩系数的因素很多,如环境温度、终拧时间、拧紧速度等,尤其是环境温度的影响最大。一般情况下,产品说明书中扭矩系数是常温下的标定值,在负温下要重新标定,若仍按说明书给的值控制,则有可能会使螺栓产生的拉应力不足,降低结构的安全性,或涉及螺栓拧紧过度,影响结构的安全性。

(2)冬期进行负温焊接

冬期负温焊接和常温焊接有很大的区别,在焊接时要对焊工进行培训,掌握负温下的焊接规律,并按说明书的要求对焊条进行烘烤,干燥后再使用,才能保证焊接质量,确保结构安全。

8.6.3　制定冬期安全施工措施

冬期施工气温较低,引发安全事故的因素较多,在施工前要制定相应的冬期安全施工措施,配备必要的安全防护用品,对施工人员进行安全教育,尤其是高空作业和特殊工种的教育,并加强现场施工管理工作,确保工程安全施工。

如果要进行冬期施工而不提前准备和防范,则会影响工程质量、进度,措施不当会给工程质量带来隐患。因此,在工程即将进入冬期前做好防范工作,在施工期间做好控制是必要的,是保证工程质量的必需措施。

复习思考题

1. 冬期施工有哪些特点? 应遵守哪些原则?

2. 如何组织雨期施工?

3. 解释混凝土冬期施工的临界强度。

4. 雨期施工有什么特点? 施工有哪些要求?

5. 如何组织冬期施工?

6. 如何编制冬期施工方案?

7. 简述混凝土冬期施工原理。

8. 混凝土冬期施工工艺有什么要求？

9. 解释混凝土的蓄热保温法。

10. 什么叫负温混凝土？混凝土冬期常用哪些外加剂？各有什么作用？

11. 混凝土冬期质量检查包括哪些内容？

12. 试述地基土保温防冻的方法。

13. 砌筑工程冬期施工掺盐砂浆法应注意哪些事项？

14. 何谓冻结法施工？应注意哪些事项？

15. 土方基础工程雨期施工应注意哪些问题？

16. 如何编制雨期施工方案？

参 考 文 献

［1］ 中华人民共和国住房和城乡建设部.建筑工程施工质量验收统一标准(GB 50300—2013)[S].北京:中国建筑工业出版社,2013.

［2］ 曲昭嘉,国振喜.建筑工程构造与施工手册[M].北京:中国建筑工业出版社,2009.

［3］ 危道军.施工员(工长)专业管理实务[M].北京:中国建筑工业出版社,2007.

［4］ 建筑施工手册编写组.建筑施工手册[M].4版.北京:中国建筑工业出版社,2003.

［5］ 沈春林.防水工程手册[M].2版.北京:中国建筑工业出版社,2006.

［6］ 王立信.建筑工程技术资料应用指南[M].北京:中国建筑工业出版社,2003.

［7］ 吴松勤.建筑施工质量验收系列规范标准表格文本及填写说明[M].北京:中国建筑工业出版社,2002.

［8］ 黄健之.建设工程竣工验收备案手册[M].北京:中国建筑工业出版社,2002.

［9］ 吴锡桐.建筑工程资料员手册[M].上海:同济大学出版社,2004.

［10］ 余胜光,窦如令.建筑施工技术[M].3版.武汉:武汉理工大学出版社,2015.

［11］ 廖代广,孟新田.土木工程施工技术[M].4版.武汉:武汉理工大学出版社,2013.